쉬운 개념 설명과 기출 유형 분석

Easy Start
전기자기학

홍순관 지음

Electromagnetics : Learn Smart & Practice Easy

한빛아카데미
Hanbit Academy, Inc.

지은이 **홍순관** skhong@hj.ac.kr

현재 혜전대학교 전기과 교수로 재직 중이다. 전국 최초로 PCB(전자기판, Printed Circuit Board) 학과를 제안하여 개설 · 운영했으며, PCB 및 전자 분야의 전공 도서들을 다수 저술했다. 주요 저서로는 『디지털 회로 실험 with PSpice』(한빛아카데미, 2021), 『새로운 PCB 제조기술입문(제7판)』(복두출판사, 2023), 『기초전자실험 with PSpice(3판)』(한빛아카데미, 2023) 등이 있다.

Easy Start 전기자기학

초판발행 2025년 12월 29일

지은이 홍순관 / **펴낸이** 전태호
펴낸곳 한빛아카데미(주) / **주소** 서울시 서대문구 연희로2길 62 한빛아카데미(주) 2층
전화 02-336-7112 / **팩스** 02-336-7199
등록 2013년 1월 14일 제 2017-000063호 / **ISBN** 979-11-7340-051-3 93560

총괄 박현진 / **책임편집** 김평화 / **기획 · 편집** 송유림
디자인 이아란 / **전산편집** 임희남 / **제작** 박성우, 김정우
영업 김성삼, 이정훈, 임현기, 이성훈, 김주성, 심지연

이 책에 대한 의견이나 오탈자 및 잘못된 내용에 대한 수정 정보는 아래 이메일로 알려주십시오.
파본은 구매처에서 교환하실 수 있습니다. 책값은 뒤표지에 표시되어 있습니다.

홈페이지 www.hanbit.co.kr / 이메일 question@hanbit.co.kr

Published by HANBIT Academy, Inc. Printed in Korea

개념 설명은 친절하게, 문제는 유형별로 – 쉽게 배우는 전기자기학

전기자기학은 전기·전자 분야의 이론과 응용의 기초가 되는 핵심 과목으로, 우리가 사용하는 대부분의 전기·전자 기술의 원리를 담고 있습니다. 그러나 많은 학생이 전기자기학에서 다루는 추상적인 개념과 복잡한 수식 때문에 학습에 어려움을 느끼곤 합니다.

이 책은 이러한 어려움을 조금이나마 줄이고 전기자기학을 보다 쉽게 이해할 수 있도록 구성했습니다. 뿐만 아니라 자격시험 준비에도 도움이 되도록 전기(산업)기사 출제 기준을 이론 및 문제에 충실히 반영했습니다.

이 책의 주요 특징과 구성은 다음과 같습니다.

- **충실하고 체계적인 이론 설명** 전기자기학의 이론 학습 및 전기(산업)기사 기출문제 풀이를 위해 꼭 필요한 이론을 정리하여 단순 암기가 아닌 '이해에 기반한 학습'이 가능하도록 구성했습니다.
- **그림과 그래프를 활용한 개념의 시각화** 다양한 그림과 그래프를 활용하여 전계, 자계, 전자파 등의 추상적인 개념을 직관적으로 이해할 수 있도록 했습니다.
- **기출문제를 활용한 실전 중심의 문제 구성** 전기(산업)기사 기출문제에서 개념이나 수식을 바로 적용하면 되는 단순한 문제는 예제로 다루고, 복잡한 문제는 유형별로 묶어 그 문제를 풀기 위한 개념 및 공식, 착안점 등을 상세히 설명했습니다.
- **학습을 돕는 다양한 구성 요소** 본문의 개념을 보충하거나 관련된 원리, 사례 등을 소개하는 [여기서 잠깐]과 주요 공식 및 핵심 관계식의 유도 과정을 정리한 [HOW]를 통해 학습의 폭을 넓혔습니다.
- **배운 내용을 한눈에 볼 수 있는 마무리 요약** 각 장의 뒷부분에 해당 장의 핵심 공식과 개념을 정리하여 복습 및 자격시험 준비에 활용할 수 있도록 했습니다

전기자기학의 이론 학습과 자격시험 준비에 모두 도움이 되는 교재를 만들고자 노력했으나 여전히 보완할 부분이 적지 않으리라 생각합니다. 더욱 학습하기 쉽고, 완성도 높은 교재로 만들어 나가겠습니다. 이 책이 전기자기학을 처음 접하는 학생은 물론, 관련 자격시험을 준비하는 분들에게도 든든한 길잡이가 되기를 바랍니다.

지은이 **홍순관**

학습 내용

해당 장에서 학습해야 할 내용을 소개합니다.

학습 내용

전기 현상의 시작인 정전기와 유도 현상을 살펴보고 이를 바탕으로 쿨롱의 법칙과 전계의 개념을 학습한다. 전계의 방향과 세기를 보여주는 전기력선의 성질과 전위도 함께 익힌다. 가우스 법칙을 통해 대칭 구조에서 전계를 구하는 방법과 정전기력이 물체에 미치는 힘인 정전응력도 살펴본다. 공간 전하밀도 분포에 따른 전계, 전위, 전속밀도를 구하는 데 유용한 방정식을 알아보고 전기쌍극자와 전기 이중층이 만드는 전계와 전위의 특성에 대해서도 배운다.

핵심 키워드

해당 장에서 학습할 핵심 내용을 키워드로 제시합니다.

핵심 키워드

정전유도 / 쿨롱의 법칙 / 전계 / 정전계 / 전기력선 / 전위 / 가우스 법칙 / 전속밀도 / 정전응력 / 발산 정리 / 푸아송의 방정식 / 라플라스 방정식 / 전기쌍극자

학습 전략

해당 장을 제대로 학습하기 위한 가이드라인을 제시합니다.

학습 전략

이 장에서는 기초적인 정전기 현상부터 복잡한 전계 분포까지 단계적으로 배우므로 개념과 정의를 잘 정리해야 합니다. 기사 시험에서는 쿨롱의 법칙, 전계, 전위를 벡터 연산과 연계한 문제가 자주 출제되는 만큼 기출문제를 충분히 풀어보기 바랍니다. 전계 해석을 위해 전기력선의 성질을 이해하고, 가우스 법칙을 통해 여러 대칭 구조에서의 전계 및 전위의 식을 익히는 것도 중요합니다. 전기쌍극자와 이로 인한 전위와 전계의 거리에 따른 반비례 특성도 정리해두어야 합니다.

1.5 벡터의 미분

1.5.1 미분연산자

벡터를 미분할 때는 **미분연산자**Del 또는 Nabla ∇을 사용한다. 미분연산자는 식 (1.11)과 같이 정의할 수 있다.

$$\nabla = \frac{\partial}{\partial x}i + \frac{\partial}{\partial y}j + \frac{\partial}{\partial z}k \qquad (1.11)$$

미분연산자는 각 방향에 대한 편미분을 포함하며, 이를 이용하면 벡터장의 변화율을 분석할 수 있다. 예를 들어 2장에서 자세히 다룰 전위Electric Potential V[5]를 미분연산자와 곱하면 식 (1.12)가 된다.

$$\nabla V = \frac{\partial V}{\partial x}i + \frac{\partial V}{\partial y}j + \frac{\partial V}{\partial z}k \qquad (1.12)$$

본문

전기자기학을 이해하는 데 꼭 필요한 내용을 간결하게 설명합니다.

여기서 잠깐 **정전기의 발견**

1733년 프랑스의 물리학자 뒤페Du Fay는 [그림 2-2]와 같이 유리막대를 수지나 천으로 문지를 때 정전기가 발생하는 현상을 발견하였다. 1747년 벤자민 프랭클린Benjamin Franklin은 유리막대를 수지(또는 천)로 문지를 때 유리막대의 전자가 천으로 이동하여 유리막대는 (+)전기를, 천은 (−)전기를 띠게 된다는 사실을 밝혀냈다.

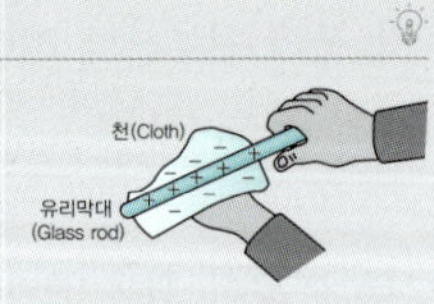

그림 2-2 정전기의 발견

여기서 잠깐

본문을 이해하는 데 도움이 되는 참고 내용을 설명합니다.

HOW [그림 5-1(b)]에서 등전위면의 전위 $V=0$인 이유

[그림 5-1(b)]에서 등전위면의 전위는 전하 Q에 의한 전위 $V_Q = \frac{Q}{4\pi\epsilon_0 d}$와 $-Q$에 의한 전위 $V_{-Q} = \frac{-Q}{4\pi\epsilon_0 d}$의 합이다. 즉, 등전위면의 전위 $V = V_Q + V_{-Q} = \frac{Q}{4\pi\epsilon_0 d} + \frac{-Q}{4\pi\epsilon_0 d} = 0$이 된다.

HOW

본문에서 다룬 주요 공식이나 핵심 관계식의 유도 과정을 보여줍니다.

예제 3-7

반지름 2[mm]의 2개의 무한히 긴 원통 도체가 중심 간격 2[m]로 진공 중에 평행하게 놓여 있을 때 1[km]당 정전용량은 몇 [μF]인가?

① 1×10^{-3} ② 2×10^{-3} ③ 4×10^{-3} ④ 6×10^{-3}

풀이

식 (3.20)은 평행 왕복 도선에서 단위길이(1[m])당 정전용량이므로 1[km]당 정전용량은 10^3[m]를 곱하면 된다.

$$C=\frac{\pi\times8.855\times10^{-12}}{\ln\frac{2}{2\times10^{-3}}}\times10^3=4\times10^{-9}\ [\mathrm{F/km}]$$

문제에서는 몇 [μF]인지 묻고 있으므로 $C=4\times10^{-9}\times10^6=4\times10^{-3}$[μF]이 되어 정답은 ③이다.

예제/풀이

본문에서 다룬 개념을 적용한 문제와 그에 대한 풀이를 제공합니다.

핵심 정리

해당 장에서 학습한 주요 내용을 간략하게 정리하여 제시합니다.

CHAPTER 06 핵심 정리

- 전류와 전류밀도
  - 전류 $I\,[\mathrm{A}]=\frac{Q}{t}\,[\mathrm{C/sec}]$: 단위시간 동안 도선의 단면을 통과한 전하량
  - 전류밀도 $J=\frac{i}{S}\,[\mathrm{A/m^2}]$, $J=nev\,[\mathrm{A/m^2}]$: 도선의 단면에서 단위면적당 흐르는 전류
- 전류의 연속성 : $div J=0$
- 저항 $R=\rho\frac{l}{S}\,[\Omega]$, ρ : 고유저항, 도전율 k의 역수$\left(\rho=\frac{1}{k}\right)$

핵심 유형

전기(산업)기사 시험에 다년간 출제된 주요 문제의 유형을 정리하고, 유형별 대표 문제와 풀이를 제시합니다.

CHAPTER 06 핵심 유형

유형 1 전류 정의하기

TIP
- 전류의 정의를 이용하여 전기량, 시간, 전자의 수 계산하기
- 전류밀도를 이용하여 전류, 이동 속도 계산하기

01 1[Ah]의 전기량은 몇 [C]인가?

① $\frac{1}{3600}$ ② 1 ③ 60 ④ 3600

풀이

1[Ah]는 1[A]의 전류가 1시간 동안 흘렀을 때의 전기량이며, 1[h]는 3600[sec]이다. 전류를 구하는 식 (6.1)에서 $Q=It\,[\mathrm{A\cdot sec}]=1\times3600=3600\,[\mathrm{Ah}]$이다.

답 ④

기출문제

전기(산업)기사 시험에 다년간 출제된 문제들을 제시합니다.

CHAPTER 06 기출문제

6.1 10[mm]의 지름을 가진 동선에 50[A]의 전류가 흐를 때 단위시간 동안 동선의 단면을 통과하는 전자의 수는 약 몇 개인가?

① 7.85×10^{16} ② 20.45×10^{15} ③ 31.21×10^{19} ④ 50×10^{19}

6.2 구리 중에는 1[cm³]에 8.5×10^{22}[개]의 자유전자가 있다. 단면적 2[mm²]의 구리선에 10[A]의 전류가 흐를 때 자유전자의 평균 속도는 약 몇 [cm/s]인가?

① 0.037 ② 0.37 ③ 3.7 ④ 37

■ 강의 보조 자료

한빛아카데미 홈페이지에서 '교수회원'으로 가입하신 분은 인증 후 교수용 강의 보조 자료를 제공받을 수 있습니다. 한빛아카데미 홈페이지 상단의 〈교수전용공간〉 메뉴를 클릭하세요.

http://www.hanbit.co.kr/academy

■ 동영상 강의 안내

이 책을 기반으로 한 저자의 온라인 강의를 제공합니다.
해당 강의는 좌측의 QR 코드를 스캔하여 이용할 수 있습니다.

■ 참고 문헌

- 임헌찬, 『전기자기학』, 동일출판사, 2021
- 오우진, 『참! 쉬움 전기자기학』, 성안당, 2024
- 에듀윌 전기수험연구소, 『전기자기학(필기)』, 2024
- 김성중, 『핵심이 보이는 전자기학』, 한빛아카데미, 2021
- 권원현, 『전자기학』, 생능출판, 2021
- 김상훈, 『전기자기학』, 윤조, 2024
- 박한규, 윤상원 역, 『전자기학』, 희중당, 1994
- 대산전기기술학원, 『전기자기학』, 한솔아카데미, 2024

목차

PART 02 자기적인 현상

CHAPTER 07 진공 중의 정자계

CHAPTER 08 전류에 의한 자계

CHAPTER 09 자성체와 자기회로

CHAPTER 10 전자유도

CHAPTER 11 인덕턴스

CHAPTER 12 전자계

PART 01

전기적인 현상

전기자기학Electromagnetics은 전기학Electricity과 자기학Magnetics을 배우는 학문이다. 이 두 분야는 서로 독립적인 것 같지만, 전류가 자계를 만들고, 변화하는 자계가 다시 전류를 유도한다는 점에서 서로 밀접하게 연결되어 있다.

PART 01에서는 전하의 성질과 전하가 만들어내는 전계의 특성을 다루는 전기학에 대해 배운다. 쿨롱의 법칙, 가우스 법칙, 전계와 전위, 콘덴서와 정전용량, 전계의 에너지, 전기영상법 등을 주요 내용으로 다룬다.

CONTENTS

CHAPTER

01

벡터

CONTENTS

학습 내용

물리량을 표현하는 방법인 스칼라와 벡터, 그리고 평면이나 공간의 위치를 나타내는 좌표계에 대해 배운다. 또한 크기와 방향을 가진 물리량을 표현하는 데 사용되는 벡터의 덧셈과 뺄셈, 그리고 벡터의 내적 및 외적과 같은 곱셈 연산을 배운다. 마지막으로 벡터로 표현된 물리량의 변화를 알 수 있는 벡터의 미분 연산 및 적분과 관련된 스토크스 정리와 발산 정리를 학습한다.

핵심 키워드

스칼라 / 벡터 / 단위 벡터 / 기본 벡터 / 좌표계 / 벡터 연산 / 내적 / 외적 / 발산 / 회전 / 스토크스 정리 / 발산 정리

학습 전략

전기자기학의 문제 풀이는 벡터 연산에서 시작되는 경우가 많습니다. 그러므로 벡터 연산은 전기자기학의 기초적인 도구라고 할 수 있습니다. 전계와 자계 같은 핵심 물리량들이 모두 벡터 형태인 만큼 덧셈, 뺄셈, 내적, 외적 등의 연산을 자연스럽게 수행할 수 있어야 합니다. 각 벡터 연산의 개념을 정확히 이해하고, 예제와 기출문제를 활용하여 꾸준히 연습하기 바랍니다.

1.1 스칼라와 벡터

스칼라Scalar는 온도, 시간, 길이, 넓이, 부피, 속력 등과 같이 크기만으로 표현되는 물리량을 나타낼 때 사용된다. 반면에 **벡터**Vector는 힘, 운동량, 속도[1]와 같이 크기뿐만 아니라 방향까지 함께 표시해야 하는 물리량을 나타낼 때 사용된다.

벡터는 [그림 1-1]과 같이 시작점과 끝점을 연결하는 화살표로 표현된다. [그림 1-1]에서 화살표의 길이는 벡터의 크기를, 화살표의 방향은 벡터의 방향을 나타낸다.

벡터는 $\boldsymbol{A}$, $\overline{A}$, $\overrightarrow{A}$, $\hat{A}$, $\tilde{A}$와 같이 굵은 글씨체를 사용하거나 문자 위에 선이나 화살표를 덧붙여 스칼라와 구별한다. 이 책에서는 $\boldsymbol{A}$ 와 같이 굵은 글씨체로 벡터를 표시하기로 한다.

1.1.1 단위 벡터와 기본 벡터

방향과 관계없이 크기가 1인 벡터를 **단위 벡터**Unit vector라 하며, 단위 벡터 중에서 좌표축의 방향을 나타내는 벡터를 **기본 벡터**Basic vector라고 한다.

1.2절에서 자세하게 설명하겠지만 [그림 1-2]는 좌표축을 통해 위치를 나타내는 직각좌표계이다. i, j, k는 각각 x, y, z의 좌표축의 방향을 나타내는 기본 벡터이다. 이 벡터들은 a_x, a_y, a_z로도 표시할 수 있다. 어떤 벡터 $\boldsymbol{A}$를 기본 벡터를 사용하여 나타내면 다음과 같다. 여기에서 A_x, A_y, A_z는 각 방향에 대한 크기(스칼라)이다.

$$\boldsymbol{A} = A_x i + A_y j + A_z k \quad \text{또는} \quad \boldsymbol{A} = A_x a_x + A_y a_y + A_z a_z$$

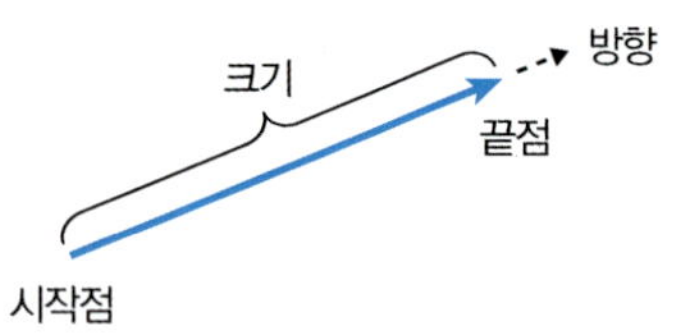

그림 1-1 벡터의 정의

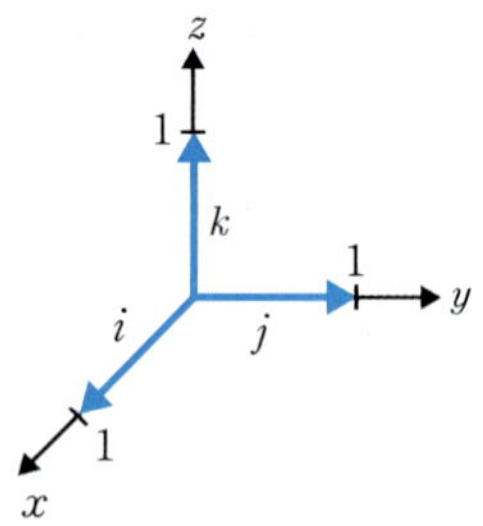

그림 1-2 기본 벡터(직각좌표계)

1 속력(Speed)은 물체가 이동하는 빠르기를 나타내는 스칼라량이고, 속도(Velocity)는 빠르기와 이동 방향까지 포함하는 벡터이다.

1.1.2 벡터의 표시

[그림 1-3]은 원점 O에서 점 P(1, 2, 2)를 향하는 벡터 $\boldsymbol{A}$(즉, $\boldsymbol{A} = i + 2j + 2k$)를 나타낸 것이다. 그림에서 $\boldsymbol{A}$는 점선으로 나타낸 직육면체의 원점 O에서 점 P로 향하는 벡터이다.

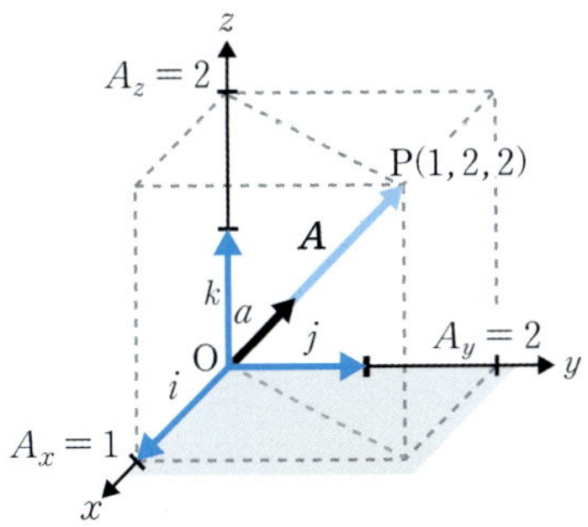

그림 1-3 벡터의 표시

벡터 $\boldsymbol{A} = A_x i + A_y j + A_z k$의 크기는 절댓값 $|\boldsymbol{A}|$로 표시하며, 식 (1.1)과 같이 구한다.[2]

$$|\boldsymbol{A}| = \sqrt{A_x^2 + A_y^2 + A_z^2} \tag{1.1}$$

식 (1.1)에 의하면 [그림 1-3]의 벡터 $\boldsymbol{A}$의 크기는 $|\boldsymbol{A}| = \sqrt{1^2 + 2^2 + 2^2} = 3$이다.

예제 1-1

주어진 벡터의 크기를 구하라.

(a) $\boldsymbol{A} = 4i + 3k$

(b) $\boldsymbol{B} = 5i + 2j + 4k$

(c) $\boldsymbol{C} = 4a_x + 4a_y + 2a_z$

풀이

(a) $|\boldsymbol{A}| = \sqrt{4^2 + 3^2} = \sqrt{25} = 5$

(b) $|\boldsymbol{B}| = \sqrt{5^2 + 2^2 + 4^2} = \sqrt{45} = 3\sqrt{5}$

(c) $|\boldsymbol{C}| = \sqrt{4^2 + 4^2 + 2^2} = \sqrt{36} = 6$

2 이 식은 피타고라스의 정리를 이용하여 얻는다.

한편 [그림 1-3]에서 a는 $\boldsymbol{A}$의 단위 벡터를 나타내며, 이를 이용하면 벡터 $\boldsymbol{A} = |\boldsymbol{A}|a$로 표시할 수 있다. 또한 단위 벡터 a는 식 (1.2)와 같이 벡터 형식으로 나타낼 수 있다.

$$a = \frac{\boldsymbol{A}}{|\boldsymbol{A}|} = \frac{A_x}{|\boldsymbol{A}|}i + \frac{A_y}{|\boldsymbol{A}|}j + \frac{A_z}{|\boldsymbol{A}|}k \tag{1.2}$$

앞에서 구한 결과를 적용하면 $|\boldsymbol{A}| = 3$이므로 단위 벡터 $a = \frac{1}{3}i + \frac{2}{3}j + \frac{2}{3}k$가 된다.

1.2 좌표계

좌표계는 평면이나 공간의 위치를 나타내는 데 사용되며, 1637년 프랑스의 수학자 데카르트[René Descartes]가 최초로 직각좌표계를 고안하였다. 대표적인 좌표계로는 직각좌표계와 원통좌표계, 구면좌표계가 있다. 이 중에서 직각좌표계는 위치를 직관적으로 표현할 수 있어 가장 널리 사용된다.

[그림 1-4]는 여러 가지 좌표계의 예시를 나타낸 것이다.

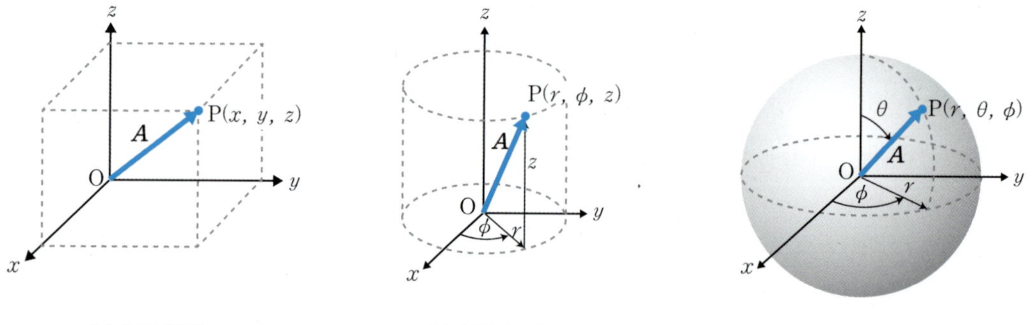

그림 1-4 여러 가지 좌표계

- **직각좌표계**[Cartesian coordinate system] : 서로 수직인 좌표축 x, y, z의 좌푯값으로 위치를 표시한다.
- **원통좌표계**[Cylindrical coordinate system] : 3개의 성분(r, ϕ, z)으로 원통형 공간상에 위치를 표시한다. 여기서 r은 원점 O에서의 거리이고, ϕ는 x축으로부터 반시계 방향으로의 회전 각도이며, z는 z축 방향의 높이이다.
- **구면좌표계**[Spherical coordinate system] : 3개의 성분(r, θ, ϕ)으로 구면상의 위치를 표시한다. 여기서 성분 r과 ϕ는 원통좌표계와 같으며, θ는 z축으로부터 기울어진 각도이다.

임의의 벡터 $\boldsymbol{A}$를 좌표계별로 나타내면 다음과 같다.

- 직각좌표계 : $\boldsymbol{A} = A_x i + A_y j + A_z k$ 또는 $\boldsymbol{A} = A_x a_x + A_y a_y + A_z a_z$
- 원통좌표계 : $\boldsymbol{A} = A_r a_r + A_\phi a_\phi + A_z a_z$
- 구면좌표계 : $\boldsymbol{A} = A_r a_r + A_\theta a_\theta + A_\phi a_\phi$

1.3 벡터의 덧셈과 뺄셈

기본적인 벡터의 덧셈과 뺄셈은 간단하다. 두 벡터 $\boldsymbol{A}$, $\boldsymbol{B}$를 식 (1.3)과 같이 같은 성분끼리 더하거나 빼면 된다.

$$\boldsymbol{A} \pm \boldsymbol{B} = (A_x \pm B_x)i + (A_y \pm B_y)j + (A_z \pm B_z)k \tag{1.3}$$

이러한 기본적인 방법 외에도 도형을 이용하여 벡터를 더하거나 뺄 수 있다. [그림 1-5]는 평행사변형법으로, 두 벡터의 시작점이 같을 때 적용한다. 벡터의 덧셈인 [그림 1-5(a)]는 벡터 $\boldsymbol{A}$, $\boldsymbol{B}$를 이용해 평행사변형을 그렸을 때, 두 벡터의 시작점에서 꼭짓점을 연결한 벡터가 $\boldsymbol{A}+\boldsymbol{B}$이다. 벡터의 뺄셈인 [그림 1-5(b)]는 $\boldsymbol{A}-\boldsymbol{B}$를 $\boldsymbol{A}+(-\boldsymbol{B})$와 같이 벡터의 덧셈으로 생각하고 [그림 1-5(a)]와 같은 방법으로 평행사변형을 그렸을 때 두 벡터의 시작점에서 꼭짓점을 연결한 벡터가 $\boldsymbol{A}-\boldsymbol{B}$이다.

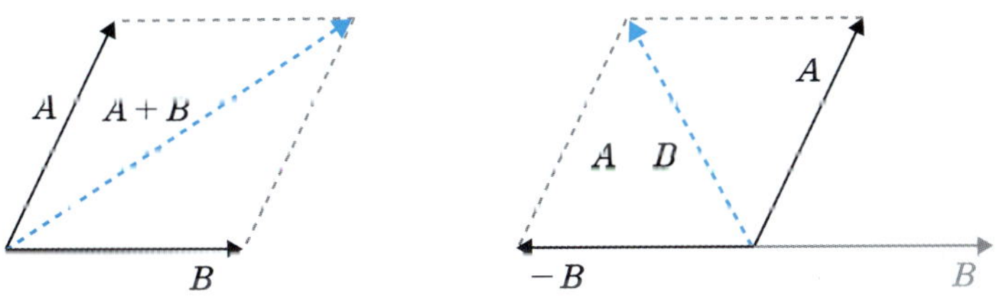

(a) $\boldsymbol{A}+\boldsymbol{B}$ (b) $\boldsymbol{A}-\boldsymbol{B}$

그림 1-5 평행사변형법

[그림 1-6]은 삼각형법으로, 한 벡터의 끝점에서 다른 벡터가 시작될 때, 즉 두 벡터의 시작점이 다를 때 적용한다. 벡터의 덧셈인 [그림 1-6(a)]는 벡터 $\boldsymbol{A}$, $\boldsymbol{B}$를 이용해 삼각형을 그렸을 때 빗변의 벡터가 $\boldsymbol{A}+\boldsymbol{B}$이다. 벡터의 뺄셈인 [그림 1-6(b)]는 평행사변형법과 마찬가지로 $\boldsymbol{A}-\boldsymbol{B}$를 $\boldsymbol{A}+(-\boldsymbol{B})$로 생각하고 벡터 $\boldsymbol{A}$, $-\boldsymbol{B}$를 이용해 삼각형을 그렸을 때 빗변의 벡터가 $\boldsymbol{A}-\boldsymbol{B}$이다.

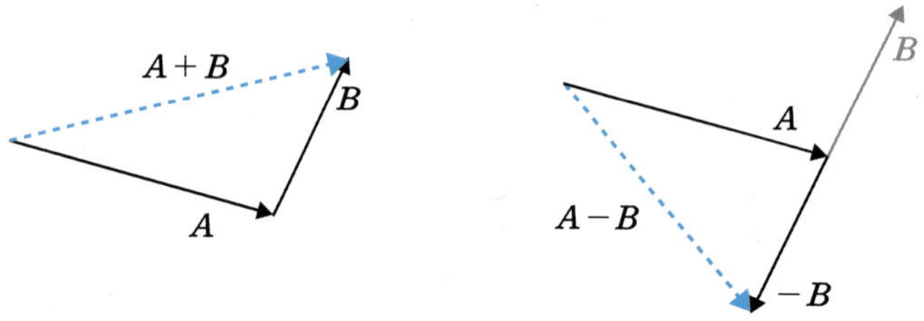

(a) $\boldsymbol{A}+\boldsymbol{B}$ (b) $\boldsymbol{A}-\boldsymbol{B}$

그림 1-6 삼각형법

예제 1-2

벡터 $\boldsymbol{A}=3i+2j+5k$, $\boldsymbol{B}=2i+5j+3k$일 때 $\boldsymbol{A}+\boldsymbol{B}$와 $\boldsymbol{A}-\boldsymbol{B}$를 구하라.

풀이

두 벡터의 같은 성분(방향)끼리 더하거나 빼면 된다.

- 벡터의 덧셈 : $\boldsymbol{A}+\boldsymbol{B}=(3+2)i+(2+5)j+(5+3)k=5i+7j+8k$
- 벡터의 뺄셈 : $\boldsymbol{A}-\boldsymbol{B}=(3-2)i+(2-5)j+(5-3)k=i-3j+2k$

예제 1-3

어떤 점 A(2, 3, 1)과 점 B(4, 5, 2) 간의 거리를 구하라.

풀이

원점에서 점 A로 향하는 벡터 $\boldsymbol{A}=2i+3j+k$, 점 B로 향하는 벡터 $\boldsymbol{B}=4i+5j+2k$이다. 점 A에서 점 B로 향하는 벡터를 $\boldsymbol{C}$라 하면, $\boldsymbol{C}=\boldsymbol{B}-\boldsymbol{A}=(4-2)i+(5-3)j+(2-1)k=2i-2j+k$이고, 벡터의 크기 $|\boldsymbol{C}|=\sqrt{2^2+2^2+1^2}=3$이다. 따라서 점 A과 점 B 간의 거리는 3이다.

1.4 벡터의 곱셈

1.4.1 내적

내적 Dot Product 은 두 벡터를 곱해 크기만을 얻는 곱셈법으로, **'스칼라 곱'**이라고도 한다. 내적은 $\boldsymbol{A}\cdot\boldsymbol{B}$로 표시하며, 식 (1.4)와 같이 정의된다. 이때 θ는 두 벡터 사이의 각도이다.

$$\boldsymbol{A}\cdot\boldsymbol{B} = |\boldsymbol{A}||\boldsymbol{B}|\cos\theta \tag{1.4}$$

내적은 크기만을 가지므로 식 (1.5)와 같이 교환법칙이 성립한다.

$$\boldsymbol{A}\cdot\boldsymbol{B} = \boldsymbol{B}\cdot\boldsymbol{A} \tag{1.5}$$

여기서 잠깐 **내적의 의미**

내적의 결괏값은 두 벡터가 얼마나 같은 방향을 향하고 있는지를 나타낸다. 예를 들어, [그림 1-7]과 같이 어떤 물체에 힘 $\boldsymbol{F}_1$, $\boldsymbol{F}_2$를 가할 때 그림과 같이 두 힘의 사잇각 $\theta=60°$이면 두 벡터의 내적 $\boldsymbol{F}_1\cdot\boldsymbol{F}_2 = \frac{1}{2}|\boldsymbol{F}_1||\boldsymbol{F}_2|$가 된다.[3]

만약 두 힘의 방향이 같으면 사잇각 $\theta=0°$이므로 $\boldsymbol{F}_1\cdot\boldsymbol{F}_2 = |\boldsymbol{F}_1||\boldsymbol{F}_2|$가 되어 $\theta=60°$일 때의 2배가 된다.

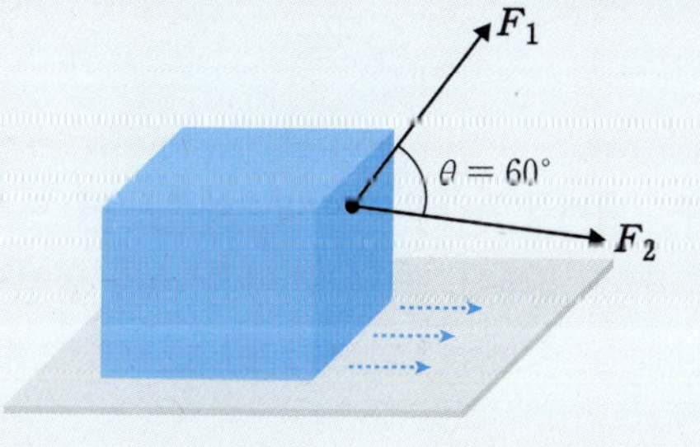

그림 1-7 내적의 의미

3 $\boldsymbol{F}_1\cdot\boldsymbol{F}_2 = |\boldsymbol{F}_1||\boldsymbol{F}_2|\cos 60°$이고, $\cos 60°$는 $\frac{1}{2}$이다.

기본 벡터 i, j, k의 내적을 살펴보자. 같은 기본 벡터끼리는 사잇각이 $0°$이고, 다른 기본 벡터끼리는 사잇각이 $90°$이다. 따라서 같은 기본 벡터끼리의 내적은 1이 되고, 다른 기본 벡터끼리의 내적은 0이 된다.

$$i \cdot i = j \cdot j = k \cdot k = |1||1|\cos 0° = 1$$

$$i \cdot j = j \cdot k = k \cdot i = |1||1|\cos 90° = 0$$

따라서 두 벡터의 내적 $\boldsymbol{A} \cdot \boldsymbol{B}$는 같은 기본 벡터끼리만 곱하면 되며, 그 결과는 식 (1.6)과 같다. 이 식을 살펴보면 같은 스칼라 성분끼리만 곱해지고 있음을 알 수 있다. 이는 내적의 결과가 '스칼라'임을 나타낸다.

$$\begin{aligned}\boldsymbol{A} \cdot \boldsymbol{B} &= (A_x i + A_y j + A_z k) \cdot (B_x i + B_y j + B_z k) \\ &= A_x B_x i \cdot i + A_y B_y j \cdot j + A_z B_z k \cdot k \\ &= A_x B_x + A_y B_y + A_z B_z \end{aligned} \tag{1.6}$$

예제 1-4

벡터 $\boldsymbol{A} = i + 2j + 3k$, $\boldsymbol{B} = 3i + 2j + k$일 때 $\boldsymbol{A} \cdot \boldsymbol{B}$를 구하라.

풀이

식 (1.6)을 이용하면 $\boldsymbol{A} \cdot \boldsymbol{B} = (1 \times 3) + (2 \times 2) + (3 \times 1) = 10$이 된다.

1.4.2 외적

외적Cross Product은 두 벡터를 곱해 벡터를 얻는 곱셈법으로, **'벡터곱'**이라고도 한다. 외적은 $\boldsymbol{A} \times \boldsymbol{B}$로 표시하며, 식 (1.7)과 같이 정의한다. 여기서 θ는 두 벡터 사이의 각도이고 n은 수직 방향의 단위 벡터이다.

$$\boldsymbol{A} \times \boldsymbol{B} = |\boldsymbol{A}||\boldsymbol{B}|\sin\theta\, n \tag{1.7}$$

[그림 1-8]은 외적 $\boldsymbol{A} \times \boldsymbol{B}$를 나타낸 것이다. 외적의 크기는 벡터가 이루는 평행사변형의 면적이며, 외적의 방향은 오른나사 법칙에 따라 결정된다. 즉, [그림 1-8]과 같이 A에서 B로 회전할 때 오른나사의 진행 방향인 n이 외적의 방향이 된다.

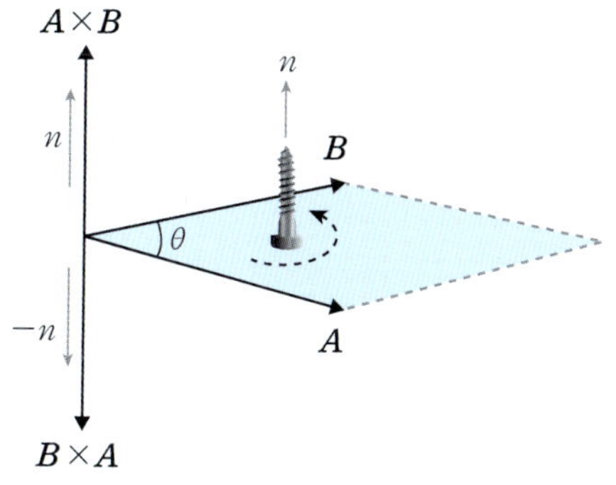

그림 1-8 외적

한편 외적 $\boldsymbol{B} \times \boldsymbol{A}$는 B에서 A로 오른나사가 회전하므로 외적의 방향은 $-n$이 된다. 따라서 외적은 내적과 달리 교환법칙이 성립하지 않는다.

$$\boldsymbol{A} \times \boldsymbol{B} \neq \boldsymbol{B} \times \boldsymbol{A} \tag{1.8}$$

기본 벡터 i, j, k의 외적을 살펴보자. 같은 기본 벡터끼리의 외적은 사잇각이 0°이므로 모두 0이 된다.[4]

$$i \times i = j \times j = k \times k = |1||1|\sin 0° = 0$$

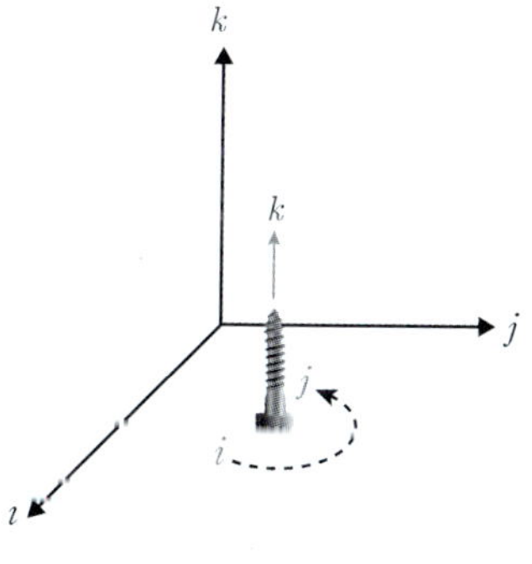

그림 1-9 기본 벡터의 외적

반면에 다른 기본 벡터끼리의 외적은 오른나사 법칙을 따른다. 예를 들어, [그림 1-9]에서 $i \times j$는 k 방향, 즉 $i \times j = k$가 된다. 같은 원리로 기본 벡터의 외적 관계를 정리하면 다음과 같다.

$$\begin{aligned} i \times j &= k, & j \times i &= -k \\ i \times k &= -j, & k \times i &= j \\ j \times k &= i, & k \times j &= -i \end{aligned}$$

4 sin 0°는 0이다.

벡터 $\boldsymbol{A} = A_x i + A_y j + A_z k$와 $\boldsymbol{B} = B_x i + B_y j + B_z k$의 외적은 식 (1.9)와 같이 3×3 행렬로 간단히 나타낼 수 있다.

$$\boldsymbol{A} \times \boldsymbol{B} = \begin{vmatrix} i & j & k \\ A_x & A_y & A_z \\ B_x & B_y & B_z \end{vmatrix} \tag{1.9}$$

이 행렬식을 전개하면 식 (1.10)을 얻을 수 있다.

$$\boldsymbol{A} \times \boldsymbol{B} = (A_y B_z - A_z B_y) i + (A_z B_x - A_x B_z) j + (A_x B_y - A_y B_x) k \tag{1.10}$$

여기서 잠깐 **3×3 행렬의 전개**

식 (1.9)의 3×3 행렬은 다음과 같은 방법으로 전개한다.

$$\begin{vmatrix} i & j & k \\ A_x & A_y & A_z \\ B_x & B_y & B_z \end{vmatrix} \begin{vmatrix} i & j & k \\ A_x & A_y & A_z \\ B_x & B_y & B_z \end{vmatrix} \begin{matrix} \\ A_x \\ B_x \end{matrix} \quad \begin{vmatrix} i & j & k \\ A_x & A_y & A_z \\ B_x & B_y & B_z \end{vmatrix}$$

$$= (A_y B_z - A_z B_y) i + (A_z B_x - A_x B_z) j + (A_x B_y - A_y B_x) k$$

예제 1-5

두 벡터가 각각 $\boldsymbol{A} = i + 2j + 2k$, $\boldsymbol{B} = 4i + 4j + 2k$일 때 외적 $\boldsymbol{A} \times \boldsymbol{B}$와 두 벡터 사이의 각도 θ를 구하라.

풀이

먼저 벡터의 외적을 구해보자. 식 (1.9)를 이용하면 $\boldsymbol{A} \times \boldsymbol{B} = \begin{vmatrix} i & j & k \\ 1 & 2 & 2 \\ 4 & 4 & 2 \end{vmatrix} = (4-8) i + (8-2) j + (4-8) k = -4i + 6j - 4k$이다.

사잇각 θ는 벡터의 내적을 이용하면 간단하게 구할 수 있다. 벡터의 크기 $|\boldsymbol{A}| = \sqrt{1^2 + 2^2 + 2^2} = 3$, $|\boldsymbol{B}| = \sqrt{4^2 + 4^2 + 2^2} = 6$이고, 식 (1.6)을 이용하면 벡터의 내적 $\boldsymbol{A} \cdot \boldsymbol{B} = (1\times4) + (2\times4) + (2\times2) = 16$이 된다. 식 (1.4)에서 $\cos\theta = \dfrac{\boldsymbol{A} \cdot \boldsymbol{B}}{|\boldsymbol{A}||\boldsymbol{B}|} = \dfrac{16}{18}$이므로 $\theta = \cos^{-1}\left(\dfrac{8}{9}\right) = 27.3°$이다.

1.5 벡터의 미분

1.5.1 미분연산자

벡터를 미분할 때는 **미분연산자**Del 또는 Nabla ∇을 사용한다. 미분연산자는 식 (1.11)과 같이 정의할 수 있다.

$$\nabla = \frac{\partial}{\partial x}i + \frac{\partial}{\partial y}j + \frac{\partial}{\partial z}k \tag{1.11}$$

미분연산자는 각 방향에 대한 편미분을 포함하며, 이를 이용하면 벡터장의 변화율을 분석할 수 있다. 예를 들어 2장에서 자세히 다룰 전위Electric Potential V[5]를 미분연산자와 곱하면 식 (1.12)가 된다.

$$\nabla V = \frac{\partial V}{\partial x}i + \frac{\partial V}{\partial y}j + \frac{\partial V}{\partial z}k \tag{1.12}$$

이 식은 전위 V가 x, y, z 방향으로 어떻게 변하는지를, 즉 공간에서의 기울기(경도Gradient)를 알려준다. 이 때문에 ∇V를 전위경도(전위 기울기)라 하며, $grad\,V$로도 표시한다.

예제 1-6

전위 $V = x^2y - 2xz^2 + 3y^2z$일 때 점 P(2, 1, 0)에서의 $grad\,V$를 구하라.

풀이

식 (1.12)를 이용하여 전위 V를 x, y, z 방향에 대해 편미분한다.

$$\frac{\partial V}{\partial x} = 2xy - 2z^2, \quad \frac{\partial V}{\partial y} = x^2 + 6yz, \quad \frac{\partial V}{\partial z} = -4xz + 3y^2$$

그러면 전위경도 $grad\,V = (2xy - 2z^2)\,i + (x^2 + 6yz)\,j + (-4xz + 3y^2)\,k$가 되며, 여기에 점 P(2, 1, 0)을 대입하면 $grad\,V = 4i + 4j + 3k$가 된다.

5 전위에 대한 자세한 내용은 2.5.1절을 참고하라.

1.5.2 발산과 회전

발산

벡터 $\boldsymbol{A} = A_x i + A_y j + A_z k$와 미분연산자 ∇의 내적 $\nabla \cdot \boldsymbol{A}$는 식 (1.13)과 같이 나타낼 수 있다.[6]

$$\nabla \cdot \boldsymbol{A} = \left(\frac{\partial}{\partial x} i + \frac{\partial}{\partial y} j + \frac{\partial}{\partial z} k\right) \cdot (A_x i + A_y j + A_z k)$$

$$= \frac{\partial A_x}{\partial x} + \frac{\partial A_y}{\partial y} + \frac{\partial A_z}{\partial z} \tag{1.13}$$

벡터와 미분연산자의 내적을 **발산**[Divergence]이라고 하며, $div\boldsymbol{A}$로도 나타낸다. 벡터의 발산은 벡터 $\boldsymbol{A}$가 x, y, z 방향으로 어떻게 변하는지를 보여준다.

- $\nabla \cdot \boldsymbol{A} > 0$: 벡터가 증가하며, 공간에서 퍼져나가는(분산되는) 성질을 가진다.
- $\nabla \cdot \boldsymbol{A} < 0$: 벡터가 감소하며, 공간으로 모여드는(수렴하는) 성질을 가진다.
- $\nabla \cdot \boldsymbol{A} = 0$: 벡터가 변하지 않거나 매우 불규칙한 움직임으로 균형을 이루고 있다.

회전

벡터 $\boldsymbol{A} = A_x i + A_y j + A_z k$와 미분연산자 ∇의 외적 $\nabla \times \boldsymbol{A}$는 식 (1.14)와 같이 3×3 행렬로 나타낼 수 있다.

$$\nabla \times \boldsymbol{A} = \begin{vmatrix} i & j & k \\ \frac{\partial}{\partial x} & \frac{\partial}{\partial y} & \frac{\partial}{\partial z} \\ A_x & A_y & A_z \end{vmatrix} \tag{1.14}$$

이 행렬식을 전개하면 식 (1.15)를 얻을 수 있다.

$$\nabla \times \boldsymbol{A} = \left(\frac{\partial A_z}{\partial y} - \frac{\partial A_y}{\partial z}\right) i + \left(\frac{\partial A_x}{\partial z} - \frac{\partial A_z}{\partial x}\right) j + \left(\frac{\partial A_y}{\partial x} - \frac{\partial A_x}{\partial y}\right) k \tag{1.15}$$

벡터와 미분연산자의 외적을 **회전**[Rotation]이라고 하며, $rot\boldsymbol{A}$나 $curl\boldsymbol{A}$로도 나타낸다. 벡터의 회전은 벡터 $\boldsymbol{A}$가 공간에서 어떻게 회전하는지를 보여준다.

6 식 (1.6)을 참고하라.

- $\nabla \times \boldsymbol{A} > 0$: 벡터가 반시계 방향으로 회전하고 있다.
- $\nabla \times \boldsymbol{A} < 0$: 벡터가 시계 방향으로 회전하고 있다.
- $\nabla \times \boldsymbol{A} = 0$: 벡터가 회전하지 않는다.

[그림 1-10]은 다양하게 움직이는 벡터장을 나타낸 것이다. 이 벡터들의 발산과 회전 특성은 각각 다음과 같다.

- [그림 1-10(a)] : 벡터들이 공간에서 퍼져나간다(발산이 양수).
- [그림 1-10(b)] : 벡터들이 공간으로 모여든다(발산이 음수).
- [그림 1-10(c)] : 벡터들이 시계 방향으로 회전하면서 퍼져나간다(발산은 양수, 회전은 음수).
- [그림 1-10(d)] : 벡터들이 반시계 방향으로 회전한다(회전은 양수, 발산은 0).

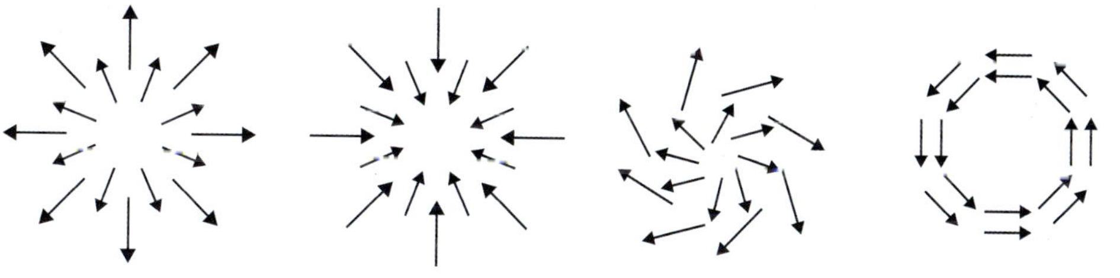

(a) 공간에서 퍼져나감 (b) 공간으로 모여듦 (c) 퍼져나가며 시계 방향으로 회전 (d) 반시계 방향으로 회전

그림 1-10 벡터의 발산과 회전

1.6 벡터의 적분

1.6.1 스토크스 정리

이 절에서는 벡터의 적분과 관련된 몇 가지의 중요한 정리를 살펴볼 것이다. **스토크스 정리**Stoke's theorem는 벡터의 선적분과 면적적분(면적분)을 상호 변환할 때 사용되는 중요한 정리이다. 벡터 $\boldsymbol{A}$에 대한 스토크스 정리는 식 (1.16)과 같다.

$$\oint_C \boldsymbol{A} \cdot dl = \int_S \nabla \times \boldsymbol{A} \cdot dS \tag{1.16}$$

즉 스토크스 정리는 '**벡터 A를 폐곡선 C를 따라 선적분한 값은 벡터 A의 회전($\nabla \times A$)을 면적 적분한 값과 같음**'을 의미한다.

여기서 잠깐 **스토크스 정리의 물리적 의미**

[그림 1-11]은 폐곡선 C와 그 내부에 있는 폐곡면 S를 나타낸 것이다. 폐곡면 S는 수많은 미소 면적으로 나눌 수 있다. 이 중에서 일부 미소면적($dS_1 \sim dS_4$)을 확대하여 살펴보자.

각 미소면적에서 회전($\nabla \times \boldsymbol{A}$)을 구하면 마주 보는 면의 회전은 서로 반대 방향이므로 상쇄되며, 결국 굵은 선으로 표시된 외곽의 폐곡선만 남는다. 이 개념을 폐곡면 S 전체로 확장하면 폐곡면 S를 이루는 벡터의 회전에 대한 적분 결과가 결국 폐곡선 C를 따라 선적분한 결과와 같음을 확인할 수 있다.

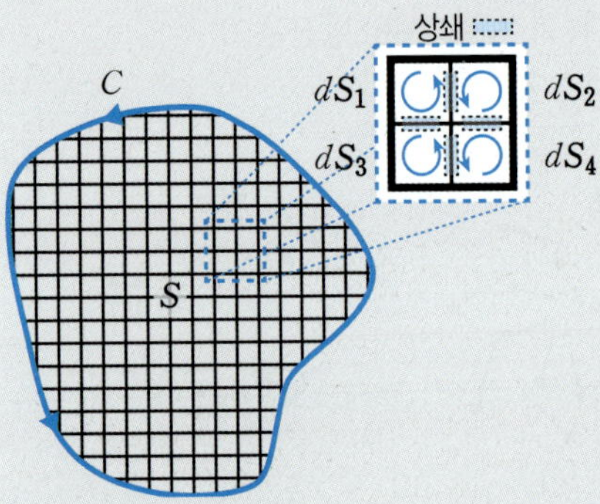

그림 1-11 스토크스 정리

1.6.2 발산 정리

발산 정리 Divergence Theorem는 벡터의 면적적분과 체적적분을 상호 변환할 때 사용되는 정리이다. 벡터 $\boldsymbol{A}$에 대한 발산 정리는 식 (1.17)과 같다.

$$\int_S \boldsymbol{A} \cdot dS = \int_V (\nabla \cdot \boldsymbol{A}) dV \tag{1.17}$$

즉 발산 정리는 '**폐곡면 S를 빠져나오는 벡터 A의 총 유량은 벡터 A의 발산을 체적적분한 값과 같음**'을 의미한다.

여기서 잠깐 **발산 정리의 물리적 의미**

발산 정리를 보다 직관적으로 이해하기 위해 [그림 1-12]와 같이 물체를 여러 개의 단위체적으로 나누어 발산을 적용해보자.

- [그림 1-12(a)]는 2개의 단위체적 V_1, V_2에 발산을 적용한 것이다. 이때 마주 보는 면으로 나오는 벡터들은 상쇄되며, 결국 바깥면의 벡터만 남는다.
- [그림 1-12(b)]는 4개의 단위체적 V_1, V_2, V_3, V_4에 대해 발산을 적용한 것이다. 이 경우에도 마주 보는 면의 벡터들이 모두 상쇄되면서 바깥면의 벡터들만 남는다.
- [그림 1-12(c)]는 물체를 더욱 많은 단위체적(총 125개)으로 나눈 것이다. 이 경우도 마찬가지로 내부의 벡터들은 모두 상쇄되고, 물체의 바깥면으로 나오는 벡터만 남는다.

이 결과는 벡터 $\boldsymbol{A}$의 발산($\nabla \cdot \boldsymbol{A}$)을 체적적분한 값이 그 물체의 바깥면으로 나오는 벡터의 총 유량(면적적분)과 같다는 것을 의미한다. 이를 통해 발산 정리가 성립함을 알 수 있다.

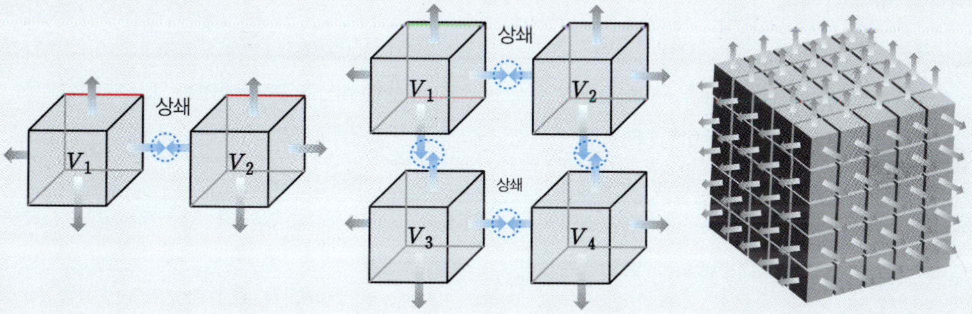

(a) 단위체적의 발산(2개)　(b) 단위체적의 발산(4개)　(c) 단위체적의 발산(125개)

그림 1-12 발산 정리의 물리적 의미

CHAPTER 01

핵심 정리

- **스칼라** : 크기만 있는 물리량 예 온도, 시간, 길이, 넓이, 부피, 속력 등
- **벡터** : 크기와 방향을 가지고 있는 물리량 예 힘, 운동량, 속도 등
- **단위 벡터** : 방향과 관계없이 크기가 1인 벡터
- **기본 벡터** : 좌표축의 방향을 나타내는 단위 벡터 예 i, j, k 또는 a_x, a_y, a_z
- **벡터의 표시** : $\boldsymbol{A} = A_x i + A_y j + A_z k$ 또는 $\boldsymbol{A} = A_x a_x + A_y a_y + A_z a_z$
- **벡터 $\boldsymbol{A}$의 크기** : $|\boldsymbol{A}| = \sqrt{A_x^2 + A_y^2 + A_z^2}$
- **좌표계** : 직각좌표계(x, y, z), 원통좌표계(r, ϕ, z), 구면좌표계(r, θ, ϕ)
- **벡터의 내적과 외적**

구분	내적	외적
설명	크기(스칼라)를 구하는 곱셈법	크기와 방향(벡터)을 구하는 곱셈법
표현식	$\boldsymbol{A} \cdot \boldsymbol{B} = \|\boldsymbol{A}\|\|\boldsymbol{B}\| \cos\theta$	$\boldsymbol{A} \times \boldsymbol{B} = \|\boldsymbol{A}\|\|\boldsymbol{B}\| \sin\theta n$
교환법칙	성립함	성립하지 않음
결과식	$\boldsymbol{A} \cdot \boldsymbol{B} = A_x B_x + A_y B_y + A_z B_z$	$\boldsymbol{A} \times \boldsymbol{B} = \begin{vmatrix} i & j & k \\ A_x & A_y & A_z \\ B_x & B_y & B_z \end{vmatrix}$
의미	두 벡터의 방향 일치 정도를 나타냄	오른나사 법칙으로 방향이 결정됨

- **벡터의 발산과 회전**

구분	발산	회전
설명	벡터와 미분연산자의 내적	벡터와 미분연산자의 외적
표현식	$\nabla \cdot \boldsymbol{A}$ 또는 $div\boldsymbol{A}$	$\nabla \times \boldsymbol{A}$ 또는 $rot\boldsymbol{A}$, $curl\boldsymbol{A}$
교환법칙	성립함	성립하지 않음
결과식	$\nabla \cdot \boldsymbol{A} = \frac{\partial A_x}{\partial x} + \frac{\partial A_y}{\partial y} + \frac{\partial A_z}{\partial z}$	$\nabla \times \boldsymbol{A} = \begin{vmatrix} i & j & k \\ \frac{\partial}{\partial x} & \frac{\partial}{\partial y} & \frac{\partial}{\partial z} \\ A_x & A_y & A_z \end{vmatrix}$
의미	벡터 $\boldsymbol{A}$의 변화 여부 및 변화(증가 / 감소)를 나타냄	벡터 $\boldsymbol{A}$의 회전 여부 및 회전 방향을 나타냄

- **스토크스 정리** : 벡터의 선적분과 면적적분의 상호 변환, $\oint_C \boldsymbol{A} \cdot dl = \int_S \nabla \times \boldsymbol{A} \cdot dS$
- **발산 정리** : 벡터의 면적적분과 체적적분의 상호 변환, $\int_S \boldsymbol{A} \cdot dS = \int_V (\nabla \cdot \boldsymbol{A}) dV$

CHAPTER 01

핵심 유형

유형 1 두 벡터가 이루는 각도 구하기

TIP

- 내적의 식 $A \cdot B = |A||B|\cos\theta$를 이용해 θ 구하기
- 내적을 이용하여 각도 계산하기

01 $\boldsymbol{A} = -i7-j$, $\boldsymbol{B} = -i3-j4$의 두 벡터가 이루는 각은 몇 도인가?

① 30° ② 45° ③ 60° ④ 90°

풀이

벡터가 이루는 각도 θ는 내적을 이용하면 계산이 간단해진다. 식 (1.1)에서 $|\boldsymbol{A}| = \sqrt{7^2+1^2} = \sqrt{50} = 5\sqrt{2}$, $|\boldsymbol{B}| = \sqrt{3^2+4^2} = 5$이고, 식 (1.6)에서 $\boldsymbol{A} \cdot \boldsymbol{B} = (-7\times(-3))+(-1\times(-4)) = 25$이다.

식 (1.4)에서 $\cos\theta = \dfrac{\boldsymbol{A} \cdot \boldsymbol{B}}{|\boldsymbol{A}||\boldsymbol{B}|} = \dfrac{25}{25\sqrt{2}} = \dfrac{1}{\sqrt{2}}$이므로 $\theta = \cos^{-1}\left(\dfrac{1}{\sqrt{2}}\right) = 45°$이다.

답 ②

02 두 벡터 $\boldsymbol{A} = A_x i+2j$, $\boldsymbol{B} = 3i-3j-k$가 직교하려면 A_x의 값은?

① 0 ② 2 ③ $\dfrac{1}{2}$ ④ -2

풀이

두 벡터가 직교(90°)하므로 식 (1.4)의 $\boldsymbol{A} \cdot \boldsymbol{B} = |\boldsymbol{A}||\boldsymbol{B}|\cos\theta$는 0이 된다. 따라서 식 (1.6)의 $\boldsymbol{A} \cdot \boldsymbol{B} = (A_x \times 3)+(2\times(-3)) = 0$이 되며, 이로부터 $3A_x = 6$이므로 $A_x = 2$이다.

답 ②

03 벡터 $\boldsymbol{A} = i+4j+3k$와 $\boldsymbol{B} = 4i+2j-4k$는 서로 어떤 관계인가?

① 평행 ② 면적 ③ 집근 ④ 수직

풀이

식 (1.6)에서 두 벡터의 내적 $\boldsymbol{A} \cdot \boldsymbol{B} = (1\times4)+(4\times2)+(3\times-4) = 0$이 된다. 두 벡터의 내적이 0이 되려면 사잇각 θ는 90°(수직)가 되어야 한다.

답 ④

유형 2 미분연산자 적용(발산과 회전)하기

TIP
- 발산의 식 (1.13) 적용하기
- 회전의 식 (1.15) 적용하기

01 전계 $\boldsymbol{E} = i3x^2 + j2xy^2 + kx^2yz$일 때 $div\boldsymbol{E}$는 얼마인가?

참고 $\boldsymbol{E}$는 전계의 세기(전계)를 나타내며, 2.3절에서 다룬다.

① $-i6x + jxy + kx^2y$ ② $i6x + j6xy + kx^2y$
③ $-6x - 6xy + kx^2y$ ④ $6x + 4xy + x^2y$

풀이

식 (1.13)을 이용하여 다음과 같이 벡터의 발산을 구한다.

$$div\boldsymbol{E} = \frac{\partial 3x^2}{\partial x} + \frac{\partial 2xy^2}{\partial y} + \frac{\partial x^2yz}{\partial z} = 6x + 4xy + x^2y$$

답 ④

---

02 $f = xyz$, $\boldsymbol{A} = xi + yi + zk$일 때 점 (1, 1, 1)에서의 $div(f\boldsymbol{A})$는?

① 3 ② 4 ③ 5 ④ 6

풀이

벡터 $\boldsymbol{A}$에 f를 곱하고 식 (1.13)을 적용하면 다음과 같다.

$$div(f\boldsymbol{A}) = \frac{\partial x^2yz}{\partial x} + \frac{\partial xy^2z}{\partial y} + \frac{\partial xyz^2}{\partial z} = 2xyz + 2xyz + 2xyz$$

점 (1, 1, 1)을 대입하면 $div(f\boldsymbol{A}) = 6$이 된다.

답 ④

---

03 모든 장소에서 $\nabla \cdot \boldsymbol{D} = 0$, $\nabla \times \dfrac{\boldsymbol{D}}{\epsilon} = 0$과 같은 관계가 성립하려면 $\boldsymbol{D}$는 어떤 성질을 가져야 하는가?

참고 $\boldsymbol{D}$는 전속밀도를 나타내며, 2.6.2절에서 다룬다.

① x의 함수 ② y의 함수 ③ z의 함수 ④ 상수

풀이

미분연산자를 곱하는 벡터 $\boldsymbol{D}$의 발산($\nabla \cdot \boldsymbol{D}$) 및 회전$\left(\nabla \times \dfrac{\boldsymbol{D}}{\epsilon}\right)$이 모두 0이 되려면 벡터 $\boldsymbol{D}$는 x, y, z의 어떤 방향으로도 변하지 않는 상수가 되어야 한다.

답 ④

CHAPTER 01

기출문제

이 책의 표기에 따르면 벡터를 굵게 표현해야 하지만 여기에서는 기출문제 그대로 표기하였으며, 이후 기출문제에도 동일한 기준을 적용하였다.

1.1 벡터에 대한 계산식이 옳지 않은 것은?

① $i\cdot i=j\cdot j=k\cdot k=0$ ② $i\cdot j=j\cdot k=k\cdot i=0$

③ $A\cdot B=|A||B|\cos\theta$ ④ $i\times i=j\times j=k\times k=0$

1.2 두 벡터 $A=2i+4j$, $B=6j-4k$가 이루는 각도는 약 몇 도인가?

① 36° ② 42° ③ 50° ④ 61°

1.3 벡터 $A=i-j+3k$, $B=i+ak$일 때 두 벡터가 수직이 되기 위한 a의 값은?
(단, i, j, k는 x, y, z 방향의 기본 벡터이다)

① -2 ② $-\frac{1}{3}$ ③ 0 ④ $\frac{1}{2}$

1.4 $r=xi+yj+zk$에서 $div\,r$의 값은?

① 0 ② 1 ③ 2 ④ 3

1.5 $V(x,y,z)=3x^2y-y^3z^2$에 대하여 $grad\,V$의 점 (1, −2, −1)에서의 값을 구하면?

① $12i+9j+16k$ ② $12i-9j+16k$

③ $-12i-9j-16k$ ④ $-12i+9j-16k$

1.6 어떤 물체에 $F_1=-3i+4j-5k$와 $F_2=6i+3j-2k$의 힘이 작용하고 있다. 이 물체에 F_3를 가했을 때 세 힘이 평형이 되기 위한 F_3는?

① $F_3=-3i-7j+7k$ ② $F_3=3i+7j-7k$

③ $F_3=3i-j-7k$ ④ $F_3=3i-j+3k$

정답

1.1 ① **1.2** ② **1.3** ② **1.4** ④ **1.5** ③ **1.6** ①

CHAPTER

02

진공 중의 정전계

CONTENTS

학습 내용

전기 현상의 시작인 정전기와 유도 현상을 살펴보고 이를 바탕으로 쿨롱의 법칙과 전계의 개념을 학습한다. 전계의 방향과 세기를 보여주는 전기력선의 성질과 전위도 함께 익힌다. 가우스 법칙을 통해 대칭 구조에서 전계를 구하는 방법과 정전기력이 물체에 미치는 힘인 정전응력도 살펴본다. 공간 전하밀도 분포에 따른 전계, 전위, 전속밀도를 구하는 데 유용한 방정식을 알아보고 전기쌍극자와 전기 이중층이 만드는 전계와 전위의 특성에 대해서도 배운다.

핵심 키워드

정전유도 | 쿨롱의 법칙 | 전계 | 정전계 | 전기력선 | 전위 | 가우스 법칙 | 전속밀도 | 정전응력 | 발산 정리 | 푸아송의 방정식 | 라플라스 방정식 | 전기쌍극자

학습 전략

이 장에서는 기초적인 정전기 현상부터 복잡한 전계 분포까지 단계적으로 배우므로 개념과 정의를 잘 정리해야 합니다. 기사 시험에서는 쿨롱의 법칙, 전계, 전위를 벡터 연산과 연계한 문제가 자주 출제되는 만큼 기출문제를 충분히 풀어보기 바랍니다. 전계 해석을 위해 전기력선의 성질을 이해하고, 가우스 법칙을 통해 여러 대칭 구조에서의 전계 및 전위의 식을 익히는 것도 중요합니다. 전기쌍극자와 이로 인한 전위와 전계의 거리에 따른 반비례 특성도 정리해두어야 합니다.

2.1 정전기 및 정전유도

2.1.1 정전기와 대전현상

물질의 기본 단위는 원자Atom이다. 원자들이 결합하여 분자Molecule를 이루며, 수많은 분자가 모여 물질을 형성한다. 원자는 [그림 2-1]과 같이 원자핵Nucleus과 그 주변을 도는 전자Electron로 이루어져 있다. 원자핵은 양성자Proton와 중성자Neutron로 구성된다.

양성자는 양(+)전기를 띠며, 중성자는 전기적으로 중성이다. 전자는 음(−)전기를 띠지만 그 전하량은 양성자와 같다.[1] 따라서 원자는 전기적으로 중성이 된다. [그림 2-1]은 원자번호가 6인 탄소 원자로, 6개의 전자와 양성자를 가지고 있다.

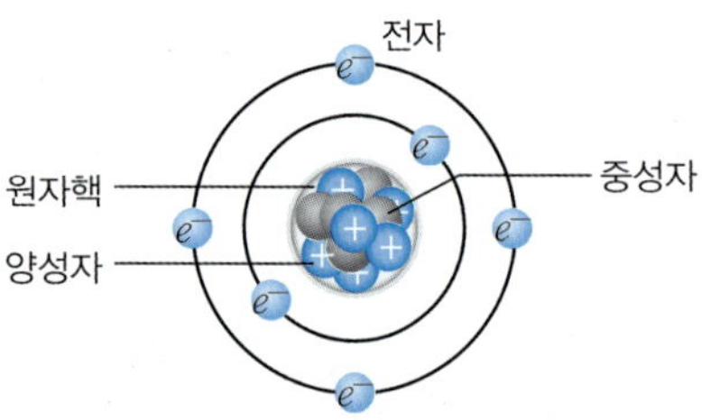

그림 2-1 탄소의 원자 구조

물질에 열, 마찰, 전기를 띤 물체와의 접촉과 같은 외부 자극이 가해지면 전기적으로 중성이었던 원자는 전자를 잃을 때는 (+), 얻을 때는 (−)의 전기를 띤 전하가 된다. 이러한 상태를 '대전Electrification되었다'라고 한다. 전하들은 다른 물질과 접촉하기 전까지는 움직이지 않는데, 이처럼 전하가 고정된 상태로 존재하는 전기를 정전기Static Electricity라 한다.

여기서 잠깐 정전기의 발견

1733년 프랑스의 물리학자 뒤페Du Fay는 [그림 2-2]와 같이 유리막대를 수지나 천으로 문지를 때 정전기가 발생하는 현상을 발견하였다. 1747년 벤자민 프랭클린Benjamin Franklin은 유리막대를 수지(또는 천)로 문지를 때 유리막대의 전자가 천으로 이동하여 유리막대는 (+)전기를, 천은 (−)전기를 띠게 된다는 사실을 밝혀냈다.

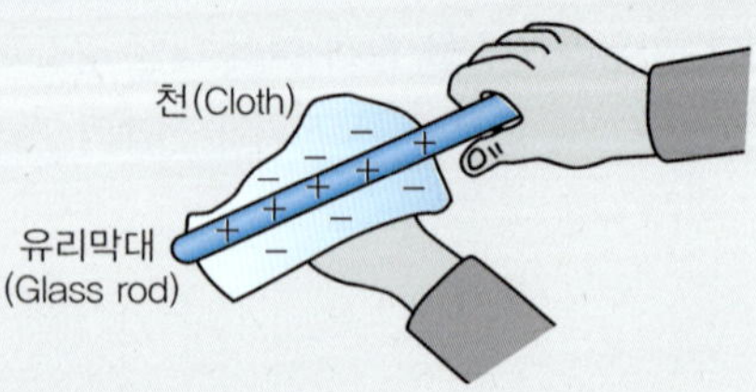

그림 2-2 정전기의 발견

1 양성자의 전하량은 $+1.602 \times 10^{-19}$ [C]이고 전자의 전하량은 -1.602×10^{-19} [C]이다.

2.1.2 도체와 부도체

물질은 전도도에 따라 도체Conductor, 반도체Semiconductor, 부도체(절연체Insulator)로 구분할 수 있다. 물질의 전도도Conductivity는 원자에서 떨어져 나온 자유전자Free Electron의 농도에 비례한다. 도체는 전자의 바다Sea of Electrons라 불릴 만큼 자유전자가 많은 반면 반도체는 자유전자가 비교적 적으며, 부도체는 자유전자가 거의 없다.[2]

가장 널리 사용되는 반도체 재료인 실리콘Silicone, Si의 원자 구조를 통해 자유전자의 특성을 살펴보자. [그림 2-3]은 실리콘의 원자 구조로, 원자핵을 중심으로 14개의 전자가 3개의 에너지 궤도를 따라 배열되어 있다. 이때 원자핵에서 가장 먼 궤도에 있는 전자를 최외각전자라고 하며, 실리콘 원자는 4개의 최외각전자를 가지고 있다. 이 최외각전자들은 원자핵의 구속력이 약해 약간의 에너지만 가해져도 원자에서 쉽게 떨어져나와 자유전자가 된다.

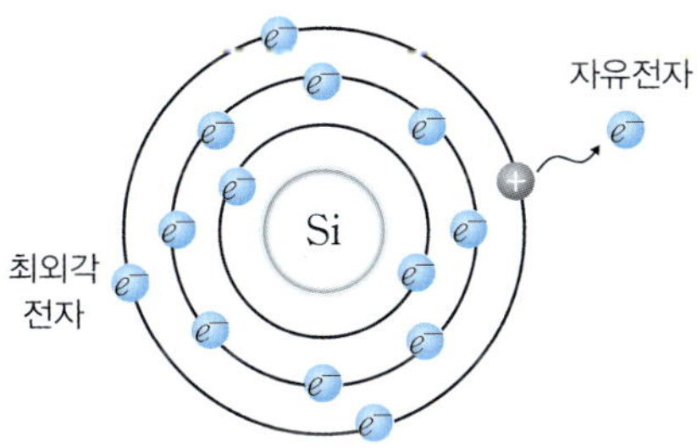

그림 2-3 실리콘의 원자 구조

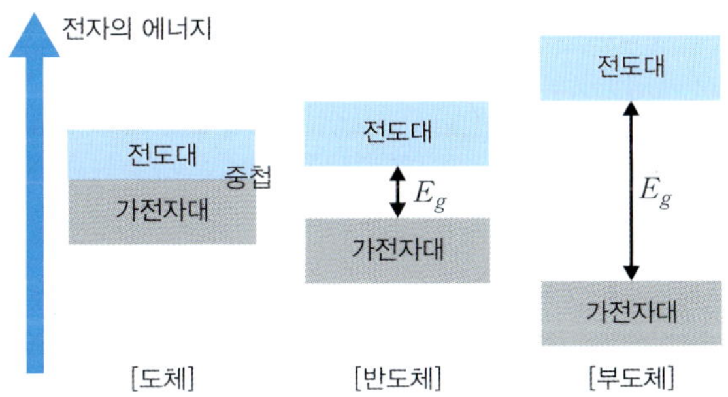

그림 2-4 물질의 종류에 따른 밴드갭

원자로부터 떨어져나와 자유전자가 되는 데 필요한 에너지는 **밴드갭**Band Gap이라 하며, E_g로 나타낸다. 이러한 밴드갭 에너지는 물질의 종류(전도성)에 따라 다르다. [그림 2-4]는 물질의 종류에 따른 밴드갭을 비교한 것으로, 최외각전자가 속해 있는 에너지대Energy Band[3]를 가전자대Valence Band, 자유전자가 속해 있는 에너지대를 전도대Conduction Band라 한다. 자유전자는 가전자대에 있던 전자가 충분한 에너지를 얻어 전도대로 이동하면서 생성된다.

도체는 두 에너지대가 중첩되어 있으므로 무수히 많은 자유전자가 생길 수 있다. 반도체는 밴드갭이 작아 상온에서 $10^{10}/cm^3$개 정도의 자유전자가 생기며, 다른 물질을 넣어 전도성을 조절할 수 있다. 부도체는 밴드갭이 너무 커 전자가 전도대로 이동할 수 없고, 자유전자도 생길 수 없다.

---

2 상온에서 도체인 구리(Copper)의 자유전자 농도는 $8.4\times10^{22}/cm^3$, 반도체인 실리콘(Si)은 $1.5\times10^{10}/cm^3$ 정도이다.

3 수많은 원자가 모여 물질을 형성하면 [그림 2-3]에 나타낸 개별 원자의 에너지 궤도들이 중첩되고 결합하여 에너지대를 형성한다.

여기서 잠깐 **유전체**

부도체(절연체)는 콘덴서와 같은 전자 부품에 사용될 때 유전체 Dielectric 라 불린다. 유전체로 사용될 경우 부도체는 분극 현상에 의해 전하를 끌어당기는 특성을 갖는다. 이렇게 전하를 끌어당기는 정도를 유전율 Permittivity 이라 한다. 유전율의 값은 물질마다 다르다.

2.1.3 전기량

전하량이라고도 하는 전기량 Quantity of Electricity 은 대전된 물체가 가진 전하의 양을 의미한다. 전기량은 Q로 표시하며, 단위는 쿨롱 Coulomb ([C])이다.[4] 1[C]은 '1[A]의 전류가 1초 동안 흘렀을 때 이동한 전하량'을 의미한다.

2.1.4 정전유도

물체에 대전체를 가까이 가져가면 물체 내부의 자유전자가 이동하여 전하분포가 변하는데, 이 현상을 **정전유도** Electrostatic induction 라고 한다. 정전유도는 서로 다른 극성의 전하 간에는 흡인력이 작용하고 같은 극성의 전하 간에는 반발력이 작용하여 발생한다.

[그림 2-5]는 전기적으로 중성인 구도체에 (+)로 대전된 유리막대를 접근시킬 때의 모습을 나타낸 것이다. 유리막대의 양전하에 의해 구도체의 음전하(자유전자)가 유리막대 쪽으로 이동하며, 반대쪽에는 양전하가 남게 된다.

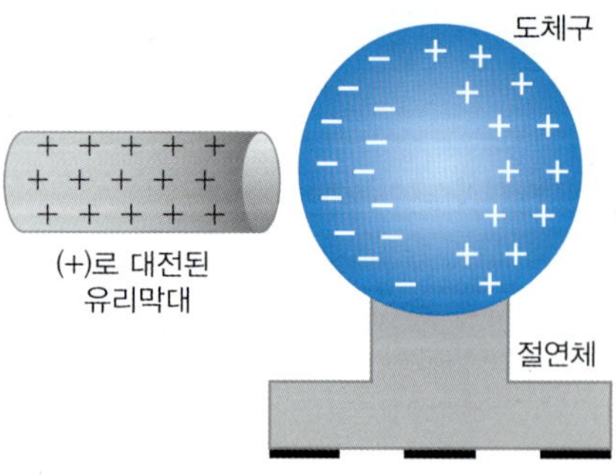

그림 2-5 정전유도

4 쿨롱의 법칙을 밝혀낸 프랑스의 과학자 샤를 드 쿨롱(Charles-Augustin de Coulomb)의 이름을 따서 정해졌다.

2.2 쿨롱의 법칙

1785년 쿨롱은 실험을 통해 두 전하 사이에 작용하는 정전기력(쿨롱의 힘)을 측정하고 이를 바탕으로 **쿨롱의 법칙** Coulomb's Law을 발표하였다. 쿨롱의 법칙에 따르면 [그림 2-6]과 같이 전하 Q_1과 Q_2가 거리 r만큼 떨어져 있을 때 두 전하 사이에 작용하는 힘(정전기력, 쿨롱의 힘) $\boldsymbol{F}$는 식 (2.1)과 같이 표현된다.[5]

$$\boldsymbol{F} = k\frac{Q_1 Q_2}{r^2}\ [\mathrm{N}] \tag{2.1}$$

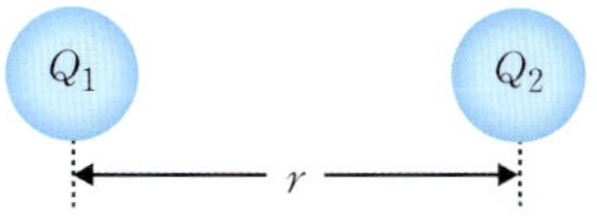

그림 2-6 쿨롱의 법칙

식 (2.1)에서 k는 매질[6]에 따라 달라지며, **쿨롱 상수**라고 한다. 공기(또는 진공)에서의 쿨롱 상수는 식 (2.2)와 같다. ϵ_0는 공기의 유전율로, 그 값은 $8.855 \times 10^{-12}\ [\mathrm{F/m}]$이다.[7]

$$k = \frac{1}{4\pi\epsilon_0} \tag{2.2}$$

ϵ_0의 값을 넣어 k를 계산하면 9×10^9이 되며, 쿨롱의 힘 $\boldsymbol{F}$는 식 (2.3)으로 나타낼 수 있다. 식 (2.3)에서 쿨롱의 힘은 두 전하의 곱에 비례하고 거리 r의 제곱에 반비례하며, 매질에 따라 달라짐을 알 수 있다.

$$\boldsymbol{F} = \frac{Q_1 Q_2}{4\pi\epsilon_0 r^2} = 9 \times 10^9 \times \frac{Q_1 Q_2}{r^2}\ [\mathrm{N}] \tag{2.3}$$

5 전하 Q의 단위는 쿨롱([C]), 거리 r의 단위는 미터([m]), 힘 $\boldsymbol{F}$의 단위는 뉴턴([N])이다.

6 매질은 물리적 작용을 전달하는 매개 물질로, 전하가 공기 중에 있다면 공기가 매질이 된다.

7 따로 표시하지 않으면 ϵ_0를 매질의 유전율로 사용한다.

[그림 2-7]은 극성에 따른 쿨롱의 힘의 방향을 나타낸다. 정전유도의 경우와 마찬가지로 두 전하의 극성이 다를 때는 흡인력이 작용하고 같을 때는 반발력이 작용한다. 이때 쿨롱의 힘은 그림과 같이 전하를 연결한 일직선 위에 존재한다. 두 전하의 극성이나 전하량과 관계없이 두 전하가 받는 쿨롱의 힘은 같다.

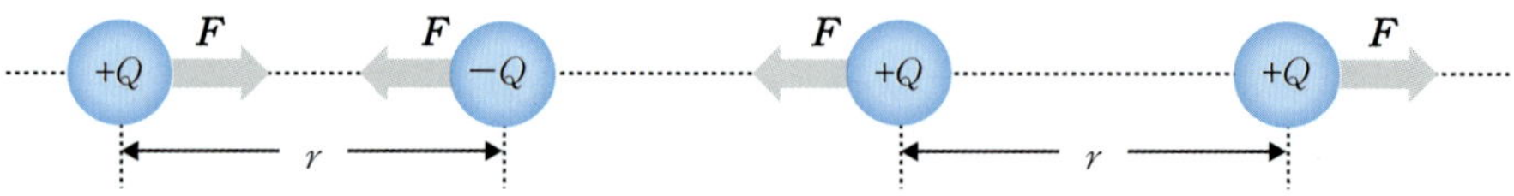

그림 2-7 극성에 따른 쿨롱의 힘

예제 2-1

전하량 1 [C]인 두 점전하가 공기 중에 1 [m] 떨어져 있을 때 이들 사이에 작용하는 힘은 몇 [N]인가?

풀이

식 (2.3)에 주어진 값을 대입하면 $\boldsymbol{F} = 9\times10^9\times\dfrac{1\times1}{1^2} = 9\times10^9$ [N]이 된다.

예제 2-2

그림과 같이 진공 내의 각 점 A, B, C에 $Q_A = 4\times10^{-6}$ [C], $Q_B = 2\times10^{-6}$ [C], $Q_C = 5\times10^{-6}$ [C]의 점전하가 일직선 위에 놓여 있을 때 점 B에 작용하는 힘은 몇 [N]인가?

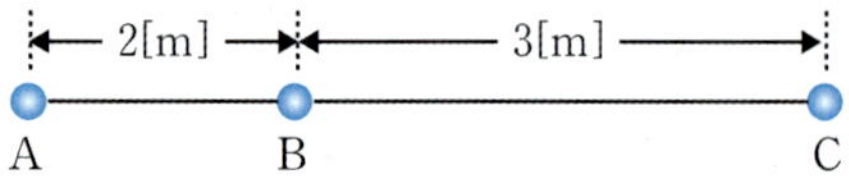

풀이

식 (2.1)과 식 (2.3)을 활용하면 점전하 A, B 간에 작용하는 힘은 다음과 같다.

$$\boldsymbol{F_{AB}} = k\frac{Q_A Q_B}{r^2} = 9\times10^9\times\frac{(4\times2)\times10^{-12}}{2^2} = 18\times10^{-3}\ [\text{N}]$$

마찬가지로 점전하 B, C 간에 작용하는 힘은 다음과 같다.

$$\boldsymbol{F_{BC}} = k\frac{Q_B Q_C}{r^2} = 9\times10^9\times\frac{(2\times5)\times10^{-12}}{3^2} = 10\times10^{-3}\ [\text{N}]$$

따라서 점 B에 작용하는 힘 $\boldsymbol{F_B} = \boldsymbol{F_{AB}} - \boldsymbol{F_{BC}} = 8\times10^{-3}$ [N]이 된다.

2.3 전계의 세기

전하나 대전체의 전기적인 힘이 작용하는 공간을 **전계**Electric Field라 하며, 전기장 또는 전장이라고도 부른다. 대전체 근처에 놓인 물체에 정전유도 현상이 나타나는 것은 전기적인 힘이 물체의 주변 공간에 작용하기 때문이다.

전하나 대전체가 움직이지 않으면 전계도 변하지 않는데, 이를 **정전계**Electrostatic Field라고 한다. 정전계의 특징은 다음과 같다.

- 시간에 따라 변하지 않는 일정한 전계
- (전하가 움직이지 않으므로) 운동에너지가 0인 전계
- 전계의 에너지가 최소인 전계

전계의 세기는 **'전하 Q [C]과 단위 양전하(+1 [C]) 간에 작용하는 쿨롱의 힘'**으로 정의되며, $\boldsymbol{E}$로 표시한다.[8] [그림 2-8]은 거리 r만큼 떨어져 있는 전하 Q [C]과 단위 양전하를 나타낸 것으로, 전계의 세기 $\boldsymbol{E}$는 두 전하 간 작용하는 쿨롱의 힘이므로 식 (2.4)와 같이 표현할 수 있다. 이때 단위 양전하가 받는 힘의 방향이 전계의 방향이 된다.

$$\boldsymbol{E} = k\frac{Q \times 1}{r^2} = \frac{Q}{4\pi\epsilon_0 r^2}\ [\mathrm{V/m}] \tag{2.4}$$

전계의 세기 $\boldsymbol{E}$는 1 [C]의 전하가 받는 쿨롱의 힘이므로 전계에 의한 쿨롱의 힘 $\boldsymbol{F}$는 식 (2.5)와 같이 전하량에 비례한다.

$$\boldsymbol{F} = Q\boldsymbol{E}\ [\mathrm{N}] \tag{2.5}$$

식 (2.5)에서 $\boldsymbol{E} = \dfrac{\boldsymbol{F}}{Q}$이므로 전계의 세기 $\boldsymbol{E}$의 단위는 [N/C]이 된다. [V/m]와 [A · Ω/m]와 같은 단위도 사용되며,[9] [V/m]가 주로 사용된다.

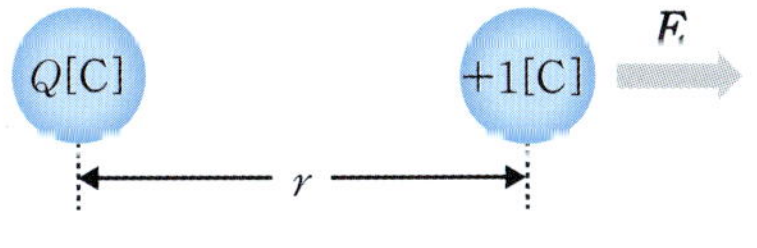

그림 2-8 전계의 세기

8 전계의 세기 $\boldsymbol{E}$는 벡터량이다.

9 전계의 세기를 나타내는 단위에 대한 자세한 내용은 2.5.3절을 참고하라.

예제 2-3

진공 중에 2[nC]의 점전하 Q가 원점에 있을 때 다음을 구하라.

(a) 점 P(1, 2, 2)의 전계의 세기 $\boldsymbol{E}$

(b) 전계의 방향을 나타내는 단위 벡터 a_r

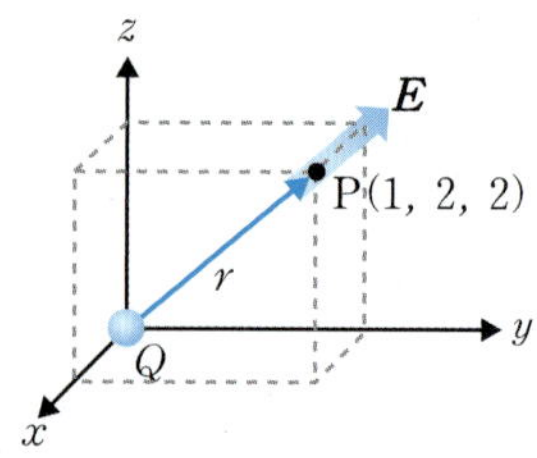

풀이

(a) 원점에서 점 P까지의 벡터 $\boldsymbol{r} = i+2j+2k$이다. 따라서 원점에서 점 P까지의 거리 $|\boldsymbol{r}| = \sqrt{1^2+2^2+2^2} = 3\,[\mathrm{m}]$가 된다. 식 (2.4)를 이용해 점 P의 전계의 세기를 구하면 $\boldsymbol{E} = \dfrac{Q}{4\pi\epsilon_0 r^2} = 9\times10^9\times\dfrac{2\times10^{-9}}{3^2} = 2\,[\mathrm{V/m}]$이다.

(b) 1.1.2절을 참고하면 원점에서 점 P까지의 벡터 $\boldsymbol{r} = |\boldsymbol{r}|a_r$로 표시할 수 있으므로 $a_r = \dfrac{\boldsymbol{r}}{|\boldsymbol{r}|} = \dfrac{1}{3}(i+2j+2k)$이다.

2.4 전기력선

2.4.1 전기력선

전기력선Electric Field Line은 전계의 세기와 방향을 나타내는 가상의 선이다. [그림 2-9]는 전하 주위에 형성된 전기력선의 모습을 나타낸 것이다. 전기력선은 극성이 다른 전하일 경우 [그림 2-9(a)]와 같이 양전하($+Q$)에서 나와 음전하($-Q$)로 들어간다. 극성이 같은 전하일 경우 [그림 2-9(b)]와 같이 전기력선이 서로 밀어낸다.

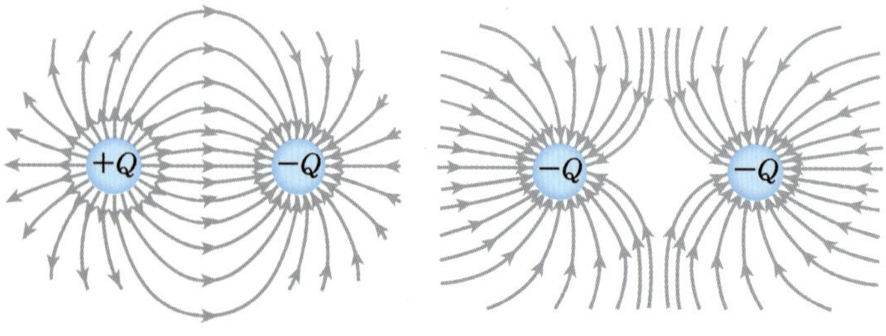

(a) 극성이 다른 전하 (b) 극성이 같은 전하

그림 2-9 전기력선 분포

2.4.2 전기력선의 성질

전기력선이 갖는 성질은 다음과 같다.

❶ 양전하에서 나와 음전하로 들어간다.

❷ 전위가 높은 곳에서 낮은 곳으로 향한다.

❸ 서로 교차하지 않으며, 그 자체만으로는 폐곡선이 되지 않는다.

❹ 전하가 없으면 전기력선도 없다.

❺ 도체 내부에는 존재하지 않는다(도체를 통과할 수 없다).

❻ 도체 표면에 수직으로 출입한다.

❼ 전계의 방향은 전기력선 위의 한 점에서의 접선 방향이다.

❽ 등전위면과 수직으로 교차한다.

❾ 전기력선의 밀도는 전계의 세기와 같다.

전기력선의 수 N은 식 (2.6)으로 나타낼 수 있으며, 전하량 Q에 비례한다.[10]

$$N = \frac{Q}{\epsilon_0} \text{ [개]} \tag{2.6}$$

[그림 2-10]은 전기력선의 임의의 점 ⓐ, ⓑ, ⓒ에 접선을 표시한 것이다. 각 점에서의 접선 방향은 곧 전계의 방향이 된다. 이를 통해 전기력선의 위치에 따라 전계의 방향이 달라짐을 알 수 있다.

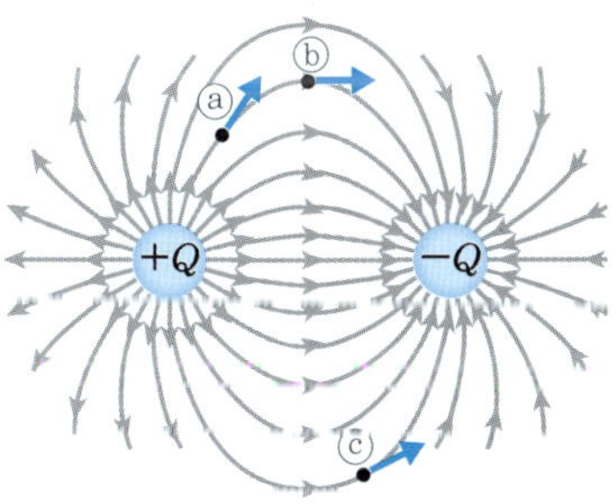

그림 2-10 전계의 방향

10 2.6.3절을 참고하라.

2.4.3 전기력선의 방정식

전기력선 상의 한 점에서의 전계의 방향은 그 점의 접선 방향과 같으므로 [그림 2-11]과 같이 전계 $\boldsymbol{E}$를 그릴 수 있다.[11] 그림에서는 전계 $\boldsymbol{E}$의 각 방향 성분을 E_x와 E_y로 표시하였다. dl은 전계 $\boldsymbol{E}$의 미소길이이며, dl의 각 방향 성분은 dx와 dy로 표시하였다.

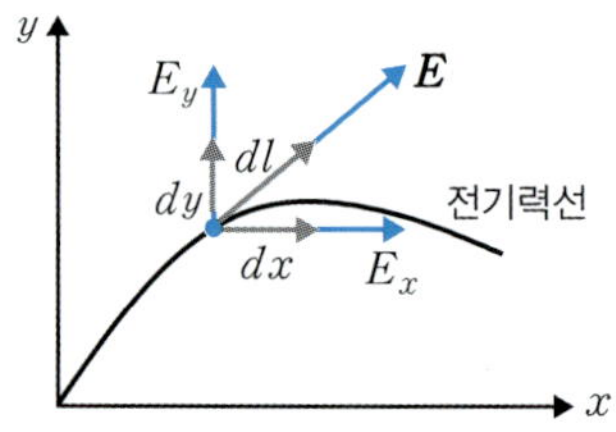

그림 2-11 전기력선과 전계

[그림 2-11]에서 전계 $\boldsymbol{E}$와 미소길이 dl은 기울기가 같으므로 다음의 식으로 나타낼 수 있다.

$$\frac{E_y}{E_x} = \frac{dy}{dx}$$

이는 식 (2.7)과 같이 바꾸어 쓸 수 있으며, 2차원 전기력선의 방정식이라고 한다.

$$\frac{dx}{E_x} = \frac{dy}{E_y} \tag{2.7}$$

식 (2.7)로부터 식 (2.8)과 같이 3차원 전기력선의 방정식을 나타낼 수 있다.[12]

$$\frac{dx}{E_x} = \frac{dy}{E_y} = \frac{dz}{E_z} \tag{2.8}$$

예제 2-4

도체 표면에서 전계 $\boldsymbol{E} = E_x a_x + E_z a_z$ [V/m]이고 도체면과 법선 방향인 미소길이 $dl = dxa_x + dya_y + dza_z$ [m]일 때 다음 중 성립되는 식은?

① $E_x dx = E_y dy$ ② $E_y dz = E_z dy$ ③ $E_x dy = -E_y dz$ ④ $E_y dy = E_z dz$

풀이

식 (2.8)을 참고하면 전기력선의 방정식에서 $E_y dz = E_z dy$가 성립하므로 정답은 ②이다.

11 여기부터는 '전계의 세기 $\boldsymbol{E}$'를 간단히 '전계 $\boldsymbol{E}$'로 표기한다.

12 전기력선을 3차원으로 그리는 것은 어렵기 때문에 전기(산업)기사 시험에서는 주로 2차원에 관한 문제들이 출제된다.

예제 2-5

전계 $\boldsymbol{E} = \frac{2}{x}a_x + \frac{2}{y}a_y$ [V/m]일 때 점 (3, 5)[m]를 통과하는 전기력선의 방정식은?

풀이

문제에 주어진 전계의 식에서 방향 성분 $E_x = \frac{2}{x}$이고 $E_y = \frac{2}{y}$이다. 이를 2차원 전기력선의 방정식인 식 (2.7)의 $\frac{dx}{E_x} = \frac{dy}{E_y}$에 대입하면 $\frac{dx}{2/x} = \frac{dy}{2/y}$가 된다.

이 식을 정리하면 $ydy = xdx$가 되며, 양변에 적분기호를 붙이고 적분하면 다음과 같다.

$$\int ydy = \int xdx \rightarrow \frac{y^2}{2} = \frac{x^2}{2} + C$$

$$\frac{y^2}{2} - \frac{x^2}{2} = C$$

전기력선이 점 (3, 5)[m]를 통과하므로 좌푯값을 대입하면 $C = \frac{25}{2} - \frac{9}{2} = 8$이 된다. 따라서 전기력선의 방정식은 $y^2 - x^2 = 16$이 된다.

2.5 전위

2.5.1 전위의 정의

전위Electric Potential는 단위 양전하(+1[C])가 어떤 위치에서 가지는 전기적인 위치에너지로[13] V로 표시하고 단위는 [V]이다. [그림 2-12]는 이러한 전위를 나타낸 것이다. 점 P의 전위 V_P는 **'단위 양전하를 전계 $\boldsymbol{E}$를 거슬러 무한 원점(∞)[14]에서 점 P까지 이동시키는 데 필요한 일(W[J])'**로 정의한다.

13 전압(Voltage)이나 기전력(Electromotive force, EMF)은 전위와 동일한 단위([V])를 사용하지만 개념적으로 차이가 있다. 전압은 두 전위의 차이, 즉 전위차를 의미하며, '전압이 높다'는 '전위차가 크다'는 의미로 이해하면 된다. 반면 기전력은 전원장치나 배터리가 전압(전위차)을 만들어내는 능력을 나타낸다.

14 전계 $\boldsymbol{E} = 0$인 점이다.

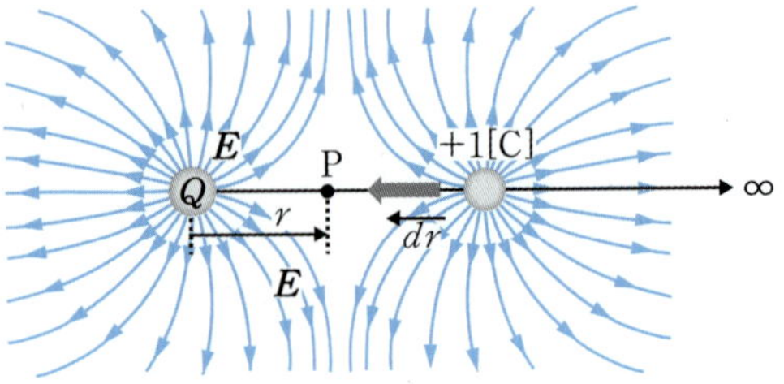

그림 2-12 전위

정의에 따라 전위 V_P는 식 (2.9)로 나타낼 수 있으며, 단위 양전하가 전계와 반대 방향으로 움직이므로 식에 (−)를 붙인다.

$$V_P = -\int_{\infty}^{P} \boldsymbol{E} \cdot dr \tag{2.9}$$

[그림 2-12]에서 점 P는 전하 Q에서 r만큼 떨어진 점이므로 식 (2.9)의 점 P를 r로 바꿀 수 있다. 이어서 전계 $\boldsymbol{E}$의 식 (2.4)를 대입한 후 적분하여 식 (2.10)과 같이 V_P를 구할 수 있다. V_P는 임의의 점 P의 전위이므로 간단히 V로 표시한다.

$$V = -\int_{\infty}^{r} \boldsymbol{E} \cdot dr = -\int_{\infty}^{r} \frac{Q}{4\pi\epsilon_0 r^2} \cdot dr$$

$$= \frac{Q}{4\pi\epsilon_0}\left[-\frac{1}{r}\right]_r^{\infty} = \frac{Q}{4\pi\epsilon_0 r}\ [\mathrm{V}] \tag{2.10}$$

예제 2-6

대전된 도체 내부의 전위는?

① 항상 0이다.
② 표면 전위와 같다.
③ 대지 전압과 전하의 곱으로 표시한다.
④ 공기의 유전율과 같다.

풀이

대전된 도체의 특성은 다음과 같다.

- 도체 내부의 전계의 세기는 0이다.
- 도체 내부에는 전기력선이 존재하지 않는다.
- 도체는 등전위체(내부 전위 = 표면 전위)이다.
- 대전된 전하는 모두 도체 표면에 분포한다.

따라서 정답은 ②이다.

2.5.2 두 점의 전위차

[그림 2-13]에서 전위 V_A는 전하 Q에서 r_A만큼 떨어진 점 A의 전위이고, 전위 V_B는 r_B만큼 떨어진 점 B의 전위이다. Q와 가까운 V_A가 V_B보다 크므로 전위차 $V_{AB} = V_A - V_B$가 된다.

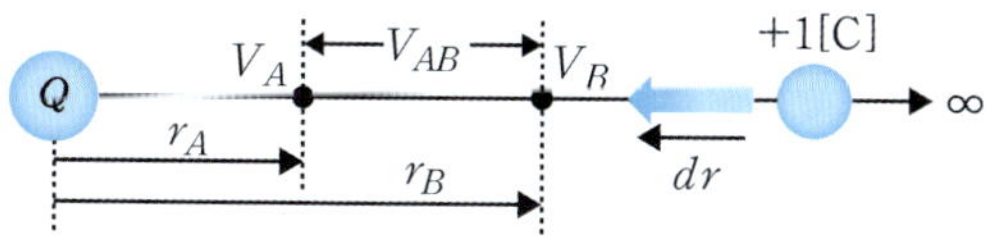

그림 2-13 두 점의 전위차

V_{AB}는 점 B에서 점 A로 단위 양전하가 거슬러 올라가는 데 필요한 일로, 식 (2.11)과 같다.

$$V_{AB} = V_A - V_B = -\int_{r_B}^{r_A} \boldsymbol{E} \cdot dr$$

$$= -\int_{r_B}^{r_A} \frac{Q}{4\pi\epsilon_0 r^2} \cdot dr = \frac{Q}{4\pi\epsilon_0}\left[-\frac{1}{r}\right]_{r_A}^{r_B}$$

$$= \frac{Q}{4\pi\epsilon_0}\left(\frac{1}{r_A} - \frac{1}{r_B}\right) [\text{V}] \tag{2.11}$$

예제 2-7

공기 중에 1[μC]의 점전하 Q가 있다. Q에서 1[m] 떨어진 점 a와 2[m] 떨어진 점 b 사이의 전위차 V_{ab}는?

풀이

식 (2.11)을 이용하면 $V_{ab} = \frac{Q}{4\pi\epsilon_0}\left(\frac{1}{r_a} - \frac{1}{r_b}\right) = 9\times10^9 \times 1\times10^{-6} \times \left(\frac{1}{1} - \frac{1}{2}\right) = 4500\,[\text{V}]$이다.

2.5.3 전계와 전위의 관계

식 (2.4)와 식 (2.10)을 비교하면 전계 $\boldsymbol{E}$와 전위 V의 관계를 식 (2.12)로 나타낼 수 있다.

$$V = \boldsymbol{E} \cdot r\ [\text{V}], \quad \boldsymbol{E} = \frac{V}{r}\ [\text{V/m}] \tag{2.12}$$

V의 단위는 [V]이고 r의 단위는 [m]이므로 식 $\boldsymbol{E} = \dfrac{V}{r}$에서 전계 $\boldsymbol{E}$의 단위는 [V/m]가 된다. [V/m]는 '단위길이당 전위차'이므로 전계 $\boldsymbol{E}$를 전위의 기울기, 즉 전위경도로 이해할 수 있으며, 식 (2.13)과 같이 표현할 수 있다.[15]

$$\boldsymbol{E} = -\,grad\,V = -\nabla V\ [\mathrm{V/m}] \tag{2.13}$$

[그림 2-14]는 전위경도와 그에 따른 전계를 나타낸 것이다. 그림에서 $\boldsymbol{E}_1$의 전위경도(기울기)는 2 [V] / 1 [m]이므로 $\boldsymbol{E}_1 = 2$ [V/m]가 된다. 마찬가지로 $\boldsymbol{E}_2$의 전위경도는 5 [V] / 1 [m]이므로 $\boldsymbol{E}_2 = 5$ [V/m]가 된다. 이를 통해 전위경도가 클수록 전계가 크며, 전위경도가 곧 전계임을 알 수 있다.

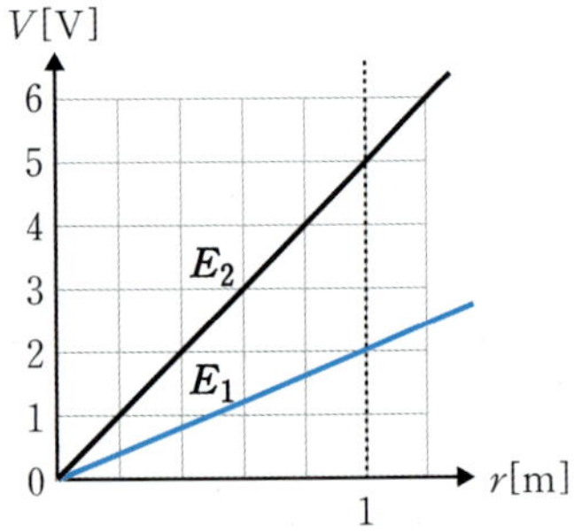

그림 2-14 전위경도

예제 2-8

도체 표면에서 전위 $V = 3xy + z + 3$일 때 전계 $\boldsymbol{E}$는 얼마인가?

풀이

전계에 대한 식 (2.13)을 활용하면 다음과 같다.

$$\begin{aligned}
\boldsymbol{E} &= -\nabla V \\
&= -\left(\frac{\partial}{\partial x}i + \frac{\partial}{\partial y}j + \frac{\partial}{\partial z}k\right) \cdot (3xy + z + 3) \\
&= -\frac{\partial(3xy+z+3)}{\partial x}i - \frac{\partial(3xy+z+3)}{\partial y}j - \frac{\partial(3xy+z+3)}{\partial z}k \\
&= -3yi - 3xj - k
\end{aligned}$$

15 거리에 따른 전위의 변화율이므로 미분연산자 ∇로 나타낼 수 있다. 관련 내용은 1.5.1절을 참고하라.

2.5.4 전위와 일(에너지)

전위 V는 단위 양전하가 가진 전기적인 위치에너지이므로 전위에 의한 에너지 W는 식 (2.14)와 같이 전하량 Q에 비례한다.

$$W = QV \text{ [J]} \tag{2.14}$$

[그림 2-15]와 같이 길이가 l인 폐곡선을 전하 Q가 일주하는 경우를 생각해보자. 전하 Q가 제자리로 돌아오므로 전위 V는 변화가 없어 0이 되며, 결과적으로 일 W [J]도 0이 된다. 이를 방정식으로 표현하면 식 (2.15)와 같다.

$$W = QV = -Q\oint E \cdot dl = 0 \tag{2.15}$$

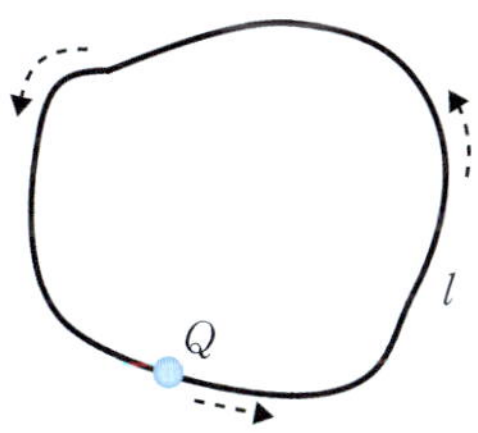

그림 2-15 전위와 일

예제 2-9

전계 내에서 단위전하가 폐회로를 따라 일주할 때 전계가 한 일은 몇 [J]인가?

① ∞ ② π ③ 1 ④ 0

풀이

전하가 폐곡선(폐회로)을 일주할 때의 일은 0 [J]이므로 정답은 ④이다.

2.6 가우스 법칙

2.6.1 가우스 법칙

전하에서 나오는 전기력선의 다발을 **전속**Electric Flux이라 하며, ψpsi로 표시한다. [그림 2-16]은 전하 Q를 둘러싼 폐곡면(구면) S[16]를 통과하는 전속을 나타낸 것이다. **가우스 법칙**Gauss's Law은 폐곡면 내부의 전하 Q와 전속 ψ가 같다는 것으로, 식 (2.16)과 같이 나타낼 수 있다.

식에서 전속은 매질과 무관하며, Q [C]의 전하에서는 항상 ψ의 전속이 발생한다.

$$\psi = Q \tag{2.16}$$

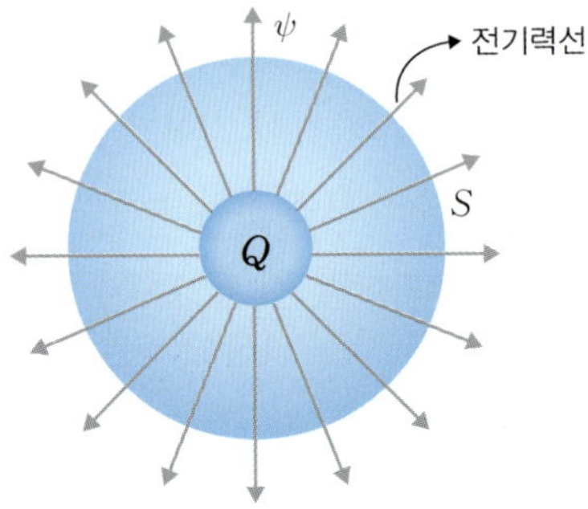

그림 2-16 가우스 법칙

2.6.2 전속밀도

전속 ψ를 면적 S로 나누면 **전속밀도**Electric Flux Density가 되며, 이를 $\boldsymbol{D}$로 표시한다. 구의 표면적에 대한 식 $S = 4\pi r^2$을 사용하면 전속밀도 $\boldsymbol{D}$를 식 (2.17)로 나타낼 수 있다.

$$\boldsymbol{D} = \frac{\psi}{S} = \frac{Q}{S} = \frac{Q}{4\pi r^2}\ [\mathrm{C/m^2}] \tag{2.17}$$

반대로 전속밀도 $\boldsymbol{D}$의 면적적분은 식 (2.18)과 같이 전속 ψ 또는 전하 Q이다.

$$\int_S \boldsymbol{D} \cdot dS = \psi = Q\ [\mathrm{C}] \tag{2.18}$$

한편 식 (2.4)의 전계 $\boldsymbol{E} = \dfrac{Q}{4\pi\epsilon_0 r^2}$에 유전율 ϵ_0를 곱하면 식 (2.17)이 되므로 전속밀도 $\boldsymbol{D}$와 전계 $\boldsymbol{E}$의 관계를 식 (2.19)와 같이 나타낼 수 있다.

$$\boldsymbol{D} = \epsilon_0 \boldsymbol{E}\ [\mathrm{C/m^2}] \tag{2.19}$$

---

16 이를 가우스 표면이라고 한다.

2.6.3 전기력선의 수

2.4.2절에서 살펴본 전기력선의 성질 중 '❾ 전기력선의 밀도는 전계의 세기와 같다'를 이용하면 식 (2.20)과 같이 전계 $\boldsymbol{E}$를 면적적분하여 전기력선의 수 N을 구할 수 있다.

$$N = \int_S \boldsymbol{E} \cdot dS \tag{2.20}$$

식 (2.19)에서 $\boldsymbol{E} = \dfrac{\boldsymbol{D}}{\epsilon_0}$이므로 식 (2.20)을 다음과 같이 바꿀 수 있다.

$$N = \frac{1}{\epsilon_0} \int_S \boldsymbol{D} \cdot dS$$

여기에 식 (2.18)을 적용하면 식 (2.21)과 같이 전기력선의 수 N을 구할 수 있다.

$$N = \frac{Q}{\epsilon_0} \text{ [개]} \tag{2.21}$$

예제 2-10

그림과 같이 구도체 내부 공동의 중심에 점전하 Q[C]이 있을 때 구도체 외부로 발산되어 나오는 전기력선의 수는 몇 개인가? (단, 도체 내외부의 공간은 진공이라고 가정한다)

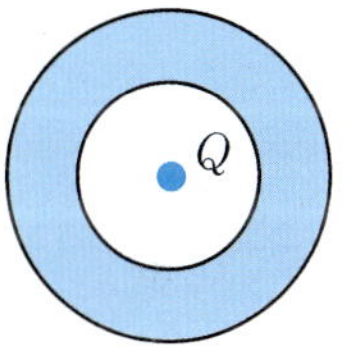

① 4π　② Q　③ $\dfrac{Q}{\epsilon_0}$　④ $\dfrac{Q}{\epsilon_0 \epsilon_s}$

풀이

구도체를 전하 Q를 둘러싸는 폐곡면으로 생각하면 되므로 식 (2.21)을 통해 정답은 ③이 된다.

2.7 가우스 법칙의 응용

가우스 법칙을 응용하면 무한 도체, 무한 평판, 구도체(점전하), 원통도체와 같이 다양한 형태의 도체에서 전계를 구할 수 있다. 이렇게 구한 전계를 이용하면 구도체, 동심 구도체, 원통도체의 전위도 구할 수 있다.

2.7.1 무한 도체

[그림 2-17]은 (+)전하로 대전된 무한 도체의 일부로, 도체 표면에서 수직 방향으로 나오는 전기력선을 표시하였다. 도체의 크기가 무한하므로 표면의 반대편으로 나오는 전기력선은 고려하지 않는다. 전하들은 도체 표면에만 존재하며, 도체의 내부에는 전하도 전계도 존재하지 않는다.

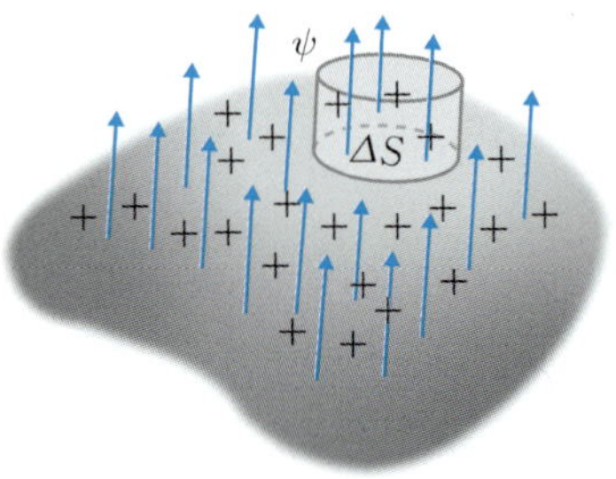

그림 2-17 무한 도체

[그림 2-17]에서 미소면적 ΔS를 통과하여 나오는 전속 $\Delta\psi = \boldsymbol{D}\cdot\Delta S$이므로 ψ를 다음과 같이 구할 수 있다.

$$\psi = \int \Delta\psi = \int_S \boldsymbol{D}\cdot dS$$

$\boldsymbol{D} = \epsilon_0 \boldsymbol{E}$ 이므로 앞선 식을 다음과 같이 바꿀 수 있다.

$$\psi = \int_S \epsilon_0 \boldsymbol{E}\cdot dS = \epsilon_0 \boldsymbol{E} S$$

가우스 법칙에서 $\psi = Q$ 이므로 무한 도체의 전계 $\boldsymbol{E}$는 식 (2.22)가 된다.

$$\boldsymbol{E} = \frac{Q}{\epsilon_0 S}\ [\mathrm{V/m}] \tag{2.22}$$

이처럼 전하량 Q를 도체 표면적 S로 나눈 것을 '표면 전하밀도'라 하며, σ로 표시한다. σ는 식 (2.23)과 같이 나타낼 수 있으며, 단위는 $[\mathrm{C/m^2}]$이다.

$$\sigma = \frac{Q}{S}\ [\mathrm{C/m^2}] \tag{2.23}$$

σ를 이용하면 무한 도체의 전계 $\boldsymbol{E}$는 식 (2.24)로 표시할 수 있다. 거리를 나타내는 r이 포함되어 있지 않으므로 무한 도체의 전계 $\boldsymbol{E}$는 도체로부터의 거리와 관계없이 일정하다.

$$\boldsymbol{E} = \frac{\sigma}{\epsilon_0}\ [\mathrm{V/m}] \tag{2.24}$$

여기서 잠깐 도체의 모양과 전하밀도

[그림 2-18]은 전하가 대전된 도체를 나타낸 그림이다. 그림에서 ①과 ②를 각각 반지름이 r_1과 r_2인 구도체로 생각할 수 있으며, $r_1 < r_2$이다. ①의 전위를 V_1, ②의 전위를 V_2라 하면 도체는 등전위체이므로 $V_1 = V_2$이며, 이는 다음과 같이 표현할 수 있다.[17] Q_1과 Q_2는 각각 ①과 ②에 대전된 전하량이다.

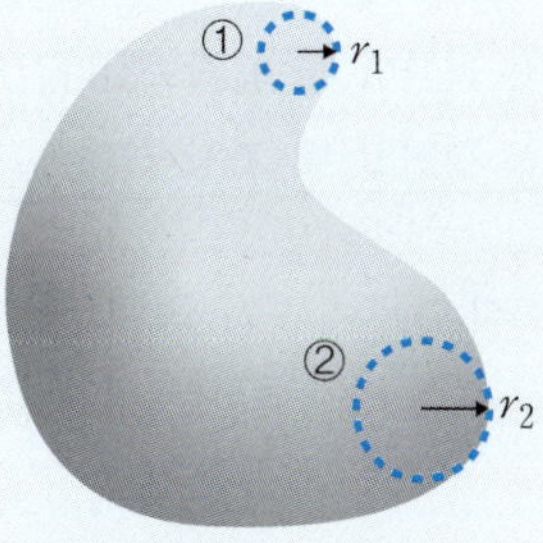

그림 2-18 대전된 도체

$$V_1 = V_2 = \frac{Q_1}{4\pi\epsilon_0 r_1} = \frac{Q_2}{4\pi\epsilon_0 r_2}$$

①과 ②의 표면 전하밀도를 각각 σ_1, σ_2라 하면 $\sigma = \frac{Q}{S}$이고 구도체의 표면적 $S = 4\pi r^2$이므로 $Q_1 = 4\pi r_1^2 \sigma_1$, $Q_2 = 4\pi r_2^2 \sigma_2$가 된다. 그러면 앞선 식을 다음과 같이 바꿀 수 있다.

$$\frac{4\pi r_1^2 \sigma_1}{4\pi\epsilon_0 r_1} = \frac{4\pi r_2^2 \sigma_2}{4\pi\epsilon_0 r_2}$$

앞선 식을 정리하면 $r_1\sigma_1 = r_2\sigma_2$가 된다. $r_1 < r_2$이므로 $\sigma_1 > \sigma_2$가 되며, ①의 표면에 더 많은 전하가 모인다는 것을 알 수 있다.

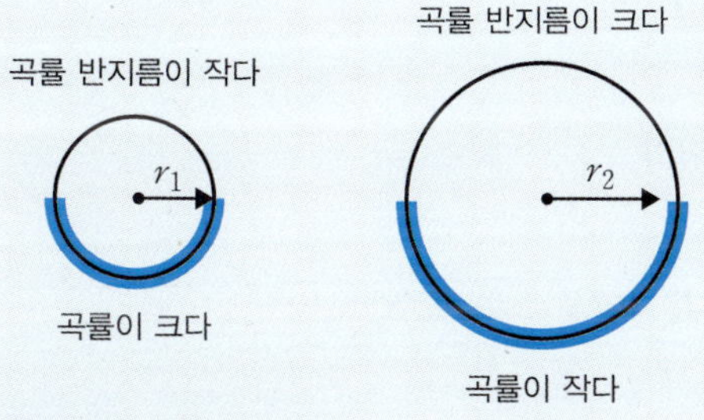

그림 2-19 곡률 반지름

또한 구도체 ①과 ②의 반지름 r_1과 r_2는 [그림 2-19]와 같이 곡률 반지름으로 생각할 수 있으며, 이를 통해 곡률 반지름이 작은 곳(뾰족한 부분인 ①)에 더 많은 전하가 모이는 것을 알 수 있다. 한편 곡률Curvature은 곡면의 굽은 정도를 나타내며, [그림 2-19]에서 보이는 것처럼 곡률 반지름에 반비례한다. 즉, 곡률 반지름이 작을수록 곡률은 커진다.

17 식 (2.10)을 참고하라.

예제 2-11

대전된 도체 표면의 전하밀도는 도체 표면의 모양에 따라 어떻게 되는가?

① 곡률이 크면 작아진다.　　② 곡률이 크면 커진다.
③ 평면일 때 가장 크다.　　④ 표면 모양에 무관하다.

풀이

도체 표면에 대전되는 전하밀도는 곡률에 비례하고 곡률 반지름에는 반비례하므로 정답은 ②이다.

2.7.2 무한 평판

[그림 2-20]은 (+)전하로 대전된 무한 평판을 나타낸 것이다. 전기력선은 그림과 같이 평판의 윗면(S_1)과 아랫면(S_2)에서 각각 수직으로 나온다.

다음의 식과 같이 각 면에 가우스 법칙을 적용하여 전속 ψ를 구할 수 있다.

$$\psi = \int_{S_1} \boldsymbol{D} \cdot dS + \int_{S_2} \boldsymbol{D} \cdot dS$$

$\boldsymbol{D} = \epsilon_0 \boldsymbol{E}$ 이므로 앞선 식을 다음과 같이 바꿀 수 있다.

$$\psi = \int_{S_1} \epsilon_0 \boldsymbol{E} \cdot dS + \int_{S_2} \epsilon_0 \boldsymbol{E} \cdot dS = 2\epsilon_0 \boldsymbol{E} S$$

이 식에서 ψ를 Q로 바꾸고 정리하면 무한 평판의 전계 $\boldsymbol{E}$를 나타내는 식 (2.25)를 구할 수 있다. 무한 도체와 마찬가지로 무한 평판의 전계 $\boldsymbol{E}$도 평판으로부터의 거리와 관계없이 일정하다.

$$\boldsymbol{E} = \frac{Q}{2\epsilon_0 S} = \frac{\sigma}{2\epsilon_0} \text{ [V/m]} \tag{2.25}$$

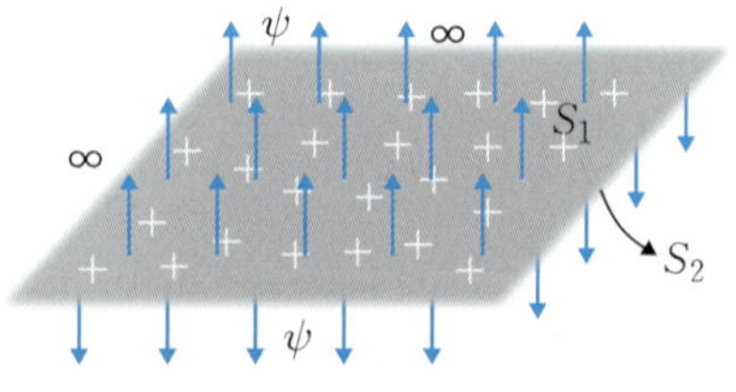

그림 2-20 무한 평판

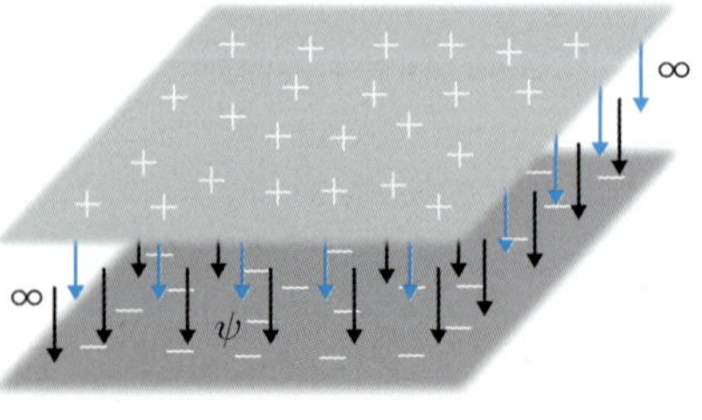

그림 2-21 2개의 무한 평판

2.7.3 무한 평판 사이의 전계

[그림 2-21]은 각각 (+)와 (−)전하로 대전된 2개의 무한 평판을 나타낸 것이다. 무한 평판 사이에서는 (+)로 대전된 위쪽 평판에서 전기력선이 나오고 (−)로 대전된 아래쪽 평판으로 전기력선이 들어온다. 그림에서 파란색 화살표는 (+)로 대전된 무한 평판의 전기력선을, 검은색 화살표는 (−)로 대전된 무한 평판의 전기력선을 나타낸다.

따라서 무한 평판 사이의 전계는 식 (2.25)로 나타낸 무한 평판이 1개인 경우의 2배가 되며, 식 (2.26)과 같이 나타낼 수 있다.

$$\boldsymbol{E} = 2 \times \frac{\sigma}{2\epsilon_0} = \frac{\sigma}{\epsilon_0}\ [\mathrm{V/m}] \tag{2.26}$$

이렇게 무한 평판 사이에 형성되는 전계를 평등전계라 한다. 2개의 전극판 사이에 유전체를 채운 콘덴서에서는 이와 유사한 평등전계가 형성된다. 무한 평판 사이의 전계 역시 평판으로부터의 거리와 관계없이 일정하다.

2.7.4 구도체(점전하)

[그림 2-22]는 반지름이 a이고 (+)전하가 대전된 정전평형 상태의 구도체이다. 이 경우 구도체 내부에는 전하가 존재하지 않으며, (+)전하는 모두 표면에만 분포한다. 따라서 전계는 구도체의 표면을 포함한 외부($r \geq a$)에만 발생한다.

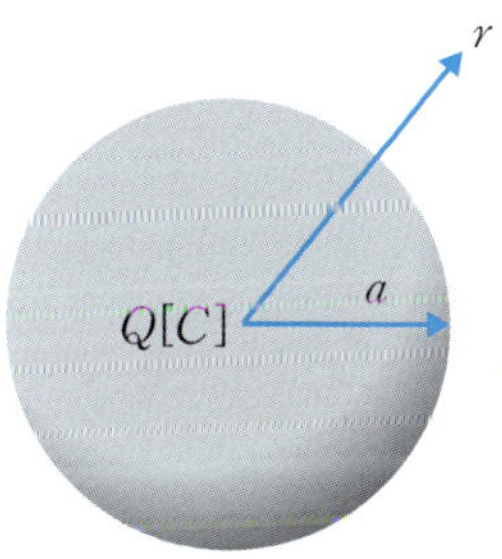

그림 2-22 구도체

식 (2.22)에서 도체 표면의 전계 $\boldsymbol{E} = \dfrac{Q}{\epsilon_0 S}$이고 구의 표면적 $S = 4\pi r^2$이므로 구도체 표면의 전계 $\boldsymbol{E}$는 식 (2.27)과 같이 나타낼 수 있다.

$$\boldsymbol{E} = \frac{Q}{4\pi\epsilon_0 r^2}\ [\mathrm{V/m}] \tag{2.27}$$

식 (2.27)에 따르면 구도체 외부의 전계는 [그림 2-23(a)]와 같이 표면에서 최대이고, 표면에서 멀어질수록 거리의 제곱(r^2)에 반비례하여 빠르게 감소한다.

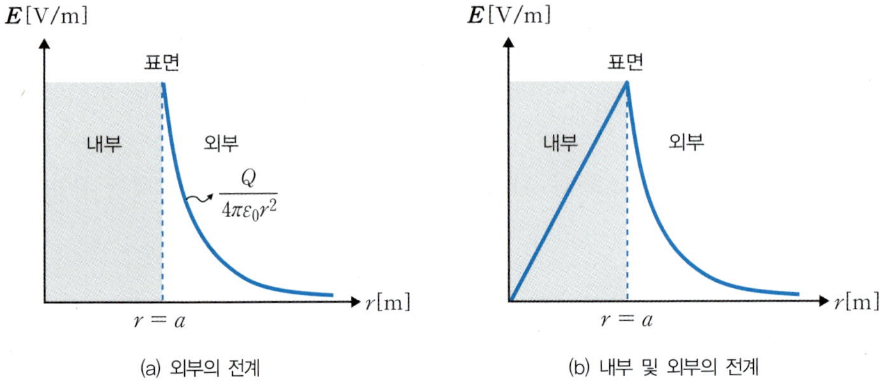

그림 2-23 구도체에 의한 전계

한편 구도체 내부에도 전하가 균일하게 분포한다고 가정하면[18] 구도체 내부($r < a$)의 전계를 식 (2.28)과 같이 구할 수 있다.

$$\boldsymbol{E} = \frac{rQ}{4\pi\epsilon_0 a^3} \text{ [V/m]} \tag{2.28}$$

식 (2.28)에 따르면 구도체 내부의 전계는 [그림 2-23(b)]와 같이 구도체 중심에서의 거리 r에 비례하여 증가한다.

구도체의 전위

[그림 2-22]에서 구도체 표면($a = r$)의 전위 V를 식 (2.27)의 전계 $\boldsymbol{E}$를 이용하여 식 (2.29)와 같이 구할 수 있다.[19]

$$\begin{aligned} V &= -\int_{\infty}^{r} \boldsymbol{E} \cdot dr = -\int_{\infty}^{r} \frac{Q}{4\pi\epsilon_0 r^2} \cdot dr \\ &= \frac{Q}{4\pi\epsilon_0}\left[-\frac{1}{r}\right]_r^{\infty} = \frac{Q}{4\pi\epsilon_0 r} \text{ [V]} \end{aligned} \tag{2.29}$$

18 구도체를 통해 직류(DC) 전류가 흐르면 구도체 내부에도 전하가 균일하게 분포하게 된다.

19 이 식은 ∞에서 $a = r$인 점(구도체 표면)까지 +1[C]의 전하가 거슬러 올라오는 데 필요한 일을 나타낸다.

예제 2-12

반지름이 a[m]인 구도체에 Q[C]의 전하가 주어졌을 때 이 구의 중심에서 $5a$[m] 거리가 되는 점의 전위는 몇 [V]인가?

풀이

식 (2.29)를 이용하면 전위 $V = \frac{Q}{4\pi\epsilon_0 \times 5a} = \frac{Q}{20\pi\epsilon_0 a}$ [V]이다.

2.7.5 동심 구도체

[그림 2-24]는 내구 반지름이 a, 외구 안쪽 반지름이 b, 외구 바깥쪽 반지름이 c인 동심 구도체를 나타낸다. 이때 내구와 외구 사이 공간의 유전율은 ϵ_0이다. 이 동심 구도체의 내구와 외구를 [그림 2-24]와 같이 각각 다르게 대전시킬 때 전계와 전위를 구해보자.

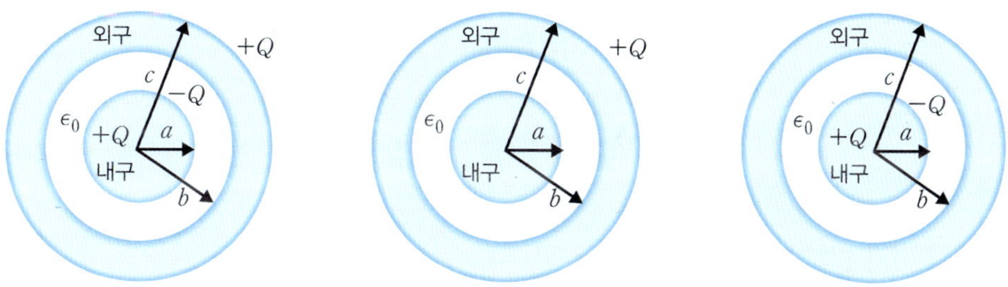

(a) 내구만 $+Q$로 대전 (b) 외구만 $+Q$로 대전 (c) 내구는 $+Q$, 외구는 $-Q$로 대전

그림 2-24 동심 구도체

내구만 $+Q$로 대전시킨 경우

[그림 2-24(a)]와 같이 내구만 $+Q$로 대전시키면 정전유도로 인해 외구의 안쪽 표면은 $-Q$, 바깥 표면은 $+Q$로 대전된다. 외구의 전계를 구하기 위해 외구를 둘러싼 폐곡면을 가정하고 가우스 법칙을 적용하면 총 전하량은 $Q-Q+Q=Q$가 된다. 전계 $\boldsymbol{E}$는 전기력선의 수 N을 면적 S로 나누어 구할 수 있으므로[20] 외구의 전계 $\boldsymbol{E}$를 식 (2.30)과 같이 구할 수 있다.

$$\boldsymbol{E} = \frac{N}{S} = \frac{\frac{Q}{\epsilon_0}}{4\pi r^2} = \frac{Q}{4\pi\epsilon_0 r^2} \text{ [V/m]} \tag{2.30}$$

20 전계의 세기는 전기력선의 밀도와 같다.

내구의 전계도 마찬가지로 내구를 둘러싼 폐곡면을 가정하고 가우스 법칙을 적용하여 구할 수 있다. 내구의 전하량이 $+Q$이므로 내구의 전계 $\boldsymbol{E}$는 식 (2.30)과 같다.

한편 동심 구도체의 전위 V는 내구와 외구의 전계를 적분하여 계산하며, 식 (2.31)과 같다.

$$V = \frac{Q}{4\pi\epsilon_0}\left(\frac{1}{a} - \frac{1}{b} + \frac{1}{c}\right)[\mathrm{V}] \tag{2.31}$$

외구를 접지하면 식 (2.31)에서 $\frac{1}{c} = 0$이 되므로 동심 구도체의 전위 V는 식 (2.32)가 된다.

$$V = \frac{Q}{4\pi\epsilon_0}\left(\frac{1}{a} - \frac{1}{b}\right)[\mathrm{V}] \tag{2.32}$$

HOW **동심 구도체의 전위**

동심 구도체의 전위는 외구의 전위 V_c와 내구의 전위 V_a의 합이다. 내구와 외구의 전계 $\boldsymbol{E}$는 동일하게 식 (2.30)이므로 V_c와 V_a는 다음과 같이 나타낼 수 있다.

$$\begin{aligned} V &= V_c + V_a = -\int_{\infty}^{c} \boldsymbol{E} \cdot dr - \int_{b}^{a} \boldsymbol{E} \cdot dr \\ &= -\int_{\infty}^{c} \frac{Q}{4\pi\epsilon_0 r^2} \cdot dr - \int_{b}^{a} \frac{Q}{4\pi\epsilon_0 r^2} \cdot dr \end{aligned}$$

이 식을 다음과 같이 적분하고 정리하면 동심 구도체의 전위 V의 식 (2.31)을 얻을 수 있다.

$$\begin{aligned} V &= \frac{Q}{4\pi\epsilon_0}\left[-\frac{1}{r}\right]_c^{\infty} + \frac{Q}{4\pi\epsilon_0}\left[-\frac{1}{r}\right]_a^{b} \\ &= \frac{Q}{4\pi\epsilon_0}\left[-\frac{1}{\infty} + \frac{1}{c}\right] + \frac{Q}{4\pi\epsilon_0}\left[-\frac{1}{b} + \frac{1}{a}\right] \\ &= \frac{Q}{4\pi\epsilon_0}\left(\frac{1}{a} - \frac{1}{b} + \frac{1}{c}\right)[\mathrm{V}] \end{aligned}$$

외구만 $+Q$로 대전시킨 경우

[그림 2-24(b)]와 같이 동심 구도체의 외구만 $+Q$로 대전시켰으므로 전계는 외구에만 존재한다. 외구를 둘러싼 폐곡면을 가정하고 가우스 법칙을 적용하면 전계 $\boldsymbol{E}$는 앞서 구한 식 (2.27)이 된다. 외구의 전위가 곧 동심 구도체의 전위이므로 전위 V는 식 (2.33)과 같이 구할 수 있다.

$$V = -\int_{\infty}^{c} \frac{Q}{4\pi\epsilon_0 r^2} \cdot dr = \frac{Q}{4\pi\epsilon_0}\left[-\frac{1}{r}\right]_c^{\infty}$$

$$= \frac{Q}{4\pi\epsilon_0 c}\,[\mathrm{V}] \tag{2.33}$$

내구는 $+Q$, 외구는 $-Q$로 대전시킨 경우

[그림 2-24(c)]에서 전계는 내구와 외구 사이($a \le r \le b$)에만 존재하며, 구도체 외부에는 전계가 형성되지 않는다. 내구를 둘러싼 폐곡면을 가정하고 가우스 법칙을 적용하면 전계 $\boldsymbol{E}$는 식 (2.27)이 된다.

동심 구도체의 전위 V는 식 (2.27)의 전계를 구간 '$b \to a$'에 대해 적분하여 구할 수 있으며, 결과는 식 (2.34)가 된다.

$$V = -\int_{b}^{a} \frac{Q}{4\pi\epsilon_0 r^2} \cdot dr = \frac{Q}{4\pi\epsilon_0}\left[-\frac{1}{r}\right]_a^{b}$$

$$= \frac{Q}{4\pi\epsilon_0}\left(\frac{1}{a} - \frac{1}{b}\right)[\mathrm{V}] \tag{2.34}$$

예제 2-13

그림과 같은 동심 구도체에서 도체 1의 전하 $Q_1 = 4\pi\epsilon_0\,[\mathrm{C}]$, 도체 2의 전하 $Q_2 = 0\,[\mathrm{C}]$일 때 도체 1의 전위는 몇 [V]인가? (단, $a = 10\,[\mathrm{cm}]$, $b = 15\,[\mathrm{cm}]$, $c = 20\,[\mathrm{cm}]$이다)

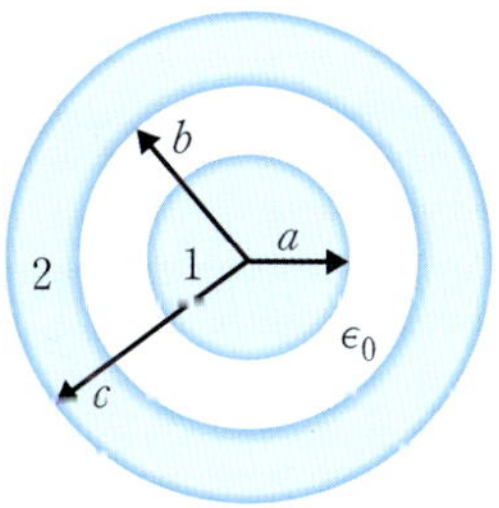

풀이

내구만 내선시킨 경우이므로 식 (2.31)을 적용하여 전위를 구한다.

$$V = \frac{4\pi\epsilon_0}{4\pi\epsilon_0}\left(\frac{1}{0.1} - \frac{1}{0.15} + \frac{1}{0.2}\right) = \left(\frac{6}{0.6} - \frac{4}{0.6} + \frac{3}{0.6}\right) = \frac{50}{6} = \frac{25}{3}\,[\mathrm{V}]$$

2.7.6 무한 원통도체

[그림 2-25]는 반지름이 a이고 길이는 l인 무한 원통도체로, (+)전하로 대전되어 있다. 이 무한 원통도체가 정전평형 상태에 있다면, 구도체와 마찬가지로 내부에는 전하가 존재하지 않아 전계가 형성되지 않는다. 따라서 전계는 원통도체의 표면을 포함한 외부($r \geq a$)에서만 발생한다. 식 (2.22)를 적용하면 도체 표면에서의 전계 $\boldsymbol{E} = \dfrac{Q}{\epsilon_0 S}$이고 원통도체의 표면적 $S = 2\pi r l$[21]이므로 원통도체의 전계 $\boldsymbol{E}$는 식 (2.35)와 같다. 식에서는 거리에 따른 전계를 나타내기 위해 원통의 반지름을 r로 표시하였다.

$$\boldsymbol{E} = \frac{Q}{\epsilon_0 S} = \frac{Q}{2\pi\epsilon_0 r l} \tag{2.35}$$

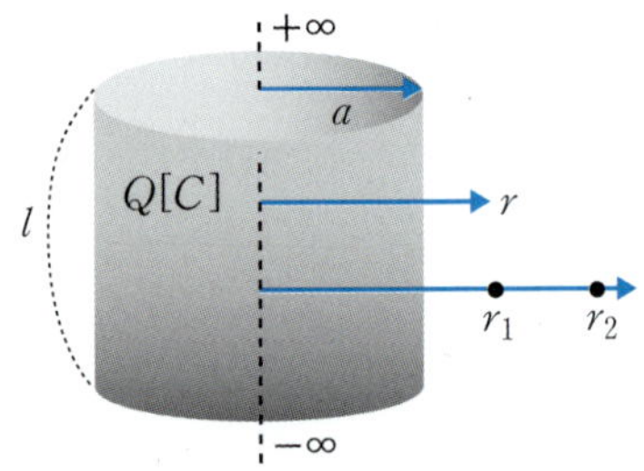

그림 2-25 무한 원통도체

무한 원통도체는 전체 전하량을 표현하기 어려우므로 전하량 Q를 원통도체의 길이 l로 나눈 **선전하밀도** Line charge density $\lambda\,[\mathrm{C/m}]$를 사용하여 전하량을 표현한다. 즉, 선전하밀도 $\lambda = \dfrac{Q}{l}$이며, 이를 이용하여 식 (2.35)를 다시 쓰면 식 (2.36)이 된다.

$$\boldsymbol{E} = \frac{\lambda}{2\pi\epsilon_0 r} \tag{2.36}$$

식 (2.36)에 따르면 무한 원통도체 외부의 전계는 [그림 2-26(a)]와 같이 도체 표면에서 최대이고, 표면에서 멀어질수록 거리 r에 반비례하여 감소한다.

한편 무한 원통도체 내부($r < a$)에도 전하가 균일하게 분포한다고 가정하면[22] 무한 원통도체 내부의 전계를 식 (2.37)과 같이 구할 수 있다.

$$\boldsymbol{E} = \frac{r\lambda}{2\pi\epsilon_0 a^2} \tag{2.37}$$

식 (2.37)에 따르면 무한 원통도체 내부의 전계는 [그림 2-26(b)]와 같이 도체 중심에서의 거리 r에 비례하여 증가한다.

---

21 원통의 둘레($2\pi r$)에 길이 l을 곱한 것이다.

22 무한 원통도체에 직류(DC) 전류가 흐르면 도체 내부에도 전하가 균일하게 분포하게 된다.

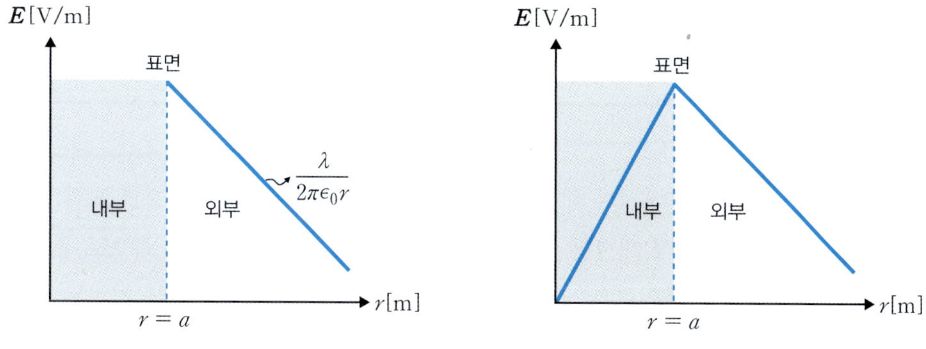

그림 2-26 무한 원통도체에 의한 전계

[그림 2-25]의 무한 원통도체에서 표면($a=r$)의 전위 V는 식 (2.36)의 전계 $\boldsymbol{E}$를 이용하여 식 (2.38)과 같이 구할 수 있다.[23] 이를 통해 무한 원통도체의 전위는 거리 r에 관계없이 ∞ [V]임을 알 수 있다.

$$V = -\int_{\infty}^{r} \boldsymbol{E} \cdot dr = -\int_{\infty}^{r} \frac{\lambda}{2\pi\epsilon_0 r} \cdot dr$$
$$= \frac{\lambda}{2\pi\epsilon_0}[\ln r]_r^{\infty} = \infty \text{ [V]} \tag{2.38}$$

한편 [그림 2-25]에서 원통도체 외부의 두 점 r_1과 r_2 간의 전위차 V_{12}는 구간($r_2 \to r_1$)에 대해 전계 $\boldsymbol{E}$를 적분하여 식 (2.39)와 같이 구할 수 있다.

$$V_{12} = -\int_{r_2}^{r_1} \boldsymbol{E} \cdot dr = -\int_{r_2}^{r_1} \frac{\lambda}{2\pi\epsilon_0 r} \cdot dr$$
$$= \frac{\lambda}{2\pi\epsilon_0}[\ln r]_{r_1}^{r_2} = \frac{\lambda}{2\pi\epsilon_0}[\ln r_2 - \ln r_1]$$
$$= \frac{\lambda}{2\pi\epsilon_0} \ln \frac{r_2}{r_1} \text{ [V]} \tag{2.39}$$

예제 2-14

무한히 긴 직선 도체에 선전하밀도 $+\lambda$ [C/m]로 전하가 충전되어 있을 때 이 직선 도체에서 r[m]만큼 떨어진 점의 전위는?

풀이

무한히 긴 직선 도체는 무한 원통도체이므로 식 (2.38)에 따르면 전위는 거리 r[m]에 관계없이 ∞ [V]이다.

23 이 식은 ∞에서 $a=r$인 원통도체 표면까지 $+1$[C]의 전하가 거슬러 올라오는 데 필요한 일을 나타낸다.

2.8 정전응력

도체에 대전된 전하는 표면에만 존재하며 내부에는 존재하지 않는다. 도체를 중심으로 무한 원점까지의 전하분포를 고려하면 도체에 대전된 전하로 인해 반대 극성의 전하가 도체 쪽으로 유도된다. 따라서 도체 표면에는 항상 흡인력이 작용하며, 도체 표면은 바깥쪽으로 끌어당겨지는 응력 Stress을 받는다.

이처럼 도체 표면이 받는 단위면적당 응력을 **정전응력** Electrostatic Stress이라고 하며, f로 표시한다. 정전응력 f는 식 (2.40)으로 주어지며, 단위는 $[\mathrm{N/m^2}]$이다.[24]

$$f = \frac{\sigma^2}{2\epsilon_0} = \frac{\boldsymbol{D}^2}{2\epsilon_0} = \frac{1}{2}\epsilon_0 \boldsymbol{E}^2 = \frac{1}{2}\boldsymbol{ED}\ [\mathrm{N/m^2}] \tag{2.40}$$

여기서 잠깐 **정전응력**

[그림 2-27]은 무한 도체와 그 일부인 미소면적 ΔS를 나타낸 것이다. ΔS에는 자기 자신에 대전된 전하뿐만 아니라 무한 도체 표면의 다른 전하들도 영향을 미친다. ΔS에 대전된 전하에 의한 전계를 $\boldsymbol{E}_1$, 다른 전하들에 의한 전계를 $\boldsymbol{E}_2$라 하면 ΔS에서의 총 전계 $\boldsymbol{E} = \boldsymbol{E}_1 + \boldsymbol{E}_2$가 된다. 전계 $\boldsymbol{E}_1$은 ΔS의 위쪽과 아래쪽으로 나오고[25] $\boldsymbol{E}_2$는 도체 표면을 향한다.

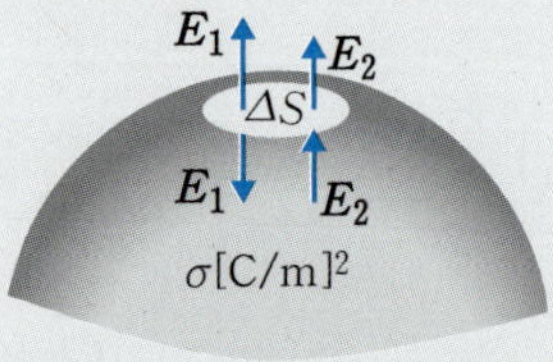

그림 2-27 무한 도체의 정전응력

도체 내부에서 $\boldsymbol{E}_1$과 $\boldsymbol{E}_2$는 방향이 반대이고 도체 내부는 전계가 0이므로 $\boldsymbol{E}_1 - \boldsymbol{E}_2 = 0$이며, 결과적으로 $\boldsymbol{E}_1 = \boldsymbol{E}_2$가 된다.

---

24 식 (2.23)에 나타낸 표면 전하밀도 $\sigma = \frac{Q}{s}$에 가우스 법칙 $Q = \psi$를 적용하면 $\sigma = \frac{\psi}{S} = \boldsymbol{D}\,[\mathrm{C/m^2}]$이므로 $\frac{\sigma^2}{2\epsilon_0} = \frac{\boldsymbol{D}^2}{2\epsilon_0}$이 된다. 여기에 식 (2.19)의 $\boldsymbol{D} = \epsilon_0 \boldsymbol{E}$를 대입하면 $\frac{1}{2}\epsilon_0 \boldsymbol{E}^2 = \frac{1}{2}\boldsymbol{ED}$를 얻을 수 있다.

25 [그림 2-20]의 무한 평면과 같은 경우이다.

26 정전응력의 정의가 단위면적당 힘이므로 Q 대신 표면 전하밀도 σ를 적용한다.

식 (2.24)에서 무한 도체의 전계 $\boldsymbol{E}=\frac{\sigma}{\epsilon_0}$이므로 ΔS에서의 총 전계 $\boldsymbol{E}$는 다음과 같다.

$$\boldsymbol{E}=\boldsymbol{E}_1+\boldsymbol{E}_2=2\boldsymbol{E}_1=\frac{\sigma}{\epsilon_0}$$

$$\boldsymbol{E}_1=\frac{\sigma}{2\epsilon_0}$$

식 (2.25)의 $F=Q\boldsymbol{E}$를 이용하여[26] ΔS에 가해지는 정전응력 f를 다음과 같이 구한다.

$$f=\sigma \boldsymbol{E}_1=\sigma\frac{\sigma}{2\epsilon_0}=\frac{\sigma^2}{2\epsilon_0}$$

예제 2-15

면전하밀도가 σ[C/m^2]인 대전 도체가 진공 중에 놓여 있을 때 도체 표면에 작용하는 정전응력 [N/m^2]은?

① σ^2에 비례한다.

② σ에 비례한다.

③ σ^2에 반비례한다.

④ σ에 반비례한다.

풀이

식 (2.40)의 $f=\frac{\sigma^2}{2\epsilon_0}$에 따르면 정전응력은 표면 전하밀도의 제곱($\sigma^2$)에 비례하므로 정답은 ①이다.

2.9 전계의 발산 정리

1장에서 살펴본 식 (1.17)에서는 발산 정리를 '폐곡면 S를 빠져나오는 벡터 $\boldsymbol{A}$의 총 유량은 벡터 $\boldsymbol{A}$의 발산을 체적적분한 값과 같다'로 설명하였다. 발산 정리를 전계 $\boldsymbol{E}$에 적용하면 식 (2.41)이 된다. 이 식은 '폐곡면 S를 빠져나오는 전기력선의 총 유량($\int_S \boldsymbol{E}\cdot dS$)은 전계의 발산($div\boldsymbol{E}$ 또는 $\nabla\cdot\boldsymbol{E}$)의 체적적분과 같음'을 의미한다.

$$\int_S \boldsymbol{E}\cdot dS=\int_V (div\boldsymbol{E})\,dV=\int_V(\nabla\cdot\boldsymbol{E})\,dV \tag{2.41}$$

이러한 이해를 바탕으로 전계의 발산 정리를 가우스 법칙에 적용해보자.

2.9.1 가우스 법칙의 미분형

전기력선의 총 유량($\int_S \boldsymbol{E} \cdot dS$)은 전기력선의 수 N에 해당하므로 식 (2.41)은 다음과 같이 다시 쓸 수 있다.

$$\int_S \boldsymbol{E} \cdot dS = \int_V (div\boldsymbol{E})\, dV = \frac{Q}{\epsilon_0}$$

여기서 단위체적당 전하량을 **체적 전하밀도**Volume charge density $\rho[\mathrm{C/m^3}]$[27]라고 정의하면 전하량 Q를 ρ의 체적적분, 즉 $Q = \int_V \rho\, dV$로 나타낼 수 있다. 이를 앞선 식에 대입하면 다음과 같다.

$$\int_V (div\boldsymbol{E})\, dV = \frac{1}{\epsilon_0}\int_V \rho\, dV$$

이 식의 양변에서 적분기호를 제거하면 식 (2.42)가 되며, 이를 **가우스 법칙의 미분형**이라 한다.

$$div\boldsymbol{E} = \frac{\rho}{\epsilon_0} \tag{2.42}$$

식 (2.42)의 양변에 ϵ_0를 곱하면 $div\,\epsilon_0\boldsymbol{E} = \rho$가 되며, $\boldsymbol{D} = \epsilon_0\boldsymbol{E}$ 이므로 식 (2.43)과 같이 전속밀도에 관한 식을 얻을 수 있다. 이를 **가우스의 정리**라 한다.

$$div\boldsymbol{D} = \rho[\mathrm{C/m^3}] \tag{2.43}$$

2.9.2 푸아송의 방정식

식 (2.42)에 전계 $\boldsymbol{E} = -\nabla V$의 식[28]을 적용하면 다음과 같이 식 (2.44)를 구할 수 있으며, 이를 **푸아송의 방정식**Poisson's Equation이라 한다. 푸아송의 방정식은 체적 전하밀도 ρ가 분포하는 영역에서 한 점의 전위 V를 구할 때 활용된다.

$$div\boldsymbol{E} = div(-\nabla V) = \nabla \cdot (-\nabla V) = \frac{\rho}{\epsilon_0}$$

$$\nabla^2 V = -\frac{\rho}{\epsilon_0} \tag{2.44}$$

27 전하량 $Q[\mathrm{C}]$을 체적 $v[\mathrm{m^3}]$로 나눈 것으로, 공간 전하밀도라고도 한다.

28 식 (2.13)이다.

2.9.3 라플라스 방정식

식 (2.44)에서 체적 전하밀도 ρ가 0이면 식 (2.45)가 되는데, 이를 **라플라스 방정식** Laplace's Equation 이라 한다. 라플라스 방정식은 주변에는 체적 전하밀도 ρ가 존재하지만 전위를 구하려는 영역의 체적 전하밀도가 0인 경우, 즉 $\rho = 0$인 영역에 있는 한 점의 전위 V를 구할 때 활용된다.

$$\nabla^2 V = 0 \tag{2.45}$$

한편 라플라스 방정식을 직접 풀어 어떤 점의 전위를 구하기 어려운 경우 인접한 4점의 전위를 이용하여 해당 점(중심점)의 전위를 구할 수 있는데,[29] 이를 라플라스 근사법 Laplace's approximation 이라 한다. 인접한 점들의 전위를 각각 V_1, V_2, V_3, V_4라 하면 중심점의 전위 V는 식 (2.46)과 같이 구한다.

$$V = \frac{1}{4}(V_1 + V_2 + V_3 + V_4)\ [\text{V}] \tag{2.46}$$

이 식은 중심점의 전위를 구하고자 할 때 인접한 4점의 전위를 평균을 내어 구할 수 있다는 뜻으로, 라플라스 방정식을 간단하게 계산할 때 자주 사용된다.

예제 2-16

진공 내에서 전위함수가 $V = x^2 + y^2$일 때 점(2, 2, 0)[m]에서 체적 전하밀도 $\rho[\text{C/m}^2]$를 구하면?

풀이

식 (2.44)를 활용하면 다음과 같다.

$$\begin{aligned}\nabla^2 V &= \frac{\partial^2 V}{\partial x^2} + \frac{\partial^2 V}{\partial y^2} + \frac{\partial^2 V}{\partial z^2} \\ &= \frac{\partial^2(x^2+y^2)}{\partial x^2} + \frac{\partial^2(x^2+y^2)}{\partial y^2} + \frac{\partial^2(x^2+y^2)}{\partial z^2} \\ &= 2 + 2 + 0 = 4\end{aligned}$$

즉 $-\frac{\rho}{\epsilon_0} = 4$이므로 $\rho = -4\epsilon_0[\text{C/m}^2]$가 된다.

29 전위를 구하려는 점과 인접한 4점의 전위를 다루므로 전위를 구하려는 점은 '중심점'이 된다.

2.10 전기쌍극자

[그림 2-28]처럼 매우 짧은 거리 δ만큼 떨어져 있으며, 크기는 같고 극성이 반대인 두 전하 $-Q$와 $+Q$를 **전기쌍극자**Electric dipole라고 한다. 이때 $-Q$에서 $+Q$로 향하는 벡터를 **전기쌍극자 모멘트**라 하고 $\boldsymbol{M}$으로 표시한다. 전기쌍극자 모멘트의 크기는 식 (2.47)과 같이 정의된다.[30]

$$\boldsymbol{M} = Q \cdot \delta \ [\mathrm{C \cdot m}] \tag{2.47}$$

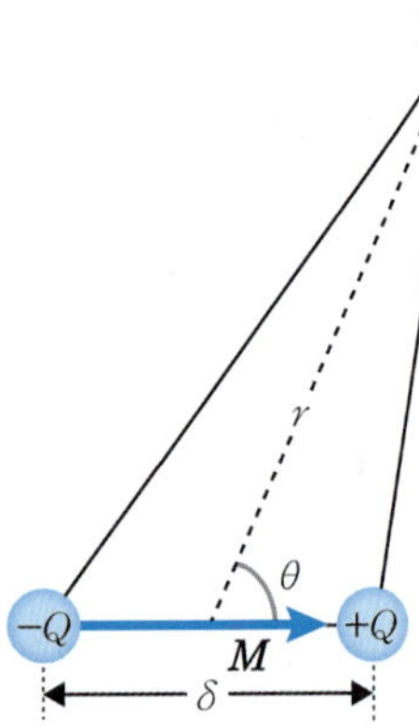

그림 2-28 전기쌍극자

전기쌍극자의 중심에서 거리 r만큼 떨어진 점 P의 전위 V와 전계 $\boldsymbol{E}$의 크기는 각각 식 (2.48)과 식 (2.49)로 주어진다. 식에서 θ는 δ와 r 간의 각도이다.

$$V = \frac{M\cos\theta}{4\pi\epsilon_0 r^2} \ [\mathrm{V}] \tag{2.48}$$

$$E = \frac{M\sqrt{1+3\cos^2\theta}}{4\pi\epsilon_0 r^3} \ [\mathrm{V/m}] \tag{2.49}$$

전기쌍극자에 의한 전위와 전계는 전기쌍극자 모멘트에 비례하며, 전위는 거리의 제곱(r^2)에 반비례하고 전계는 거리의 세제곱(r^3)에 반비례한다. 전기쌍극자는 부호가 반대인 전하로 이루어져 있으므로 앞에서 다룬 점전하보다 전위와 전계가 상대적으로 약하며, 거리가 멀어질수록 빠르게 감소한다.[31]

---

30 전기쌍극자 모멘트 $\boldsymbol{M}$은 전하량 Q와, $-Q$에서 $+Q$를 향하는 거리 벡터 δ를 곱한 벡터량이다.

31 점전하의 경우 전위는 거리 r에 반비례하고 전계는 r^2에 반비례한다.

예제 2-17

쌍극자 모멘트가 $\boldsymbol{M}$ [C · m]인 전기쌍극자에 의한 임의의 점 P의 전계의 크기는 전기쌍극자의 중심에서 축 방향과 점 P를 잇는 선분 사이의 각 θ가 어느 정도일 때 최대가 되는가?

① 0　　② $\pi/2$　　③ $\pi/3$　　④ $\pi/4$

풀이

식 (2.49)를 활용하면 식에서 $\cos^2\theta=1$이 될 때 전계의 크기가 최댓값이므로 θ는 0°이다. 따라서 정답은 ①이 된다.

2.11 전기 이중층

각각 (+)와 (−)전하로 대전된 얇은 두 층이 매우 짧은 간격을 두고 마주하여 수많은 전기쌍극자를 형성한 상태를 **전기 이중층** Electric Double Layer, EDL 이라고 한다. [그림 2-29]는 전기 이중층을 나타낸 것으로, 각 층의 표면 전하밀도는 $+\sigma$와 $-\sigma$이며, 두 층은 매우 짧은 거리 δ만큼 떨어져 있다.

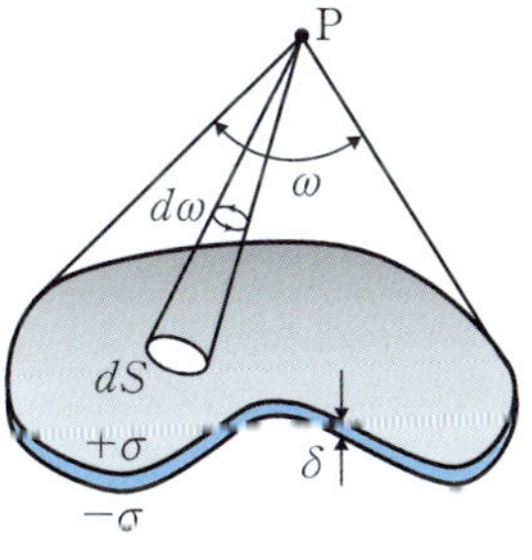

그림 2-29 전기 이중층

[그림 2-29]를 이용하여 전기 이중층에 의한 점 P의 전위를 구해보자. 그림에서 미소면적 dS는 매우 짧은 거리 δ 사이에 $+\sigma$와 $-\sigma$ 전하가 대전된 전기쌍극자로 볼 수 있으며, dS의 미소 전하량 $dQ=\sigma dS$이다. $d\omega$는 dS와 점 P가 이루는 미소 입체각이다.

전기쌍극자의 전위를 나타내는 식 (2.48)을 적용하면 미소면적 dS에 의한 점 P의 전위 dV_P를 다음과 같이 나타낼 수 있다.

$$dV_P = \frac{dQ\delta\cos\theta}{4\pi\epsilon_0 r^2} = \frac{(\sigma dS)\delta\cos\theta}{4\pi\epsilon_0 r^2} = \frac{\sigma\delta}{4\pi\epsilon_0}\frac{dS\cos\theta}{r^2}$$

이 식에 미소 입체각 $d\omega = \dfrac{dS\cos\theta}{r^2}$를 적용하면[32] dV_P를 다음과 같이 나타낼 수 있다.

$$dV_P = \frac{\sigma\delta}{4\pi\epsilon_0}d\omega$$

그러면 전위 V_P를 식 (2.50)과 같이 나타낼 수 있다. $\sigma\delta$를 M [C/m]으로 표시하고[33] 전기 이중층의 세기라 한다.

$$V_P = \frac{\sigma\delta}{4\pi\epsilon_0}\omega = \frac{M}{4\pi\epsilon_0}\omega \text{ [V]} \tag{2.50}$$

전기 이중층의 넓이를 무한대로 가정하면 점 P에서 보는 입체각 ω는 2π가 된다. 그러면 전위 V_P를 식 (2.51)과 같이 나타낼 수 있다.

$$V_P = \frac{M}{2\epsilon_0} \text{ [V]} \tag{2.51}$$

점 P 대신에 전기 이중층 아래쪽에 있는 점 Q를 가정하면 점 Q의 전위 V_Q는 식 (2.52)와 같이 부호가 반대가 된다.

$$V_Q = -\frac{M}{2\epsilon_0} \text{ [V]} \tag{2.52}$$

이로부터 점 P와 점 Q의 전위차 V_{PQ}를 식 (2.53)과 같이 구할 수 있다.

$$V_{PQ} = V_P - V_Q = \frac{M}{\epsilon_0} \text{ [V]} \tag{2.53}$$

32 69쪽의 <여기서 잠깐>을 참고하라.

33 σ와 δ의 단위가 각각 [C/m^2]와 [m]이므로 M의 단위는 [C/m]가 된다.

여기서 잠깐 **미소 입체각 $d\omega$**

입체각Solid angle은 평면각을 3차원으로 확장한 개념으로, 평면각이 한 점에서 벌어진 정도를 나타낸다면 입체각은 한 점에서 공간상으로 벌어진 정도를 나타낸다. [그림 2-30]에서 반지름이 r인 구의 표면적 $S=4\pi r^2$이므로 다음과 같이 바꾸어 쓸 수 있다.

$$\frac{S}{r^2} = 4\pi$$

이 관계를 바탕으로 구의 입체각 ω를 다음과 같이 정의한다. 입체각의 단위로는 스테라디안Steradian [sr]을 사용한다.

$$\omega = \frac{S}{r^2} = 4\pi\ [\mathrm{sr}]$$

[그림 2-31]은 [그림 2-30]에 나타낸 원뿔을 상세히 표현한 것으로, [그림 2-29]에 나타낸 전기 이중층의 미소면적 dS와 점 P를 반대 방향에서 바라본 모습으로 생각할 수 있다.

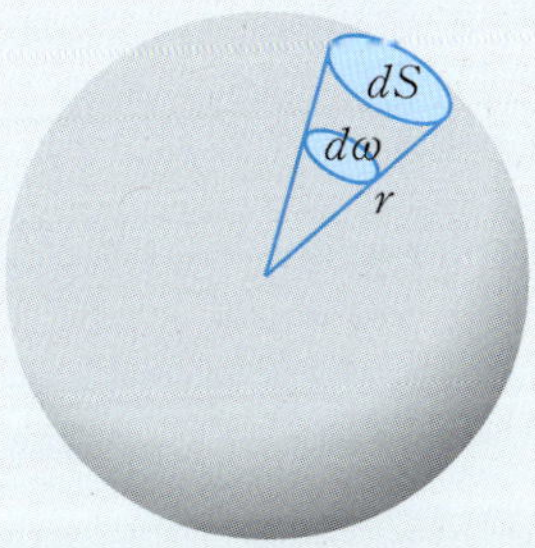

그림 2-30 입체각의 정의

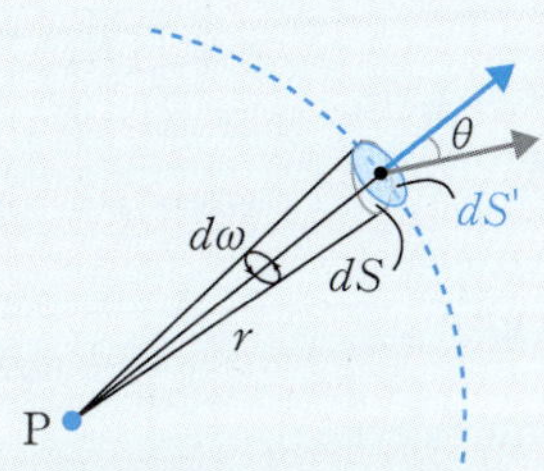

그림 2-31 미소 입체각 $d\omega$

그림에서 점선으로 표시한 원호는 점 P와 미소면적 dS 간의 거리 r을 반지름으로 하는 구면으로, dS'은 이 구면 위의 미소면적이다. 그러면 앞서 구한 구의 입체각 ω의 식을 이용하여 [그림 2-31]의 미소 입체각 $d\omega$를 다음과 같이 정의한다

$$d\omega = \frac{dS'}{r^2}\ [\mathrm{sr}]$$

[그림 2-31]의 미소면적 dS는 구면 위의 면적이 아니므로 dS와 dS' 간에는 θ만큼의 각도가 생긴다. 그림에서 $dS'=dS\cos\theta$이므로 이를 대입하여 미소 입체각 $d\omega=\dfrac{dS\cos\theta}{r^2}$ [sr]를 구한다.

CHAPTER 02

핵심 정리

- **물질의 구성** : 기본 단위는 원자, 원자는 원자핵(양성자 + 중성자)과 전자로 구성
- **전하량(전기량)** : 양성자는 $+1.602\times10^{-19}$ [C], 전자는 -1.602×10^{-19} [C]
- **쿨롱의 법칙과 전계, 전위**

구분	쿨롱의 법칙	전계	전위
정의	• 두 전하 간에 작용하는 정전력 • 두 전하의 곱에 비례하고 거리 r의 제곱에 반비례하며, 쿨롱 상수는 매질에 따라 변화	• 전기적 힘이 작용하는 공간 • 전계의 세기($\boldsymbol{E}$) : $+1$ [C]의 단위 양전하에 작용하는 쿨롱의 힘	• $+1$ [C]의 전하가 가진 전기적인 위치에너지 • 점 P의 전위 : $+1$ [C]의 전하가 무한 원점에서 점 P까지 전계를 거슬러 올라오는 데 필요한 일
식	$\boldsymbol{F}=k\dfrac{Q_1Q_2}{r^2}$ [N] (k : 쿨롱 상수)	$\boldsymbol{E}=k\dfrac{Q}{r^2}$ [V/m]	$V=k\dfrac{Q}{r}$ [V]
기타	두 전하의 극성이 다르면 흡인력, 같으면 반발력이 작용	전계의 단위 : [V/m], [N/C], [A · Ω/m]	전위 $V=\boldsymbol{E}\cdot r$ [V]
		정전력 $\boldsymbol{F}=Q\boldsymbol{E}$ [N]	전위와 일 : $W=QV$ [J]

- k : 쿨롱 상수 $\left(\dfrac{1}{4\pi\epsilon_0}=9\times10^9\right)$
- ϵ_0 : 공기의 유전율 (8.855×10^{-12} [F/m])

- **정전계** : 시간에 따라 변하지 않고 운동에너지가 0이며, 에너지가 최소인 전계
- **전기력선**
  - 전계의 세기와 방향을 나타내는 가상의 선
  - 서로 교차하지 않고 폐곡선이 되지 않으며, 도체 표면과 수직이다.
  - 전하가 없으면 전기력선이 없고 도체를 통과할 수 없어 도체 내부에는 존재하지 않는다.
  - 등전위면과 수직으로 교차하며, 전계의 방향은 전기력선의 접선 방향이 된다.
  - 전기력선의 밀도는 전계의 세기와 같으며, 전기력선의 수 $N=\dfrac{Q}{\epsilon_0}$이다.
- **전기력선의 방정식**
  - (2차원) $\dfrac{dx}{E_x}=\dfrac{dy}{E_y}$, (3차원) $\dfrac{dx}{E_x}=\dfrac{dy}{E_y}=\dfrac{dz}{E_z}$
- **두 점(전위가 높은 점 A와 낮은 점 B)의 전위차** : $\dfrac{Q}{4\pi\epsilon_0}\left(\dfrac{1}{r_A}-\dfrac{1}{r_B}\right)$ [V]
- **전계** : $\boldsymbol{E}=-grad\,V=-\nabla V$ (전위경도)
- 폐곡면을 전하 Q가 일주할 때의 일 $W=0$

- **가우스 법칙**($\psi = Q$) : 폐곡면 안쪽의 전하 Q와 전속 ψ는 같다(매질과 무관).
- **전속밀도** : $\boldsymbol{D} = \frac{\psi}{S} = \frac{Q}{S}$, $\int_S \boldsymbol{D} \cdot dS = \psi$, $\boldsymbol{D} = \epsilon_0 \boldsymbol{E}$
- **가우스 법칙의 응용**

구분	모양	전계 E [V/m]	전위 V [V]	특징
무한 도체	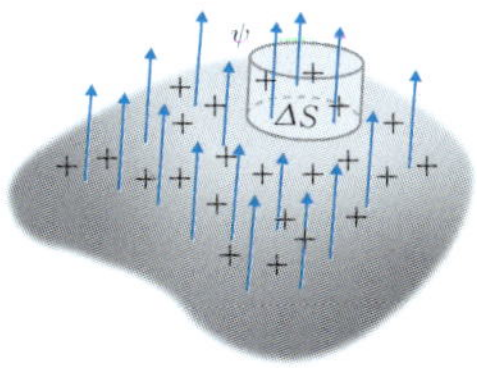	$\frac{\sigma}{\epsilon_0}$	∞	도체 외부의 전계 E는 거리 r에 관계없이 일정
무한 평판	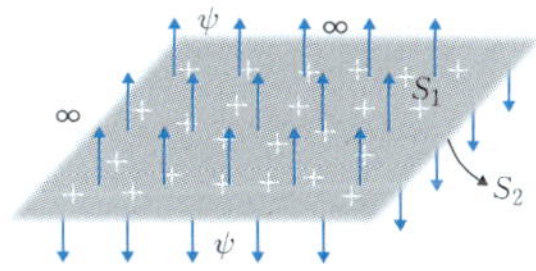	$\frac{\sigma}{2\epsilon_0}$		
2개의 무한 평판 사이	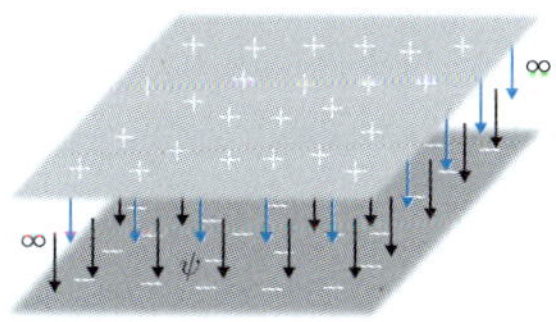	$\frac{\sigma}{\epsilon_0}$	$\frac{\sigma d}{\epsilon_0}$ ($\because V = \boldsymbol{E} \cdot r$) d는 무한 평판의 간격	
구도체 (점전하)	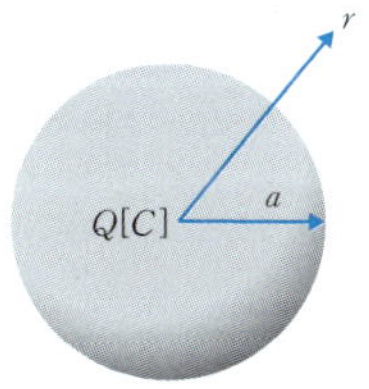	$\frac{Q}{4\pi\epsilon_0 r^2}$	$\frac{Q}{4\pi\epsilon_0 r}$	(내부에도 전하가 분포한다고 가정할 때) 구도체 내부의 전계 E는 거리 r에 비례
동심 구도체	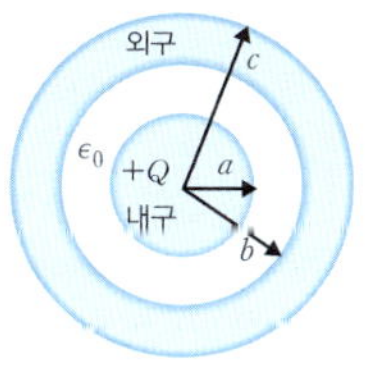	$\frac{Q}{4\pi\epsilon_0 r^2}$	$\frac{Q}{4\pi\epsilon_0}\left(\frac{1}{a} - \frac{1}{b} + \frac{1}{c}\right)$	내구만 $+Q$로 대전
			$\frac{Q}{4\pi\epsilon_0 c}$	외구만 $+Q$로 대전
			$\frac{Q}{4\pi\epsilon_0}\left(\frac{1}{a} - \frac{1}{b}\right)$	내구는 $+Q$, 외구는 $-Q$로 대전
무한 원통 도체	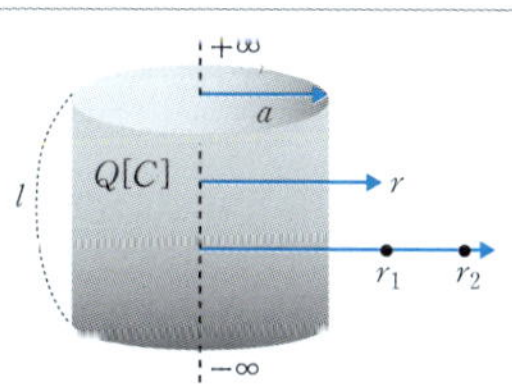	$\frac{\lambda}{2\pi\epsilon_0 r}$	∞	무한 원통도체 내부의 전계 E는 거리 r에 비례
			$\frac{\lambda}{2\pi\epsilon_0} \ln \frac{r_2}{r_1}$	무한 원통도체 외부의 두 점 r_1, r_2 간의 전위차

- σ [C/m²] : 표면 전하밀도$\left(\sigma = \frac{Q}{S}\right)$

참고 무한 도체와 무한 평판의 경우 전계 E가 거리에 관계없이 일정하므로 전위가 0이 되는 기준점을 ∞에 둘 수 없으며, 이 때문에 전위는 거리에 따라 계속 증가하여 결국 ∞이 된다.

- **대전 도체의 전하밀도** : 곡률에 비례하고 곡률 반지름에는 반비례한다. 즉 뾰족한 곳에 전하가 모인다.
- **정전응력** : 항상 흡인력이 작용한다.
  - $f = \dfrac{\sigma^2}{2\epsilon_0} = \dfrac{1}{2}\epsilon_0 \boldsymbol{E}^2 = \dfrac{\boldsymbol{D}^2}{2\epsilon_0} = \dfrac{1}{2}\boldsymbol{ED}$ [N/m^2]
- **전계의 발산 정리** : 폐곡면 S를 빠져나오는 전기력선의 총 유량은 전계의 발산의 체적적분과 같다.
  - $\int_S \boldsymbol{E} \cdot dS = \int_V (div\boldsymbol{E})\, dv$
- **가우스 법칙의 미분형** : $div\boldsymbol{E} = \dfrac{\rho}{\epsilon_0}$ (ρ[C/m^3] : 체적 전하밀도)
- **가우스의 정리** : $div\boldsymbol{D} = \rho$
- **푸아송의 방정식** : ρ가 분포하는 영역에서 한 점의 전위 V를 구할 때 활용된다.
  - $\nabla^2 V = -\dfrac{\rho}{\epsilon_0}$
- **라플라스 방정식** : 주변에는 ρ가 존재하지만 전위를 구하려는 영역의 ρ가 0인 영역에 있는 한 점의 전위 V를 구할 때 활용된다.
  - $\nabla^2 V = 0$
- **전기쌍극자** : 크기는 같고 극성이 반대인 두 전하가 매우 짧은 거리 δ만큼 떨어져 있는 것
  - 전기쌍극자 모멘트 $\boldsymbol{M} = Q \cdot \delta$ [C · m]
  - 전기쌍극자의 중심에서 거리 r만큼 떨어진 점의 전위와 전계는 M에 비례
  - $V = \dfrac{M\cos\theta}{4\pi\epsilon_0 r^2}$ [V], 거리 r^2에 반비례
  - $E = \dfrac{M\sqrt{1+3\cos^2\theta}}{4\pi\epsilon_0 r^3}$ [V/m], 거리 r^3에 반비례
- **전기 이중층** : $+\sigma$와 $-\sigma$의 표면 전하밀도를 가진 얇은 두 층이 매우 짧은 간격 δ만큼 떨어져 마주하여 수많은 전기쌍극자를 형성한 상태
  - 전기 이중층의 세기 : $M = \sigma\delta$ [C/m]
  - 무한한 넓이의 전기 이중층에서 $+\sigma$층 위의 점 P와 $-\sigma$층 아래의 점 Q 간의 전위차 : $V_{PQ} = \dfrac{M}{\epsilon_0}$ [V]

CHAPTER 02

핵심 유형

유형 1 정전계의 특성 정의하기

TIP

- 정전계의 특성 중에서 맞거나 틀린 것 찾기
- 공기(진공)의 유전율을 빛의 속도 C를 활용하여 다른 값으로 표현하기

01 정전계에 대한 설명으로 옳은 것은?

① 전계 에너지가 최소로 되는 전하분포의 전계이다.

② 전계 에너지가 최대로 되는 전하분포의 전계이다.

③ 전계 에너지가 항상 0인 전기장을 말한다.

④ 전계 에너지가 항상 ∞인 전기장을 말한다.

풀이

정전계는 시간에 따라 변하지 않고 운동에너지가 0이며, 에너지가 최소인 전계이다.

답 ①

---

02 MKS 단위계에서 진공 유전율의 값은?

① $4\pi \times 10^{-7}$ [H/m]

② $\dfrac{1}{9 \times 10^9}$ [F/m]

③ $\dfrac{1}{4\pi \times 9 \times 10^9}$ [F/m]

④ 6.33×10^{-4} [H/m]

풀이

$\dfrac{1}{4\pi\epsilon_0} = 9 \times 10^9$에서 $\epsilon_0 = \dfrac{1}{36\pi \times 10^9}$ [F/m]가 된다.

추가로 빛의 속도 $C = 3 \times 10^8$ [m/sec]이므로 C를 이용하면 유전율 $\epsilon_0 = \dfrac{1}{120\pi C}$로 나타낼 수 있다. $C^2 = 9 \times 10^{16}$이므로 $\epsilon_0 = \dfrac{1}{36\pi \times 10^9} = \dfrac{10^7}{4\pi C^2}$으로도 나타낼 수 있다.

답 ③

유형 2 두 전하 간의 정전력 또는 거리 구하기

TIP

- 쿨롱의 법칙을 이용하여 두 전하 간의 거리 구하기
- 두 점의 좌표를 이용해 어느 한 점에 작용하는 정전력 구하기

01 진공 중에 전하량이 3×10^{-6}[C]인 2개의 대전체가 서로 떨어져 있고, 상호 간에 작용하는 힘이 9×10^{-3}[N]일 때 이들 사이의 거리는 몇 [m]인가?

① 2 ② 3 ③ 4 ④ 5

풀이

식 (2.3)을 활용하면 $\boldsymbol{F}=9\times10^9\times\dfrac{Q_1Q_2}{r^2}$[N]에서 거리 r은 다음과 같다.

$$r=\sqrt{9\times10^9\times\frac{Q_1Q_2}{\boldsymbol{F}}}=\sqrt{9\times10^9\times\frac{(3\times10^{-6})^2}{9\times10^{-3}}}=\sqrt{9\times10^9\times\frac{3^2\times10^{-12}}{9\times10^{-3}}}=3[\text{m}]$$

답 ②

---

02 점 P(1, 2, 3)[m] 및 점 Q(2, 0, 5)[m]에 각각 4×10^{-5}[C]과 -2×10^{-4}[C]의 점전하가 있을 때 점 P에 작용하는 힘은 몇 [N]인가?

① $\dfrac{8}{3}(i-2j+2k)$ ② $\dfrac{8}{3}(-i-2j+2k)$

③ $\dfrac{3}{8}(i+2j+2k)$ ④ $\dfrac{3}{8}(2i+j-2k)$

풀이

점 P와 점 Q 사이의 변위 벡터 $\boldsymbol{r}=(2-1)i+(0-2)j+(5-3)k=i-2j+2k$이다. 따라서 $|\boldsymbol{r}|=\sqrt{1^2+2^2+2^2}=3$이 된다. 변위 벡터 $\boldsymbol{r}=|\boldsymbol{r}|a_r$로 나타낼 수 있으므로 단위 벡터 $a_r=\dfrac{\boldsymbol{r}}{|\boldsymbol{r}|}=\dfrac{i+2j+2k}{3}$가 된다.

식 (2.3)에서 쿨롱의 힘의 크기 $|\boldsymbol{F}|=9\times10^9\times\dfrac{4\times10^{-5}\times2\times10^{-4}}{3^2}=8$[N]이므로 점 P에 작용하는 힘 $\boldsymbol{F}=|\boldsymbol{F}|a_r=\dfrac{8}{3}(i-2j+2k)$가 된다.

참고 변위 벡터란 두 점 사이의 위치 변화를 나타내는 벡터로, 한 점에서 다른 점을 향하는 방향과 거리를 나타낸다.

답 ①

유형 3 전계의 세기 구하기

TIP

- 2개의 전하가 있을 때 전계의 세기가 0이 되는 점 구하기
- 주어진 좌푯값을 이용하여 전계의 세기 구하기

01 그림과 같이 $Q_1 = 6\times10^{-8}$[C], $Q_2 = -12\times10^{-8}$[C]의 두 전하가 서로 1[m] 떨어져 있을 때 전계의 세기가 0이 되는 점은?

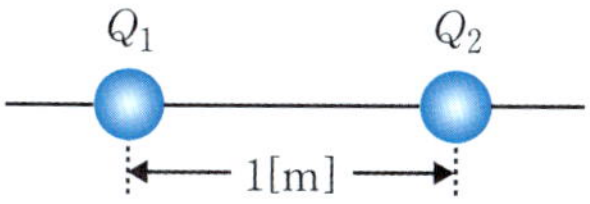

① Q_1과 Q_2의 연장선에서 Q_1에서 왼쪽으로 24.1[m]인 점
② Q_1과 Q_2의 연장선에서 Q_1에서 오른쪽으로 14.1[m]인 점
③ Q_1과 Q_2의 연장선에서 Q_1에서 왼쪽으로 2.41[m]인 점
④ Q_1과 Q_2의 연장선에서 Q_1에서 오른쪽으로 1.41[m]인 점

풀이

- **쿨롱의 법칙을 적용할 때 전계의 세기가 0이 되는 점**
  - 두 전하의 극성이 같으면 두 전하 사이에 위치
  - 두 전하의 극성이 다르면 절댓값이 작은 전하의 바깥쪽에 위치

이 문제에서 전하의 극성이 다르므로 절댓값이 작은 Q_1의 왼쪽에 전계의 세기가 0인 점이 위치하며, 이를 그림에 d로 표시하였다.

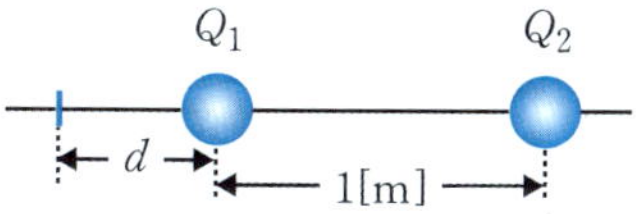

식 (2.4)를 활용하면 d만큼 떨어진 점에서 Q_1에 의한 전계 $E_1 = \dfrac{6\times10^{-8}}{4\pi\epsilon_0 d^2}$이고 Q_2에 의한 전계 $E_2 = \dfrac{12\times10^{-8}}{4\pi\epsilon_0(1+d)^2}$이다. 이때 d만큼 떨어진 점에서의 전계가 0이 되려면 $E_1 = E_2$가 되어야 하므로 $\dfrac{6\times10^{-8}}{4\pi\epsilon_0 d^2} = \dfrac{12\times10^{-8}}{4\pi\epsilon_0(1+d)^2}$이 된다.

이 식을 정리하면 $2d^2 - (1+d)^2$이며, $\sqrt{2}d = 1+d$로 쓸 수 있으므로 $d = \dfrac{1}{\sqrt{2}-1} = 2.41$[m]이다.

답 ③

02 원점에 10^{-8}[C]의 전하가 있을 때 점 P(1, 2, 2)[m]에서의 전계의 세기는 몇 [[V/m]인가?

① 0.1　　② 1　　③ 10　　④ 100

풀이

원점과 점 P 사이의 변위 벡터 $r=(1-0)i+(2-0)j+(2-0)k=i+2j+2k$이다.

$|r|=\sqrt{1^2+2^2+2^2}=3$이므로 식 (2.4)에서 $E=9\times10^9\times\dfrac{10^{-8}}{3^2}=10$[V/m]가 된다.

답 ③

유형 4 전기력선의 성질 정의하기

TIP

- 전기력선의 성질 중에서 틀리거나 맞는 것 찾기

01 전기력선에 대한 설명 중에서 틀린 것은?

① 전기력선의 방향은 그 점의 전계 방향과 일치하며, 밀도는 그 점에서 전계의 크기와 같다.

② 전기력선은 부전하에서 시작하여 정전하에서 그친다.

③ 단위전하(+1[C])에서는 $\dfrac{1}{\epsilon_0}$개의 전기력선이 출입한다.

④ 전기력선은 전위가 높은 점에서 낮은 점으로 향한다.

풀이

2.4.2절을 참고하면 전기력선은 양전하(정전하)에서 나와 음전하(부전하)로 들어간다.

추가로 전기력선의 수 $N=\dfrac{Q}{\epsilon_0}$[개]이므로 $Q=+1$ [C]이면 $N=\dfrac{1}{\epsilon_0}$[개]이다.

답 ②

---

02 전기력선의 성질에 관한 설명으로 틀린 것은?

① 전하가 없는 곳에서 전기력선이 발생하거나 소멸하지 않는다.

② 전계가 0이 아닌 곳에서 2개의 전기력선은 교차하는 일이 없다.

③ 전기력선은 그 자신만으로 폐곡선이 된다.

④ 전기력선은 도체를 통과할 수 없다.

풀이

2.4.2절을 참고하면 전기력선은 서로 교차하지 않으며, 폐곡선이 될 수 없다.

답 ③

유형 5 전위-전계의 관계를 이용하여 전계 구하기

TIP
- 전위의 기본 개념 및 전위와 전계의 관계 이용하기
- 전위함수와 좌푯값을 이용하여 전계의 세기 구하기

01 50[V/m]의 평등 전계 중의 80[V]되는 점 A에서 전계 방향으로 80[cm] 떨어진 점 B의 전위는 몇 [V]인가?

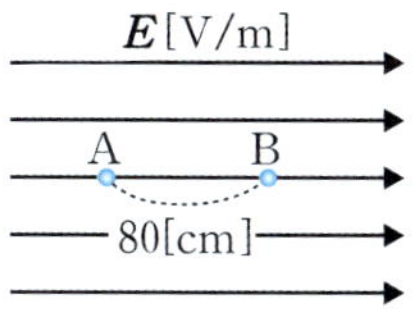

① 20 ② 40 ③ 60 ④ 80

풀이

점 B는 전계 방향으로 이동한 점이므로 전위는 낮아진다. 식 (2.12)에 의해 $V = \boldsymbol{E} \cdot r = 50 \times 0.8 = 40$[V]이므로 점 B의 전위 $V_B = 80 - 40 = 40$[V]가 된다.

답 ②

---

02 전위함수가 $V = 3x + 2y^2$으로 주어질 때 점 (2, −1, 3)에서 전계의 세기 [V/m]는?

① 5 ② 6 ③ 8 ④ 12

풀이

식 (2.13)을 이용하면 다음과 같다.

$$\boldsymbol{E} = -\nabla V = -\left(\frac{\partial}{\partial x}i + \frac{\partial}{\partial y}j + \frac{\partial}{\partial z}k\right) \cdot (3x + 2y^2)$$

$$= -\frac{\partial(3x+2y^2)}{\partial x}i - \frac{\partial(3x+2y^2)}{\partial y}j - \frac{\partial(3x+2y^2)}{\partial z}k = -3i - 4yj$$

점 (2, −1, 3)을 대입하면 $\boldsymbol{E} = -3i + 4j$가 된다. 따라서 전계의 세기 $|\boldsymbol{E}| = \sqrt{(-3)^2 + 4^2} = 5$ [V/m]이다.

답 ①

유형 6 도체의 형태에 따른 전계나 전위 구하기

TIP

- 도체의 형태에 따른 전계의 세기나 전위 구하기
- 도체의 내부와 외부의 전계 분포 확인하기

01 거리 r[m]에 반비례하는 전계의 세기를 나타내는 대전체는?

① 점전하 ② 구전하 ③ 전기쌍극자 ④ 선전하

풀이

무한 원통도체는 대전된 선전하로 생각할 수 있다. 식 (2.36)을 참고하면 무한 원통도체의 전계 $\boldsymbol{E} = \dfrac{\lambda}{2\pi\epsilon_0 r}$ 이며, 거리 r[m]에 반비례한다.

참고로 점전하(구전하)의 전계는 거리의 제곱(r^2)에 반비례하고, 전기쌍극자에 의한 전계는 거리의 세제곱(r^3)에 반비례한다.

답 ④

---

02 진공 중에 서로 평행인 무한 길이 두 직선 도선 A, B가 d[m] 떨어져 있다. A, B의 선전하밀도를 각각 λ_1[C/m], λ_2[C/m]라 할 때, A로부터 $\dfrac{d}{3}$[m]인 점의 전계의 세기가 0이라면, λ_1과 λ_2의 관계는?

① $\lambda_2 = \dfrac{1}{2}\lambda_1$ ② $\lambda_2 = 2\lambda_1$ ③ $\lambda_2 = 3\lambda_1$ ④ $\lambda_2 = 9\lambda_1$

풀이

도선 A에 의한 전계를 $\boldsymbol{E}_1$, B에 의한 전계를 $\boldsymbol{E}_2$라 하자. λ의 극성이 모두 (+)이므로 $\boldsymbol{E}_1$과 $\boldsymbol{E}_2$는 그림과 같이 방향이 반대이다. 이 경우 전계의 세기가 0이 되려면 $\boldsymbol{E}_1 = \boldsymbol{E}_2$가 되어야 한다. 식 (2.36)을 참고하면 $\boldsymbol{E}_1 = \boldsymbol{E}_2 = \dfrac{\lambda_1}{2\pi\epsilon_0\left(\dfrac{d}{3}\right)} = \dfrac{\lambda_2}{2\pi\epsilon_0\left(\dfrac{2d}{3}\right)}$ 가 된다. 이 식을 정리하면 $\lambda_2 = 2\lambda_1$을 구할 수 있다.

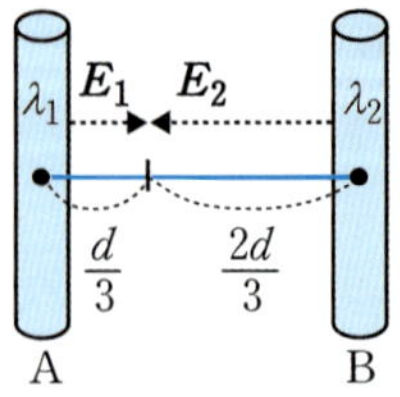

답 ②

03 반지름 r이 1[m]인 구도체의 표면 전하밀도가 $\frac{10^{-8}}{9\pi}$[C/m^2]이 되도록 하는 구도체의 전위는 몇 [V]인가?

① 10　　② 20　　③ 40　　④ 80

풀이

표면 전하밀도 σ는 $\frac{10^{-8}}{9\pi}$이고 구의 표면적 $S=4\pi r^2$이므로 전하량 $Q=\sigma S=\frac{4\times10^{-8}}{9}$[C]이다.
식 (2.29)를 이용하면 $V=\frac{Q}{4\pi\epsilon_0 r}=9\times10^9\times\frac{4\times10^{-8}}{9\times1}=40$[V]이다.

답 ③

---

04 반지름 a인 원주 대전체에 전하가 균등하게 분포되어 있을 때 원주 대전체의 내외 전계의 세기 및 축으로부터의 거리와 관계되는 그래프는?

① $\boldsymbol{E}$[V/m]

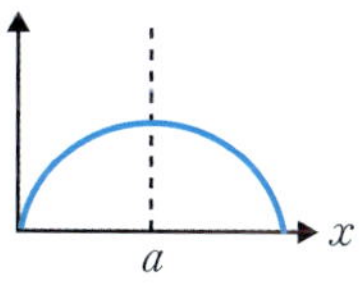

② $\boldsymbol{E}$[V/m]

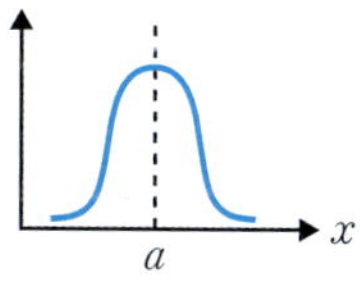

③ $\boldsymbol{E}$[V/m]

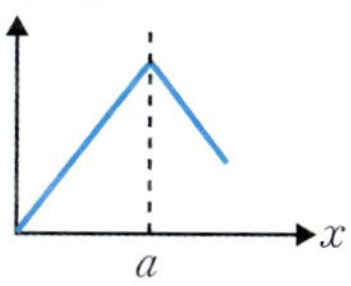

④ $\boldsymbol{E}$[V/m]

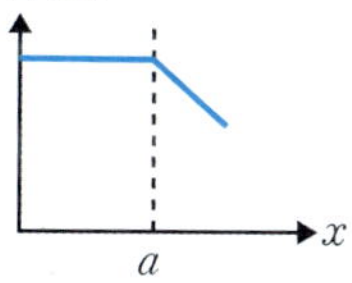

풀이

원주 대전체는 원통도체로 생각할 수 있으므로 식 (2.36)과 식 (2.37)을 참고하면 내부 전계는 거리 x에 비례하고 외부 전계는 거리 x에 반비례함을 알 수 있다([그림 2-26] 참고).

답 ③

유형 7 정전응력을 구하거나 특성 정의하기

TIP

- 도체판 또는 구도체에 작용하는 정전응력 구하기
- 정전응력 f와 표면 전하밀도 σ의 관계 확인하기

01 무한히 넓은 두 장의 도체판을 d[m]의 간격으로 평행하게 놓은 후 두 판 사이에 V[V]의 전압을 가한 경우 도체판의 단위면적당 작용하는 힘은 몇 [N/m^2]인가?

① $f=\epsilon_0 \dfrac{V^2}{d}$　② $f=\dfrac{1}{2}\epsilon_0 d V^2$　③ $f=\dfrac{1}{2}\epsilon_0\left(\dfrac{V}{d}\right)^2$　④ $f=\dfrac{1}{2}\dfrac{1}{\epsilon_0}\left(\dfrac{V}{d}\right)^2$

풀이

식 (2.40)을 이용하면 정전응력 $f=\dfrac{1}{2}\epsilon_0\boldsymbol{E}^2$ 이고 전계 $\boldsymbol{E}=\dfrac{V}{d}$ 이므로 $f=\dfrac{1}{2}\epsilon_0\left(\dfrac{V}{d}\right)^2$ 이다.

답 ③

---

02 반지름이 2[m]인 구도체에 전하 10×10^{-4}[C]이 주어질 때 구도체 표면에 작용하는 정전응력은 약 몇 [N/m^2]인가?

① 22.4　② 26.6　③ 30.8　④ 32.2

풀이

식 (2.27)을 이용하면 구도체의 전계 $\boldsymbol{E}=9\times10^9\times\dfrac{10\times10^{-4}}{2^2}=2.25\times10^6$ [V/m]이다. 여기에 식 (2.40)을 적용하면 정전응력 $f=\dfrac{1}{2}\epsilon_0\boldsymbol{E}^2=\dfrac{1}{2}\times8.855\times10^{-12}\times(2.25\times10^6)^2=22.4$ [N/m^2]가 된다.

답 ①

유형 8 체적 전하밀도 ρ 구하기

TIP

- 푸아송의 방정식 및 가우스 정리를 이용하여 체적 전하밀도 ρ 구하기
- 라플라스 근사법으로 중심점의 전위 구하기

01 전위함수가 $V=5x^2y+z$[V]일 때, 점 (2, −2, 2)에서 체적 전하밀도 ρ[C/mm³]를 구하면?

① $5\epsilon_0$ ② $10\epsilon_0$ ③ $20\epsilon_0$ ④ $25\epsilon_0$

풀이

식 (2.44)의 푸아송의 방정식 $\nabla^2 V=-\frac{\rho}{\epsilon_0}$를 보자. $\nabla^2 V=\frac{\partial^2(5x^2y+z)}{\partial x^2}+\frac{\partial^2(5x^2y+z)}{\partial y^2}+\frac{\partial^2(5x^2y+z)}{\partial z^2}=10y$이다. 여기에 점 (2, −2, 2)의 좌푯값을 입력하면 $-\frac{\rho}{\epsilon_0}=-20$이므로 $\rho=20\epsilon_0$이다.

답 ③

---

02 전속밀도 $\boldsymbol{D}=x^2i+2y^2j+3zk$[C/m²]를 주는 원점의 1[mm³] 내의 전하는 몇 [C]인가?

① 3 ② 3×10^{-6} ③ 3×10^{-9} ④ 3×10^{-12}

풀이

식 (2.43)의 가우스의 정리 $div\boldsymbol{D}=\rho$에서 $div\boldsymbol{D}=\frac{\partial D_x}{\partial x}+\frac{\partial D_y}{\partial y}+\frac{\partial D_z}{\partial z}=\frac{\partial x^2}{\partial x}+\frac{\partial 2y^2}{\partial y}+\frac{\partial 3z}{\partial z}=2x+4y+3$이다. 원점의 좌푯값 (0, 0, 0)을 대입하면 $\rho=3$[C/m³]가 된다. [mm³]는 [10^{-9}m³]이므로 $\rho=3\times10^{-9}$[C/mm³]이다.

답 ③

---

03 점 P에서 같은 거리에 있는 4개의 점의 전위를 측정하였더니 그림과 같이 나타났다고 하면, 점 P의 전위는 약 몇 [V] 정도 되는가?

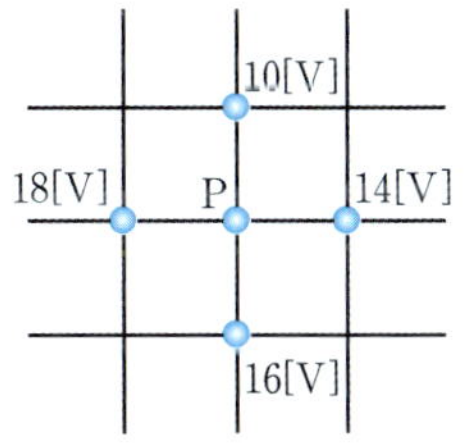

① 12.3 ② 14.5

③ 16.9 ④ 18.2

풀이

식 (2.46)의 라플라스 근사법을 이용하면 점 P의 전위 $V_P=\frac{1}{4}(18+16+14+10)=14.5$[V]이다.

답 ②

유형 9 전기쌍극자에 의한 전위와 전계 구하기

TIP
- 전기쌍극자에 의한 전위와 전계의 특성 확인하기
- 전기쌍극자에 의한 전위와 전계 구하기

01 전기쌍극자로부터 r만큼 떨어진 점의 전위 크기 V는 r과 어떤 관계가 있는가?

① $V \propto r$　② $V \propto \dfrac{1}{r^3}$　③ $V \propto \dfrac{1}{r^2}$　④ $V \propto \dfrac{1}{r}$

풀이

전기쌍극자의 전위에 대한 식 (2.48)에 의하면 전위는 거리의 제곱에 반비례한다. 즉, $V \propto \dfrac{1}{r^2}$이다.

답 ③

---

02 $Ql = \pm 200\pi\epsilon_0 \times 10^3$ [C·m]인 전기쌍극자에서 l과 r 사이의 사잇각이 $\dfrac{\pi}{3}$이고, $r=1$인 점의 전위 [V]는?

① $50\pi \times 10^4$　② 50×10^3　③ 25×10^3　④ $5\pi \times 10^4$

풀이

전기쌍극자의 전위에 대한 식 (2.48)을 이용하면 $V = \dfrac{M\cos\theta}{4\pi\epsilon_0 r^2}$, $M = Ql = \pm 200\pi \times 10^3$이므로

$$V = \frac{200\pi\epsilon_0 \times 10^3 \times \cos\left(\frac{\pi}{3}\right)}{4\pi\epsilon_0 \times 1^2} = 50 \times 10^3 \times \frac{1}{2} = 25 \times 10^3\,[\mathrm{V}]$$이다.

답 ③

CHAPTER 02

기출문제

2.1 도체 내 정전계의 성질에 대한 설명으로 틀린 것은?

① 도체 내부의 전위는 등전위이다.
② 도체 내부의 전계는 0이 아니다.
③ 도체 표면의 전하밀도는 곡률이 클수록 크다.
④ 전하는 도체 표면에만 존재한다.

2.2 점전하 Q_1, Q_2 사이에 작용하는 쿨롱의 힘이 F일 때 이 부근에 점전하 Q_3를 놓을 경우 Q_1과 Q_2 사이의 쿨롱의 힘을 F'이라고 하면 F와 F'의 관계는?

① $F > F'$
② $F < F'$
③ $F = F'$
④ Q_2의 크기에 따라 다르다.

2.3 진공 중에서 점 (0, 1)[m] 되는 곳에 -2×10^{-9}[C]의 점전하가 있을 때 점 (2, 0)[m]에 있는 1[C]의 점전하에 작용하는 힘은 몇 [N]인가?

① $-\dfrac{18}{3\sqrt{5}}i+\dfrac{36}{3\sqrt{5}}j$
② $-\dfrac{36}{5\sqrt{5}}i+\dfrac{18}{5\sqrt{5}}j$
③ $-\dfrac{36}{3\sqrt{5}}i+\dfrac{18}{3\sqrt{5}}j$
④ $\dfrac{36}{5\sqrt{5}}i+\dfrac{18}{5\sqrt{5}}j$

2.4 한 변의 길이가 1[m]인 정삼각형의 꼭짓점 A, B, C에 각각 10^{-4}[C]의 점전하가 있을 때 각 전하에 작용하는 힘은 몇 [N]인가?

① 16.3 ② 17.3 ③ 34.6 ④ 35.6

2.5 한 변의 길이가 a[m]인 정육각형의 각 정점에 Q[C]의 전하를 놓을 때 정육각형 중심 O의 전계의 세기는 몇 [V/m]인가?

① 0 ② $\dfrac{Q}{2\pi\epsilon_0 a}$ ③ $\dfrac{Q}{4\pi\epsilon_0 a}$ ④ $\dfrac{Q}{8\pi\epsilon_0 a}$

2.6 절연내력이 3000[KV/m]인 공기 중에 놓인 직경 1[m]의 구도체에 줄 수 있는 최대 전하는 몇 [C]인가?

① 6.75×10^{-4}　　② 6.75×10^{-6}
③ 8.33×10^{-5}　　④ 8.33×10^{-6}

2.7 시간적으로 변하지 않는 보존적인 전계가 비회전성이라는 의미를 나타내는 식은?

① $\nabla \cdot E = 0$　　② $\nabla^2 \cdot E = 0$
③ $\nabla \cdot E = \infty$　　④ $\nabla \times E = 0$

2.8 자유 공간 중에서 점 P(2, −4, 5)가 도체면 상에 있으며, 이 점의 전계 $E = 3a_x - 6a_y + 2a_z$ [V/m]이다. 도체면에 법선 성분 E_n 및 접선 성분 E_t의 크기는 몇 [V/m]인가?

① $E_n = 3$, $E_t = -6$　　② $E_n = 7$, $E_t = 0$
③ $E_n = 2$, $E_t = 3$　　④ $E_n = -6$, $E_t = 0$

2.9 전계의 세기가 1500[V/m]인 전장에 5[μC]의 전하를 놓을 때 이 전하에 작용하는 힘은 몇 [N] 인가?

① 4.5×10^{-3}　　② 5.5×10^{-3}
③ 6.5×10^{-3}　　④ 7.5×10^{-3}

2.10 대전된 도체 표면의 전계의 세기는?

① 곡률이 크면 커진다.
② 곡률 반지름이 크면 커진다.
③ 도체 표면의 모양에 무관하다.
④ 평면일 때 가장 크다.

2.11 전기력선의 성질에 대한 설명으로 옳은 것은?

① 전기력선은 등전위면과 평행하다.
② 전기력선은 도체 표면과 직교한다.
③ 전기력선은 도체 내부에 존재할 수 있다.
④ 전기력선은 전위가 낮은 점에서 높은 점으로 향한다.

2.12 그림과 같은 등전위면에서 전계의 방향은?

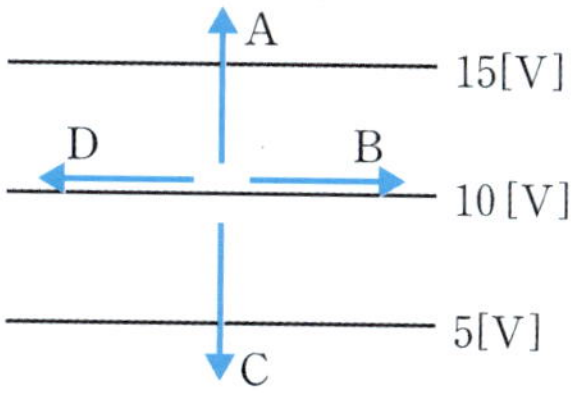

① A ② B ③ C ④ D

2.13 전위가 V_A인 점 A에서 Q[C]의 전하를 전계와 반대 방향으로 l[m] 이동시킨 점 P의 전위[V]는? (단, 전계 E는 일정하다고 가정한다)

① $V_P = V_A - El$ ② $V_P = V_A + El$
③ $V_P = V_A - EQ$ ④ $V_P = V_A + EQ$

2.14 전위함수가 $V = 2x + 5yz + 3$일 때 점 (2, 1, 0)에서의 전계의 세기는?

① $-i2 - j5 - k3$ ② $i + j2 + k3$ ③ $-i2 - k5$ ④ $i4 + k3$

2.15 체적 전하밀도 ρ[C/m^3]로 v[m^3]의 체적에 걸쳐서 분포되어 있는 전하분포에 의한 전위를 구하는 식은?

① $\frac{1}{4\pi\epsilon_0}\iiint \frac{\rho}{r^2}dv$ ② $\frac{1}{4\pi\epsilon_0}\iiint \frac{\rho}{r}dv$
③ $\frac{1}{2\pi\epsilon_0}\iiint \frac{\rho}{r^2}dv$ ④ $\frac{1}{2\pi\epsilon_0}\iiint \frac{\rho}{r}dv$

2.16 한 변의 길이가 a[m]인 정사각형 A, B, C, D의 각 정점에 각각 Q[C]의 전하를 놓을 때, 정사각형 중심 O의 전위는 몇 [V]인가?

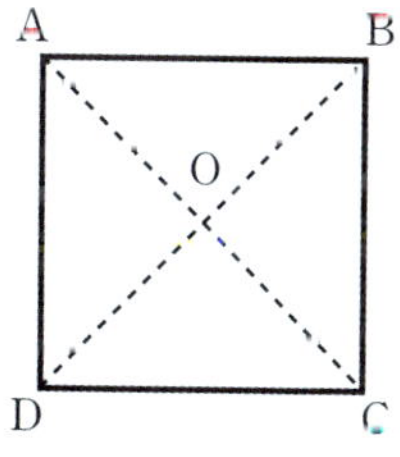

① $\frac{3Q}{4\pi\epsilon_0 a}$ ② $\frac{3Q}{\pi\epsilon_0 a}$
③ $\frac{\sqrt{2}Q}{\pi\epsilon_0 a}$ ④ $\frac{2Q}{\pi\epsilon_0 a}$

2.17 진공 중에 선전하밀도 $+\lambda$[C/m]의 무한장 직선 도선 A와 $-\lambda$[C/m]의 무한장 직선 도선 B가 있을 때 A에서 $\frac{d}{3}$[m]가 되는 점의 전계의 크기는 몇 [V/m]인가?

① $\frac{3\lambda}{4\pi\epsilon_0 d}$ ② $\frac{9\lambda}{4\pi\epsilon_0 d}$ ③ $\frac{3\lambda}{8\pi\epsilon_0 d}$ ④ $\frac{9\lambda}{8\pi\epsilon_0 d}$

2.18 진공 중에서 전하밀도 $\pm\sigma$[C/m^2]의 무한 평면이 간격 d[m]로 떨어져 있다. $+\sigma$의 평면으로부터 r[m] 떨어진 점 P의 전계의 세기 [N/C]은?

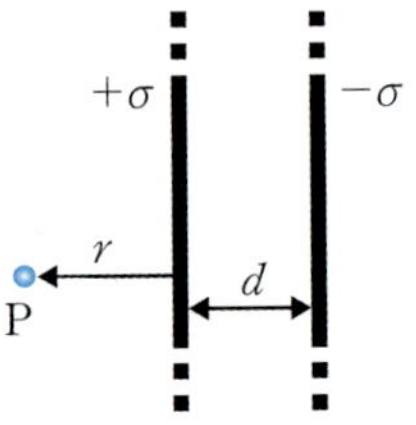

① 0 ② $\frac{\sigma}{\epsilon_0}$

③ $\frac{\sigma}{2\epsilon_0}$ ④ $\frac{\sigma}{2\epsilon_0}\left(\frac{1}{r}-\frac{1}{r+d}\right)$

2.19 면적이 300 [cm^2], 판 간격이 2 [cm]인 2장의 전극 사이를 비유전율 5의 유전체로 채우고, 양 전극에 20 [KV]의 전압을 인가할 경우 전극 사이에 작용하는 정전력은 약 몇 [N]인가?

① 0.33 ② 0.99 ③ 0.66 ④ 1.32

2.20 전위함수에서 라플라스 방정식을 만족하지 않는 것은?

① $V = r\cos\theta + \phi$ ② $V = x^2 - y^2 + z^2$

③ $V = \rho\cos\phi + z$ ④ $V = \frac{v_0}{d}X$

2.21 전위 V가 단지 x만의 함수이며, $x=0$에서 $V=0$이고 $x=d$일 때 $V=v_0$인 경계조건을 갖는다고 한다. 라플라스 방정식에 의한 V의 해는?

① $\nabla^2 V$ ② $v_0 d$ ③ $\frac{v_0}{d}x$ ④ $\frac{Q}{4\pi\epsilon_0 d}$

2.22 다음 중 옳지 않은 것은?

① $V_P = \int_P^{\infty} E\,dl$ ② $E = -grad\,V$

③ $grad\,V = \frac{\partial V}{\partial x}i + \frac{\partial V}{\partial y}j + \frac{\partial V}{\partial z}k$ ④ $\int E\,dS = Q$

2.23 진공 중에서 전기쌍극자 M, M으로부터 임의의 점 P까지의 거리를 r, M과 r이 이루는 각을 θ라 하면 점 P에서 전계의 r 방향 성분 E_r과 θ 방향 성분 E_θ는?

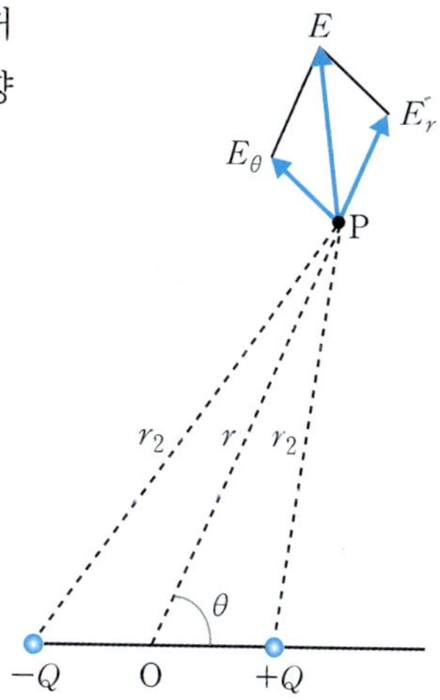

① $E_r = \frac{M\cos\theta}{2\pi\epsilon_0 r^3}$, $E_\theta = \frac{M\sin\theta}{4\pi\epsilon_0 r^3}$

② $E_r = \frac{M\sin\theta}{2\pi\epsilon_0 r^3}$, $E_\theta = \frac{M\cos\theta}{4\pi\epsilon_0 r^3}$

③ $E_r = \frac{M\sin\theta}{4\pi\epsilon_0 r^3}$, $E_\theta = \frac{M\cos\theta}{2\pi\epsilon_0 r^3}$

④ $E_r = \frac{M\sin\theta}{4\pi\epsilon_0 r^3}$, $E_\theta = \frac{M\cos\theta}{4\pi\epsilon_0 r^3}$

2.24 반지름이 a[m]인 원판형 전기 이중층(세기 M)의 축상 x[m] 거리에 있는 점 P(정전하 측)의 전위 [V]는?

① $\frac{M}{2\epsilon_0}\left(1-\frac{a}{\sqrt{x^2+a^2}}\right)$ ② $\frac{M}{\epsilon_0}\left(1-\frac{a}{\sqrt{x^2+a^2}}\right)$

③ $\frac{M}{2\epsilon_0}\left(1-\frac{x}{\sqrt{x^2+a^2}}\right)$ ④ $\frac{M}{\epsilon_0}\left(1-\frac{x}{\sqrt{x^2+a^2}}\right)$

정답

2.1 ② **2.2** ③ **2.3** ② **2.4** ② **2.5** ① **2.6** ③ **2.7** ④ **2.8** ② **2.9** ④ **2.10** ①
2.11 ③ **2.12** ③ **2.13** ② **2.14** ③ **2.15** ② **2.16** ③ **2.17** ② **2.18** ① **2.19** ③ **2.20** ②
2.21 ③ **2.22** ④ **2.23** ① **2.24** ③

CHAPTER

03

진공 중의 도체계

CONTENTS

학습 내용

여러 개의 도체가 가까이 있을 때 서로 전기적인 영향을 주고받는 도체계의 특성을 중첩의 원리를 바탕으로 살펴본다. 전하에 의해 형성되는 전위를 결정하는 전위계수의 개념과 그 특성을 이해하고, 전위에 따라 도체에 유도되는 전하량을 나타내는 용량계수와 유도계수의 의미 및 성질을 학습한다. 이어서 구도체, 동축 케이블, 평행판 콘덴서와 같은 대칭 구조를 가진 도체들의 정전용량 계산식과 특성을 살펴본다. 마지막으로 콘덴서의 직렬 및 병렬연결에 따른 합성 정전용량 계산식과 콘덴서에 저장되는 정전에너지, 에너지 밀도에 대해서도 학습한다.

핵심 키워드

도체계 | 중첩의 원리 | 전위계수 | 엘라스턴스 | 용량계수 | 유도계수 | 정전용량 | 구도체 | 동심 구도체 | 동축 케이블 | 평행 왕복 도선 | 평행판 콘덴서 | 콘덴서의 연결 | 정전에너지

학습 전략

전위계수와 용량계수, 유도계수의 개념과 특성, 그리고 차이점을 정확히 이해하는 것이 중요합니다. 이는 시험에서 자주 출제되는 내용이므로 단위와 함께 체계적으로 정리해두어야 합니다. 또한 3.4.2절에서 다루는 구도체를 포함한 대칭 구조의 도체들에 대한 정전용량 계산식도 기억해두어야 하며, 특히 평행판 콘덴서의 정전용량은 출제 빈도가 매우 높으므로 주의 깊게 학습해야 합니다.

3.1 도체계와 중첩의 원리

2장에서 다룬 정전계는 전하가 정지해 있어 전계가 시간에 따라 변하지 않으며, 에너지가 최소 상태인 전계를 말한다. 정전계에서는 주로 구도체나 전기쌍극자처럼 하나 또는 2개의 대전된 도체에 생성되는 개별적인 전계 분포를 살펴보았다.

이번 장에서는 여러 개의 도체가 가까이 모여 서로 영향을 주고받는 경우의 전계를 다루며, 이를 정전계와 구별하여 **도체계**라고 한다. 도체계의 특성을 표현하기 위해 각각의 도체나 전하가 만들어내는 전위 또는 전계를 합하여 전체 값을 구하는 방법인 **중첩의 원리** Principle of Superposition를 사용한다.

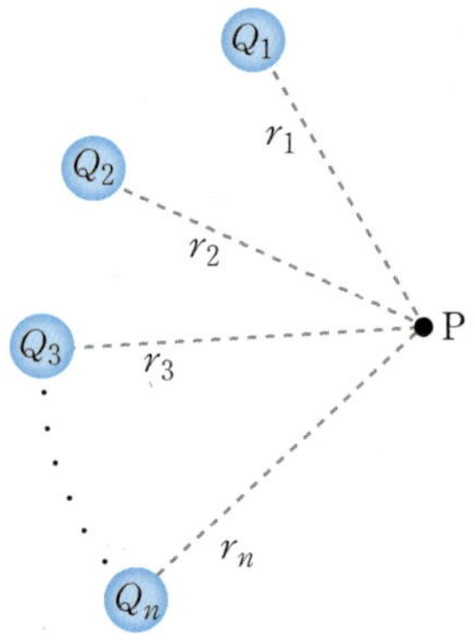

그림 3-1 중첩의 원리

예를 들어, [그림 3-1]과 같이 여러 개의 점전하($Q_1 \sim Q_n$)가 공간에 분포되어 있을 때 점 P에서의 전위 V_P는 식 (3.1)과 같이 각 전하가 만드는 전위 $V_1 \sim V_n$의 합이다.[1]

$$
\begin{aligned}
V_P &= V_1 + V_2 + V_3 + \cdots + V_n \\
&= \frac{Q_1}{4\pi\epsilon_0 r_1} + \frac{Q_2}{4\pi\epsilon_0 r_2} + \frac{Q_3}{4\pi\epsilon_0 r_3} + \cdots + \frac{Q_n}{4\pi\epsilon_0 r_n} \text{ [V]}
\end{aligned} \tag{3.1}
$$

3.2 전위계수

3.2.1 전위계수

구도체(점전하)의 전위 V는 식 (3.2)와 같이 나타낼 수 있다. 식 (3.2)에서 $P = \dfrac{1}{4\pi\epsilon_0 r}$은 전하 Q에 의해 생기는 전위 V를 결정하는 비례계수로 볼 수 있으며, 이를 **전위계수** Coefficient of potential 라고 한다. 전위계수 P는 매질, 도체의 모양과 크기, 전하 간의 간격에 따라 달라진다.

1 2장의 식 (2.10)을 참고하라.

$$V = \frac{Q}{4\pi\epsilon_0 r} = \frac{1}{4\pi\epsilon_0 r}Q = PQ\ [\mathrm{V}] \tag{3.2}$$

식 (3.2)에서 $P = \frac{V}{Q}$이므로 전위계수의 단위는 [V/C]이 된다.

한편, 콘덴서(커패시터capacitor)의 용량을 나타내는 정전용량(커패시턴스Capacitance)의 단위는 패럿Farad [F]이다. 정전용량은 단위전압(1[V])당 충전되는 전하량이므로 [C/V]도 정전용량의 단위로 사용된다.

정전용량의 단위 [C/V]는 전위계수의 단위인 [V/C]의 역수이다. 이 때문에 정전용량의 단위를 거꾸로 표현한 [1/F]과 [daraf][2]도 전위계수의 단위로 사용된다. 정전용량을 나타내는 '커패시턴스'에 대응하여 전위계수의 크기를 '엘라스턴스Elastance'라고도 표시한다.

[그림 3-2]와 같이 이웃한 2개의 점전하 Q_1과 Q_2를 생각해보자. 각 점전하의 반지름은 a와 b이고 두 전하 사이의 거리는 r이다.

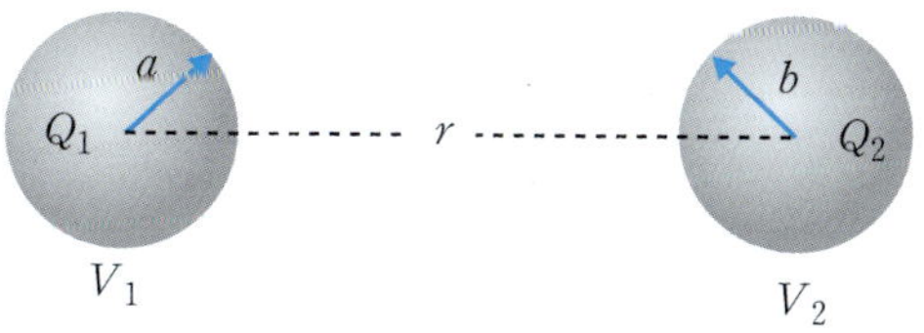

그림 3-2 이웃한 2개의 점전하

그림에서 전위 V_1은 중첩의 원리에 따라 자체의 전하량 Q_1에 의해 생성된 전위 V_{11}과 이웃한 점전하의 전하량 Q_2에 의해 생성된 전위 V_{12}의 합이다. 마찬가지로 전위 V_2는 자체의 전하량 Q_2에 의해 생성된 전위 V_{22}와 이웃한 점전하의 전하량 Q_1에 의해 생성된 전위 V_{21}의 합이다. 이러한 관계는 식 (3.3)과 같다.[3]

$$V_1 = V_{11} + V_{12} = \frac{Q_1}{4\pi\epsilon_0 a} + \frac{Q_2}{4\pi\epsilon_0 r} \tag{3.3a}$$

$$V_2 = V_{21} + V_{22} = \frac{Q_1}{4\pi\epsilon_0 r} + \frac{Q_2}{4\pi\epsilon_0 b} \tag{3.3b}$$

2 패럿(Farad)을 거꾸로 쓴 것이다.

3 V_1은 1이 기준이므로 이웃한 Q_2에 의한 전위는 V_{12}로 표시한다. 마찬가지로 V_2는 2가 기준이므로 이웃한 Q_1에 의한 전위는 V_{21}으로 표시한다.

V_1과 V_2를 전위계수 P로 표현하면 식 (3.4)와 같이 나타낼 수 있다. 식에서 P_{11}은 Q_1 자신에 의한 전위계수이고 P_{12}는 이웃한 Q_2에 의한 전위계수이다. 마찬가지로 P_{22}는 Q_2 자신에 의한 전위계수이고 P_{21}은 이웃한 Q_1에 의한 전위계수이다.

$$V_1 = \frac{1}{4\pi\epsilon_0 a}Q_1 + \frac{1}{4\pi\epsilon_0 r}Q_2 = P_{11}Q_1 + P_{12}Q_2$$
$$V_2 = \frac{1}{4\pi\epsilon_0 r}Q_1 + \frac{1}{4\pi\epsilon_0 b}Q_2 = P_{21}Q_1 + P_{22}Q_2 \tag{3.4}$$

예제 3-1

전위계수에 대한 설명 중 틀린 것은?

① 도체 주위의 매질에 따라 정해지는 상수이다.
② 도체의 크기와는 관계없다.
③ 도체 상호 간의 배치 상태에 따라 정해지는 상수이다.
④ 전위계수의 단위는 [1/F]이다.

풀이

전위계수 $P = \frac{1}{4\pi\epsilon_0 r}$이므로 전위계수는 매질, 도체의 모양과 크기, 전하의 간격에 따라 달라진다. 따라서 정답은 ②이다.

3.2.2 전위계수의 특성

전위계수 P가 가진 특성은 식 (3.5)와 같다. 각각의 특성이 나타나는 이유를 식 (3.4)를 이용하여 확인해보자.

$$P_{11},\ P_{22} > 0$$
$$P_{11} \geq P_{12},\ P_{22} \geq P_{21} \tag{3.5}$$
$$P_{12} = P_{21} \geq 0$$

■ $P_{11},\ P_{22} > 0$

식 (3.4)에서 $P_{11} = \frac{1}{4\pi\epsilon_0 a}$이고 $P_{22} = \frac{1}{4\pi\epsilon_0 b}$이다. $4\pi\epsilon_0$와 점전하의 반지름 a, b가 모두 양수이므로 전위계수 P_{11}, P_{22}는 양수(>0)가 된다.

■ $P_{11} \geq P_{12}$, $P_{22} \geq P_{21}$

식 (3.4)에서 $P_{11} = \dfrac{1}{4\pi\epsilon_0 a}$, $P_{12} = \dfrac{1}{4\pi\epsilon_0 r}$이다. [그림 3-2]를 살펴보면 두 점전하가 접촉하는 경우를 포함해도 $a \leq r$이므로 $P_{11} \geq P_{12}$가 된다. 마찬가지로 $b \leq r$이므로 $P_{22} \geq P_{21}$이 성립한다.

■ $P_{12} = P_{21} \geq 0$

식 (3.4)에서 $P_{12} = P_{21} = \dfrac{1}{4\pi\epsilon_0 r}$이므로 $P_{12} = P_{21}$이고 항상 양수(>0)임을 확인할 수 있다.

예제 3-2

Q와 $-Q$로 대전된 두 도체 n과 r 사이의 전위차 V_{nr}을 전위계수로 표시했을 때 옳은 것은?

① $(P_{nn} - 2P_{nr} + P_{rr})Q$　② $(P_{nn} + 2P_{nr} + P_{rr})Q$

③ $(P_{nn} - P_{nr} + P_{rr})Q$　④ $(P_{nn} + P_{nr} + P_{rr})Q$

풀이

식 (3.4)에서 Q_1 대신 Q를, Q_2 대신 $-Q$를 대입하면 다음과 같다.

$$V_n = P_{nn}Q - P_{nr}Q, \quad V_r = P_{rn}Q - P_{rr}Q$$

두 도체 사이의 전위차 $V_{nr} = V_n - V_r = (P_{nn} - P_{nr} - P_{rn} + P_{rr})Q$이고 식 (3.5)에서 $P_{12} = P_{21}$이므로 $P_{nr} = P_{rn}$이 된다. 따라서 $V_{nr} = (P_{nn} - 2P_{nr} + P_{rr})Q$가 되므로 정답은 ①이다.

앞서 이웃한 점전하를 살펴보았다면 이번에는 [그림 3-3]과 같이 도체가 다른 도체를 포함할 때의 전위계수를 살펴보자. [그림 3-3(a)]는 도체 1이 도체 2를 포함한 경우이고 [그림 3-3(b)]는 반대의 경우이다.

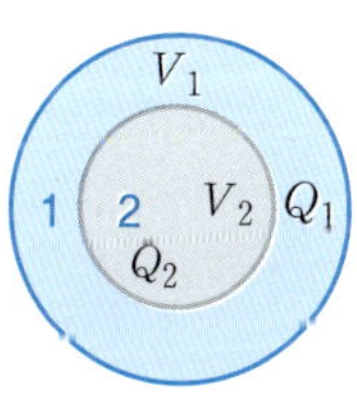

(a) 도체 1이 도체 2를 포함

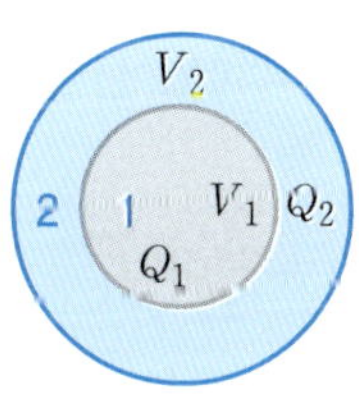

(b) 도체 2가 도체 1을 포함

그림 3-3 포함 관계일 때의 전위계수

도체는 등전위므로 [그림 3-3]에서 $V_1 = V_2$이다. 그러면 식 (3.4)는 식 (3.6)과 같다.

$$V_1 = V_2 = P_{11}Q_1 + P_{12}Q_2 = P_{21}Q_1 + P_{22}Q_2 \tag{3.6}$$

도체 내부에는 전하가 존재할 수 없으므로 [그림 3-3(a)]에서 $Q_2 = 0$이다. 그러면 식 (3.6)으로부터 식 (3.7)을 얻을 수 있다. [그림 3-3(b)]의 경우 $Q_1 = 0$이므로 식 (3.6)으로부터 식 (3.8)을 얻을 수 있다. 이 식들은 도체가 다른 도체를 포함할 때의 전위계수 관계를 나타낸다.

$$\text{(도체 1이 도체 2를 포함할 때)} \quad P_{11} = P_{21} \tag{3.7}$$

$$\text{(도체 2가 도체 1을 포함할 때)} \quad P_{22} = P_{12} \tag{3.8}$$

예제 3-3

전위계수에서 $P_{rr} = P_{sr}$의 관계가 의미하는 것은?

① 도체 r과 s는 멀리 있다.
② 도체 r과 s는 가까이 있다.
③ 도체 s가 r 속에 있다.
④ 도체 r이 s 속에 있다.

풀이

식 (3.7)을 참고하면 도체 r이 도체 s를 포함할 때 전위계수 $P_{rr} = P_{sr}$이 된다. 따라서 정답은 ③이다.

3.3 용량계수와 유도계수

3.3.1 용량계수와 유도계수

전위 V에 대한 식 (3.2)를 전하량 Q에 대해 정리하면 다음과 같다.

$$Q = \frac{V}{P} = \frac{1}{P}V$$

여기서 $\frac{1}{P}$을 q로 표시하면 식 (3.9)와 같이 표현할 수 있다. 식 (3.9)에서 q는 도체에 인가한 전위 V에 의해 대전되는 전하량 Q를 결정하는 비례계수로 볼 수 있으며, **용량계수** Capacitance coefficient 와 **유도계수** Inductance coefficient 로 구분한다. q는 기본적으로 전위계수 P의 역수이다.

$$Q = qV\,[\mathrm{C}] \tag{3.9}$$

[그림 3-4]와 같이 이웃한 2개의 점전하를 생각해보자. 반지름은 각각 a와 b이고 거리 r만큼 떨어져 있으며, 점전하에는 각각 V_1과 V_2의 전위가 인가되어 있다.

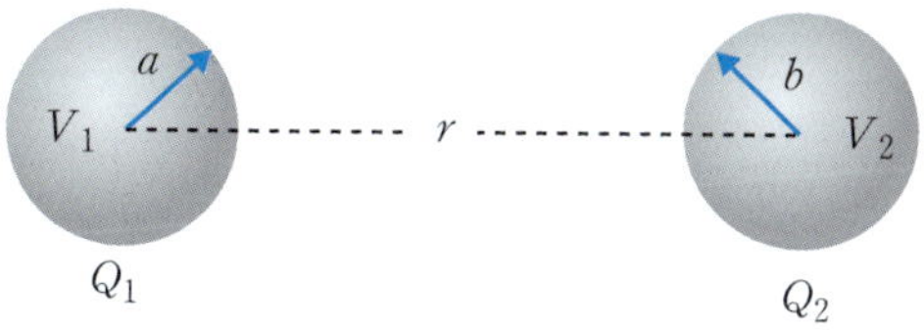

그림 3-4 이웃한 2개의 점전하

그림에서 전하량 Q_1은 중첩의 원리에 따라 자체의 전위 V_1에 의해 대전된 전하량 Q_{11}과 이웃한 점전하의 전위 V_2에 의해 유도된 전하량 Q_{12}의 합이다. 마찬가지로 전하량 Q_2는 자체의 전위 V_2에 의해 대전된 전하량 Q_{22}와 이웃한 점전하의 전위 V_1에 의해 유도된 전하량 Q_{21}의 합이다. 이러한 관계는 식 (3.10)과 같다.[4]

$$Q_1 = Q_{11} + Q_{12} = q_{11}V_1 + q_{12}V_2 \tag{3.10a}$$

$$Q_2 = Q_{21} + Q_{22} = q_{21}V_1 + q_{22}V_2 \tag{3.10b}$$

$\frac{1}{P}$을 q로 정의하였으므로 식 (3.4)를 참고하면 $q_{11} = \frac{1}{P_{11}} = 4\pi\epsilon_0 a$가 된다. 이러한 관계를 q_{12}, q_{21}, q_{22}에 모두 적용하면 Q_1과 Q_2를 식 (3.11)과 같이 나타낼 수 있다.

$$Q_1 = q_{11}V_1 + q_{12}V_2 = 4\pi\epsilon_0 a V_1 + 4\pi\epsilon_0 r V_2 \tag{3.11a}$$

$$Q_2 = q_{21}V_1 + q_{22}V_2 = 4\pi\epsilon_0 r V_1 + 4\pi\epsilon_0 b V_2 \tag{3.11b}$$

여기서 q_{11}과 q_{22}는 점전하 자체에 인가된 전위 V_1과 V_2에 의해 대전되는 전하량을 결정하므로 용량계수라고 하고 q_{12}와 q_{21}은 이웃한 점전하에 인가된 전위에 의해 유도되는 전하량을 결정하므로 유도계수라고 한다.

식 (3.11)에서 알 수 있듯이 용량계수와 유도계수는 전위계수와 마찬가지로 매질, 도체의 모양과 크기, 전하 간의 간격에 따라 달라진다. 용량계수와 유도계수는 전위계수의 역수이므로 단위로 콘덴서의 단위인 [F] 또는 [C/V]를 사용한다.

---

4 Q_1은 1이 기준이므로 이웃한 V_2에 의해 유도된 전하량은 Q_{12}로 표시한다. 마찬가지로 Q_2는 2가 기준이므로 이웃한 V_1에 의해 유도된 전하량은 Q_{21}으로 표시한다.

3.3.2 용량계수와 유도계수의 특성

용량계수와 유도계수가 가진 특성은 식 (3.12)와 같다. 각각의 특성이 나타나는 이유를 식 (3.11)을 이용하여 확인해보자.

$$\begin{aligned} q_{11},\ q_{22} &> 0 \\ q_{12} = q_{21} &\le 0 \\ q_{11} &\ge -(q_{21}+q_{31}+\cdots+q_{n1}) \end{aligned} \tag{3.12}$$

■ $q_{11},\ q_{22} > 0$

식 (3.11)에서 $q_{11} = 4\pi\epsilon_0 a$이고 $q_{22} = 4\pi\epsilon_0 b$이다. $4\pi\epsilon_0$와 점전하의 반지름 a, b가 모두 양수이므로 용량계수 q_{11}, q_{22}는 항상 양수(>0)가 된다.

■ $q_{12} = q_{21} \le 0$

식 (3.11)에서 q_{12}와 q_{21}은 $4\pi\epsilon_0 r$로 같다. 또한 유도되는 전하는 항상 극성이 반대이므로 유도계수 q_{12}와 q_{21}은 기본적으로 0보다 작다. 만약 두 도체가 매우 멀리 떨어져 있는 경우에는 전하가 유도될 수 없으므로 유도계수는 0이 된다. 이러한 특성으로부터 $q_{12} = q_{21} \le 0$의 관계가 성립한다.

■ $q_{11} \ge -(q_{21}+q_{31}+\cdots+q_{n1})$

이 특성은 n개의 구도체가 분포하는 도체계에서 용량계수와 유도계수의 관계를 나타낸다. [그림 3-5]에 나타낸 것처럼 q_{11}은 전위 V_1에 의한 용량계수이고 q_{21}, q_{31}, $\cdots$, q_{n1}은 V_1에 의해 이웃한 다른 구도체에 유도되는 전하량을 결정하는 유도계수이다. 만약 전위 V_1이 손실 없이 이웃한 모든 구도체에 영향을 준다고 가정하면 용량계수 q_{11}은 유도계수(q_{21}, q_{31}, $\cdots$, q_{n1})의 합과 같아진다. 그런데 실제로는 누설이 발생하므로 용량계수 q_{11}은 유도계수의 절댓값의 합보다 크다. 또한 유도되는 전하는 극성이 반대이므로 $(-)$가 붙는다. 따라서 $q_{11} \ge -(q_{21}+q_{31}+\cdots+q_{n1})$의 관계가 성립한다.

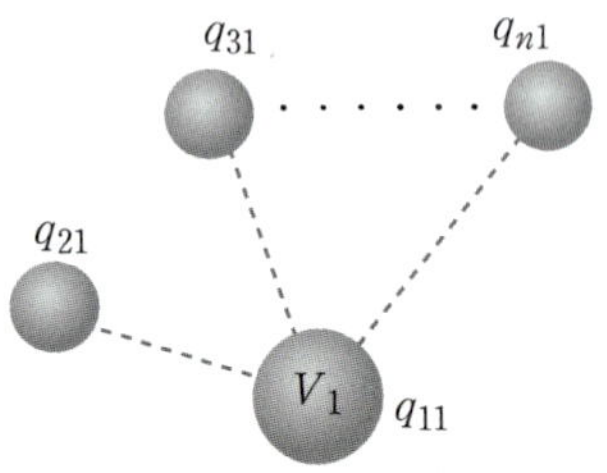

그림 3-5 용량계수와 유도계수

예제 3-4

용량계수와 유도계수의 설명 중에서 옳지 않은 것은?

① 유도계수는 항상 0이거나 0보다 작다.

② 용량계수는 항상 0보다 크다.

③ $q_{11} \geq -(q_{21}+q_{31}+\cdots+q_{n1})$

④ 용량계수와 유도계수는 항상 0보다 크다.

풀이

식 (3.12)에 의하면 용량계수는 항상 0보다 크지만 유도계수는 0보다 작거나 같으므로 정답은 ④이다.

3.4 정전용량

3.4.1 정전용량

정전용량은 단위전압당 충전되는 전하량으로 정의하며 기호 C로 표시하고, 단위로는 패럿Farad [F]을 사용한다. 1[F]은 **1[V]의 전압을 가할 때 1[C]의 전하가 충전되는 정전용량**이다. 따라서 이에 따라 정전용량 C는 식 (3.13)과 같이 충전되는 전하량 Q와 전압 V의 비례식으로 나타낼 수 있다. [F]은 실제로 사용되는 콘덴서의 용량을 나타내기에는 너무 큰 단위이므로 [μF]이나 [pF]과 같은 단위를 주로 사용한다.[5]

$$C = \frac{Q}{V}\ [\mathrm{F}] \tag{3.13}$$

이러한 이해를 바탕으로 도체 형태별 정전용량 C를 구해보자.

5 $1[\mu\mathrm{F}] = 10^{-6}[\mathrm{F}]$, $1[\mathrm{pF}] = 10^{-12}[\mathrm{F}]$이다.

3.4.2 도체의 형태에 따른 정전용량

구도체

[그림 3-6]과 같은 반지름 a인 구도체의 전위 $V = \dfrac{Q}{4\pi\epsilon_0 a}$[6]이다. 이로부터 구도체의 정전용량 C는 식 (3.14)가 되며, 반지름 a에 비례한다.

$$C = \frac{Q}{V} = \frac{Q}{\dfrac{Q}{4\pi\epsilon_0 a}} = 4\pi\epsilon_0 a\ [\mathrm{F}] \tag{3.14}$$

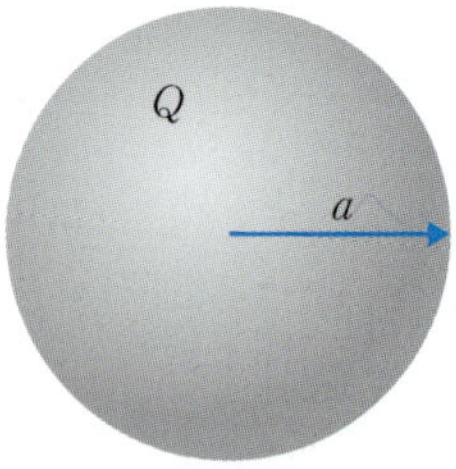

그림 3-6 구도체의 정전용량

예제 3-5

고립 구도체의 정전용량이 50[pF]일 때 도체구의 반지름은 약 몇 [cm]인가?

풀이

식 (3.14)를 이용하면 구도체의 반지름 $a = \dfrac{C}{4\pi\epsilon_0} = 9\times10^9 \times 50 \times 10^{-12} = 45\,[\mathrm{cm}]$이다.

동심 구도체

[그림 3-7]은 내구는 $+Q$, 외구는 $-Q$로 대전시킨 동심 구도체이다. 동심 도체구의 전위 $V = \dfrac{Q}{4\pi\epsilon_0}\left(\dfrac{1}{a} - \dfrac{1}{b}\right)$이므로[7] 동심 도체구의 정전용량 C는 식 (3.15)가 된다.

$$C = \frac{Q}{V} = \frac{Q}{\dfrac{Q}{4\pi\epsilon_0}\left(\dfrac{1}{a} - \dfrac{1}{b}\right)} = \frac{4\pi\epsilon_0}{\dfrac{1}{a} - \dfrac{1}{b}} = \frac{4\pi\epsilon_0 ab}{b-a}\ [\mathrm{F}] \tag{3.15}$$

6 식 (2.29)를 참고하라. 여기에서는 [그림 3-6]에 맞추어 반지름을 a로 표시하였다.

7 2장의 식 (2.34)를 참고하라.

만약 식 (3.15)에서 외구가 없다고 가정하면 내구만 존재하므로 $C = 4\pi\epsilon_0 a$, 즉 식 (3.14)가 된다.

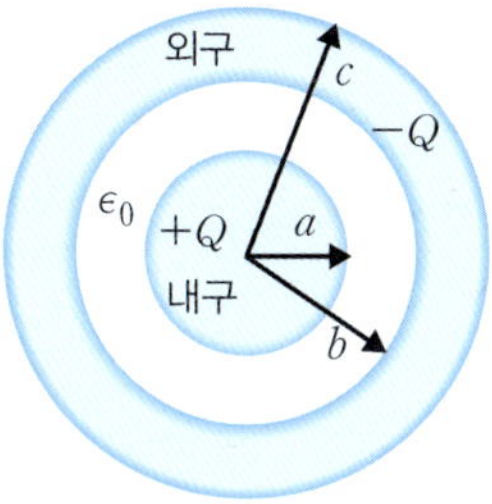

그림 3-7 동심 구도체

예제 3-6

반지름이 각각 2 [cm], 4 [cm]인 두 중공(中空) 동심 구도체가 있으며, 구 사이의 공간은 진공이다. 이때 정전용량 C는 약 몇 [pF]인가?

풀이

식 (3.15)를 이용하면 동심 구도체의 정전용량 $C = \dfrac{4\pi \times 8.855 \times 10^{-12} \times 0.04 \times 0.02}{0.04 - 0.02} = 4.44\,[\text{pF}]$이다.

동축 케이블

동축 케이블 Coaxial cable 은 [그림 3-8]과 같은 구조를 가진 케이블로, 내부 도체는 전기 신호를 전달하는 역할을 하고 외부 도체는 다른 신호로부터의 간섭을 줄이는 차폐 역할을 한다. 이를 통해 전기 신호를 안정적으로 전송할 수 있다.

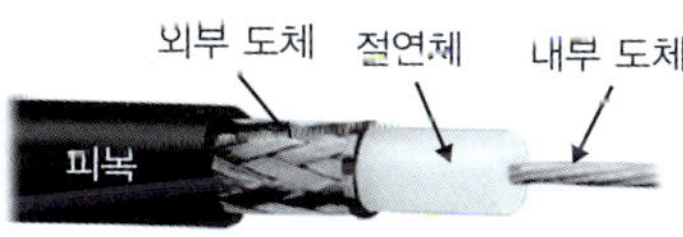

그림 3-8 동축 케이블의 구조

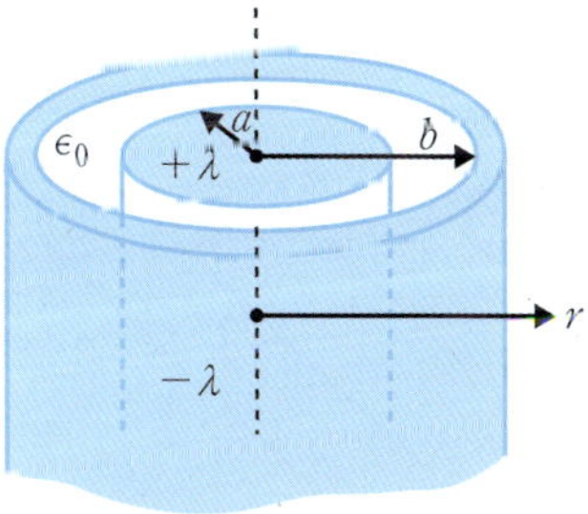

그림 3-9 동축 케이블

[그림 3-9]는 내부 도체의 반지름이 a, 외부 도체의 반지름이 b인 동축 케이블이다. 내부 도체는 $+\lambda$, 외부 도체는 $-\lambda$로 대전되어 있으며, 도체 사이 공간의 유전율은 ϵ_0이다.

내부 도체의 전위를 V_a, 외부 도체의 전위를 V_b라 하면 두 도체의 전위차 V_{ab}는 '$b \rightarrow a$' 구간에 대해 원통 도체의 전계 $\boldsymbol{E} = \frac{\lambda}{2\pi\epsilon_0 r}$[8]를 적분하여 식 (3.16)과 같이 구할 수 있다.

$$V_{ab} = -\int_b^a \boldsymbol{E} \cdot dr = \frac{\lambda}{2\pi\epsilon_0} \ln\frac{b}{a} \text{ [V]} \tag{3.16}$$

그러면 동축 케이블의 정전용량 C는 식 (3.17)이 된다.

$$C = \frac{Q}{V} = \frac{\lambda l}{V_{ab}} = \frac{\lambda l}{\frac{\lambda}{2\pi\epsilon_0}\ln\frac{b}{a}} = \frac{2\pi\epsilon_0 l}{\ln\frac{b}{a}} \text{ [F]} \tag{3.17}$$

여기서 동축 케이블의 단위길이당 정전용량 C는 식 (3.18)이 된다.

$$C = \frac{2\pi\epsilon_0}{\ln\frac{b}{a}} \text{ [F/m]} \tag{3.18}$$

HOW 동축 케이블의 전위 V_{ab}를 구하는 식 (3.16) 전개하기

$$V_{ab} = -\int_b^a \boldsymbol{E} \cdot dr = \frac{\lambda}{2\pi\epsilon_0}\int_a^b \frac{1}{r} dr = \frac{\lambda}{2\pi\epsilon_0}[\ln r]_a^b = \frac{\lambda}{2\pi\epsilon_0}[\ln b - \ln a] = \frac{\lambda}{2\pi\epsilon_0}\ln\frac{b}{a} \text{ [V]}$$

평행 왕복 도선

[그림 3-10]은 반지름이 a, 길이가 l인 평행 왕복 도선으로, 한쪽 도선은 $+\lambda$, 다른 도선은 $-\lambda$로 대전되어 있다. 도선 간의 거리는 d이고 유전율은 ϵ_0이다.

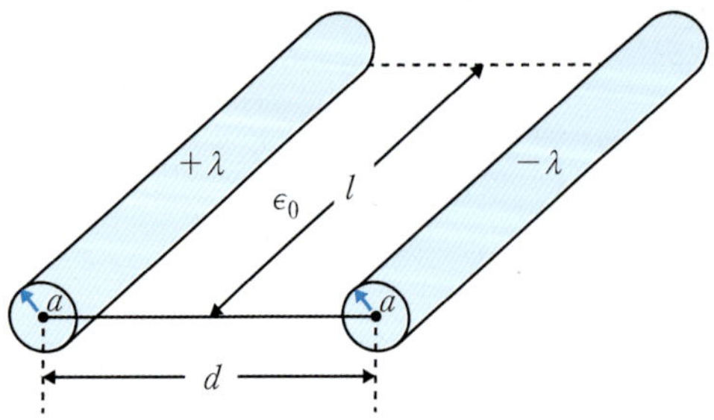

그림 3-10 평행 왕복 도선

8 2장의 식 (2.36)을 참고하라.

[그림 3-10]의 평행 왕복 도선 사이에 생기는 정전용량 C는 식 (3.19)와 같이 구할 수 있다.

$$C = \frac{\pi\epsilon_0 l}{\ln\frac{d}{a}}\ [\mathrm{F}] \tag{3.19}$$

여기서 평행 왕복 도선의 단위길이당 정전용량 C는 식 (3.20)이 된다.

$$C = \frac{\pi\epsilon_0}{\ln\frac{d}{a}}\ [\mathrm{F/m}] \tag{3.20}$$

HOW 평행 왕복 도선의 정전용량 C를 구하는 식 (3.19) 전개하기

[그림 3-11]은 [그림 3-10]에 몇 가지 표시를 추가한 것으로, 왼쪽 도선은 A, 오른쪽 도선은 B로 이름을 붙였다.

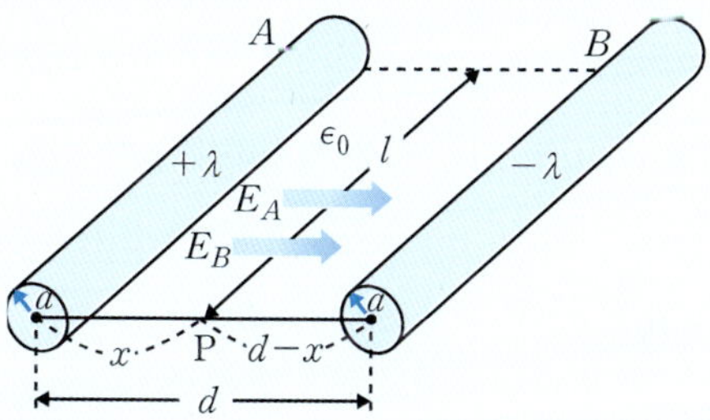

그림 3-11 표시를 추가한 평행 왕복 도선

그림에서 점 P와 도선 A와의 거리를 x라 하면 도선 B와의 거리는 $d-x$이다. 도선 A와 B에 의한 전계 $\boldsymbol{E_A}$와 $\boldsymbol{E_B}$는 다음과 같다.[9]

$$\boldsymbol{E_A} = \frac{\lambda}{2\pi\epsilon_0 x}, \quad \boldsymbol{E_B} = \frac{\lambda}{2\pi\epsilon_0(d-x)}$$

$\boldsymbol{E_A}$와 $\boldsymbol{E_B}$는 그림에서 보인 것처럼 같은 방향이므로 도선 사이의 전계 $\boldsymbol{E}$는 다음과 같이 $\boldsymbol{E_A}$와 $\boldsymbol{E_B}$의 합이다.

$$\boldsymbol{E} = \frac{\lambda}{2\pi\epsilon_0 x} + \frac{\lambda}{2\pi\epsilon_0(d-x)}$$

전계 $\boldsymbol{E}$는 도선 A의 표면(a)에서 도선 B의 표면($d-a$)을 향한다. 따라서 '$(d-a) \rightarrow a$'의 구간에 대한 적분으로 두 도선 사이의 전위차 V_{AB}를 식 (3.21)과 같이 구할 수 있다.

9 2장의 식 (2.36)을 참고하라.

$$V_{AB} = -\int_{d-a}^{a} \boldsymbol{E} \cdot dx = \frac{\lambda}{2\pi\epsilon_0}\int_{a}^{d-a}\left(\frac{1}{x}+\frac{1}{d-x}\right)dx$$

$$= \frac{\lambda}{2\pi\epsilon_0}[\ln x - \ln(d-x)]_a^{d-a} = \frac{\lambda}{\pi\epsilon_0}\ln\frac{d-a}{a}\ [\mathrm{V}] \tag{3.21}$$

[그림 3-11]에서 평행 왕복 도선 간의 거리 d는 도선의 반지름 a에 비해 매우 크므로($d \gg a$) 식 (3.21)을 다음과 같이 간단히 나타낼 수 있다.

$$V_{AB} = \frac{\lambda}{\pi\epsilon_0}\ln\frac{d}{a}\ [\mathrm{V}]$$

이 식을 이용하여 평행 왕복 도선의 정전용량 C를 다음과 같이 구할 수 있다.

$$C = \frac{Q}{V} = \frac{\lambda l}{V_{AB}} = \frac{\lambda l}{\frac{\lambda}{\pi\epsilon_0}\ln\frac{d}{a}} = \frac{\pi\epsilon_0 l}{\ln\frac{d}{a}}\ [\mathrm{F}]$$

예제 3-7

반지름 2 [mm]의 2개의 무한히 긴 원통 도체가 중심 간격 2 [m]로 진공 중에 평행하게 놓여 있을 때 1 [km]당 정전용량은 몇 [μF]인가?

① 1×10^{-3} ② 2×10^{-3} ③ 4×10^{-3} ④ 6×10^{-3}

풀이

식 (3.20)은 평행 왕복 도선에서 단위길이(1[m])당 정전용량이므로 1 [km]당 정전용량은 10^3[m]를 곱하면 된다.

$$C = \frac{\pi\times8.855\times10^{-12}}{\ln\frac{2}{2\times10^{-3}}}\times10^3 = 4\times10^{-9}\ [\mathrm{F/km}]$$

문제에서는 몇 [μF]인지 묻고 있으므로 $C = 4\times10^{-9}\times10^6 = 4\times10^{-3}$ [μF]이 되어 정답은 ③이다.

평행판 콘덴서

전하를 저장할 수 있도록 만든 전자 부품인 **콘덴서**Condenser는 저항 및 인덕터와 함께 전기회로를 구성하는 중요한 소자이다. 콘덴서는 작은 크기로도 전하를 효율적으로 충전하기 위해 [그림 3-12]와 같은 평행 전극 구조를 사용하며, 이러한 구조로 인해 **평행판(평행평판) 콘덴서**라고 불린다.

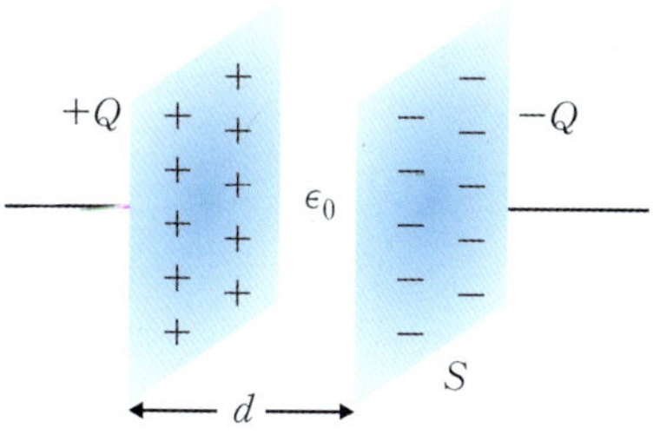

그림 3-12 평행판 콘덴서

[그림 3-12]에 나타낸 평행판 콘덴서는 면적이 S인 전극에 각각 $+Q$와 $-Q$의 전하가 대전되어 있고 전극 간의 거리는 d이며, 유전율은 ϵ_0[10]이다. 평행판 콘덴서는 전극 면적이 전극 간의 거리보다 매우 크기 때문에($S \gg d$) [그림 2-21]과 같은 2개의 무한 평판으로 생각할 수 있다.

따라서 평행판 전극 사이의 전계 $\boldsymbol{E}$는 다음과 같다.[11]

$$\boldsymbol{E} = \frac{Q}{\epsilon_0 S}\ [\mathrm{V/m}]$$

전위 V는 전계 $\boldsymbol{E}$와 거리[12]의 곱, 즉 $V = \boldsymbol{E}d$이므로 이를 이용하여 전위 V를 나타낼 수 있다.

$$V = \frac{Qd}{\epsilon_0 S}\ [\mathrm{V}]$$

이로부터 평행판 콘덴서의 정전용량 C를 식 (3.22)와 같이 구할 수 있다.

$$C = \frac{Q}{V} = \frac{Q}{\dfrac{Qd}{\epsilon_0 S}} = \frac{\epsilon_0 S}{d}\ [\mathrm{C}] \tag{3.22}$$

10 실제 콘덴서에서는 고유전율의 유전체가 사용된다. 여기에서는 유전율을 ϵ_0로 가정한다.

11 2장의 식 (2.26)을 참고하라.

12 이 경우 거리는 전극 간의 거리 d이다.

예제 3-8

공기 중에 한 변이 40[cm]인 정방형 전극을 가진 평행판 콘덴서가 있다. 극판의 간격을 4[mm]로 하고, 극판 간에 100[V]의 전위차를 주면 축적되는 전하는 몇 [C]인가?

풀이

식 (3.22)를 이용하면 $C=\frac{8.855\times10^{-12}\times0.4^2}{4\times10^{-3}}=3.54\times10^{-10}$ [F]이다. 식 (3.13)에서 $Q=CV$ 이므로 축적되는 전하 $Q=3.54\times10^{-10}\times100=3.54\times10^{-8}$ [C]이 된다.

여기서 잠깐 전해 콘덴서

전해 콘덴서는 대표적인 평행판 콘덴서 중 하나로, 극성을 가지며 부피에 비해 큰 정전용량을 얻을 수 있다는 특징이 있다. 전해 콘덴서는 [그림 3-13(a)]와 같이 평행판 전극을 둥글게 말아서 제작되며, 전극은 알루미늄으로 만들어진다.

[그림 3-13(a)]는 전해 콘덴서의 내부 구조를 나타낸 것으로, 전극에 리드선을 부착한 뒤 이를 둥글게 말아 전해 콘덴서를 만든다. 한쪽 전극은 표면을 산화시켜 유전체로 작용하는 알루미늄 산화막(Al_2O_3, 비유전율 8.5)을 형성한다. 전극 사이에는 전해질과 함께 분리용 종이(전해지)를 삽입한다. 이때 알루미늄 산화막이 형성된 전극은 양극(+), 전해질과 접촉하는 전극은 음극(−)이 된다.

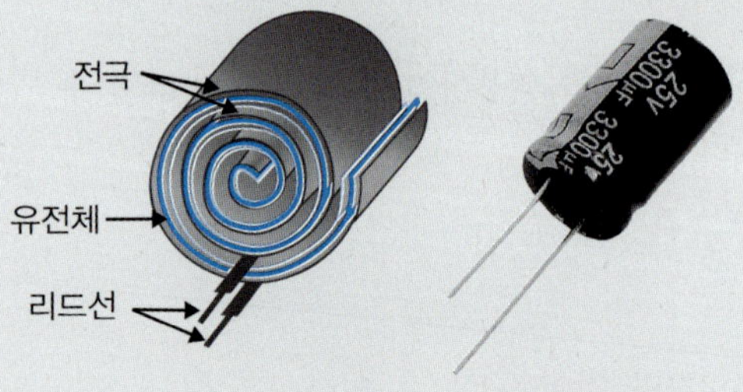

(a) 내부 구조 (b) 실제 모습

그림 3-13 전해 콘덴서

[그림 3-13(b)]는 실제 전해 콘덴서의 외형으로, 짧은 연결선 쪽이 음극(−)이다. 콘덴서 몸체에는 정전용량(3300μF)과 정격 전압(25V)이 표기되어 있다.

3.5 콘덴서의 연결

3.5.1 직렬연결

[그림 3-14]는 직렬로 연결된 n개의 콘덴서를 나타낸 것이다. 직렬회로에서는 같은 전류가 흐르기 때문에 각 콘덴서에는 같은 크기의 전하가 충전된다. 반면에 회로에 인가된 전체 전압 V는 각 콘덴서에 분배된다. 이를 식으로 나타내면 다음과 같다.

$$Q_1 = Q_2 = Q_3 = \cdots = Q_n = Q$$

$$V = V_1 + V_2 + V_3 + \cdots + V_n$$

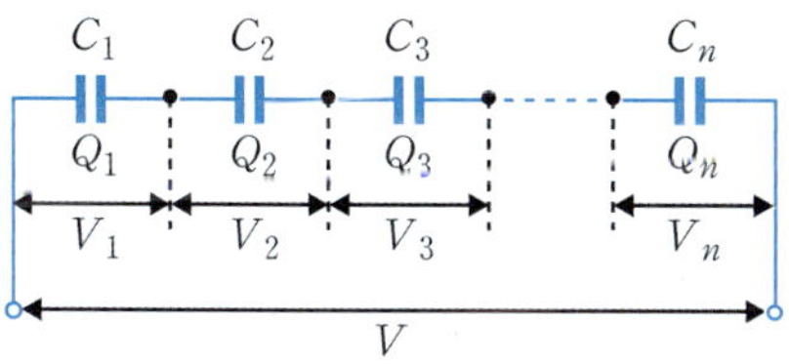

그림 3-14 콘덴서의 직렬연결

식 (3.13)에서 전압 $V = \dfrac{Q}{C}$이므로 전체 전압 V는 식 (3.23)으로 나타낼 수 있다.

$$V = \left(\frac{1}{C_1} + \frac{1}{C_2} + \frac{1}{C_3} + \cdots + \frac{1}{C_n}\right)Q \text{ [V]} \tag{3.23}$$

그러면 합성 정전용량 C를 식 (3.24)와 같이 구할 수 있다.

$$\begin{aligned} C = \frac{Q}{V} &= \frac{Q}{\left(\dfrac{1}{C_1} + \dfrac{1}{C_2} + \dfrac{1}{C_3} + \cdots + \dfrac{1}{C_n}\right)Q} \\ &= \frac{1}{\left(\dfrac{1}{C_1} + \dfrac{1}{C_2} + \dfrac{1}{C_3} + \cdots + \dfrac{1}{C_n}\right)} \text{ [F]} \end{aligned} \tag{3.24}$$

만약 2개의 콘덴서를 직렬로 연결하면 합성 정전용량 C는 식 (3.25)가 된다.

$$C = \frac{C_1 C_2}{C_1 + C_2} \text{ [F]} \tag{3.25}$$

예를 들어, 정전용량이 1 [μF]인 콘덴서 2개를 직렬로 연결하면 합성 정전용량은 0.5 [μF]이 된다. 이로부터 직렬연결 시 합성 정전용량은 개별 콘덴서의 정전용량보다 작아짐을 알 수 있다.

여기서 잠깐 **콘덴서의 직렬연결**

$V = \frac{Q}{C}$이므로 콘덴서에 걸리는 전압은 정전용량 C에 반비례$\left(V \propto \frac{1}{C}\right)$한다. 즉, 정전용량이 작을수록 더 큰 전압이 걸리게 된다. 예를 들어, 정전용량이 각각 1 [μF], 2 [μF], 3 [μF]이고 정격전압(내압)이 같은 콘덴서를 직렬로 연결한다고 가정해보자. 전압을 점차 높이면 정전용량이 가장 작은 1 [μF]의 콘덴서에 가장 큰 전압이 걸리게 되어 먼저 파괴된다. 이 때문에 콘덴서는 일반적으로 직렬로 연결하여 사용하지 않는다.

3.5.2 병렬연결

[그림 3-15]는 병렬로 연결된 n개의 콘덴서를 나타낸 것이다. 병렬회로에는 모든 콘덴서에 같은 전압이 걸리므로 각 콘덴서에는 전체 전압 V가 각각 인가된다. 반면에 각 콘덴서로 흐르는 전류는 다르므로 충전되는 전하량은 달라진다. 이를 식으로 나타내면 다음과 같다.

$$Q = Q_1 + Q_2 + Q_3 + \cdots + Q_n$$

$$V = V_1 = V_2 = V_3 = \cdots = V_n$$

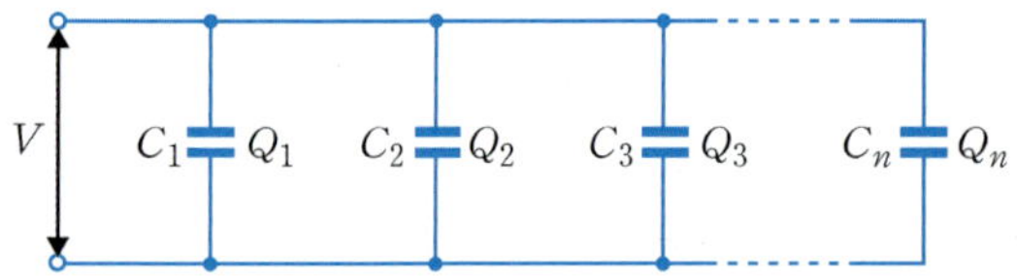

그림 3-15 콘덴서의 병렬연결

식 (3.13)에서 전하량 $Q = CV$이므로 전하량 Q는 식 (3.26)과 같이 나타낼 수 있다.

$$Q = (C_1 + C_2 + C_3 + \cdots + C_n)V \text{ [C]} \tag{3.26}$$

그러면 합성 정전용량 C를 식 (3.27)과 같이 구할 수 있다.

$$C = \frac{Q}{V} = \frac{(C_1 + C_2 + C_3 + \cdots + C_n)V}{V}$$
$$= C_1 + C_2 + C_3 + \cdots + C_n \,[\mathrm{F}] \qquad (3.27)$$

만약 2개의 콘덴서를 병렬로 연결하면 합성 정전용량 C는 식 (3.28)이 된다. 즉, 병렬연결 시 합성 정전용량은 개별 콘덴서 정전용량의 합이다.

$$C = C_1 + C_2 \,[\mathrm{F}] \qquad (3.28)$$

예제 3-9

콘덴서를 그림과 같이 접속했을 때 C_x의 정전용량은 몇 $[\mu\mathrm{F}]$인가? (단, $C_1 = C_2 = C_3 = 3\,[\mu\mathrm{F}]$이고 $a-b$ 사이의 합성 정전용량은 $5\,[\mu\mathrm{F}]$이다)

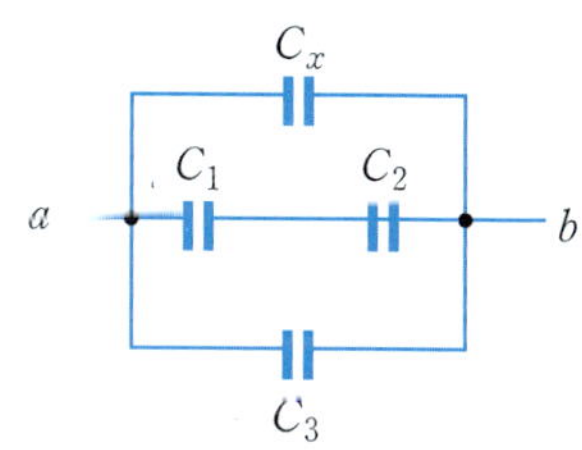

① 0.5 ② 1 ③ 2 ④ 4

풀이

C_1과 C_2는 직렬연결이므로 식 (3.25)를 사용하면 합성 정전용량 $C_s = \frac{3\times3}{3+3} = 1.5\,[\mu\mathrm{F}]$이다. 이렇게 구한 C_s와 C_3는 병렬연결이므로 식 (3.28)을 사용하면 합성 정전용량 $C_p = 1.5+3 = 4.5\,[\mu\mathrm{F}]$이다. C_x와 C_p는 병렬연결이므로 $C_x + C_p = 5\,[\mu\mathrm{F}]$이 되며, $C_x = 0.5\,[\mu\mathrm{F}]$이 되어 정답은 ①이다.

3.6 정전에너지

콘덴서는 전하를 저장하여 전기에너지를 축적하는데, 이때 저장된 전기에너지를 **정전에너지**라고 한다. 정전에너지는 충전된 전하량에 비례하며, 전하량이 증가할수록 저장된 에너지도 함께 증가한다. 정전계의 에너지 $W = QV$[13]이지만 전하량과 에너지가 시간에 따라 변하므로 식 (3.29)와 같이 미분식으로 표현할 수 있다.

$$dW = VdQ \qquad (3.29)$$

13 2장의 식 (2.14)를 참고하라.

만약 충전되지 않아 전하량이 0인 콘덴서를 전하량 Q까지 충전한다면 정전에너지 W는 식 (3.30)과 같이 '0 → Q'의 구간에 대해 식 (3.29)를 적분하여 구할 수 있다.

$$W = \int_0^Q V dQ \tag{3.30}$$

이때 식 (3.13)의 $V = \frac{Q}{C}$를 대입하면 식 (3.31)과 같이 정전에너지 W를 구할 수 있다.

$$W = \int_0^Q \frac{Q}{C} dQ = \frac{1}{C}\int_0^Q Q dQ = \frac{Q^2}{2C} \text{ [J]} \tag{3.31}$$

식 (3.31)은 식 (3.32)와 같이 다른 형태로도 표현할 수 있다.[14]

$$W = \frac{1}{2}QV = \frac{1}{2}CV^2 \text{ [J]} \tag{3.32}$$

3.6.1 정전에너지 밀도

[그림 3-12]에 나타낸 평행판 콘덴서에서 정전용량 $C = \frac{\epsilon_0 S}{d}$이고 전위 $V = \boldsymbol{E}d$이므로 정전에너지 W를 다음과 같이 나타낼 수 있다.

$$W = \frac{1}{2}CV^2 = \frac{1}{2}\frac{\epsilon_0 S}{d}(\boldsymbol{E}d)^2 = \frac{1}{2}\epsilon_0 \boldsymbol{E}^2 \times Sd$$

앞선 식에서 Sd는 전극 면적 $S\,[\mathrm{m}^2]$와 전극 간의 거리 $d\,[\mathrm{m}]$의 곱이므로 콘덴서의 체적이 되며, 단위로 $[\mathrm{m}^3]$를 사용한다. 단위체적당 정전에너지(정전에너지 밀도)를 w라 하면 w는 식 (3.33)이 되며, 식 (3.34)처럼 다른 형태로도 표현할 수 있다.[15]

$$w = \frac{W}{Sd} = \frac{1}{2}\epsilon_0 \boldsymbol{E}^2 \text{ [J/m}^3\text{]} \tag{3.33}$$

$$w = \frac{1}{2}\boldsymbol{DE} = \frac{\boldsymbol{D}^2}{2\epsilon_0} \text{ [J/m}^3\text{]} \tag{3.34}$$

---

14 $\frac{Q^2}{2C}$에 $Q = CV$를 대입하면 $\frac{1}{2}QV$가 되며, 다시 $Q = CV$를 대입하면 $\frac{1}{2}CV^2$이 된다.

15 $\frac{1}{2}\epsilon_0 \boldsymbol{E}^2$에 $\boldsymbol{D} = \epsilon_0 \boldsymbol{E}$를 대입하면 $\frac{1}{2}\boldsymbol{DE}$가 된다. 여기에 $\boldsymbol{E} = \frac{\boldsymbol{D}}{\epsilon_0}$를 대입하면 $\frac{\boldsymbol{D}^2}{2\epsilon_0}$이 된다.

한편 정전에너지 밀도의 단위 [J/m^3]는 다음과 같이 다른 단위로 변환할 수 있다.[16]

$$[\mathrm{J/m^3}] = [\mathrm{N \cdot m/m^3}] = [\mathrm{N/m^2}]$$

그러면 식 (3.33), 식 (3.34)의 단위를 [N/m^2]로 바꿀 수 있고, 식 (2.40)의 단위면적당 정전응력 f를 나타내는 식이 된다.

예제 3-10

20 [W]의 전구가 2초 동안 한 일의 에너지를 축적할 수 있는 콘덴서의 용량은 몇 [μF]인가? (단, 충전 전압은 100 [V]이다)

① 4000　　② 6000　　③ 8000　　④ 10000

풀이

전력을 P, 시간 [sec]을 t라 하면 에너지 $W = Pt$ [J]이 된다. 따라서 전구가 한 일(에너지) $W = 2 \times 20 = 40$ [W]이나. 식 (3.32)에서 $C = \dfrac{2W}{V^2}$이므로 $C = \dfrac{2 \times 40}{100^2} = 8 \times 10^{-3}$ [F] = 8000 [μF]이 되어 정답은 ③이다.

16 1 [J]은 어떤 물체에 1 [N]의 힘을 가해 1 [m]를 움직일 때 사용되는 에너지이므로 [J] = [N · m]이다.

CHAPTER 03

핵심 정리

- **도체계** : 여러 개의 도체가 가까이 모여 서로 영향을 주고받는 전계(중첩의 원리 적용)
- **전위계수, 용량계수, 유도계수**

구분	전위계수	용량계수, 유도계수
정의	• 전하 Q에 의해 생기는 전위 V를 결정하는 비례계수 • $V = PQ\,[\mathrm{V}]$, $P = \dfrac{1}{4\pi\epsilon_0 r}$	• 전위 V에 의해 대전되는 전하량 Q를 결정하는 비례계수 • $Q = qV\,[\mathrm{C}]$, $q = 4\pi\epsilon_0 r$
단위	• 정전용량의 역수(엘라스턴스) • [V/C], [1/F], [daraf] 단위 사용	• 전위계수의 역수(콘덴서의 단위와 동일) • [F], [C/V] 단위 사용
전위와 전하량	• 2개의 점전하를 각각 대전할 때 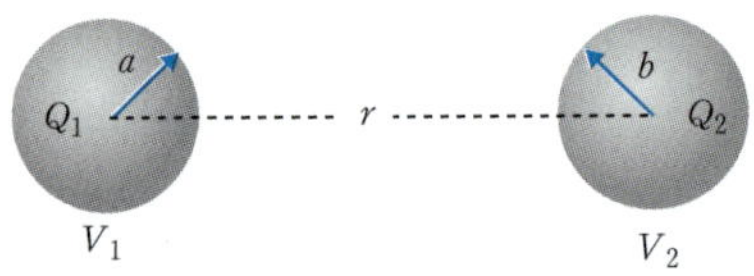 • $V_1 = P_{11}Q_1 + P_{12}Q_2$ • $V_2 = P_{21}Q_1 + P_{22}Q_2$	• 2개의 점전하에 각각 전위를 부여할 때 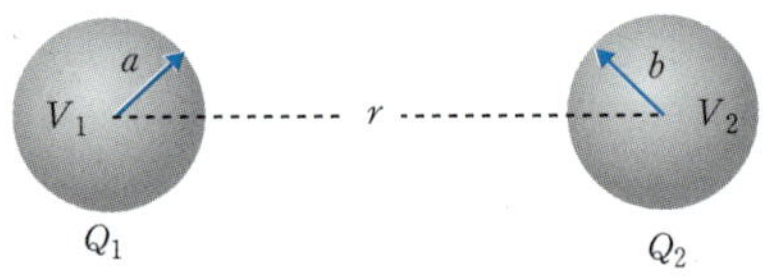 • $Q_1 = q_{11}V_1 + q_{12}V_2$ • $Q_2 = q_{21}V_1 + q_{22}V_2$ • q_{11}, q_{22} : 용량계수 / q_{12}, q_{21} : 유도계수
특징	• $P_{11}, P_{22} > 0$ • $P_{11} \geq P_{12}$, $P_{22} \geq P_{21}$ • $P_{12} = P_{21} \geq 0$	• $q_{11}, q_{22} > 0$ • $q_{12} = q_{21} \leq 0$ • $q_{11} \geq -(q_{21} + q_{31} + \cdots + q_{n1})$

- **정전용량** C : 단위전압당 충전되는 전하량(단위 : [F])
  - 1[F]은 1[V]의 전압을 인가할 때 1[C]의 전하가 충전되는 정전용량
  - $C = \dfrac{Q}{V}\,[\mathrm{F}]$

• 도체의 형태에 따른 정전용량

구분	형태	전위 V[V]	정전용량 C[F]
구도체 (점전하)	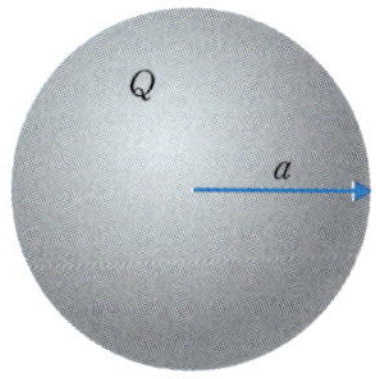	$\dfrac{Q}{4\pi\epsilon_0 a}$	$4\pi\epsilon_0 a$
동심 구도체	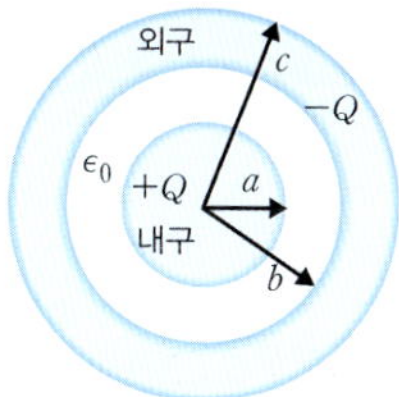	$\dfrac{Q}{4\pi\epsilon_0}\left(\dfrac{1}{a}-\dfrac{1}{b}\right)$	$\dfrac{4\pi\epsilon_0 ab}{b-a}$
동축 케이블	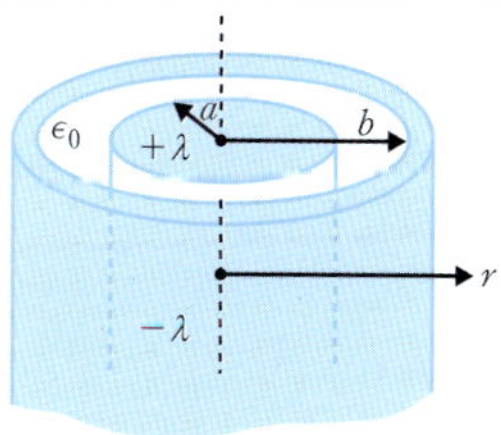	$\dfrac{\lambda}{2\pi\epsilon_0}\ln\dfrac{b}{a}$	$\dfrac{2\pi\epsilon_0 l}{\ln\dfrac{b}{a}}$
평행 왕복 도선	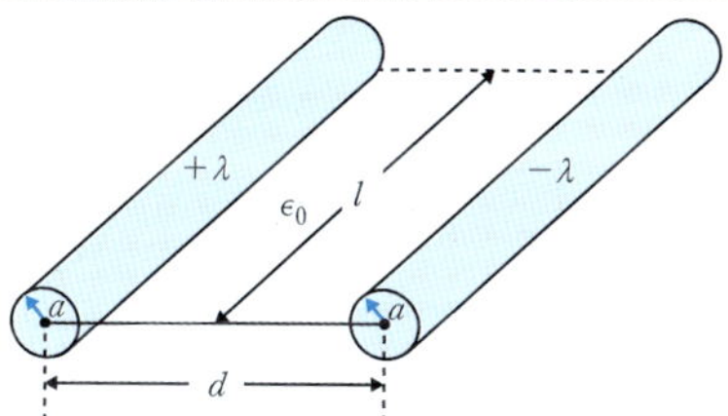	$\dfrac{\lambda}{\pi\epsilon_0}\ln\dfrac{d-a}{a}$	$\dfrac{\pi\epsilon_0 l}{\ln\dfrac{d}{a}}$
평행판 콘덴서	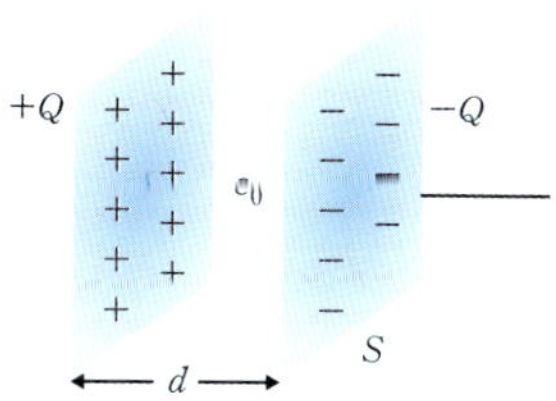	$\dfrac{Qd}{\epsilon_0 S}$	$\dfrac{\epsilon_0 S}{d}$

- **콘덴서의 직렬연결**
  - 각 콘덴서에는 같은 크기의 전하가 충전되고, 인가된 전체 전압 V는 각 콘덴서에 분배된다.
  - 합성 정전용량 $C = \dfrac{1}{\left(\dfrac{1}{C_1} + \dfrac{1}{C_2} + \dfrac{1}{C_3} + \cdots + \dfrac{1}{C_n}\right)}$ [F]
  - 2개의 콘덴서를 직렬로 연결하면 합성 정전용량 $C = \dfrac{C_1 C_2}{C_1 + C_2}$ [F]

- **콘덴서의 병렬연결**
  - 각 콘덴서에는 같은 크기의 전압이 인가되고, 각 콘덴서에 충전되는 전하량은 다르다.
  - 합성 정전용량 $C = C_1 + C_2 + C_3 + \cdots + C_n$ [F]

- **정전에너지** : 콘덴서에 저장된 전기에너지($W = \dfrac{Q^2}{2C} = \dfrac{1}{2}QV = \dfrac{1}{2}CV^2$ [J])

- **정전에너지 밀도** : $w = \dfrac{1}{2}\epsilon_0 \boldsymbol{E}^2 = \dfrac{1}{2}\boldsymbol{DE} = \dfrac{\boldsymbol{D}^2}{2\epsilon_0}$ [J/m^3]
  - 단위면적당 정전응력 f를 구하는 식 (2.40)과 동일

CHAPTER 03

핵심 유형

유형 1 전위계수의 특성 정의하기

TIP

- 전위계수의 특성과 단위 확인하기
- 전위계수를 이용해 전위 구하기

01 도체계의 전위계수의 성질로 틀린 것은?

① $P_{rr} \geq P_{rs}$　② $P_{rr} < 0$　③ $P_{rs} \geq 0$　④ $P_{rs} = P_{sr}$

풀이

전위계수의 특성을 나타낸 식 (3.5)에서 r은 1, s는 2에 해당하므로 P_{rr}은 P_{11}로 볼 수 있다. 따라서 $P_{rr} > 0$이 되어야 한다.

답 ②

---

02 진공 중에서 서로 떨어져 있는 두 도체 A, B가 있다. 도체 A에만 1[C]의 전하를 주었더니 도체 A와 B의 전위가 각각 3[V], 2[V]였다. 지금 도체 A, B에 각각 2[C], 1[C]의 전하를 주면 도체 A의 전위는 몇 [V]인가?

① 6　② 7　③ 8　④ 9

풀이

전위계수를 구하는 식 (3.4)를 참고하면 $V_A = P_{AA}Q_A + P_{AB}Q_B$, $V_B = P_{BA}Q_A + P_{BB}Q_B$라고 표현할 수 있다. $Q_A = 1\,[\mathrm{C}]$, $Q_B = 0$일 때 $V_A = 3\,[\mathrm{V}]$, $V_B = 2\,[\mathrm{V}]$이므로 이를 대입하면 $V_A = P_{AA} \times 1 = 3\,[\mathrm{V}]$, $V_B = P_{BA} \times 1 = 2\,[\mathrm{V}]$가 되며, 이로부터 $P_{AA} = 3$, $P_{BA} = P_{AB} = 2$를 구할 수 있다. 도체 A, B에 각각 2[C], 1[C]의 전하를 주었으므로 $Q_A = 2\,[\mathrm{C}]$, $Q_B = 1\,[\mathrm{C}]$이며, 도체 A의 전위 $V_A = 3 \times 2 + 2 \times 1 = 8\,[\mathrm{V}]$가 된다.

답 ③

유형 2 용량계수, 유도계수의 특성 정의하기

TIP
- 용량계수와 유도계수의 특성 확인하기
- 도체 속에 다른 도체가 포함될 때 용량계수와 유도계수의 관계 확인하기

01 다음은 도체계에 대한 용량계수와 유도계수의 성질을 나타낸 것이다. 이 중 맞지 않는 것은? (단, 첨자가 같은 것은 용량계수이고 첨자가 다른 것은 유도계수이다)

① $q_{rs} = q_{sr}$　② $q_{rr} > 0$

③ $q_{ss} > q_{rs} > 0$　④ $q_{11} \geq -(q_{21} + q_{31} + \cdots + q_{n1})$

풀이

용량계수와 유도계수의 특성을 나타낸 식 (3.12)의 설명을 참고하면 유도계수는 이웃한 전하에 의해 유도되는 전하량이며, 항상 0보다 작거나 같다. 따라서 유도계수 $q_{rs} \leq 0$이어야 한다.

답 ③

---

02 그림과 같이 도체 1을 도체 2로 포위하여 도체 2를 일정 전위로 유지하고 도체 1과 도체 2의 외측에 도체 3이 있을 때 용량계수 및 유도계수의 성질로 옳은 것은?

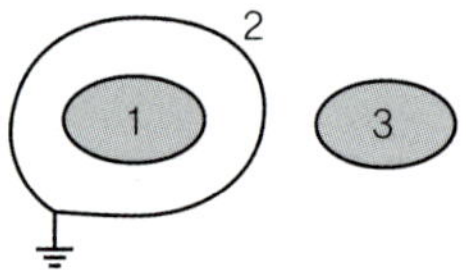

① $q_{23} = q_{11}$　② $q_{13} = -q_{11}$　③ $q_{31} = q_{11}$　④ $q_{21} = -q_{11}$

풀이

도체 2를 접지하여 도체 1을 정전차폐하였으므로 도체 1과 도체 3은 서로 영향을 미칠 수 없다. 따라서 유도계수 q_{13}, q_{23}, q_{31}은 모두 0이다. 도체 1이 도체 2에 포함되어 있으므로 등전위이고 접지되어 있으므로 전하량 Q는 0이다. 식 (3.10a)의 $Q_1 = q_{11}V_1 + q_{12}V_2$에 적용하면 $q_{11}V + q_{12}V = 0$이므로 $q_{12} = -q_{11}$이다. 식 (3.12)를 참고하면 $q_{12} = q_{21}$이므로 $q_{21} = -q_{11}$이 된다.

참고 도체 1을 둘러싼 도체 2를 접지하면 도체 1은 외부 전기장의 영향을 받지 않게 되며, 이러한 현상을 정전차폐라고 한다.

답 ④

유형 3 정전용량 구하기

TIP

- 동심 구도체의 정전용량 구하기
- 평행판 콘덴서의 정전용량 구하기

01 내구의 반지름이 a[m], 외구의 반지름이 b[m]인 동심 구형 콘덴서에서 내구와 외구의 반지름을 각각 $2a$, $2b$로 증가시키면 이 동심 구형 콘덴서의 정전용량은 몇 배로 되는가?

① 1 ② 2 ③ 3 ④ 4

풀이

동심 구형 콘덴서는 동심 구도체를 말하므로 식 (3.15)의 동심 도체구의 정전용량 $C=\dfrac{4\pi\epsilon_0 ab}{b-a}$의 식에 $2a$, $2b$를 적용하면 $C=\dfrac{4\pi\epsilon_0\times 2a\times 2b}{2b-2a}=\dfrac{4\pi\epsilon_0\times 4ab}{2(b-a)}=2\times\dfrac{4\pi\epsilon_0 ab}{b-a}=2C$이다. 따라서 정전용량은 2배가 된다.

답 ②

---

02 평행판 콘덴서 C_1의 양 극판 면적을 $\dfrac{1}{3}$배로 하고, 간격을 $\dfrac{1}{2}$배로 한 콘덴서의 정전용량은?

① $\dfrac{3}{2}C_1$ ② $\dfrac{2}{3}C_1$ ③ $\dfrac{1}{6}C_1$ ④ $6C_1$

풀이

식 (3.22)를 참고하면 평행판 콘덴서 C_1의 정전용량은 $\dfrac{\epsilon_0 S}{d}$이다. 극판 면적과 간격을 바꾼 평행판 콘덴서의 정전용량을 C_2라 하면 $C_2=\dfrac{\epsilon_0\left(\frac{1}{3}S\right)}{\frac{1}{2}d}=\dfrac{2\epsilon_0 S}{3d}=\dfrac{2}{3}\dfrac{\epsilon_0 S}{d}=\dfrac{2}{3}C_1$[F]이 된다.

답 ②

유형 4 콘덴서의 합성 정전용량, 내압, 전위 계산하기

TIP

- 콘덴서를 직렬로 연결할 때 가장 먼저 파괴되는 콘덴서 찾기
- 콘덴서를 직렬로 연결할 때 전체 내압 구하기
- 콘덴서 또는 도체를 도선으로 연결할 때 도선에 흐르는 전하 또는 전위 구하기

01 콘덴서의 내압 및 정전용량이 1000[V] − 2[μF], 700[V] − 3[μF], 600[V] − 4[μF], 300[V] − 8[μF]이다. 이 콘덴서를 직렬로 연결하고 양단에 인가되는 전압을 상승시킬 때 제일 먼저 절연이 파괴되는 콘덴서는?

① 1000[V] − 2[μF]　　② 700[V] − 3[μF]

③ 600[V] − 4[μF]　　④ 300[V] − 8[μF]

풀이

최대 충전 전하량이 가장 작은 콘덴서가 제일 먼저 파괴된다. 정전용량에 대한 식 (3.13)에서 $Q = CV$ 이므로 $Q_1 = C_1V_1 = 1000 \times 2 = 2000[\mu C]$, $Q_2 = 700 \times 3 = 2100[\mu C]$, $Q_3 = 600 \times 4 = 2400[\mu C]$, $Q_4 = 300 \times 8 = 2400[\mu C]$이다. 따라서 Q의 값이 가장 적은 1000[V] − 2[μF]의 콘덴서가 제일 먼저 파괴된다.

답 ②

---

02 내압이 1[kV]이고 용량이 0.01[μF], 0.02[μF], 0.04[μF]인 3개의 콘덴서를 직렬로 연결하면 전체 내압은 몇 [V]가 되는가?

① 1750　　② 1950　　③ 3500　　④ 7000

풀이

식 (3.24)에서 합성 정전용량 $C = \dfrac{1}{\dfrac{1}{0.01} + \dfrac{1}{0.02} + \dfrac{1}{0.04}} = \dfrac{1}{\dfrac{7}{0.04}} = \dfrac{0.04}{7}[\mu F]$이다.

3.5.1절을 참고하면 콘덴서에 걸리는 전압은 정전용량에 반비례하므로 내압 1[kV]는 용량이 가장 작은 0.01[μF]에 가장 많이 걸린다. 0.01[μF]의 콘덴서를 C_1, 구하려는 전체 내압을 x라 하면 $\dfrac{1}{C_1} : \dfrac{1}{C} = 1000 : x$의 비례식을 세울 수 있다. 이 비례식에 값을 대입하면 $\dfrac{1}{0.01} : \dfrac{7}{0.04} = 1000 : x \rightarrow \dfrac{x}{0.01} = \dfrac{7 \times 1000}{0.04}$이므로 전체 내압 $x = 1750[V]$이다.

답 ①

03 정전용량이 각각 $C_1 = 1[\mu F]$, $C_2 = 2[\mu F]$인 도체에 전하 $Q_1 = -5[\mu C]$, $Q_2 = 2[\mu C]$을 각각 주고 각 도체를 가는 철사로 연결할 때 C_1에서 C_2로 이동하는 전하 $Q[\mu C]$는?

① −4 ② −3.5 ③ −3 ④ −1.5

풀이

대전된 두 도체를 철사로 연결하면 전위가 같아지며, 이는 두 콘덴서의 병렬연결로 해석할 수 있다. 3.5.2절을 참고하면 병렬로 연결된 콘덴서의 총 전하량 $Q = Q_1 + Q_2 = -5 + 2 = -3[\mu F]$이 된다.

각 콘덴서에 저장되는 전하량은 용량에 비례하므로 C_1에 저장되는 전하량 $Q_1 = Q \times \frac{C_1}{C_1 + C_2} = \frac{1}{1+2} \times (-3) = -1[\mu C]$이고 C_2에 저장되는 전하량 $Q_2 = Q \times \frac{C_2}{C_1 + C_2} = \frac{2}{1+2} \times (-3) = -2[\mu C]$이다. C_2의 처음 전하량 $Q_2 = 2[\mu C]$이므로 $-2[\mu C]$이 되려면 C_1에서 $-4[\mu C]$의 전하가 C_2로 이동해야 한다.

답 ①

---

04 반지름 $r_1 = 2[cm]$, $r_2 = 3[cm]$인 2개의 구도체가 각각 $V_1 = 1800$, $V_2 = 1200[V]$로 대전되어 있다. 이 2개의 구를 가는 선으로 연결할 때 공통 전위는 몇 [V]인가?

① 1400 ② 1440 ③ 1500 ④ 1540

풀이

대전된 구도체를 선으로 연결하면 전위가 같아져 공통 전위가 되며, 이는 두 콘덴서의 병렬연결로 해석할 수 있다.

두 도체의 정전용량을 각각 C_1, C_2라 하면 식 (3.14)에서 반지름이 a인 구도체의 정전용량 $C = 4\pi\epsilon_0 a\,[F]$이므로 3.5.2절을 참고하면 합성 정전용량 $C = C_1 + C_2 = 4\pi\epsilon_0 r_1 + 4\pi\epsilon_0 r_2$이고 총 전하량 $Q = Q_1 + Q_2 = C_1V_1 + C_2V_2 = 4\pi\epsilon_0 r_1 V_1 + 4\pi\epsilon_0 r_2 V_2$이다.

그러면 공통 전위 $V = \frac{Q}{C} = \frac{4\pi\epsilon_0(r_1V_1 + r_2V_2)}{4\pi\epsilon_0(r_1 + r_2)} = \frac{r_1V_1 + r_2V_2}{r_1 + r_2}$로 나타낼 수 있다. 이 식에 값을 대입하면 $V = \frac{0.02 \times 1800 + 0.03 \times 1200}{0.02 + 0.03} = 1440\,[V]$이다.

참고 이 식은 구도체(또는 콘덴서)를 도선으로 연결할 때 공통 전위를 구하는 공식으로 사용된다.

답 ②

유형 5 정전에너지 계산하기

TIP

- 정전에너지의 개념 확인하기
- 정전에너지의 식을 이용해 정전에너지(전계 에너지) 구하기

01 W_1과 W_2의 에너지를 갖는 두 콘덴서를 병렬연결한 경우 총 에너지 W와의 관계로 옳은 것은? (단, $W_1 \neq W_2$이다)

① $W_1 + W_2 = W$　　② $W_1 + W_2 > W$

③ $W_1 + W_2 < W$　　④ $W_1 - W_2 = W$

풀이

두 콘덴서를 병렬로 연결하면 등전위가 될 때까지 전하가 이동하면서 에너지가 소비된다. 따라서 총 에너지는 연결 전보다 감소하며, $W_1 + W_2 > W$가 된다.

답 ②

---

02 유전율이 ϵ[F/m]인 유전체 중에서 전하가 Q[C], 전위가 V[V], 반지름 a[m]인 구도체가 갖는 에너지는 몇 [J]인가?

① $\frac{1}{2}\pi\epsilon a V^2$　　② $\pi\epsilon a V^2$　　③ $2\pi\epsilon a V^2$　　④ $4\pi\epsilon a V^2$

풀이

식 (3.14)에서 반지름이 a인 구도체의 정전용량 $C = 4\pi\epsilon_0 a$[F]이다. 이 식을 대입하면 식 (3.32)에서 정전에너지 $W = \frac{1}{2}CV^2 = \frac{1}{2} \times 4\pi\epsilon a \times V^2 = 2\pi\epsilon a V^2$이 된다.

답 ③

---

03 정전용량이 0.5[μF], 1[μF]인 콘덴서에 각각 2×10^{-4}[C] 및 3×10^{-4}[C]의 전하를 주고 극성을 같게 하여 병렬로 접속할 때 콘덴서에 축적된 에너지는 약 몇 [J]인가?

① 0.042　　② 0.063　　③ 0.083　　④ 0.126

풀이

병렬로 연결된 콘덴서의 총 전하량 $Q = Q_1 + Q_2 = 2\times10^{-4} + 3\times10^{-4} = 5\times10^{-4}$[C]이다. 콘덴서를 병렬로 접속하였으므로 합성 정전용량 $C = 0.5 + 1 = 1.5$[μF]이 된다. 식 (3.31)을 적용하면 정전에너지 $W = \frac{Q^2}{2C} = \frac{(5\times10^{-4})^2}{2\times1.5\times10^{-6}} = 0.083$[J]이다.

답 ③

CHAPTER 03

기출문제

3.1 Q와 $-Q$로 대전된 두 도체 n과 r 사이의 전위차 V_{nr}을 전위계수로 표시하면?

① $(P_{nn}-2P_{nr}+P_{rr})Q$
② $(P_{nn}+2P_{nr}+P_{rr})Q$
③ $(P_{nn}+P_{nr}+P_{rr})Q$
④ $(P_{nn}-P_{nr}+P_{rr})Q$

3.2 2개의 도체를 $+Q$와 $-Q$로 대전했을 때 이 도체 간의 정전용량을 전위계수로 올바르게 표시한 것은? (단, 두 도체의 전위를 V_1, V_2로 하고, 다른 모든 도체의 전하는 0이다)

① $C=\dfrac{1}{P_{11}+2P_{12}+P_{22}}$
② $C=\dfrac{1}{P_{11}-2P_{12}+P_{22}}$
③ $C=\dfrac{1}{P_{11}-2P_{12}-P_{22}}$
④ $C=\dfrac{1}{P_{11}+2P_{12}-P_{22}}$

3.3 1[C]의 정전하를 각각 대전시킬 때 도체 1의 전위는 5[V], 도체 2의 전위는 12[V]가 되는 두 도체가 있다. 도체 1에만 1[C]을 대전하였을 때 도체 2의 전위가 0.5[V]가 된다면 이 두 도체 간의 정전용량은 몇 [F]인가?

① 0.02 ② 0.05 ③ 0.07 ④ 0.1

3.4 도체계에서 각 도체의 전위를 V_1, V_2, $\cdots$으로 하기 위한 각 도체의 용량계수와 유도계수에 대한 설명으로 옳은 것은?

① q_{11}, q_{22}, q_{33} 등은 유도계수이다.
② 일반적으로 유도계수는 ≤ 0이다.
③ q_{21}, q_{31}, q_{41} 등은 용량계수이다.
④ 용량계수와 유도계수의 단위는 모두 [V/C]이다.

3.5 내구의 반지름이 6[cm], 외구의 반지름이 8[cm]인 동심구 콘덴서의 외구를 접지하고 내구에 전위 1800[V]를 가했을 경우 내구에 충전된 전기량은 몇 [C]인가?

① 2.8×10^{-8}
② 3.8×10^{-8}
③ 4.8×10^{-8}
④ 5.8×10^{-8}

3.6 내부 원통의 반지름이 a, 외부 원통의 반지름이 b인 동축 원통 콘덴서의 내외 원통 사이에 공기를 넣었을 때 정전용량이 C_1이었다. 내외 반지름을 모두 3배 증가시키고 공기 대신 비유전율이 3인 유전체를 넣었을 경우의 정전용량 C_2는?

① $C_2 = \dfrac{C_1}{9}$　　② $C_2 = \dfrac{C_1}{3}$　　③ $C_2 = 3C_1$　　④ $C_2 = 9C_1$

3.7 그림과 같은 동축 케이블에 유전체가 채워졌을 때의 정전용량 [F]은? (단, 유전체의 비유전율은 ϵ_s이고 내반지름과 외반지름은 각각 a[m], b[m]이며, 케이블의 길이는 l [m]이다)

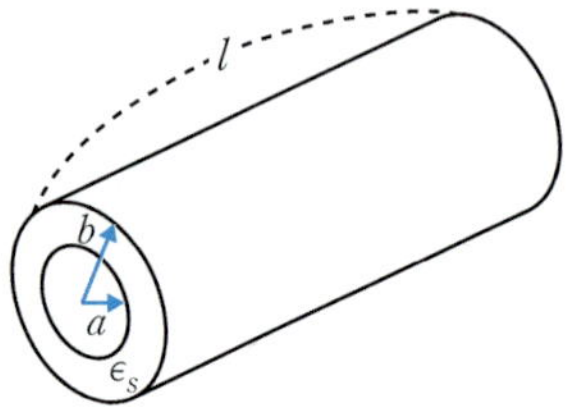

① $\dfrac{2\pi\epsilon_s l}{\ln\dfrac{b}{a}}$　　② $\dfrac{2\pi\epsilon_0\epsilon_s l}{\ln\dfrac{b}{a}}$

③ $\dfrac{\pi\epsilon_s l}{\ln\dfrac{b}{a}}$　　④ $\dfrac{2\pi\epsilon_0\epsilon_s l}{\ln\dfrac{b}{a}}$

3.8 그림과 같이 반지름 r[m], 중심 간격 x[m]인 평행 원통 도체가 있다. $x \gg r$라 할 때 원통도체의 단위길이당 정전용량은 몇 [F/m]인가?

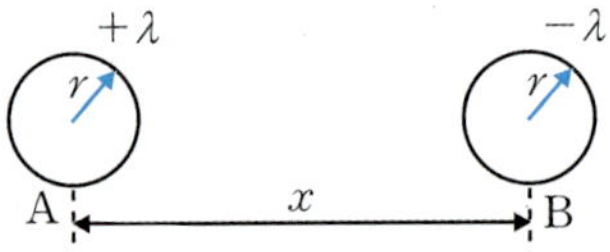

① $\dfrac{2\pi\epsilon_0}{\ln\dfrac{r}{x}}$　　② $\dfrac{2\pi\epsilon_0}{\ln\dfrac{x}{r}}$　　③ $\dfrac{\pi\epsilon_0}{\ln\dfrac{r}{x}}$　　④ $\dfrac{\pi\epsilon_0}{\ln\dfrac{x}{r}}$

3.9 진공 중 반지름이 a[m]인 원형 도체판 2개를 사용하여 극판 거리 d[m]인 콘덴서를 만들었다. 만약 이 콘덴서의 극판 거리를 2배로 하고 정전용량은 일정하게 하려면 이 도체판의 반지름 a는 얼마로 하면 되는가?

① $2a$　　② $\dfrac{1}{2}a$　　③ $\sqrt{2}a$　　④ $\dfrac{1}{\sqrt{2}}a$

3.10 내압과 용량이 각각 200[V] 5[μF], 300[V] 4[μF], 500[V] 3[μF]인 3개의 콘덴서를 직렬로 연결하고, 양단에 직류 전압을 가하여 서서히 상승시키면 최초로 파괴되는 콘덴서는 어느 것이며, 이때 양단에 가해진 전압은 몇 [V]인가? (단, 3개의 콘덴서의 재질이나 형태는 동일한 것으로 간주한다. 이때 $C_1 = 5[\mu\text{F}]$, $C_2 = 4[\mu\text{F}]$, $C_3 = 3[\mu\text{F}]$이다)

① C_2, 468　　② C_3, 533　　③ C_1, 783　　④ C_2, 1050

3.11 그림과 같이 $C_1 = 3[\mu F]$, $C_2 = 4[\mu F]$, $C_3 = 5[\mu F]$, $C_4 = 4[\mu F]$의 콘덴서가 연결되어 있을 때 C_1에 $Q_1 = 120[\mu C]$의 전하가 충전되어 있다면 a, c 간의 전위차는 몇 [V]인가?

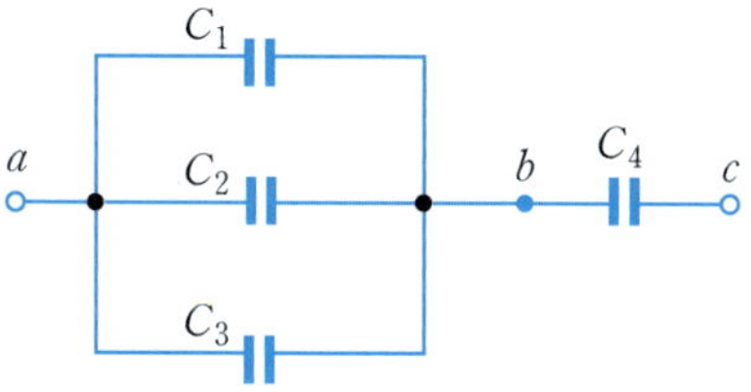

① 72　　② 96　　③ 102　　④160

3.12 정전용량이 각각 $C_1 = 1[\mu F]$, $C_2 = 2[\mu F]$인 도체에 전하 $Q_1 = -5[\mu C]$, $Q_2 = 2[\mu C]$을 각각 주고 각 도체를 가는 철사로 연결할 때 C_1에서 C_2로 이동하는 전하 $Q[\mu C]$는?

① −4　　② −3.5　　③ −3　　④ −1.5

3.13 반지름이 2[m], 3[m]인 절연 도체구의 전위를 각각 5[V], 6[V]로 한 후, 가는 도선으로 두 구도체를 연결하면 공통 전위는 몇 [V]가 되는가?

① 5.2　　② 5.4　　③ 5.6　　④ 5.8

3.14 대전된 구도체를 반지름이 2배인 대전이 되지 않은 구도체와 가는 도선으로 연결할 때 원래의 에너지 대비 손실된 에너지의 비율은 얼마인가? (단, 구도체는 충분히 떨어져 있다고 한다)

① $\frac{1}{2}$　　② $\frac{1}{3}$　　③ $\frac{2}{3}$　　④ $\frac{2}{5}$

3.15 공기 중에 $10^{-3}[\mu C]$과 $2 \times 10^{-3}[\mu C]$의 두 점전하가 1[m] 거리에 놓여 있을 때 이들이 갖는 전계 에너지는 몇 [J]인가?

① 36×10^{-3}　　② 36×10^{-9}　　③ 18×10^{-3}　　④ 18×10^{-9}

정답

3.1 ①　**3.2** ②　**3.3** ③　**3.4** ②　**3.5** ③　**3.6** ③　**3.7** ②　**3.8** ④　**3.9** ③　**3.10** ③
3.11 ④　**3.12** ①　**3.13** ③　**3.14** ③　**3.15** ④

CHAPTER

04

유전체

CONTENTS

학습 내용

유전체의 분극과 그에 따른 정전용량의 증가 및 분극의 종류를 학습한다. 비유전율의 개념을 통해 유전체의 물리적 특성을 이해하고 유전율에 따른 쿨롱의 힘과 전계 같은 물리량의 변화도 살펴본다. 이어서 패러데이관의 정의를 익히고 전계와 전속밀도의 경계조건을 포함한 다양한 경계조건과 유전체에 작용하는 힘을 학습한다. 마지막으로 복합 유전체의 정전용량과 접촉 전기, 파이로 전기와 같은 유전체의 특수현상에 대해 학습한다.

핵심 키워드

유전체 유전율 비유전율 분극 분극의 세기 패러데이관 경계조건 유전체에 작용하는 힘 복합 유전체 접촉 전기 압전기

학습 전략

분극 현상과 비유전율의 개념을 정확히 정리하고 분극의 세기를 나타내는 식과 계산 방법을 문제를 통해 연습하기 바랍니다. 경계면에서 전계와 전속밀도의 변화, 입사각과 굴절각의 크기를 비교하는 문제와 전계가 수직 또는 수평으로 입사할 때의 특징과 유전체에 작용하는 힘의 크기를 구하는 문제도 반복해서 풀어보면 좋습니다. 자격시험에서는 특히 평행판 공기 콘덴서에서 유전체 일부를 바꿀 때 정전용량을 구하는 문제가 자주 출제되므로 관련된 수식과 문제를 꼼꼼히 살펴보기 바랍니다.

4.1 유전체

유전체Dielectric material는 전류가 흐르지 않는 절연체Insulator이다. 유전체에 전계를 가하면 유전체 내부의 (+)전하와 (−)전하의 위치가 변하거나 두 전하 사이의 간격이 달라지면서 전기쌍극자를 형성하는데, 이 현상을 **분극**Polarization이라 한다. 분극의 정도를 나타내는 **유전율**Permittivity ϵ은 물질에 따라 그 값이 다르다. 유전체는 분극이 발생해도 전기적 중성을 유지하지만, 전하의 위치 변화로 인해 표면이 극성을 띠게 되면서 외부 전하를 유도하게 된다.

유전율에 따른 분극의 차이를 예를 들어 살펴보자. [그림 4−1(a)]는 유전율이 작은 공기(ϵ_0)를 유전체로 사용한 경우로, 분극이 거의 발생하지 않아 전극에 유도되는 전하의 양이 적다. 반면 [그림 4−1(b)]는 유전율이 높은 유전체(ϵ)를 사용한 경우로, 더 많은 분극이 발생하면서 유도되는 전하의 양도 증가한다. 이것이 평행판 콘덴서의 정전용량이 유전율에 비례하는 이유이다.[1]

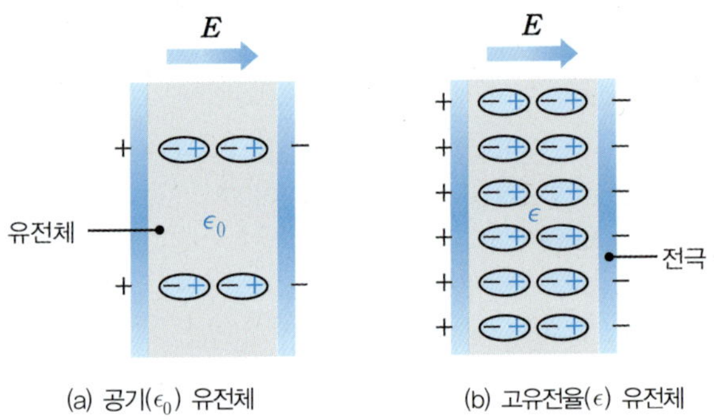

그림 4-1 유전체에 따른 분극의 차이

4.1.1 비유전율

비유전율Relative permittivity은 ϵ_s 또는 ϵ_r로 표시하며, 어떤 물질의 유전율 ϵ을 공기(진공)의 유전율 ϵ_0에 대한 비율로 나타낸 값이다. 즉, **공기의 유전율을 기준값 1로 놓고 다른 물질의 유전율이 기준값 대비 몇 배인지**를 나타낸 것이다. 예를 들어, 어떤 물질의 비유전율 ϵ_s가 3이라면 이는 그 물질의 유전율이 공기보다 3배 크다는 의미이다.

1 3장의 식 (3.22)를 참고하라.

따라서 어떤 물질의 유전율 ϵ은 식 (4.1)과 같이 ϵ_0와 ϵ_s의 곱으로 나타낼 수 있다.[2]

$$\epsilon = \epsilon_0 \epsilon_s \, [\mathrm{F/m}] \tag{4.1}$$

공기(진공)는 유전율이 가장 작은 기준 유전체이므로 $\epsilon_s \geq 1$의 관계가 항상 성립한다.

여기서 잠깐 **유전율의 단위** [F/m]

2장의 식 (2.19)를 참고하면 전속밀도 $\boldsymbol{D} = \epsilon \boldsymbol{E}$이므로 $\epsilon = \dfrac{\boldsymbol{D}}{\boldsymbol{E}}$이다. $\boldsymbol{D}$의 단위는 [C/m^2]이고 전계 $\boldsymbol{E}$의 단위는 [V/m]이므로 유전율 ϵ의 단위는 $\left[\dfrac{\mathrm{C/m^2}}{\mathrm{V/m}}\right] = \left[\dfrac{\mathrm{C}}{\mathrm{V}} \cdot \dfrac{1}{\mathrm{m}}\right] = [\mathrm{F/m}]$가 된다.

예제 4-1

콘덴서에 비유전율이 ϵ_s인 유전체가 채워져 있을 때의 정전용량 C와 공기로 채워져 있을 때의 정전용량 C_0의 비 $\dfrac{C}{C_0}$는 얼마인가?

① ϵ_s ② $\dfrac{1}{\epsilon_s}$ ③ $\sqrt{\epsilon_s}$ ④ $\dfrac{1}{\sqrt{\epsilon_s}}$

풀이

식 (3.22)에서 콘덴서의 정전용량은 비유전율에 비례한다. 또한 공기의 유전율 ϵ_0는 비유전율의 기준값인 1이므로 정전용량은 ϵ_s배만큼 증가한다. 즉, $\dfrac{C}{C_0} = \epsilon_s$이므로 정답은 ①이다.

4.1.2 유전체에 따른 물리량의 크기 변화

쿨롱의 힘과 전계, 전위와 같은 전기적 물리량의 크기는 매질(유전체)에 따라 달라진다. 이러한 특성을 [표 4-1]에 정리하였다. 유전체가 공기(진공)일 때의 물리량에는 $\boldsymbol{F}_0$, $\boldsymbol{E}_0$와 같이 0을 붙여 구분하였다. 매질이 공기에서 다른 유전체로 바뀌면 유전율은 ϵ_0에서 ϵ으로 증가하는데, 이에 따라 **쿨롱의 힘, 전계, 전위, 전기력선의 수는 감소하고 전속밀도와 정전용량은 증가한다.**

2 비유전율 ϵ_s가 3인 물질의 실제 유전율 ϵ은 $\epsilon_0(8.855\times10^{-12})\times3 = 2.657\times10^{-11}$ [F/m] 이다.

표 4-1 유전체에 따른 물리량의 크기 변화

구분	공기(진공)일 때	다른 유전체일 때	크기 비교
쿨롱의 힘	$\boldsymbol{F}_0 = \dfrac{Q_1Q_2}{4\pi\epsilon_0 r^2}$ [N]	$\boldsymbol{F} = \dfrac{Q_1Q_2}{4\pi\epsilon r^2}$ [N]	$\boldsymbol{F}_0 > \boldsymbol{F}$
전계	$\boldsymbol{E}_0 = \dfrac{Q}{4\pi\epsilon_0 r^2}$ [V/m]	$\boldsymbol{E} = \dfrac{Q}{4\pi\epsilon r^2}$ [V/m]	$\boldsymbol{E}_0 > \boldsymbol{E}$
전위	$V_0 = \dfrac{Q}{4\pi\epsilon_0 r}$ [V]	$V = \dfrac{Q}{4\pi\epsilon r}$ [V]	$V_0 > V$
전기력선의 수	$N_0 = \dfrac{Q}{\epsilon_0}$	$N_0 = \dfrac{Q}{\epsilon}$	$N_0 > N$
전속밀도	$\boldsymbol{D}_0 = \epsilon_0 \boldsymbol{E}$ [C/m^2]	$\boldsymbol{D} = \epsilon \boldsymbol{E}$ [C/m^2]	$\boldsymbol{D}_0 < \boldsymbol{D}$
정전용량	$C_0 = \dfrac{\epsilon_0 S}{d}$ [F]	$C = \dfrac{\epsilon S}{d}$ [F]	$C_0 < C$

4.2 분극

4.2.1 분극의 종류

전자 분극

원자는 (+)전기를 띤 양성자와 (−)전기를 띤 전자의 수가 같아 전기적으로 중성이다. 그러나 외부에서 전계 $\boldsymbol{E}$가 가해지면 [그림 4-2]와 같이 원자핵과 전자가 반대 방향으로 이동하면서 분극이 발생하는데, 이를 **전자 분극**Electronic polarization이라고 한다. 이 전자 분극 현상으로 인해 전기쌍극자가 형성된다. 전자 분극은 다이아몬드, 실리콘(Si) 단결정, 게르마늄(Ge) 단결정과 같이 전기쌍극자가 형성되지 않는 비극성 고체나 아르곤(Ar), 네온(Ne) 같은 단원자 기체에서 두드러지게 관찰된다.

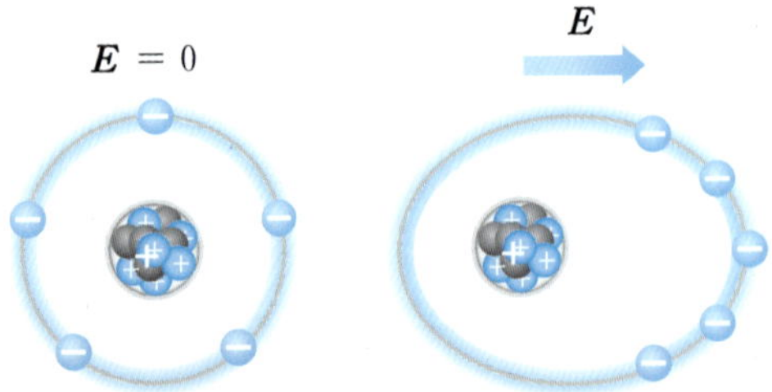

그림 4-2 전자 분극

이온 분극

이온 결합 물질에서 (+)이온과 (−)이온 간의 정전기력에 의해 발생하는 분극을 **이온 분극**Ionic polarization이라고 한다. 이온 결합 물질에 외부 전계 $\boldsymbol{E}$ 가 가해지면 [그림 4-3]과 같이 (+)이온과 (−)이온 사이의 간격이 벌어지며, 이로 인해 전기쌍극자가 형성된다. 이온 분극은 티탄산바륨($BaTiO_3$)[3], 산화마그네슘(MgO)[4] 등의 이온 결합 물질에서 관찰된다.

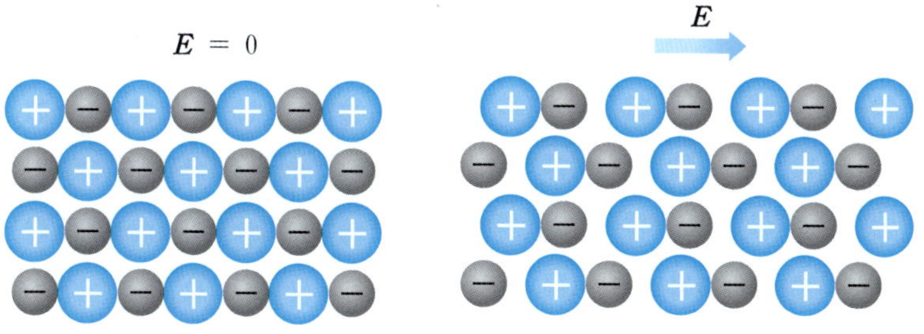

그림 4-3 이온 분극

배향 분극

영구적인 전기쌍극자를 가진 물질에 발생하는 분극을 **배향 분극**Orientational polarization이라고 한다. [그림 4-4]와 같이 외부 전계 $\boldsymbol{E}$가 가해지면 불규칙하게 배열되어 있던 전기쌍극자들이 전계 방향으로 전계를 따라 배열되면서 분극이 발생한다. 배향 분극은 영구 전기쌍극자를 가진 물질인 물(H_2O), 알코올(CH_3OH), 암모니아(NH_3) 등에서 관찰된다.

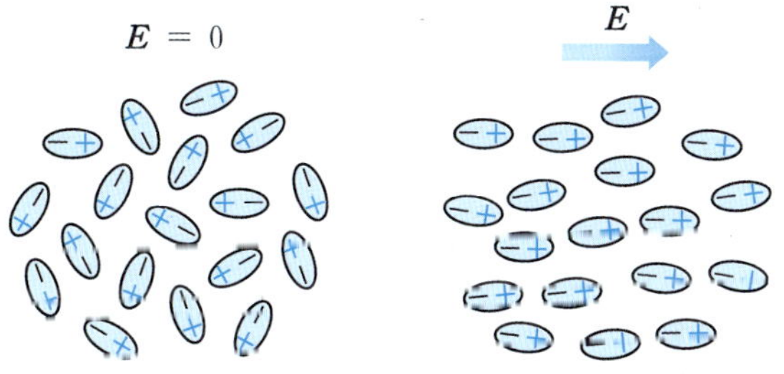

그림 4-4 배향 분극

3 외부 전계가 가해지면 매우 큰 이온 분극을 나타내는 강유전체(Ferroelectric)로, 콘덴서, 압전소자 등에 활용된다.
4 높은 절연성과 내열성을 가진 유전체이다.

예제 4-2

다이아몬드와 같은 단결정 물체에 전장을 가할 때 유도되는 분극은 무엇인가?

① 전자 분극　② 이온 분극　③ 배향 분극　④ 쌍극자 분극

풀이

다이아몬드는 전자 분극이 일어나는 대표적인 물질이므로 정답은 ①이다.

4.2.2 분극의 세기

분극의 세기는 분극의 발생 정도를 나타내는 물리량으로, P로 표기한다. 이는 식 (4.2)와 같이 **단위면적당 분극 전하량** 또는 식 (4.3)과 같이 **단위체적당 전기쌍극자 모멘트**로 정의한다. 식 (4.3)에서 M은 전기쌍극자 모멘트를 나타내며, P의 단위는 $[\mathrm{C/m^2}]$이다. 이는 전속밀도 $\boldsymbol{D}$의 단위와 같다.

$$P = \lim_{\Delta S \to 0} \frac{\Delta Q}{\Delta S}\ [\mathrm{C/m^2}] \tag{4.2}$$

$$P = \lim_{\Delta V \to 0} \frac{\Delta M}{\Delta V}\ [\mathrm{C/m^2}] \tag{4.3}$$

분극이 발생하여 더 많은 전하가 유전체에 유도되면 전속밀도 $\boldsymbol{D}$가 증가한다. 따라서 유전체가 공기(진공)일 때와 다른 유전체일 때의 전속밀도 차이가 곧 분극의 세기 P가 된다. 공기에서의 전속밀도를 $\boldsymbol{D}_0$, 다른 유전체에서의 전속밀도를 $\boldsymbol{D}$라고 하면 분극의 세기 P는 식 (4.4)와 같이 나타낼 수 있다.[5]

$$\begin{aligned} P &= \boldsymbol{D} - \boldsymbol{D}_0 = \epsilon_0 \epsilon_s \boldsymbol{E} - \epsilon_0 \boldsymbol{E} \\ &= \epsilon_0(\epsilon_s - 1)\boldsymbol{E}\ [\mathrm{C/m^2}] \end{aligned} \tag{4.4}$$

식 (4.4)에서 $\epsilon_0(\epsilon_s - 1)$은 외부 전계 $\boldsymbol{E}$를 가했을 때 발생하는 분극을 결정하는 비례계수이며, 분극률[Polarizability]이라 하고 χ로 표시한다. 이를 이용하면 식 (4.4)를 식 (4.5)와 같이 나타낼 수 있다.

$$P = \chi \boldsymbol{E}\ [\mathrm{C/m^2}] \tag{4.5}$$

5 2장의 식 (2.19)를 참고하라.

또한 식 (4.5)를 변형하여 분극의 세기 P를 식 (4.6) 및 식 (4.7)과 같이 나타낼 수 있다.[6]

$$P = \boldsymbol{D} - \epsilon_0 \boldsymbol{E}\ [\mathrm{C/m^2}] \tag{4.6}$$

$$P = \left(1 - \frac{1}{\epsilon_s}\right)\boldsymbol{D}\ [\mathrm{C/m^2}] \tag{4.7}$$

예제 4-3

비유전율 $\epsilon_r = 3$인 유전체 내의 한 점의 전장이 $3 \times 10^5\,[\mathrm{V/m}]$일 때 이 점의 분극의 세기는 몇 $[\mathrm{C/m^2}]$인가?

① 1.77×10^{-6}　② 5.31×10^{-6}　③ 7.08×10^{-6}　④ 8.85×10^{-6}

풀이

식 (4.4)에서 분극의 세기 $P = \epsilon_0(\epsilon_s - 1)\boldsymbol{E}$이므로 $P = 8.855 \times 10^{-12} \times (3-1) \times 3 \times 10^5 = 5.31 \times 10^{-6}\,[\mathrm{C/m^2}]$가 되어 정답은 ②이다.

4.3 패러데이관

패러데이관 Faraday tube은 전속선[7]을 시각화하기 위해 과학자 마이클 패러데이 Michael Faraday가 제안한 가상의 구조이다. 패러데이관은 [그림 4-5]와 같이 $+1\,[\mathrm{C}]$의 전하에서 $-1\,[\mathrm{C}]$의 전하를 향하는 전속선을 하나의 관 Tube으로 생각하는 것이다. 이러한 패러데이관의 개념을 적용하면 전계를 여러 개의 패러데이관이 분포하는 공간으로 이해할 수 있다.

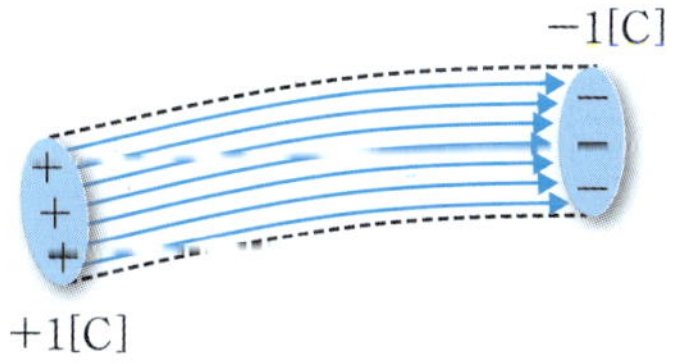

그림 4-5 패러데이관

6 $P = \epsilon_0(\epsilon_s - 1)\boldsymbol{E} = \epsilon\boldsymbol{E} - \epsilon_0\boldsymbol{E} = \boldsymbol{D} - \epsilon_0\boldsymbol{E}$ 이므로 $P = \boldsymbol{D} - \epsilon_0\boldsymbol{E} = \boldsymbol{D} - \frac{\epsilon_0\epsilon_s}{\epsilon_s}\boldsymbol{E} = \left(1 - \frac{1}{\epsilon_s}\right)\boldsymbol{D}$가 된다.

7 전속은 전기력선의 다발이므로 여기에서는 전기력선의 개념을 포함하여 '전속선'으로 표현한다.

패러데이관의 특성을 정리하면 다음과 같다.

- 패러데이관의 수는 전속선의 수와 같다.
- 패러데이관의 밀도는 전속밀도 D와 같다.
- 패러데이관의 양 끝에는 각각 $+1$[C]과 -1[C]의 단위전하가 놓여 있다.
- ± 1[C] 이외에 다른 진전하[8]가 존재하지 않는다면 패러데이관은 연속적이다.
- 1개의 패러데이관이 보유한 에너지는 단위전압(1[V])당 $\frac{1}{2}$[J]이다.[9]

예제 4-4

패러데이관의 성질에 대한 설명으로 틀린 것은?

① 패러데이관 내의 전속 수는 일정하다.
② 진전하가 없는 점에서 패러데이관은 불연속이다.
③ 패러데이관 1개의 단위전위차당 보유 에너지는 $\frac{1}{2}$[J]이다.
④ 패러데이관의 밀도는 전속밀도와 같다.

풀이

패러데이관의 양 끝에 있는 +1[C]과 -1[C]의 단위전하 외에 다른 진전하가 없으면 패러데이관은 연속적이므로 정답은 ②이다.

4.4 유전체의 경계조건

전기력선은 유전율이 서로 다른 유전체의 경계면을 지날 때 굴절된다. 이는 빛이 서로 다른 매질을 지날 때 굴절하는 현상과 유사하다. 이때 전기력선에 영향을 주는 진전하가 경계면에 존재하지 않아야 하는데, 이러한 조건을 **완전 경계조건**이라 한다. 진전하가 없다면 경계면의 전하밀도는 0이다.

---

8 외부에서 주어진, 공간에 실제로 존재하는 전하를 말한다. 분극 등으로 내부에 생겨난 전하는 진전하가 아니다.

9 식 (3.32)의 정전에너지 식에 의하면 $W=\frac{1}{2}QV$[J]이고 $Q=1$[C], $V=1$[V]이므로 $W=\frac{1}{2}$[J]이 된다.

4.4.1 전계의 경계조건

[그림 4-6]은 유전율이 ϵ_1, ϵ_2이고 크기는 $\epsilon_1 > \epsilon_2$인 두 유전체의 경계면에서 굴절되는 전계 $\boldsymbol{E}$를 나타낸 것이다. 경계면에 입사하는 전계를 $\boldsymbol{E}_1$, 굴절되는 전계를 $\boldsymbol{E}_2$로 표시하였으며, 입사각은 θ_1, 굴절각은 θ_2이다.

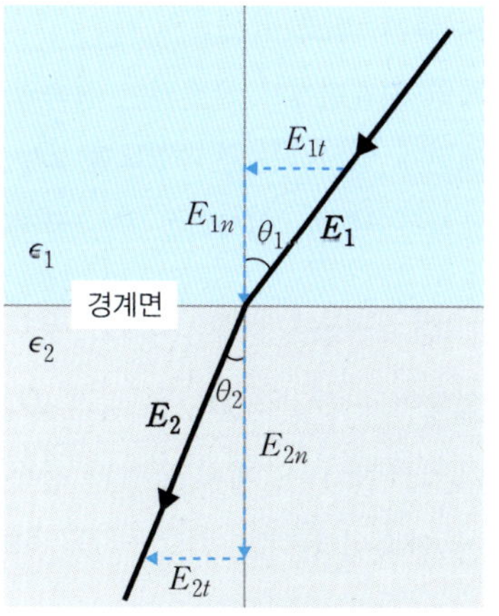

그림 4-6 전계의 경계조건

[그림 4-6]에서 E_{1t}와 E_{1n}은 각각 $\boldsymbol{E}_1$의 수평 성분과 수직 성분이고 E_{2t}와 E_{2n}은 각각 $\boldsymbol{E}_2$의 수평 성분과 수직 성분이다.[10] [그림 4-6]에서 굴절된 **전계는 수평 성분(접선 성분)이 연속**이다. 즉, $E_{1t} = E_{2t}$이다.

[그림 4-6]에서 $E_{1t} = E_1 \sin\theta_1$, $E_{2t} = E_2 \sin\theta_2$이고 $E_{1t} = E_{2t}$이므로 다음과 같이 식 (4.8)을 구할 수 있다.

$$E_1 \sin\theta_1 = E_2 \sin\theta_2 \tag{4.8}$$

HOW 수평 성분의 연속성 구하기($E_{1t} = E_{2t}$)

[그림 4-7]과 같이 경계면에 직사각형 형태의 경로를 설정하고 이 경로를 따라 전계 $\boldsymbol{E}$를 구해보자. 이때 경로 'b'는 경계면을 지나므로 유전체(ϵ_1, ϵ_2)별로 나누어 계산한다.

$$\begin{aligned}\oint \boldsymbol{E} \cdot dl &= E_{1t} \cdot a + E_{1n} \cdot \frac{b}{2} + E_{2n} \cdot \frac{b}{2} \\ &\quad - E_{2t} \cdot a - E_{2n} \cdot \frac{b}{2} - E_{1n} \cdot \frac{b}{2} \\ &= E_{1t} \cdot a - E_{2t} \cdot a = (E_{1t} - E_{2t})a\end{aligned}$$

폐곡선을 일주할 때의 일 $W = QV = -Q\int \boldsymbol{E} \cdot dl = 0$이므로[11] $\int \boldsymbol{E} \cdot dl = 0$이 되어야 한다. $(E_{1t} - E_{2t})a = 0$이므로 $E_{1t} = E_{2t}$임을 확인할 수 있다. 따라서 전계의 수평 성분은 연속적이다.

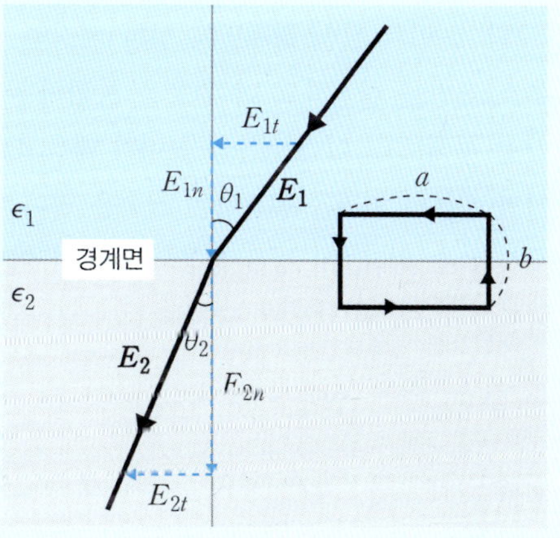

그림 4-7 $E_{1t} = E_{2t}$ 확인하기

10 수평 성분 E_{1t}, E_{2t}에서 아래첨자 t는 tangential을 의미하며, **접선 성분**이라고도 한다. 수직 성분 E_{1n}, E_{2n}에서 아래첨자 n은 normal을 의미하며, **법선 성분**이라고도 한다.

11 2.5.4절을 참고하라.

4.4.2 전속밀도의 경계조건

[그림 4-8]은 유전율이 ϵ_1, ϵ_2이고 크기는 $\epsilon_1 > \epsilon_2$인 두 유전체의 경계면에서 굴절되는 전속밀도 $\boldsymbol{D}$를 나타낸 것이다.[12] 경계면에 입사하는 전속밀도를 $\boldsymbol{D}_1$, 굴절되는 전속밀도를 $\boldsymbol{D}_2$로 표시하였으며, 입사각은 θ_1, 굴절각은 θ_2이다.

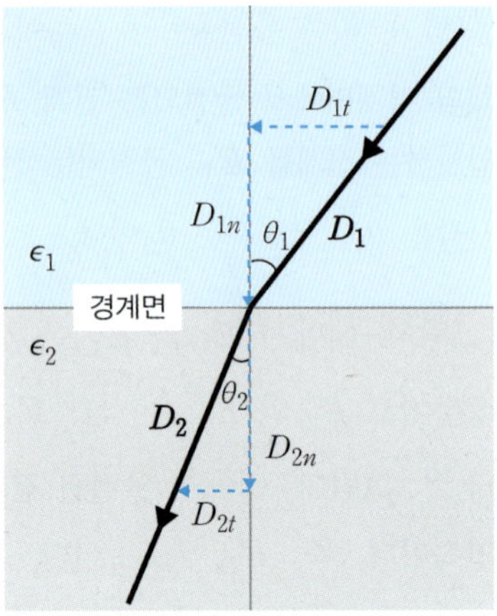

그림 4-8 전속밀도의 경계조건

[그림 4-8]에서 D_{1t}와 D_{1n}은 각각 $\boldsymbol{D}_1$의 수평 성분과 수직 성분이고 D_{2t}와 D_{2n}은 각각 $\boldsymbol{D}_2$의 수평 성분과 수직 성분이다. [그림 4-8]에서 굴절된 **전속밀도는 수직 성분(법선 성분)이 연속**이다. 즉, $D_{1n} = D_{2n}$이다.

[그림 4-8]에서 $D_{1n} = D_1\cos\theta_1$, $D_{2n} = D_2\cos\theta_2$이고 $D_{1n} = D_{2n}$이므로 다음과 같이 식 (4.9)를 구할 수 있다.

$$D_1\cos\theta_1 = D_2\cos\theta_2 \tag{4.9}$$

HOW 수직 성분의 연속성 구하기($D_{1n} = D_{2n}$)

[그림 4-9]와 같이 경계면에 상하 대칭인 원통형 가우스 표면을 설정하고 이 원통을 통과하는 전속밀도 $\boldsymbol{D}$를 구해보자. 이때 원통의 높이가 매우 작다고 가정하면 원통의 옆면을 통과하는 전속은 양이 매우 작아 무시할 수 있다. 이 경우 원통의 윗면과 아랫면을 통과하는 전속만이 남으며, 다음과 같이 나타낼 수 있다.

$$-D_{1n}\cdot dS + D_{2n}\cdot dS$$

경계면에는 진전하가 없으므로 $-D_{1n}\cdot dS + D_{2n}\cdot dS = 0$이 되며, 이로부터 $D_{1n} = D_{2n}$임을 확인할 수 있다. 따라서 전속밀도의 수직 성분은 연속적이다.

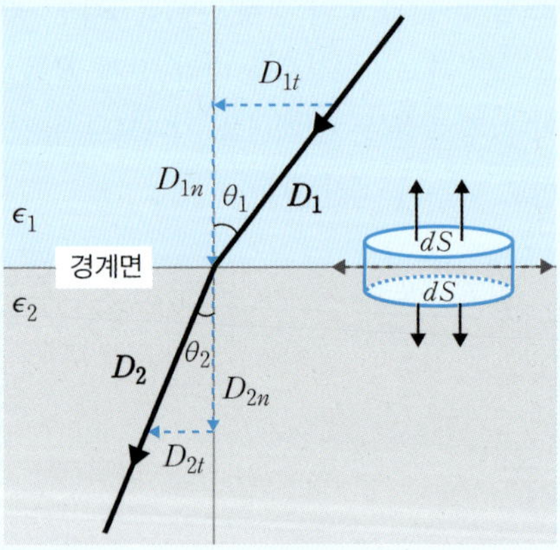

그림 4-9 $D_{1n} = D_{2n}$ 확인하기

12 경계면에서 실제로 굴절되는 것은 전기력선이지만 전속밀도 $\boldsymbol{D}$를 사용하면 경계면에서의 전기적 현상을 보다 일반적이고 정확하게 나타낼 수 있다.

예제 4-5

두 유전체의 경계면에서 정전계가 만족하는 것은?

① 전계의 법선 성분이 같다.
② 전계의 접선 성분이 같다.
③ 전속밀도의 접선 성분이 같다.
④ 분극 세기의 접선 성분이 같다.

풀이

두 유전체의 경계면에서 전계는 수평 성분(접선 성분)이 같고, 전속밀도는 수직 성분(법선 성분)이 같으므로 정답은 ②이다.

4.4.3 굴절각

식 (4.8)을 식 (4.9)로 나누고 $\boldsymbol{D}=\epsilon\boldsymbol{E}$를 적용하면 다음과 같은 식을 얻을 수 있다.

$$\frac{E_1\sin\theta_1}{\epsilon_1 E_1\cos\theta_1}=\frac{E_2\sin\theta_2}{\epsilon_2 E_2\cos\theta_2}$$

여기에서 $\frac{\sin\theta}{\cos\theta}=\tan\theta$이므로 앞선 식은 $\frac{\tan\theta_1}{\epsilon_1}=\frac{\tan\theta_2}{\epsilon_2}$로 쓸 수 있다. 이는 식 (4.10)과 같이 바꾸어 쓸 수 있으며, 경계조건의 **'굴절각에 관한 식'**이라고 한다.[13]

$$\frac{\tan\theta_1}{\tan\theta_2}=\frac{\epsilon_1}{\epsilon_2} \tag{4.10}$$

13 입사각 θ_1과 굴절각 θ_2의 관계를 전계나 전속밀도 같은 벡터 물리량 없이 두 유전체의 유전율 ϵ_1, ϵ_2만으로 표현한 식이므로 이를 '굴절각에 관한 식'이라고 한다.

예제 4-6

두 종류의 유전율(ϵ_1, ϵ_2)을 가진 유전체 경계면에 진전하가 존재하지 않을 때 성립하는 경계조건을 옳게 나타낸 것은? (단, θ_1, θ_2는 각각 유전체 경계면의 법선 벡터와 $\boldsymbol{E}_1$, $\boldsymbol{E}_2$가 이루는 각이다)

① $E_1\sin\theta_1 = E_2\sin\theta_2$, $D_1\cos\theta_1 = D_2\cos\theta_2$, $\dfrac{\tan\theta_1}{\tan\theta_2} = \dfrac{\epsilon_2}{\epsilon_1}$

② $E_1\cos\theta_1 = E_2\cos\theta_2$, $D_1\sin\theta_1 = D_2\sin\theta_2$, $\dfrac{\tan\theta_1}{\tan\theta_2} = \dfrac{\epsilon_2}{\epsilon_1}$

③ $E_1\sin\theta_1 = E_2\sin\theta_2$, $D_1\cos\theta_1 = D_2\cos\theta_2$, $\dfrac{\tan\theta_1}{\tan\theta_2} = \dfrac{\epsilon_1}{\epsilon_2}$

④ $E_1\cos\theta_1 = E_2\cos\theta_2$, $D_1\cos\theta_1 = D_2\cos\theta_2$, $\dfrac{\tan\theta_1}{\tan\theta_2} = \dfrac{\epsilon_1}{\epsilon_2}$

풀이

전계와 전속밀도의 경계조건은 $E_1\sin\theta_1 = E_2\sin\theta_2$와 $D_1\cos\theta_1 = D_2\cos\theta_2$이다. 굴절각의 경계조건은 $\dfrac{\tan\theta_1}{\tan\theta_2} = \dfrac{\epsilon_1}{\epsilon_2}$이므로 정답은 ③이다.

4.4.4 기타 경계조건

유전율이 ϵ_1, ϵ_2(크기는 $\epsilon_1 > \epsilon_2$)인 두 유전체의 경계면에서는 다음과 같은 특성이 나타난다.

- $\theta_1 > \theta_2$이고 $\boldsymbol{D}_1 > \boldsymbol{D}_2$이며, $\boldsymbol{E}_1 < \boldsymbol{E}_2$이다.
- 전속은 유전율이 큰 쪽에 모인다(전기력선은 유전율이 작은 쪽에 모인다).
- 유전율이 큰 쪽에서 작은 쪽으로 힘(응력Stress)이 항상 작용한다.[14]

14 4.5.2절을 참고하라. 이처럼 전기적인 힘에 의한 응력을 맥스웰(Maxwell) 응력이라 한다.

여기서 잠깐 **기타 경계조건**

삼각함수 그래프를 나타내는 [그림 4-10]을 참고하여 기타 경계조건이 성립하는 이유를 알아보자.

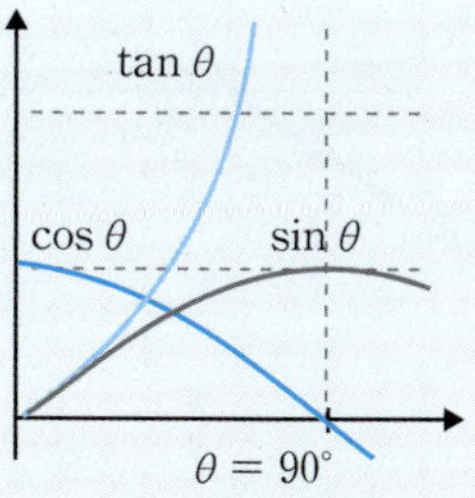

그림 4-10 삼각함수 그래프

■ $\theta_1 > \theta_2$인 이유

두 유전체의 크기가 $\epsilon_1 > \epsilon_2$이므로 식 (4.10)에서 $\tan\theta_1 > \tan\theta_2$가 된다. 이때 $\tan\theta$는 θ의 값에 비례하므로 $\theta_1 > \theta_2$가 된다.

■ $\boldsymbol{D}_1 > \boldsymbol{D}_2$인 이유

입사각과 굴절각은 $0° \sim 90°$ 구간 사이에서 바뀐다. 이때 $\cos\theta$ 값은 $0° \sim 90°$ 구간에서 θ의 값에 반비례한다. 입사각과 굴절각의 크기는 $\theta_1 > \theta_2$이므로 식 (4.9)에서 $D_1\cos\theta_1 = D_2\cos\theta_2$가 성립하려면 $\boldsymbol{D}_1 > \boldsymbol{D}_2$가 되어야 한다.

■ $\boldsymbol{E}_1 < \boldsymbol{E}_2$인 이유

$\sin\theta$ 값은 $0° \sim 90°$ 구간에서 θ의 값에 비례한다. 입사각과 굴절각의 크기는 $\theta_1 > \theta_2$이므로 식 (4.8)에서 $E_1\sin\theta_1 = E_2\sin\theta_2$가 성립하려면 $\boldsymbol{E}_1 < \boldsymbol{E}_2$가 되어야 한다.

■ 전속이 유전율이 큰 쪽에 모이는 이유

유전체의 크기는 $\epsilon_1 > \epsilon_2$이고 전속밀도는 $\boldsymbol{D}_1 > \boldsymbol{D}_2$이므로 전속은 유전율이 큰 쪽에 모인다.

전기력선의 성실에서 전계 $\boldsymbol{E}$는 전기력선의 밀도와 같다. 그런데 $\epsilon_1 > \epsilon_2$일 때 $\boldsymbol{E}_1 < \boldsymbol{E}_2$이므로 유전율이 작은 쪽의 전계가 더 크다. 따라서 전기력선은 전속과는 반대로 유전율이 작은 쪽에 모인다.

예제 4-7

유전율이 각각 ϵ_1, ϵ_2인 두 유전체가 접해 있는 경우 전기력선의 방향을 그림과 같이 표시할 때 $\epsilon_1 < \epsilon_2$이면 θ_1과 θ_2의 관계는?

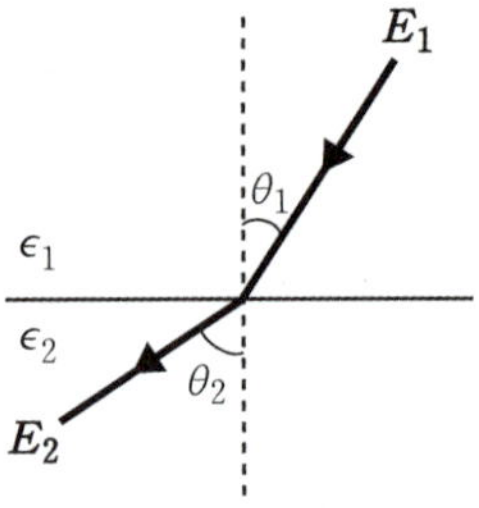

① $\theta_1 = \theta_2$

② $\theta_1 < \theta_2$

③ $\theta_1 > \theta_2$

④ 전기력선의 방향에 따라 $\theta_1 < \theta_2$ 혹은 $\theta_1 > \theta_2$

풀이

4.4.4절을 참고하면 유전율의 대소 관계와 θ_1, θ_2의 대소 관계가 같으므로 $e_1 < \epsilon_2$인 두 유전체의 경계면에서 입사각과 굴절각의 관계는 $\theta_1 < \theta_2$가 된다. 따라서 정답은 ②이다.

4.5 유전체에 작용하는 힘

4.5.1 전계가 경계면에 수직으로 입사하는 경우($\theta_1 = 0°$)

[그림 4-11]은 유전율이 ϵ_1, ϵ_2이고 크기는 $\epsilon_1 > \epsilon_2$인 두 유전체의 경계면에서 전계가 수직으로 입사하는 경우를 나타낸 것이다. 입사각 $\theta_1 = 0°$이므로 식 (4.8)에 나타낸 전계의 경계조건 $E_1 \sin\theta_1 = E_2 \sin\theta_2$에 이 조건을 적용하면 θ_2도 0°가 된다. 또한 $\theta_1 = \theta_2 = 0°$의 조건을 식 (4.9)에 나타낸 전속밀도의 경계조건 $D_1 \cos\theta_1 = D_2 \cos\theta_2$에 적용하면 $\boldsymbol{D_1} = \boldsymbol{D_2}$가 된다. 즉, 전계가 경계면에 수직으로 입사할 때 **전속밀도는 경계면에서 연속**이다.

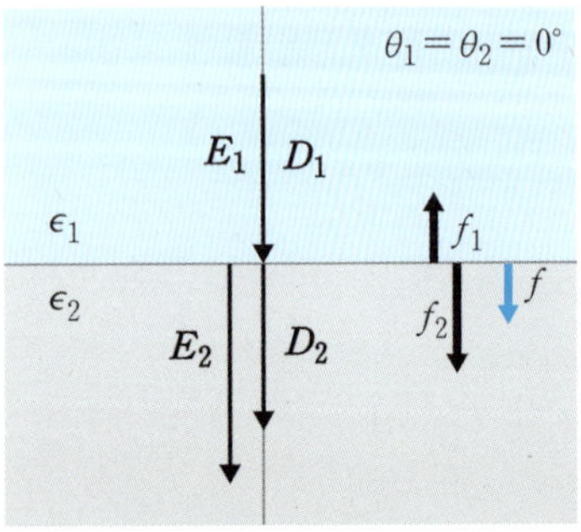

그림 4-11 전계가 경계면에 수직으로 입사하는 경우

반대로 전계에 대해서 살펴보면 $D=\epsilon E$이고 $D_1 = D_2$이므로 간단히 D로 표시하면 $E_1 = \frac{1}{\epsilon_1}D$, $E_2 = \frac{1}{\epsilon_2}D$로 나타낼 수 있다. 이때 유전율의 크기는 $\epsilon_1 > \epsilon_2$이므로 $E_1 < E_2$가 된다. 즉, 전계가 경계면에 수직으로 입사하는 경우 **전계는 경계면에서 불연속**이다. $D_1 = D_2$이므로 유전체 ϵ_1과 ϵ_2에 작용하는 단위면적당 정전응력 f_1, f_2는 다음과 같다.[15]

$$f_1 = \frac{D^2}{2\epsilon_1}, \quad f_2 = \frac{D^2}{2\epsilon_2}$$

유전율의 크기가 $\epsilon_1 > \epsilon_2$이므로 정전응력의 크기는 $f_1 < f_2$가 된다. 이로부터 유전체의 단위면적에 작용하는 힘 f를 식 (4.11)과 같이 구할 수 있다.

$$f = f_2 - f_1 = \frac{1}{2}\left(\frac{1}{\epsilon_2} - \frac{1}{\epsilon_1}\right)D^2 \ [\mathrm{N/m^2}] \tag{4.11}$$

전계가 경계면에 수직으로 입사할 때 각 유전체에 작용하는 단위면적당 정전응력 f_1, f_2는 [그림 4-11]과 같이 다른 유전체를 잡아당기는 인장응력Tensile stress으로 작용한다. 이때 f_2가 f_1보다 크므로 실질적인 힘 f는 [그림 4-11]의 파란색 화살표와 같이 **유전율(ϵ_1)이 큰 쪽에서 유전율(ϵ_2)이 작은 쪽으로 작용한다.**

4.5.2 전계가 경계면에 수평으로 입사하는 경우($\theta_1 = 90°$)

[그림 4-12]는 유전율이 ϵ_1, ϵ_2이고 크기는 $\epsilon_1 > \epsilon_2$인 두 유전체의 경계면에서 전계가 수평으로 입사하는 경우를 나타낸 것이다. 이 경우 전계와 전속밀도는 경계면을 지나지 않으며, $\theta_1 = \theta_2 = 90°$가 된다. $\theta_1 = \theta_2 = 90°$의 조건을 전계의 경계조건인 식 (4.8)의 $E_1\sin\theta_1 = E_2\sin\theta_2$에 적용하면 $E_1 = E_2$가 된다. 즉, 전계가 경계면에 수평으로 입사할 때 **전계는 경계면에서 연속**이다.

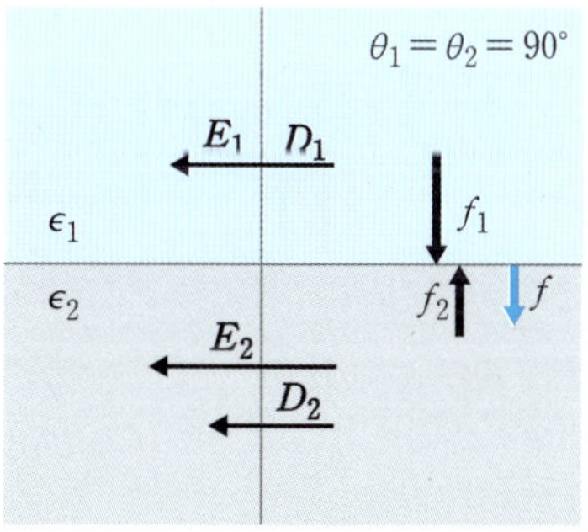

그림 4-12 전계가 경계면에 수평으로 입사하는 경우

15 식 (2.40)을 참고하라.

반대로 전속밀도에 대해 살펴보면 $\boldsymbol{D}=\epsilon\boldsymbol{E}$ 이고 $\boldsymbol{E}_1=\boldsymbol{E}_2$ 이므로 간단히 $\boldsymbol{E}$로 표시하면 $\boldsymbol{D}_1=\epsilon_1\boldsymbol{E}$, $\boldsymbol{D}_2=\epsilon_2\boldsymbol{E}$로 나타낼 수 있다. 이때 유전율의 크기는 $\epsilon_1>\epsilon_2$이므로 $\boldsymbol{D}_1>\boldsymbol{D}_2$가 된다. 즉, 전계가 경계면에 수평으로 입사하는 경우 **전속밀도는 경계면에서 불연속**이다. $\boldsymbol{E}_1=\boldsymbol{E}_2$이므로 유전체 ϵ_1과 ϵ_2에 작용하는 단위면적당 정전응력 f_1, f_2는 다음과 같다.[16]

$$f_1=\frac{1}{2}\epsilon_1E^2,\quad f_2=\frac{1}{2}\epsilon_2E^2$$

유전율의 크기가 $\epsilon_1>\epsilon_2$이므로 정전응력의 크기는 $f_1>f_2$가 된다. 이로부터 유전체의 단위면적에 작용하는 힘 f를 식 (4.12)와 같이 구할 수 있다.

$$f=f_1-f_2=\frac{1}{2}(\epsilon_1-\epsilon_2)E^2\,[\mathrm{N/m^2}] \tag{4.12}$$

전계가 경계면에 수평으로 입사할 때는 각 유전체에 작용하는 단위면적당 정전응력 f_1, f_2가 [그림 4-12]와 같이 다른 유전체를 누르는 압축응력Compressive stress으로 작용한다. 이때 f_1이 f_2보다 크므로 실질적인 힘 f는 [그림 4-12]의 파란색 화살표와 같이 **유전율(ϵ_1)이 큰 쪽에서 유전율(ϵ_2)이 작은 쪽으로 작용한다.**

결과적으로 전계가 경계면에 수직이나 수평으로 입사할 때 항상 유전율이 큰 쪽에서 유전율이 작은 쪽으로 힘이 작용하며, 이를 **맥스웰 응력**Maxwell stress이라고 한다.[17] 또한 [그림 4-11]과 [그림 4-12]에서 볼 수 있는 것처럼 **전계가 수직이나 수평으로 입사할 때** 전계와 전속밀도는 굴절하지 않는다.[18] 이를 [표 4-2]에 정리하여 나타내었다.

표 4-2 유전체에 작용하는 힘

유전체($\epsilon_1>\epsilon_2$)	전계 E	전속밀도 D	힘의 종류	힘의 방향	단위면적당 힘 f [N/m²]
전계가 수직으로 입사하는 경우 ($\theta_1=0°$)	불연속 ($E_1<E_2$)	연속 ($D_1=D_2$)	인장응력	유전율이 큰 쪽에서 작은 쪽으로 작용 (맥스웰 응력)	$f=\frac{1}{2}\left(\frac{1}{\epsilon_2}-\frac{1}{\epsilon_1}\right)D^2$
전계가 수평으로 입사하는 경우 ($\theta_1=90°$)	연속 ($E_1=E_2$)	불연속 ($D_1>D_2$)	압축응력		$f=\frac{1}{2}(\epsilon_1-\epsilon_2)E^2$

16 식 (2.40)을 참고하라.

17 '맥스웰 변형력'이라고도 한다.

18 전기(산업)기사 기출문제에서는 '전기력선과 전속은 굴절하지 않는다'라는 표현을 많이 사용한다.

예제 4-8

두 종류의 유전체 경계면에서 전속과 전기력선이 경계면에 수직으로 도달할 때 옳지 않은 것은?

① 전속과 전기력선은 굴절하지 않는다.

② 전속밀도는 변하지 않는다.

③ 전계의 세기는 불연속적으로 변한다.

④ 전속선은 유전율이 작은 유전체 쪽으로 모이려는 성질이 있다.

풀이

[그림 4-11]에서 경계면에 수직으로 입사할 때 전속과 전기력선은 굴절하지 않는다.[19] [표 4-2]를 살펴보면 전계가 수직으로 입사할 때 전속밀도 $D_1 = D_2$이므로 변하지 않고 전계는 $E_1 < E_2$이므로 불연속적으로 변한다. 전속(선)은 유전율이 큰 유전체 쪽으로 모이므로[20] 정답은 ④이다.

예제 4-9

평행 극판 사이에 유전율이 각각 ϵ_1, ϵ_2인 유전체를 그림과 같이 채우고 극판 사이에 일정한 전압을 걸었을 때 두 유전체 사이에 작용하는 힘의 방향은? (단, $\epsilon_1 > \epsilon_2$이다)

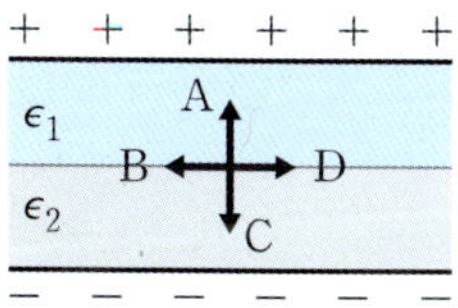

① A 방향　　② B 방향　　③ C 방향　　④ D 방향

풀이

극판 사이에 걸린 전압에 의해 전계는 유전체의 경계면에 수직으로 입사한다. 유전체 사이에 작용하는 힘(맥스웰 응력)은 유전율이 큰 쪽(ϵ_1)에서 유전율이 작은 쪽(ϵ_2)으로 향하게 되므로 정답은 ③이다.

19 전속은 전속밀도로, 전기력선은 전계로 생각하면 된다.

20 4.4.4절을 참고하라.

4.6 복합 유전체의 정전용량

복합 유전체란 평행판 콘덴서에 두 종류의 유전체를 적용한 것으로, 유전체를 삽입하는 방법에 따라 직렬 또는 병렬로 연결한 2개의 콘덴서로 구성된다. 이 절에서는 직렬 및 병렬 구조에 대해 합성 정전용량을 구하고 공기 콘덴서와 비교해볼 것이다. 복합 유전체 구조는 4.5절에서 다룬 내용과도 밀접하게 연관되어 있다.

4.6.1 복합 유전체(직렬연결)

[그림 4-13]은 유전율이 ϵ_1과 ϵ_2인 두 유전체가 직렬로 연결된 구조를 나타낸 것이다. 각 유전체의 두께는 d_1과 d_2이며, 전극 면적은 S이다.

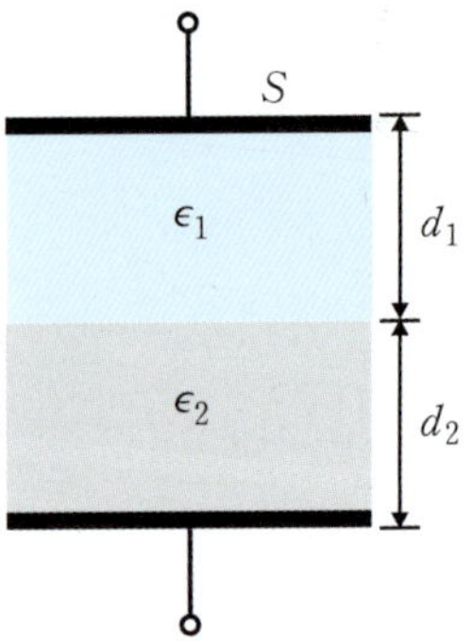

그림 4-13 복합 유전체(직렬연결)

이 구조는 2개의 평행판 콘덴서가 직렬로 연결된 형태로 볼 수 있다. 이 평행판 콘덴서의 전극에 전압을 인가하면 [그림 4-11]에서 살펴본 **전계가 경계면에 수직으로 입사하는 경우**에 해당한다.

2개의 평행판 콘덴서를 각각 C_1, C_2라 하면 합성 정전용량 C는 다음과 같이 나타낼 수 있다.[21]

$$C = \frac{C_1 C_2}{C_1 + C_2} = \frac{\dfrac{\epsilon_1 \epsilon_2 S^2}{d_1 d_2}}{\dfrac{\epsilon_1 S}{d_1} + \dfrac{\epsilon_2 S}{d_2}} = \frac{\epsilon_1 \epsilon_2 S}{\epsilon_1 d_2 + \epsilon_2 d_1} = \frac{S}{\dfrac{d_1}{\epsilon_1} + \dfrac{d_2}{\epsilon_2}} \text{ [F]} \tag{4.13}$$

21 식 (3.22)와 식 (3.25)를 참고하라.

[그림 4-14]는 전극 간격이 d인 공기 콘덴서에서 간격의 $\frac{1}{2}$을 비유전율 ϵ_s의 유전체로 채워 직렬로 연결한 평행판 콘덴서이다. 2개의 평행판 콘덴서를 각각 C_1, C_2라 하면 합성 정전용량 C는 식 (4.14)와 같이 공기 콘덴서의 정전용량 C_0를 포함하는 식으로 나타낼 수 있다.[22] 식 (4.14)에서 $\epsilon_s = 1$(공기)이면 $C = C_0$가 된다.

$$C = \frac{C_1 C_2}{C_1 + C_2} = \frac{2C_0}{1 + \frac{1}{\epsilon_s}} \text{ [F]} \tag{4.14}$$

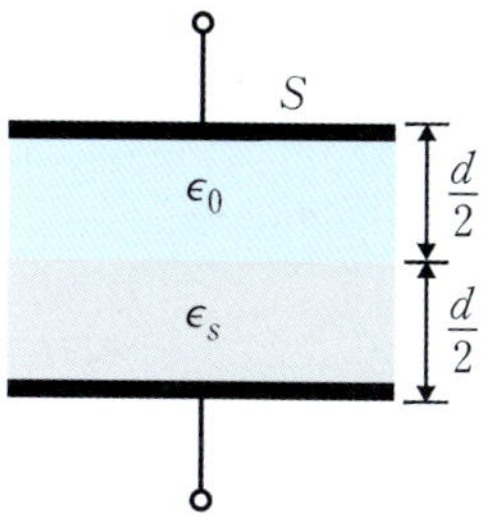

그림 4-14 복합 유전체(공기 + 유전체)

4.6.2 복합 유전체(병렬연결)

[그림 4-15]는 유전율이 ϵ_1과 ϵ_2이고 두께가 d인 두 유전체가 병렬로 연결된 구조를 나타낸 것으로, 각 유전체의 전극 면적은 각각 S_1, S_2이다. 이 구조는 2개의 평행판 콘덴서가 병렬로 연결된 형태로 볼 수 있다. 이 평행판 콘덴서의 전극에 전압을 인가하면 [그림 4-12]에서 살펴본 **전계가 경계면에 수평으로 입사하는 경우**에 해당한다.

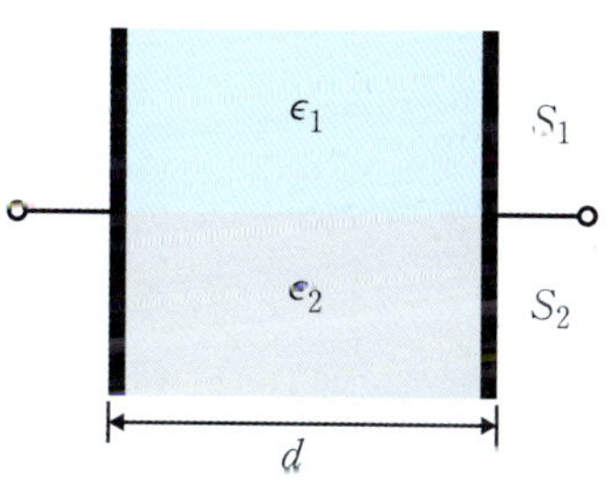

그림 4-15 복합 유전체(병렬연결)

22 $C = \frac{C_1 C_2}{C_1 + C_2} = \frac{\frac{4\epsilon_0 S \epsilon_0 \epsilon_s S}{d^2}}{\frac{2\epsilon_0 S}{d} + \frac{2\epsilon_0 \epsilon_s S}{d}} = \frac{2\epsilon_0 S \epsilon_s}{d(1+\epsilon_s)} = \frac{\frac{2\epsilon_0 S}{d}\epsilon_s}{1+\epsilon_s} = \frac{2C_0\epsilon_s}{1+\epsilon_s} = \frac{2C_0}{1+\frac{1}{\epsilon_s}}$이며, 여기에서 $C_0 = \frac{\epsilon_0 S}{d}$는 식 (3.22)에 나타낸 평행판 콘덴서의 정전용량이다.

2개의 평행판 콘덴서를 각각 C_1, C_2라 하면 합성 정전용량 C는 다음과 같이 나타낼 수 있다.[23]

$$C = C_1 + C_2 = \frac{\epsilon_1 S_1}{d} + \frac{\epsilon_2 S_2}{d}$$

$$= \frac{1}{d}(\epsilon_1 S_1 + \epsilon_2 S_2)\ [\mathrm{F}] \tag{4.15}$$

예제 4-10

0.03[μF]인 공기 콘덴서의 극판 간에 그 간격의 절반 두께에 비유전율이 10인 유전체를 평행하게 넣었다면 이 콘덴서의 정전용량[μF]은?

① 5.5 ② 55.5 ③ 0.055 ④ 0.55

풀이

식 (4.14)를 이용하면 $C = \dfrac{2C_0}{1+\dfrac{1}{\epsilon_s}} = \dfrac{2\times 0.03\times 10^{-6}}{1+\dfrac{1}{10}} = 0.055[\mu\mathrm{F}]$이 되므로 정답은 ③이다.

4.7 유전체의 특수현상

유전체끼리 접촉하거나 온도 변화 혹은 기계적 변형이 발생하면 외부 전계 없이도 분극이 발생하여 표면에 전하가 유도된다. 이를 유전체의 특수현상이라 한다.

4.7.1 접촉 전기

도체 간, 유전체 간, 또는 동일한 물질끼리 접촉할 때 전자가 이동하여 각각 (+)와 (−)로 대전되는 현상을 **접촉 전기** Contact Electricity라 한다. 마찰 전기도 접촉 전기의 한 종류이며, 접촉과 분리가 반복될수록 대전 현상이 증가한다.

23 식 (3.22)와 식 (3.28)을 참고하라.

4.7.2 파이로 전기

파이로 전기 Pyroelectricity는 온도 변화 때문에 자연적으로 분극이 발생하는 현상이다. 대표적인 물질로는 전기석[24]과 티탄산바륨($BaTiO_3$), 강유전체 Ferroelectric 결정이 있다. 이러한 물질들은 외부 전계를 가하지 않아도 가열하거나 냉각할 때 자발적인 분극 Spontaneous Polarization이 발생하며, 이로 인해 결정 표면에 전압이 발생한다.

파이로 전기에 의한 전압의 극성은 가열과 냉각에 따라 반대 방향으로 바뀐다. 파이로 전기가 발생하는 이러한 현상을 초전효과 Pyroelectric effect라 한다.

4.7.3 압전기

압전기 Piezoelectricity는 유전체를 누르거나 늘릴 때 분극이 형성되면서 전기가 발생하는 현상이다. 압전 현상은 수정, 전기석, 로셸염 Rochelle salt 등에서 주로 관찰되며, 그중 로셸염은 압전 특성이 뛰어나 다양한 산업 분야에서 활용된다.

이처럼 압전기가 발생하는 현상을 압전효과 Piezoelectric effect 또는 피에조 효과 Piezoelectric Effect라 한다. 압전효과는 기계적 변형을 전기 신호로 변환하거나 전기 신호를 기계적 진동으로 변환하는 데 사용된다. 대표적인 응용 사례로 수정발진기, 마이크로폰과 스피커, 초음파 발생기 등이 있다.

---

24 토르말린(Tourmaline)이라고도 하며, 알루미늄, 붕소, 마그네슘 등이 포함된 규산염 광물이다.

CHAPTER 04

핵심 정리

- **유전체**
  - 외부 전계 인가 → 분극 발생 → 외부 전하 유도(대전) → 콘덴서 정전용량 증가
  - 분극의 정도를 유전율 ϵ으로 표시($\epsilon = \epsilon_0 \epsilon_s$ [F/m])
  - 비유전율 ϵ_s : 공기(진공)의 유전율을 1로 하고 다른 물질의 유전율을 그에 대한 비율로 나타낸 값($\epsilon_s \geq 1$)

- **유전체에 따른 전기력의 변화** : 유전체가 공기(ϵ_0)에서 다른 유전체(ϵ)로 바뀔 때
  - 크기가 증가하는 전기력 : 쿨롱의 힘 $\boldsymbol{F}$, 전계 $\boldsymbol{E}$, 전위 V, 전기력선의 수 N
  - 크기가 감소하는 전기력 : 전속밀도 $\boldsymbol{D}$, 정전용량 C

- **분극의 종류**
  - 전자 분극 : 외부 전계에 의한 원자핵과 전자의 변위 때문에 생기는 분극
  - 이온 분극 : 이온 결합 물질의 이온 간격이 외부 전계에 의해 벌어지면서 생기는 분극
  - 배향 분극 : 외부 전계에 의해 영구 전기쌍극자가 배열되면서 생기는 분극(물, 알코올, 암모니아)

- **분극의 세기** P : 분극의 발생 정도
  - 단위면적당 분극 전하량 또는 단위체적당 전기쌍극자 모멘트로 정의
  - $P = \epsilon_0(\epsilon_s - 1)\boldsymbol{E} = \chi \boldsymbol{E}$ [C/m^2] (χ는 분극률)
  - $P = \boldsymbol{D} - \epsilon_0 \boldsymbol{E}$, $P = \left(1 - \frac{1}{\epsilon_s}\right)\boldsymbol{D}$로도 정의

- **패러데이관의 특성**
  - 패러데이관의 수 = 전속선의 수, 패러데이관의 밀도 = 전속밀도 D
  - 패러데이관의 양 끝에는 +1 [C]과 -1 [C]의 단위전하가 놓여 있으며, 그 외에 다른 진전하가 없다면 패러데이관은 연속적
  - 패러데이관 1개가 보유한 에너지는 단위전압(1 [V])당 $\frac{1}{2}$ [J]

- **유전체의 경계조건**
  - 유전율이 ϵ_1, ϵ_2, 크기는 $\epsilon_1 > \epsilon_2$인 두 유전체의 경계면에서 전계와 전속밀도가 굴절되는 현상
  - 완전 경계조건 : 경계면에 진전하가 존재하지 않는 것(전하밀도는 0)
  - 입사각 θ_1, 굴절각 θ_2일 때
    ① 전계는 수평 성분(접선 성분)이 연속 : $E_{1t} = E_{2t}(E_1 \sin\theta_1 = E_2 \sin\theta_2)$
    ② 전속밀도는 수직 성분(법선 성분)이 연속 : $D_{1n} = D_{2n}(D_1 \cos\theta_1 = D_2 \cos\theta_2)$
  - 굴절각의 경계조건 : $\dfrac{\tan\theta_1}{\tan\theta_2} = \dfrac{\epsilon_1}{\epsilon_2}$

- 기타 경계조건
  ① $\theta_1 > \theta_2$, $D_1 > D_2$, $E_1 < E_2$
  ② 전속은 유전율이 큰 쪽에 모인다.
  ③ 유전율이 큰 쪽에서 작은 쪽으로 힘이 작용한다(맥스웰 응력).

• **유전체에 작용하는 힘**

유전체($\epsilon_1 > \epsilon_2$)	전계 E	전속밀도 D	힘의 종류	힘의 방향	단위면적당 힘 $f\,[\mathrm{N/m^2}]$
수직 입사 ($\theta_1 = 0°$)	불연속 ($E_1 < E_2$)	연속 ($D_1 = D_2$)	인장응력	유전율이 큰 쪽에서 작은 쪽으로 작용 (맥스웰 응력)	$f = \frac{1}{2}\left(\frac{1}{\epsilon_2} - \frac{1}{\epsilon_1}\right)D^2$
수평 입사 ($\theta_1 = 90°$)	연속 ($E_1 = E_2$)	불연속 ($D_1 > D_2$)	압축응력		$f = \frac{1}{2}(\epsilon_1 - \epsilon_2)E^2$

• **복합 유전체의 합성 정전용량**

직렬연결		병렬연결
두 유전체가 직렬로 연결된 경우 $C = \dfrac{S}{\dfrac{d_1}{\epsilon_1} + \dfrac{d_2}{\epsilon_2}}$ [F]	공기 + 유전체(간격의 1/2)가 직렬로 연결된 경우 $C = \dfrac{2C_0}{1 + \dfrac{1}{\epsilon_s}}$ [F]	두 유전체가 병렬로 연결된 경우 $C = \frac{1}{d}(\epsilon_1 S_1 + \epsilon_2 S_2)$ [F]
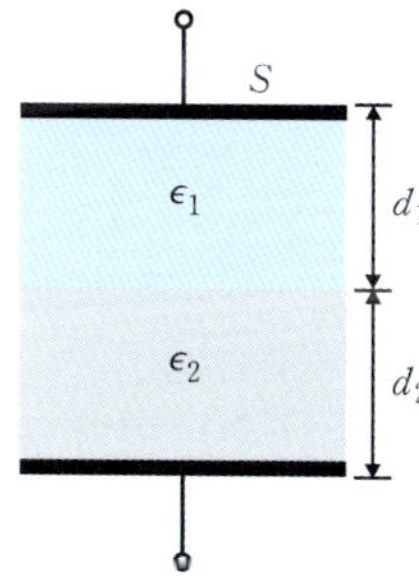	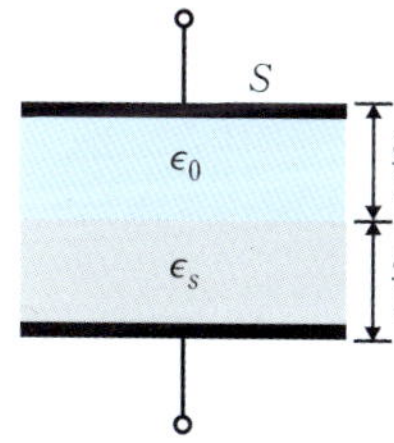	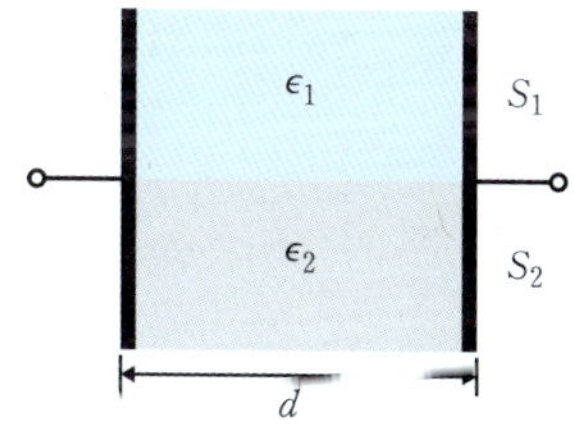

• **유전체의 특수현상**
- 접촉 전기(마찰 전기) : 물질끼리 접촉할 때 전자가 이동하여 생기는 현상
- 파이로 전기(초전효과) : 온도 변화 때문에 분극이 발생하는 현상 예 전기석, 티탄산바륨
- 압전기(피에조 효과) : 유전체를 누르거나 늘릴 때 분극이 발생하는 현상

CHAPTER 04

핵심 유형

유형 1 비유전율의 특성 정의하기

TIP
- 비유전율의 특성 구하기
- 유전체를 바꿀 때 물리량의 크기 변화 구하기

01 비유전율 ϵ_s에 대한 설명으로 옳은 것은?

① 진공의 비유전율은 0이고, 공기의 비유전율은 1이다.

② ϵ_s는 항상 1보다 작은 값이다.

③ ϵ_s는 절연물의 종류에 따라 다르다.

④ ϵ_s의 단위는 [C/m]이다.

풀이

① 공기(진공)의 유전율 ϵ_0가 비유전율 ϵ_s의 기준값 1이다.

② 공기(진공)의 유전율이 가장 작다. 따라서 ϵ_s는 항상 1보다 크다.

③ 비유전율 ϵ_s는 절연물(절연체)의 종류에 따라 다르다.

④ ϵ_s는 ϵ_0에 대한 단순 비율이므로 단위가 없다.

답 ③

---

02 비유전율이 5인 유전체 중의 전하 Q [C]에서 발산하는 전기력선 및 전속선 수는 공기 중인 경우에 비해 각각 몇 배로 되는가?

① 전기력선 $\frac{1}{5}$배, 전속선 $\frac{1}{5}$배　② 전기력선 5배, 전속선 5배

③ 전기력선 $\frac{1}{5}$배, 전속선 1배　④ 전기력선 5배, 전속선 1배

풀이

물리량의 크기 변화에 대한 [표 4-1]을 참고하면 공기일 때 전기력선의 수 $N_0 = \frac{Q}{\epsilon_0}$이고, $\epsilon_s = 5$일 때 전기력선의 수 $N = \frac{Q}{\epsilon_0 \epsilon} = \frac{Q}{\epsilon_0 \times 5} = \frac{1}{5}N_0$이다. 즉 전기력선은 $\frac{1}{5}$배가 된다. 한편 가우스 법칙에서 전속(선) $\psi = Q$이므로 매질(유전체)과 관계없이 일정하다(1배).

답 ③

03 일정 전압이 가해져 있는 콘덴서에 비유전율 ϵ_s 인 유전체를 채웠을 때 일어나는 현상은?

① 극판의 전계가 ϵ_s 배가 된다.
② 극판의 전계가 $\frac{1}{\epsilon_s}$ 배가 된다.
③ 극판의 전하량이 ϵ_s 배가 된다.
④ 극판의 전하량이 $\frac{1}{\epsilon_s}$ 배가 된다.

풀이

일정한 전압을 가했으므로 전계는 일정하다. 식 (3.22)를 참고하면 콘덴서의 전하량(정전용량)은 유전율에 비례하므로 ϵ_s 배만큼 증가한다.

답 ③

유형 2 분극의 세기 계산하기

TIP

- 분극의 세기를 나타내는 식 정의하기
- 분극의 세기 계산하기

01 전계 $\boldsymbol{E}$ [V/m], 전속밀도 $\boldsymbol{D}$ [C/m^2], 유전율 $\epsilon = \epsilon_0 \epsilon_r$ [F/m], 분극의 세기 P[C/m^2] 사이의 관계를 나타낸 것으로 옳은 것은?

① $P = \boldsymbol{D} + \epsilon_0 \boldsymbol{E}$
② $P = \boldsymbol{D} - \epsilon_0 \boldsymbol{E}$
③ $P = \frac{\boldsymbol{D} + \boldsymbol{E}}{\epsilon_0}$
④ $P = \frac{\boldsymbol{D} - \boldsymbol{E}}{\epsilon_0}$

풀이

분극의 세기에 대한 식 (4.6)을 참고하면 분극의 세기 $P = \boldsymbol{D} - \epsilon_0 \boldsymbol{E}$ 이다.

답 ②

---

02 비유전율이 2.8인 유전체에서의 전속밀도가 $\boldsymbol{D} = 3.0 \times 10^{-7}$ [C/m^2]일 때 분극의 세기 P는 약 몇 [C/m^2]인가?

① 1.93×10^{-7}
② 2.93×10^{-7}
③ 3.50×10^{-7}
④ 4.07×10^{-7}

풀이

문제에서 전속밀도 $\boldsymbol{D}$의 값을 주었으므로 식 (4.7)의 $P = \left(1 - \frac{1}{\epsilon_s}\right)\boldsymbol{D}$를 적용한다. 따라서 분극의 세기 $P = \left(1 - \frac{1}{2.8}\right) \times 3 \times 10^{-7} = 1.93 \times 10^{-7}$ [C/m^2]이다.

답 ①

유형 3 유전체의 경계조건 적용하기

TIP

- 경계조건에 따른 전계와 전속밀도의 특성 구별하기
- 기타 경계조건에 따른 대소 관계 구별하기
- 경계조건을 이용하여 전계 또는 전속밀도 구하기

01 서로 다른 두 유전체 사이의 경계면에 전하 분포가 없다면 경계면 양쪽에서의 전계 및 전속밀도는?

① 전계 및 전속밀도의 접선 성분은 서로 같다.

② 전계 및 전속밀도의 법선 성분은 서로 같다.

③ 전계의 법선 성분이 서로 같고, 전속밀도의 접선 성분이 서로 같다.

④ 전계의 접선 성분이 서로 같고, 전속밀도의 법선 성분이 서로 같다.

풀이

전계는 경계면을 지날 때 수평 성분(접선 성분) $E_{1t} = E_{2t}$가 같다(연속이다). 마찬가지로 전속밀도는 경계면을 지날 때 수직 성분(법선 성분) $D_{1n} = D_{2n}$이 같다(연속이다).

답 ④

---

02 그림과 같이 유전속 분포가 이루어질 때 유전율 ϵ_1과 ϵ_2의 크기 관계는?

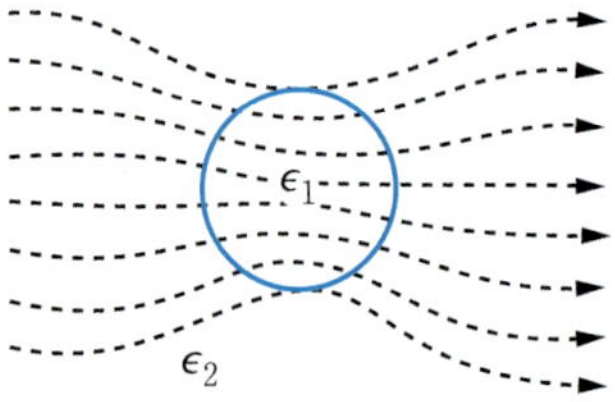

① $\epsilon_1 > \epsilon_2$　　② $\epsilon_1 = \epsilon_2$　　③ $\epsilon_1 < \epsilon_2$　　④ $\epsilon_1 = \epsilon_2 = 0$

풀이

유전속은 전속을 나타낸다. 4.4.4절을 참고하면 전속은 유전율이 큰 쪽에 모이므로 $\epsilon_1 > \epsilon_2$이다.

답 ①

03 그림과 같이 유전체 경계면에서 $\epsilon_1 < \epsilon_2$일 때 $\boldsymbol{E}_1$과 $\boldsymbol{E}_2$의 관계식으로 옳은 것은?

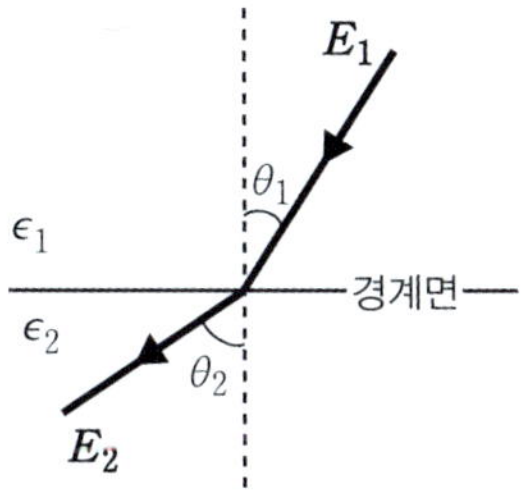

① $\boldsymbol{E}_1 < \boldsymbol{E}_2$　　② $\boldsymbol{E}_1 > \boldsymbol{E}_2$

③ $\boldsymbol{E}_1 = \boldsymbol{E}_2$　　④ $\boldsymbol{E}_1 \cos\theta_1 = \boldsymbol{E}_2 \cos\theta_2$

풀이

경계조건의 기타 특성에 대한 4.4.4절을 참고하면 $\epsilon_1 < \epsilon_2$일 때 $\boldsymbol{E}_1 > \boldsymbol{E}_2$이다.

답 ②

---

04 공기 중의 전계 $\boldsymbol{E}_1$이 $10\,[\mathrm{kV/cm}]$이고 입사각 $\theta_1 = 30°$(법선과 이룬 각)로 변압기유의 경계면에 닿을 때 굴절각 θ_2는 몇 도이며, 변압기유의 전계 $\boldsymbol{E}_2$는 몇 $[\mathrm{V/m}]$인가? (단, 변압기유의 비유전율은 3이다)

① $60°,\ \dfrac{10^6}{\sqrt{3}}$　　② $60°,\ \dfrac{10^3}{\sqrt{3}}$　　③ $45°,\ \dfrac{10^6}{\sqrt{3}}$　　④ $45°,\ \dfrac{10^4}{\sqrt{3}}$

풀이

굴절각 θ_2와 전계 $\boldsymbol{E}_2$는 다음과 같이 구할 수 있다.

- θ_2 : 공기 중의 전계가 비유전율이 3인 변압기유로 입사하면서 굴절되는 것이므로 공기의 유전율을 ϵ_1, 변압기유의 유전율을 ϵ_2라 하면 $\dfrac{\epsilon_2}{\epsilon_1} = 3$이다. 굴절각에 관한 식 (4.10)이 $\dfrac{\tan\theta_1}{\tan\theta_2} = \dfrac{\epsilon_1}{\epsilon_2}$에서 $\tan\theta_2 = \tan\theta_1 \dfrac{\epsilon_2}{\epsilon_1}$이므로 $\theta_2 = \tan^{-1}\left(\tan\theta_1 \dfrac{\epsilon_2}{\epsilon_1}\right) = \tan^{-1}(\tan 30° \times 3) = 60°$이다.
- $\boldsymbol{E}_2$: 전계의 경계조건을 나타내는 식 (4.8)의 $E_1 \sin\theta_1 = E_2 \sin\theta_2$에서 $E_2 = E_1 \dfrac{\sin\theta_1}{\sin\theta_2}$이 된다.

$10\,[\mathrm{kV/cm}] = 10^6\,[\mathrm{V/m}]$이므로 $E_2 = 10^6 \times \dfrac{\sin 30°}{\sin 60°} = 10^6 \times \dfrac{\frac{1}{2}}{\frac{\sqrt{3}}{2}} = \dfrac{10^6}{\sqrt{3}}\,[\mathrm{V/m}]$이다.

답 ①

유형 4 전계가 수직(또는 수평)으로 입사할 때 유전체에 작용하는 힘 구하기

TIP

- 전계가 수직 또는 수평으로 입사할 때의 특성(현상) 확인하기
- 두 유전체 사이에 작용하는 힘을 나타내는 식이나 크기 구하기

01 두 유전체의 경계면에 대한 설명 중에서 옳지 않은 것은?

① 전계가 경계면에 수직으로 입사하면 두 유전체 내의 전계의 세기가 같다.

② 경계면에 작용하는 맥스웰 변형력은 유전율이 큰 쪽에서 작은 쪽으로 끌려가는 힘을 받는다.

③ 유전율이 작은 쪽에서 전계가 입사할 때 입사각은 굴절각보다 작다.

④ 전계나 전속밀도가 경계면에 수직 입사하면 굴절하지 않는다.

풀이

① [표 4-2]를 참고하면 전계가 경계면에 수직으로 입사하는 경우 전계의 세기는 불연속($\boldsymbol{E}_1 < \boldsymbol{E}_2$)이다.

② 맥스웰 변형력은 항상 유전율이 큰 쪽에서 작은 쪽으로 작용한다.

③ 4.4.4절을 참고하면 $\epsilon_1 < \epsilon_2$일 때 입사각은 굴절각보다 작다.

④ 4.5.2절을 참고하면 전계나 전속밀도가 경계면에 수직이나 수평으로 입사하면 굴절하지 않는다.

답 ①

---

02 $\epsilon_1 > \epsilon_2$의 유전체 경계면에 전계가 수직으로 입사할 때 경계면에 작용하는 힘과 방향에 대한 설명으로 옳은 것은?

① $f = \dfrac{1}{2}\left(\dfrac{1}{\epsilon_2} - \dfrac{1}{\epsilon_1}\right)D^2$ 의 힘이 ϵ_1에서 ϵ_2로 작용

② $f = \dfrac{1}{2}\left(\dfrac{1}{\epsilon_1} - \dfrac{1}{\epsilon_2}\right)E^2$ 의 힘이 ϵ_2에서 ϵ_1으로 작용

③ $f = \dfrac{1}{2}(\epsilon_2 - \epsilon_1)E^2$ 의 힘이 ϵ_1에서 ϵ_2로 작용

④ $f = \dfrac{1}{2}(\epsilon_1 - \epsilon_2)D^2$ 의 힘이 ϵ_2에서 ϵ_1으로 작용

풀이

식 (4.11)에서 유전체 경계면에 전계가 수직으로 입사할 때 유전체의 단위면적에 작용하는 힘 $f = \dfrac{1}{2}\left(\dfrac{1}{\epsilon_2} - \dfrac{1}{\epsilon_1}\right)D^2$ [N/m^2]이다. 또한 맥스웰 응력은 항상 유전율이 큰 쪽에서 작은 쪽으로 작용하므로 경계면에는 ϵ_1에서 ϵ_2로 힘이 작용한다.

답 ①

03 평행판 공기 콘덴서 극판 간에 비유전율 6인 유리판을 일부만 삽입한 경우 유리판과 공기의 경계면에 발생하는 힘은 약 몇 [N/m^2]인가? (단, 극판 간의 전위경도는 30 [kV/cm]이고 유리판의 두께는 평행판 간 거리와 같다)

① 199 ② 223 ③ 247 ④ 269

풀이

문제에서 '유리판 두께가 평행판 간 거리와 같다'고 하였으므로 그림과 같이 유전체가 유리판($\epsilon_{s1}=6$)과 공기($\epsilon_{s1}=1$)인 두 평행판 콘덴서의 병렬연결로 볼 수 있다. 이러한 구조는 4.6.2절을 참고하면 전계가 경계면에 수평으로 입사하였다고 볼 수 있으므로 식 (4.12)의 $f=\frac{1}{2}(\epsilon_1-\epsilon_2)E^2$를 적용하여 경계면에 발생하는 힘을 구한다. 따라서 경계면에 발생하는 힘 $f=\frac{1}{2}\epsilon_0(\epsilon_{s1}-\epsilon_{s2})E^2=\frac{1}{2}\times 8.855\times10^{-12}\times(6-1)\times\left(30\times\frac{10^3}{10^{-2}}\right)^2=199.23$ [N/m^2]이다.

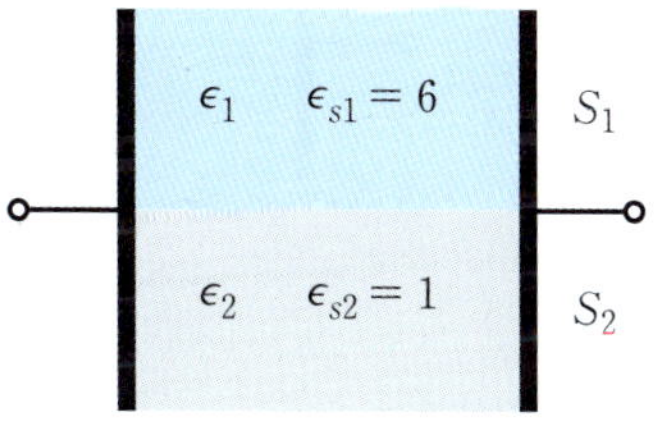

답 ①

유형 5 복합 유전체에서 합성 정전용량 구하기

TIP

- 복합 유전체를 적용한 평행판 콘덴서에서 합성 정전용량의 식 구하기
- 공기 콘덴서의 절반을 다른 유전체로 바꿀 때 합성 정전용량 구하기

01 면적 S[m^2]의 평행판 평판 전극 사이에 유전율이 ϵ_1[F/m], ϵ_2[F/m] 되는 두 종류의 유전체를 $\frac{d}{2}$[m] 두께가 되도록 각각 넣으면 정전용량은 몇 [F]이 되는가?

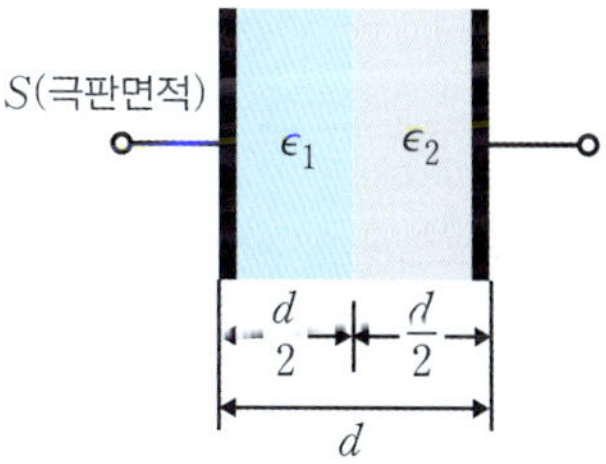

① $\dfrac{S}{\frac{d}{2}(\epsilon_1+\epsilon_2)}$ ② $\dfrac{1}{\frac{dS}{2}\left(\frac{1}{\epsilon_1}+\frac{1}{\epsilon_2}\right)}$

③ $\dfrac{2S}{d\left(\frac{1}{\epsilon_1}+\frac{1}{\epsilon_2}\right)}$ ④ $\dfrac{S}{2d\left(\frac{1}{\epsilon_1}+\frac{1}{\epsilon_2}\right)}$

풀이

2개의 콘덴서가 직렬연결된 구조이므로 평행판 콘덴서의 정전용량에 대한 식 (3.22)의 $C=\dfrac{\epsilon_0 S}{d}$와 직렬연결 시의 합성 정전용량에 대한 식 (3.24)를 활용한다.

각 콘덴서를 C_1, C_2라 하면 $C_1=\dfrac{\epsilon_1 S}{\frac{d}{2}}$, $C_2=\dfrac{\epsilon_2 S}{\frac{d}{2}}$이다. 따라서 합성 정전용량 $C=\dfrac{1}{\dfrac{1}{C_1}+\dfrac{1}{C_2}}=$

$$\frac{1}{\dfrac{d}{2\epsilon_1 S}+\dfrac{d}{2\epsilon_2 S}}=\frac{1}{\dfrac{d}{2S}\left(\dfrac{1}{\epsilon_1}+\dfrac{1}{\epsilon_2}\right)}=\frac{2S}{d\left(\dfrac{1}{\epsilon_1}+\dfrac{1}{\epsilon_2}\right)}$$ 이다.

답 ③

---

02 2[μF]의 평행판 공기 콘덴서가 있다. 다음 그림과 같이 전극 사이에 그 간격의 절반 두께의 유리판을 넣을 때 콘덴서의 정전용량[μF]은? (단, 유리의 비유전율은 9이다)

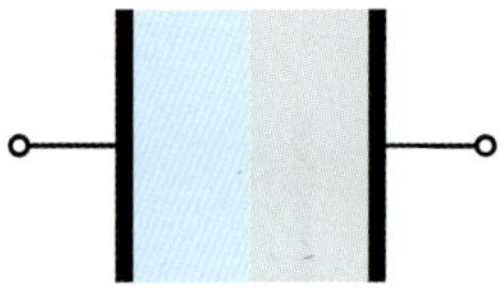

① 1.0 ② 3.6

③ 4.0 ④ 5.4

풀이

복합 유전체에 대한 식 (4.14)를 활용하면 $C=\dfrac{2C_0}{1+\dfrac{1}{\epsilon_s}}=\dfrac{2\times 2}{1+\dfrac{1}{9}}=\dfrac{36}{10}=3.6$[$\mu$F]이 된다.

답 ②

CHAPTER 04

기출문제

4.1 공기 중 두 점전하 사이에 작용하는 힘이 5 [N]이었다. 두 전하 사이에 유전체를 넣었더니 힘이 2 [N]이 되었다면 유전체의 비유전율은 얼마인가?

① 15 ② 10 ③ 5 ④ 2.5

4.2 $\epsilon_s = 10$인 유리 콘덴서와 동일한 크기의 $\epsilon_s = 1$인 공기 콘덴서가 있다. 유리 콘덴서에 200 [V]의 전압을 가할 때 동일한 전하를 축적하기 위하여 공기 콘덴서에 필요한 전압[V]은?

① 20 ② 200 ③ 400 ④ 2000

4.3 평행판 콘덴서의 두 전극판 사이에 전위차계를 연결하고 전지로 충전하였다. 충전한 상태에서 비유전율 ϵ_s인 유전체를 채우면 전위차계의 지시는 어떻게 되는가?

① 불변이다. ② 0이 된다. ③ 감소한다. ④ 증가한다.

4.4 유전체에서 전자 분극은 어떠한 이유에서 일어나는가?

① 단결정 매질에서 전자운과 핵의 상대적인 변위에 의한다.
② 화합물에서 (+)이온과 (-)이온 간의 상대적인 변위에 의한다.
③ 단결정에서 (+)이온과 (-)이온 간의 상대적인 변위에 의한다.
④ 영구 전기쌍극자의 전계 방향의 배열에 의한다.

4.5 평행판 공기 콘덴서의 양 극판에 $+\sigma$ [C/m^2], $-\sigma$ [C/m^2]의 전하가 분포되어 있다. 이 두 전극 사이에 유전율 ϵ [F/m]인 유전체를 삽입한 경우의 전계의 세기 [V/m]는? (단, 유전체의 분극 전하밀도는 $+\sigma'$ [C/m^2], $-\sigma'$ [C/m^2]라 한다)

① $\dfrac{\sigma}{\epsilon_0}$ ② $\dfrac{\sigma+\sigma'}{\epsilon_0}$ ③ $\dfrac{\sigma}{\epsilon_0}-\dfrac{\sigma'}{\epsilon}$ ④ $\dfrac{\sigma-\sigma'}{\epsilon_0}$

4.6 패러데이관에서 전속선의 수가 $5Q$[개]이면 패러데이관의 수는?

① $\dfrac{Q}{\epsilon}$ ② $5Q$ ③ $\dfrac{5}{Q}$ ④ $\dfrac{Q}{5}$

4.7 그림과 같이 평행판 콘덴서의 극판 사이에 유전율이 각각 ϵ_1, ϵ_2인 두 유전체를 반반씩 채우고 극판 사이에 일정한 전압을 걸어줄 때, 매질 ①, ② 내의 전계의 세기 E_1, E_2 사이에 성립하는 관계로 옳은 것은 무엇인가?

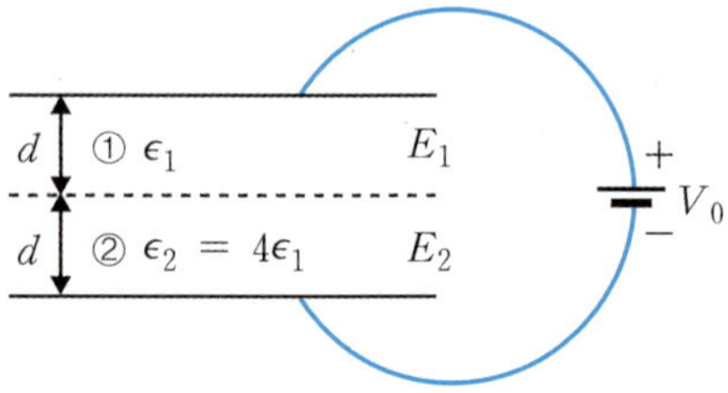

① $E_2 = 4E_1$

② $E_2 = 2E_1$

③ $E_2 = \dfrac{E_1}{4}$

④ $E_2 = E_1$

4.8 매질 1(ϵ_1)은 나일론($\epsilon_s = 4$)이고 매질 2(ϵ_2)는 진공이다. 전속밀도 D가 경계면에서 각각 θ_1, θ_2의 각을 이룰 때 $\theta_2 = 30°$라 하면 θ_1의 값은?

① $\tan^{-1}\dfrac{4}{\sqrt{3}}$

② $\tan^{-1}\dfrac{\sqrt{3}}{4}$

③ $\tan^{-1}\dfrac{\sqrt{3}}{2}$

④ $\tan^{-1}\dfrac{2}{\sqrt{3}}$

4.9 $x > 0$인 영역에 비유전율 $\epsilon_{r1} = 3$인 유전체, $x < 0$인 영역에 비유전율 $\epsilon_{r2} = 5$인 유전체가 있다. $x < 0$인 영역에서 전계 $E_2 = 20a_x + 30a_y - 40a_z$[V/m]일 때, $x > 0$인 영역에서의 전속밀도는 몇 [C/m^2]인가?

① $(100a_x - 90a_y - 120a_z)\epsilon_0$

② $(100a_x + 90a_y - 120a_z)\epsilon_0$

③ $(100a_x - 150a_y + 200a_z)\epsilon_0$

④ $(100a_x - 150a_y - 200a_z)\epsilon_0$

4.10 전계 E[V/m]가 두 유전체의 경계면에 평행으로 작용하는 경우 경계면에 단위면적당 작용하는 힘의 크기는 몇 [N/m^2]인가? (단, ϵ_1, ϵ_2는 두 유전체의 유전율이다)

① $f = E^2(\epsilon_1 - \epsilon_2)$

② $f = \dfrac{1}{E^2}(\epsilon_1 - \epsilon_2)$

③ $f = \dfrac{1}{2}E^2(\epsilon_1 - \epsilon_2)$

④ $f = \dfrac{1}{2E^2}(\epsilon_1 - \epsilon_2)$

4.11 정전용량이 1[μF]인 평행판 공기 콘덴서에 전극 간격의 $\frac{1}{2}$ 두께의 유리판을 전극에 평행하게 넣으면 이때의 정전용량[F]은? (단, 유리기판의 비유전율은 ϵ_s라 한다)

① $\dfrac{(1+\epsilon_s)C_0}{2\epsilon_s}$ ② $\dfrac{C_0\epsilon_s}{1+\epsilon_s}$ ③ $\dfrac{2\epsilon_s C_0}{1+\epsilon_s}$ ④ $\dfrac{3C_0}{1+\dfrac{1}{\epsilon_s}}$

4.12 그림과 같은 정전용량이 C_0[F]인 평행판 공기 콘덴서에서 판 면적의 $\frac{2}{3}$ 되는 공간에 비유전율 ϵ_s인 유전체를 채우면 공기 콘덴서의 정전용량은 몇 [F]인가?

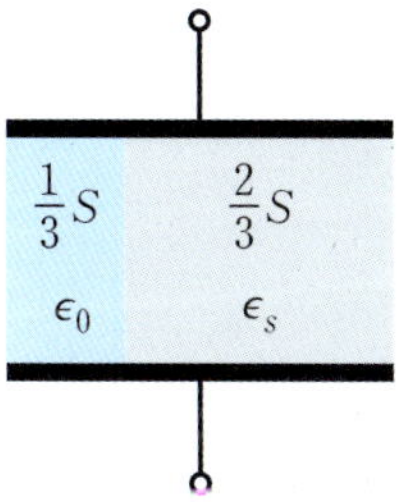

① $\dfrac{2\epsilon_s}{3}C_0$ ② $\dfrac{1+\epsilon_s}{3}C_0$ ③ $\dfrac{3}{1+2\epsilon_s}C_0$ ④ $\dfrac{1+2\epsilon_s}{3}C_0$

4.13 그림과 같이 평행판 콘덴서 내에 비유전율 12와 18인 두 종류의 유전체를 같은 두께로 두었을 때 A에는 몇 [V]의 전압이 가해지는가?

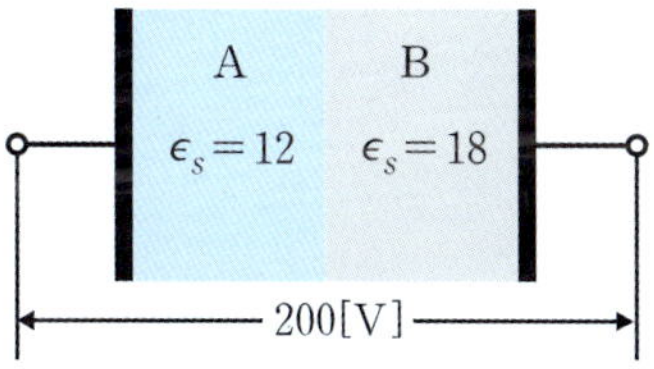

① 40 ② 80 ③ 120 ④ 160

정답

4.1 ④ **4.2** ④ **4.3** ③ **4.4** ① **4.5** ④ **4.6** ② **4.7** ③ **4.8** ① **4.9** ② **4.10** ③
4.11 ③ **4.12** ② **4.13** ③

CHAPTER

05

전기영상법

CONTENTS

학습 내용

전기영상법은 비대칭적인 도체나 전하분포를 대칭적으로 변환하기 위해 '영상전하'를 가정하는 기법이다. 이 장에서는 영상전하의 개수를 구하는 방법을 배우고, 이를 활용하여 평면 도체의 전계 및 최대 전하밀도를 구한다. 또한 점전하 간의 영상력을 비롯한 다양한 조건에서의 영상력을 계산하고, 접지된 구도체에서의 영상전하의 위치와 크기에 대해서도 학습한다.

핵심 키워드

전기영상법 | 영상전하 | 영상전하의 위치 및 크기 | 최대 전하밀도 | 영상력 | 접지 구도체

학습 전략

영상전하의 조건과 무한 평면 도체가 직교할 때 영상전하의 개수를 구하는 방법을 꼼꼼히 학습하고, 무한 평면 도체에 유도되는 전계 및 최대 전하밀도를 계산하는 문제를 반드시 살펴보기 바랍니다. 점전하, 선전하 및 접지 구도체에서 영상력을 나타내는 식과 접지 구도체에서 영상전하의 위치와 크기를 구하는 식은 관련 자격시험에서 출제 빈도가 높으므로 주의하여 학습하기 바랍니다.

5.1 전기영상법

앞에서 살펴본 정전력(쿨롱의 법칙), 전계의 세기, 정전용량 등에 대한 계산은 구도체, 원통도체, 평행 왕복 도선처럼 대칭적인 형태의 도체나 전하분포를 대상으로 한다. 그러나 넓은 평면 도체가 주변에 있거나 땅과 그 위에 설치된 도선 사이의 정전용량을 구하는 문제처럼 **비대칭적인** 도체나 전하분포에는 이러한 결과(식)를 적용하기 어렵다.

전기영상법Electric image method은 가상의 전하인 **영상전하**Image charge를 도입하여 비대칭적인 문제를 대칭화하는 기법이다. 비대칭 구조를 대칭으로 바꾸면 앞에서 도출한 결과를 적용할 수 있어 전계 등 정전계의 특성을 더 쉽게 해석할 수 있다.

[그림 5-1(a)]와 같이 전하 Q[1]가 놓여 있고 그로부터 거리 d만큼 떨어진 위치에 접지된($V=0$) 무한 평면 도체가 있는 경우를 생각해보자. 이때 전하 Q가 생성하는 전계는 무한 평면 도체의 영향을 받아 비대칭적으로 분포하며, 이 때문에 정전계 특성을 해석하기 어렵다. 이 문제를 해결하기 위해 [그림 5-1(b)]와 같이 무한 평면 도체의 반대쪽에 **전하 Q와 동일한 거리 d만큼 떨어져 있으면서 전하량은 같고, 극성이 반대인 영상전하 $-Q$**를 가정한다. 이때 두 전하의 경계면은 $V=0$인 등전위면이 되며, 등전위면 위쪽에는 [그림 5-1(a)]과 같은 전계가 형성된다.

다시 말해 실제로 존재하지 않는 영상전하를 가정하면 원래의 전계 분포는 변하지 않으면서도 [그림 5-1(b)]와 같은 대칭적인 전계 분포를 만들 수 있다. 비대칭 분포가 대칭 분포로 바뀌었으므로 정전계의 특성을 더 쉽게 해석할 수 있다.

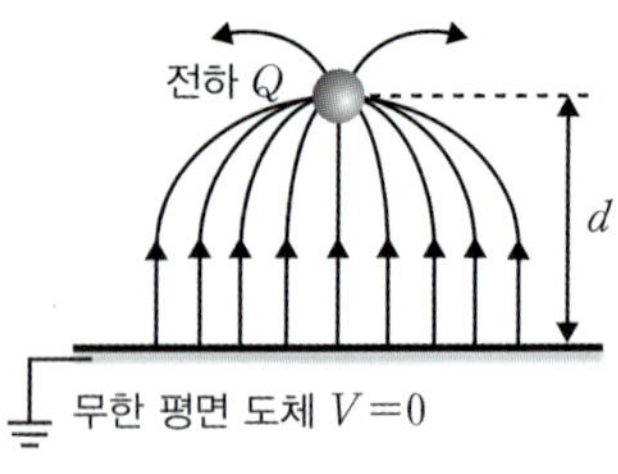

(a) 영상전하가 없을 때

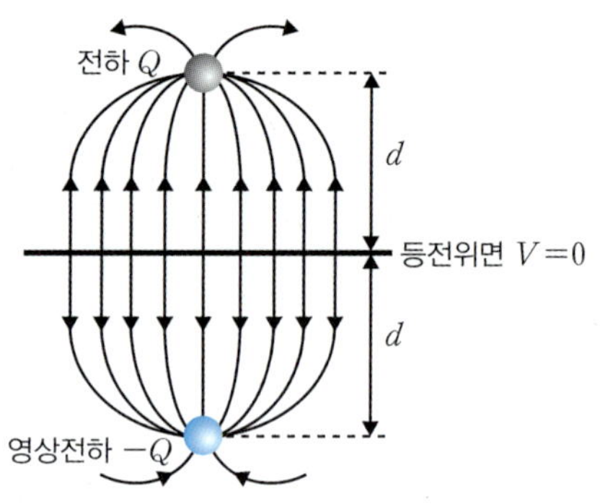

(b) 영상전하가 있다고 가정할 때

그림 5-1 전기영상법

1 영상전하에 대응하여 '진전하'라고도 부른다.

HOW [그림 5-1(b)]에서 등전위면의 전위 $V=0$인 이유

[그림 5-1(b)]에서 등전위면의 전위는 전하 Q에 의한 전위 $V_Q = \dfrac{Q}{4\pi\epsilon_0 d}$와 $-Q$에 의한 전위 $V_{-Q} = \dfrac{-Q}{4\pi\epsilon_0 d}$의 합이다. 즉, 등전위면의 전위 $V = V_Q + V_{-Q} = \dfrac{Q}{4\pi\epsilon_0 d} + \dfrac{-Q}{4\pi\epsilon_0 d} = 0$이 된다.

예제 5-1

전전하 Q[C]에 의한 무한 평면 도체의 영상전하는?

① $-Q$ [C]보다 작다.
② Q[C]보다 크다.
③ $-Q$ [C]과 같다.
④ Q[C]과 같다.

풀이

무한 평면 도체의 영상전하는 진전하와 동일한 거리만큼 떨어져 있으면서 전하량은 같고 극성이 반대인 전하이다. 따라서 정답은 ③이다.

예제 5-2

직교하는 무한 평면 도체와 Q[C]의 점전하에 의한 영상전하는 몇 개인가?

① 2개 ② 3개 ③ 4개 ④ 5개

풀이

무한 평면 도체가 직교하므로 그림과 같이 제2, 제3, 제4사분면에 대해 영상전하가 있다고 가정해야 한다. 이때 제3사분면에서는 제1사분면은 물론 제2, 제4사분면에 있는 영상전하도 고려해야 한다. 그러면 제3사분면의 영상전하는 $Q-Q+Q$이므로 Q[C]이 된다.

결과적으로 영상전하는 제2, 제3, 제4사분면에 각각 1개씩 존재하며, 총 3개가 되므로 정답은 ②이다.

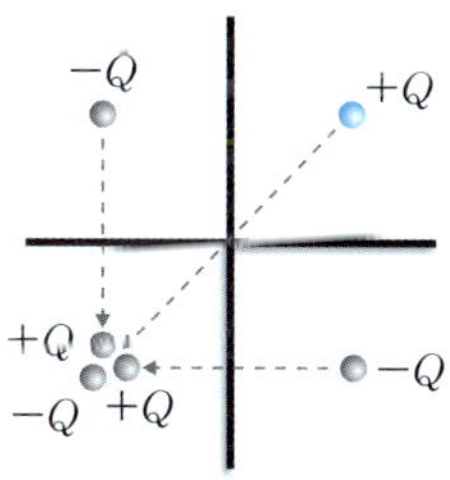

5.2 전기영상법을 이용한 전계 해석

5.2.1 무한 평면 도체 표면에서의 전계와 최대 전하밀도

무한 평면 도체의 원점 O$(x=0)$에서 x만큼 떨어진 점 P의 전계 $\boldsymbol{E}$를 [그림 5-2]와 같이 전기영상법을 적용하여 구할 수 있다. 점 P에서의 전계 $\boldsymbol{E}$는 전하 Q에 의한 전계 $\boldsymbol{E}_1$과 영상전하 $-Q$에 의한 전계 $\boldsymbol{E}_2$의 합이며, 식 (5.1)과 같다.

$$\boldsymbol{E} = \frac{Qd}{2\pi\epsilon_0(d^2+x^2)^{3/2}} \text{ [V/m]} \tag{5.1}$$

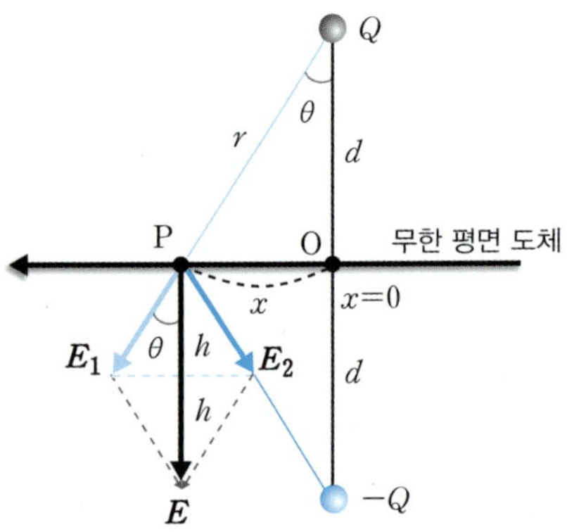

그림 5-2 무한 평면 도체 표면의 전계

HOW 식 (5.1), 점 P에서의 전계 E 구하기

[그림 5-2]에서 전계 $\boldsymbol{E}_1$은 다음의 식으로 나타낼 수 있다. 이 식에서 거리 r은 전하 Q와 점 P 간의 거리이며, 피타고라스 정리에 따라 $r=\sqrt{d^2+x^2}$이다.

$$\boldsymbol{E}_1 = \frac{Q}{4\pi\epsilon_0 r^2} = \frac{Q}{4\pi\epsilon_0(\sqrt{d^2+x^2})^2} = \frac{Q}{4\pi\epsilon_0(d^2+x^2)}$$

[그림 5-2]에 나타낸 것처럼 전계 $\boldsymbol{E}_1$과 $\boldsymbol{E}_2$에 의한 평행사변형을 1/2로 나누면 전계 $\boldsymbol{E}$도 1/2이 되며, 이를 h로 표시한다. $h=E_1\cos\theta$이고 전계 $\boldsymbol{E}$는 $2h$이므로 다음과 같이 나타낼 수 있다.

$$\boldsymbol{E} = 2E_1\cos\theta$$

또한 [그림 5-2]에서 Q에 표시한 θ를 기준으로 하면 $\cos\theta = \frac{d}{r} = \frac{d}{\sqrt{d^2+x^2}}$이다. $\boldsymbol{E} = 2E_1\cos\theta$에 앞서 구한 $\boldsymbol{E}_1$을 대입하여 식 (5.1)에 나타낸 점 P에서의 전계 $\boldsymbol{E}$를 구할 수 있다.

$$\boldsymbol{E} = \frac{Q\cos\theta}{2\pi\epsilon_0(d^2+x^2)} = \frac{Q}{2\pi\epsilon_0(d^2+x^2)} \cdot \frac{d}{\sqrt{d^2+x^2}}$$

$$= \frac{Qd}{2\pi\epsilon_0(d^2+x^2)^{3/2}}\ [\mathrm{V/m}]$$

표면 전하밀도 σ와 전속밀도 $\boldsymbol{D}$는 모두 단위면적당 전하량이며, 다음과 같이 나타낼 수 있다.

$$\sigma = \boldsymbol{D} = \epsilon_0\boldsymbol{E}$$

이로부터 표면 전하밀도 σ를 식 (5.2)와 같이 나타낼 수 있다.

$$\sigma = \epsilon_0\boldsymbol{E} = \frac{Qd}{2\pi(d^2+x^2)^{3/2}}\ [\mathrm{C/m^2}] \tag{5.2}$$

표면 전하밀도 σ를 나타내는 식 (5.2)는 $x=0$일 때 최대이므로 무한 평면 도체의 최대 전하밀도 $|\sigma_{\max}|$는 식 (5.3)과 같이 쓸 수 있다.

$$|\sigma_{\max}| = \frac{Q}{2\pi d^2}\ [\mathrm{C/m^2}] \tag{5.3}$$

[그림 5-3]은 무한 평면 도체 표면의 전하분포를 나타낸 것으로, 전하분포는 $x=0$인 원점 O에서 최대이다. 이때 무한 평면 도체의 표면에는 Q에 의해 유도된 음(−)의 전하가 분포한다. 이를 고려하면 무한 평면 도체의 **최대 전하밀도** $|\sigma_{\max}|$를 식 (5.4)와 같이 쓸 수 있다.

$$|\sigma_{\max}| = -\frac{Q}{2\pi d^2}\ [\mathrm{C/m^2}] \tag{5.4}$$

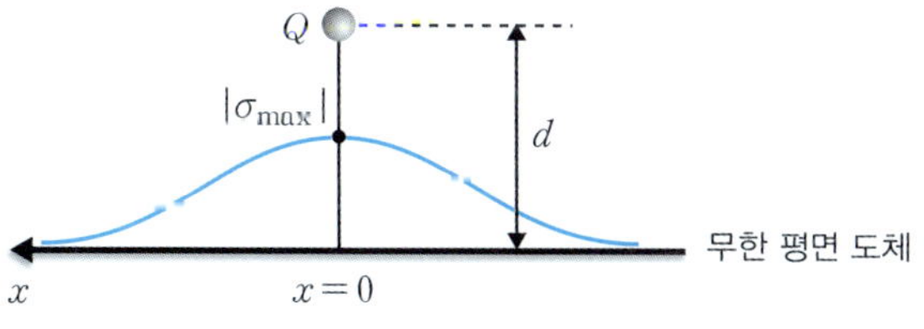

그림 5-3 무한 평면 도체 표면의 전하분포

예제 5-3

무한 평면 도체로부터 d[m]인 곳에 점전하 Q[C]이 있을 때 도체 표면상에 최대로 유도되는 전하밀도는 몇 [C/m^2]인가?

① $\frac{Q}{2\pi d^2}$　　② $-\frac{Q}{4\pi d^2}$　　③ $\frac{Q}{4\pi d^2}$　　④ $-\frac{Q}{2\pi d^2}$

풀이

식 (5.4)를 참고하면 무한 평면 도체의 최대 전하밀도는 $-\frac{Q}{2\pi d^2}$ [C/m^2]가 되므로 정답은 ④이다.

5.2.2 영상력

전기영상법을 이용해 전계를 구하면 이를 바탕으로 비대칭 구조에 작용하는 쿨롱의 힘(정전력)을 계산할 수 있다. 이러한 힘은 전기영상법을 활용하므로 **영상력**이라고 한다. 점전하와 무한 평판, 그리고 선전하와 대지 간에 작용하는 영상력을 구해보자.

점전하와 무한 평면 도체 간의 영상력

[그림 5-4]와 같이 무한 평면 도체에서 거리 d만큼 떨어져 있는 전하 Q에 작용하는 쿨롱의 힘을 구해보자. 전기영상법에 따라 무한 평면 도체 반대편에 거리 d만큼 떨어진 곳에 있는 영상전하 $-Q$를 가정하면 두 전하 사이에 작용하는 쿨롱의 힘을 식 (5.5)와 같이 구할 수 있다.

$$\boldsymbol{F} = \frac{Q\cdot(-Q)}{4\pi\epsilon_0(2d)^2} = -\frac{Q^2}{16\pi\epsilon_0 d^2}\ [\mathrm{N}] \tag{5.5}$$

이 힘을 **영상력** Image force 이라고 하며, 음(−)의 부호는 두 전하 사이에 **흡인력**이 작용함을 나타낸다. 식 (5.5)는 전하 Q와 영상전하 사이의 영상력을 나타낸다. 그러나 실제로는 **전하 Q와 무한 평면 도체 사이에 작용하는 쿨롱의 힘**이다.

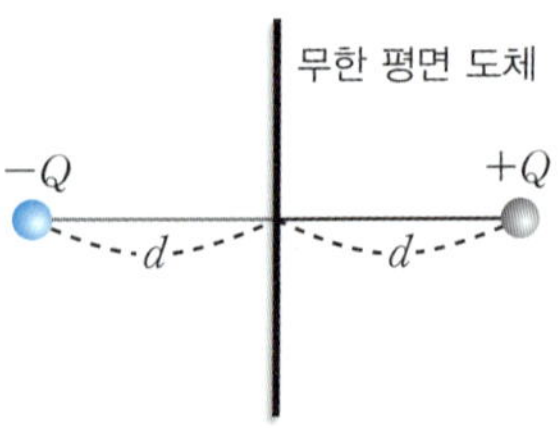

그림 5-4 전하 Q에 작용하는 쿨롱의 힘

이번에는 [그림 5-4]에서 전하 Q를 무한 원점까지 이동시키는 데 필요한 일 W [J]을 구해보자. 먼저 식 (5.5)에 나타낸 영상력 $\boldsymbol{F}$를 $d \rightarrow \infty$ 구간에 대해 적분한다.[2] 전하가 영상력과 반대 방향으로 이동하므로 적분식 앞에 (−)를 붙이며, 결과는 식 (5.6)과 같다.

$$W = -\int_{d}^{\infty} \boldsymbol{F} \cdot dr = -\int_{d}^{\infty} \frac{-Q^2}{16\pi\epsilon_0} \frac{1}{r^2} \cdot dr$$

$$= \frac{Q^2}{16\pi\epsilon_0}\left[-\frac{1}{r}\right]_{d}^{\infty} = \frac{Q^2}{16\pi\epsilon_0 d} \text{ [J]} \tag{5.6}$$

예제 5-4

공기 중에서 무한 평면 도체 표면 아래 1 [m] 떨어진 곳에 1 [C]의 점전하가 있다. 이 전하가 받는 힘의 크기는 몇 [N]인가?

① 9×10^9 ② $\frac{9}{2} \times 10^9$ ③ $\frac{9}{4} \times 10^9$ ④ $\frac{9}{10} \times 10^9$

풀이

무한 평면 도체 표면의 위쪽으로 1 [m] 떨어진 곳에 −1 [C]의 영상전하가 있다고 가정하면 식 (5.5)를 적용할 수 있다. 그러면 힘 $\boldsymbol{F} = -\frac{Q^2}{16\pi\epsilon_0 r^2} = -\frac{1}{4\pi\epsilon_0} \times \frac{Q^2}{4r^2} = -9 \times 10^9 \times \frac{1}{4} = -\frac{9}{4} \times 10^9$ [N]이 된다. (−)는 흡인력이 작용함을 나타내며, 이때 힘의 크기는 $\frac{9}{4} \times 10^9$이므로 정답은 ③이다.

선전하와 대지 간의 영상력

이번에는 [그림 5-5]와 같이 선전하밀도가 λ인 도선을 대지 위에 높이 h로 가설하였을 때의 전기영상법을 적용해보자. 전기영상법을 적용하기 위해 대지를 등전위면($V=0$)으로 간주하고 [그림 5-5]에 나타낸 것처럼 대지 아래쪽에 선전하밀도가 $-\lambda$인 도선을 가정한다.

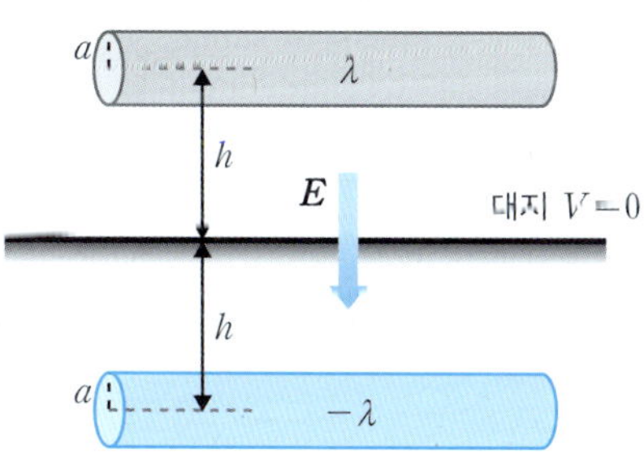

그림 5-5 선전하에 작용하는 쿨롱의 힘(영상력)

2 식 (5.5)에서 d는 거리를 나타내므로 이를 일반적 표현인 r로 바꾸었다.

도선(원통도체)에 의한 전계 $\boldsymbol{E}$는 다음과 같다.[3]

$$\boldsymbol{E} = \frac{\lambda}{2\pi\epsilon_0 r}\ [\mathrm{V/m}]$$

식에서 r은 원통도체의 중심으로부터의 거리이므로 [그림 5-5]의 h에 해당한다. 따라서 선전하밀도가 λ인 도선에 의한 전계 $\boldsymbol{E}$는 식 (5.7)과 같이 쓸 수 있다.

$$\boldsymbol{E} = \frac{\lambda}{2\pi\epsilon_0 (2h)} = \frac{\lambda}{4\pi\epsilon_0 h}\ [\mathrm{V/m}] \tag{5.7}$$

$\boldsymbol{F} = Q\boldsymbol{E}$[4]이므로 두 도선 간의 영상력을 식 (5.8)과 같이 구할 수 있다.

$$\boldsymbol{F} = -\lambda \boldsymbol{E} = -\frac{\lambda^2}{4\pi\epsilon_0 h} = -9\times 10^9 \times \frac{\lambda^2}{h}\ [\mathrm{N/m}] \tag{5.8}$$

이 식은 실제로는 선전하와 대지 간에 작용하는 쿨롱의 힘을 나타낸다. 선전하와 대지 간의 영상력은 **도선과 대지 간의 거리 h에 반비례**하며, 식에 선전하밀도 λ가 포함되어 있으므로 **단위길이당 작용하는 힘**이다.

예제 5-5

대지면에 높이 h[m]로 평행하게 가설된 매우 긴 선전하가 지표면으로부터 받는 힘 $\boldsymbol{F}$ [N/m]는 h[m]와 어떤 관계에 있는가?

① h^2에 비례한다.
② h^2에 반비례한다.
③ h에 비례한다.
④ h에 반비례한다.

풀이

도선의 영상력을 구하는 식 (5.8)을 참고하면 선전하가 받는 힘은 도선과 대지 간의 거리 h에 반비례하므로 답은 ④이다.

---

3 식 (2.36)을 참고하라.

4 식 (2.5)를 참고하라.

5.3 접지 구도체

이번 절에서는 **접지 구도체**에 대한 영상전하를 살펴볼 것이다. 구도체는 전기영상법의 기본 조건인 무한 평면 도체보다 크기가 매우 작으므로 외부 전하에서 나오는 모든 전기력선이 도달하지 못한다. 따라서 구도체의 영상전하는 구도체 표면 반대쪽에 대칭적으로 존재하지 않아 거리가 짧고, 외부 전하보다 전하량도 적다.

[그림 5-6]과 같이 반지름이 a인 구도체가 접지되어 있고 구도체로부터 거리 d만큼 떨어진 곳에 전하 Q가 놓여 있는 경우를 생각해보자.

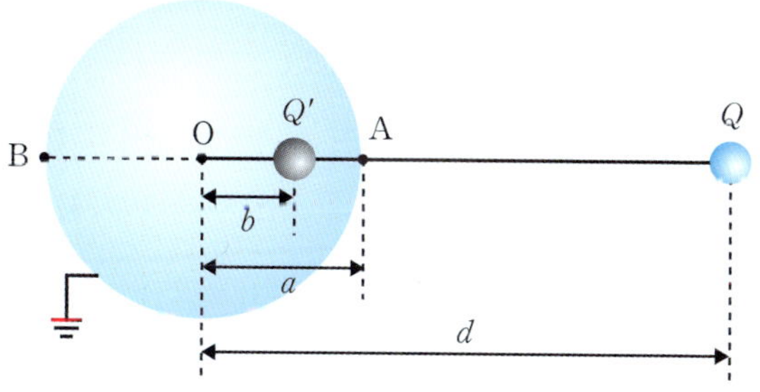

그림 5-6 접지 구도체

접지된 구도체의 표면은 $V=0$인 등전위면이므로 구도체 내부에 영상전하 Q'을 가정할 수 있다.[5] 전하 Q와 영상전하 Q'은 동일 선상에 있으며, 식 (5.9)와 같이 영상전하의 위치를 원점 O로부터의 거리 b로 나타낼 수 있다.

$$b = \frac{a^2}{d}\,[\mathrm{m}] \tag{5.9}$$

영상전하 Q'의 크기는 식 (5.10)으로 주어진다. 다른 영상전하와 마찬가지로 두 전하 간에는 흡인력이 작용한다.

$$Q' = -\frac{a}{d}Q\,[\mathrm{C}] \tag{5.10}$$

5 구도체 내부는 전하가 존재할 수도 없으며, 등전위이다. 그러나 전기영상법에서는 영상전하를 얼마든지 가정할 수 있으며, 이를 통해 구도체 외부에 있는 실제 전하가 만들어내는 전계나 정전력(영상력)을 쉽게 구할 수 있다.

예제 5-6

반경이 0.01 [m]인 구도체를 접지시키고 중심으로부터 0.1 [m]의 거리에 10 [μC]의 점전하를 놓았다. 구도체에 유도된 총 전하량은 몇 [μC]인가?

① 0　　② −1　　③ −10　　④ 10

풀이

구도체에 유도된 총 전하량은 구도체의 영상전하 Q'을 의미한다. 식 (5.10)을 참고하면 $Q' = -\frac{a}{d}Q = -\frac{0.01}{0.1} \times 10 \times 10^{-6} = -10^{-6}$ [C]이며, 이는 -1 [μC]이므로 정답은 ②이다.

HOW 식 (5.9), 영상전하 Q'의 위치 구하기

[그림 5-6]에서 점 A의 전위 V_A는 전하 Q에 의한 전위 $V_{AQ} = \frac{Q}{4\pi\epsilon_0(d-a)}$와 Q'에 의한 전위 $V_{AQ'} = \frac{Q'}{4\pi\epsilon_0(a-b)}$의 합이다. 이때 구도체는 접지되어 있으므로 $V_A = 0$이다. 이로부터 전위 V_A를 다음과 같은 식으로 나타낼 수 있다.

$$V_A = V_{AQ} + V_{AQ'} = \frac{1}{4\pi\epsilon_0}\left(\frac{Q}{d-a} + \frac{Q'}{a-b}\right) = 0$$

같은 방법으로 점 B의 전위 V_B는 다음과 같은 식으로 나타낼 수 있다.

$$V_B = V_{BQ} + V_{BQ'} = \frac{1}{4\pi\epsilon_0}\left(\frac{Q}{d+a} + \frac{Q'}{a+b}\right) = 0$$

V_A와 V_B의 식에서 Q'에 대한 항을 이항하여 정리하면 각각 식 (5.11)과 식 (5.12)가 된다.

$$\frac{Q}{d-a} = -\frac{Q'}{a-b} \tag{5.11}$$

$$\frac{Q}{d+a} = -\frac{Q'}{a+b} \tag{5.12}$$

식 (5.11)을 식 (5.12)로 나누어도 등식이 성립하며, 다음과 같이 정리할 수 있다.

$$\frac{\dfrac{Q}{d-a}}{\dfrac{Q}{d+a}} = \frac{-\dfrac{Q'}{a-b}}{-\dfrac{Q'}{a+b}} \rightarrow \frac{d+a}{d-a} = \frac{a+b}{a-b}$$

이 식을 정리하면 다음과 같이 영상전하의 위치 b를 나타내는 식 (5.9)를 얻을 수 있다.

$$b = \frac{a^2}{d} \text{ [m]}$$

HOW 식 (5.10), 영상전하 Q'의 크기 구하기

앞서 구한 식 (5.12)를 다음과 같이 바꾸어 쓸 수 있다.

$$\frac{a+b}{d+a}=-\frac{Q'}{Q}$$

이 식을 Q'에 대해 정리한 후 다음과 같이 b에 식 (5.9)를 대입하여 정리하면 Q'의 크기를 나타내는 식 (5.10)을 구할 수 있다.

$$\begin{aligned} Q' &= -\frac{a+b}{d+a}Q=-\frac{a+\frac{a^2}{d}}{d+a}Q \\ &= -\frac{da+a^2}{d^2+da}Q=-\frac{a(d+a)}{d(d+a)}Q=-\frac{a}{d}Q\,[\mathrm{C}] \end{aligned}$$

접지 구도체의 영상력은 전하 Q와 영상전하 Q' 간에 작용하는 쿨롱의 힘이므로 다음의 식 (5.13)이 된다.

$$\boldsymbol{F}=\frac{QQ'}{4\pi\epsilon_0 r^2}\,[\mathrm{N}] \tag{5.13}$$

[그림 5-6]에서 두 전하 간의 거리 r은 $d-b$이고 식 (5.9)에서 $b=\frac{a^2}{d}$이므로 $r=d-\frac{a^2}{d}$이 된다. 접지 구도체의 영상력을 구하는 식 (5.13)에 식 (5.10)의 $Q'=-\frac{a}{d}Q$를 대입하면 식 (5.13)의 영상력을 식 (5.14)와 같이 나타낼 수 있다.

$$\begin{aligned} \boldsymbol{F} &= \frac{Q\left(-\frac{a}{d}Q\right)}{4\pi\epsilon_0\left(d-\frac{a^2}{d}\right)^2} \\ &= -\frac{adQ^2}{4\pi\epsilon_0(d^2-a^2)^2}\,[\mathrm{N}] \end{aligned} \tag{5.14}$$

이 식은 실제로는 전하 Q와 접지 구도체 간에 작용하는 쿨롱의 힘이며, 다른 경우와 마찬가지로 흡인력이 작용한다.

CHAPTER 05

핵심 정리

- **전기영상법**
  - 가상의 영상전하를 활용하여 비대칭적인 도체나 전하분포를 대칭화하는 기법
  - 영상전하 : ① 등전위면의 반대쪽에 동일한 거리만큼 떨어져 있으면서 ② 전하량은 같고 ③ 극성이 반대인 가상의 전하

- **평면 도체 표면의 최대 전하밀도**
  - 무한 평면 도체의 원점에서 x만큼 떨어진 점 P의 전계 : $\boldsymbol{E} = \dfrac{Qd}{2\pi\epsilon_0(d^2+x^2)^{3/2}}$ [V/m]
  - 무한 평면 도체의 최대 전하밀도 : $|\sigma_{\max}| = \dfrac{Q}{2\pi d^2}$ [C/m^2]

- **점전하와 무한 평면 도체 간의 영상력** : $\boldsymbol{F} = -\dfrac{Q^2}{16\pi\epsilon_0 d^2}$ [N]
  - 항상 흡인력이 작용

- **전하 Q를 무한 원점까지 이동시키는 데 필요한 일** : $W = \dfrac{Q^2}{16\pi\epsilon_0 d}$ [J]

- **선전하와 대지 간의 영상력** : $\boldsymbol{F} = -\dfrac{\lambda^2}{4\pi\epsilon_0 h} = -9\times10^9\times\dfrac{\lambda^2}{h}$ [N/m]
  - 단위길이당 힘으로, 항상 흡인력이 작용

- **접지 구도체**
  - 영상전하 Q'의 위치 : $b = \dfrac{a^2}{d}$ [m]
  - 영상전하 Q'의 크기 : $Q' = -\dfrac{a}{d}Q$ [C]
  - 전하 Q와 접지 구도체 간의 영상력 : $\boldsymbol{F} = -\dfrac{adQ^2}{4\pi\epsilon_0(d^2-a^2)^2}$ [N]

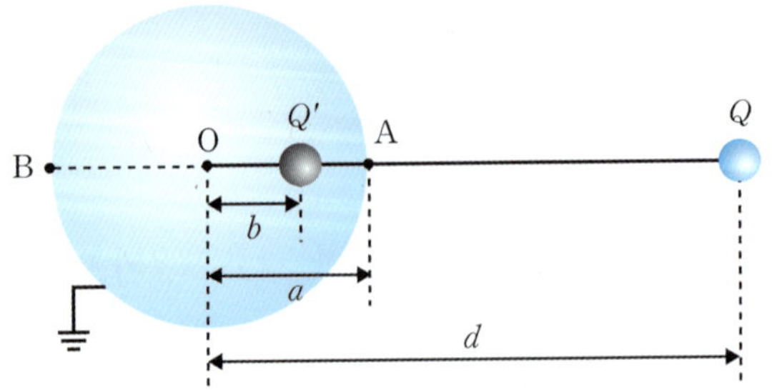

CHAPTER 05

핵심 유형

유형 1 무한 평면 도체의 전계 또는 전하밀도 계산하기

TIP

- 무한 평면 도체의 전계 구하기
- 무한 평면 도체에서 최대 전하밀도 계산하기

01 그림과 같은 무한 평면 도체로부터 d[m] 떨어진 점에 $+Q$ [C]의 점전하가 있을 때 $\frac{d}{2}$[m]인 점 P에서의 전계의 세기는 몇 [V/m]인가?

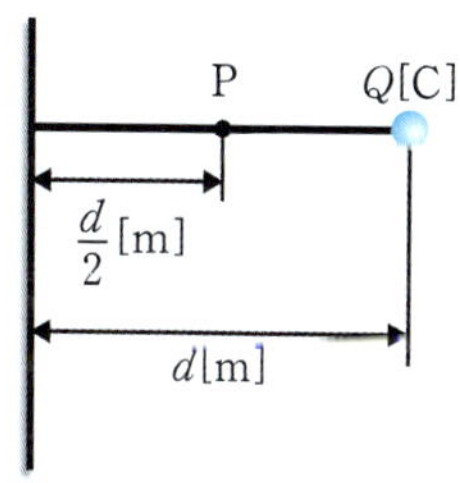

① $\frac{Q}{3\pi\epsilon_0 d}$　② $\frac{8Q}{9\pi\epsilon_0 d^2}$

③ $\frac{10Q}{9\pi\epsilon_0 d^2}$　④ $\frac{Q}{\pi\epsilon_0 d^2}$

풀이

다음의 그림과 같이 영상전하 $-Q$를 가정하면 점 P에서의 전계는 $+Q$에 의한 전계 E_1과 $-Q$에 의한 전계 E_2의 합이다. 이때 두 전계는 방향이 같으므로 전계 $E = E_1 + E_2$이다.

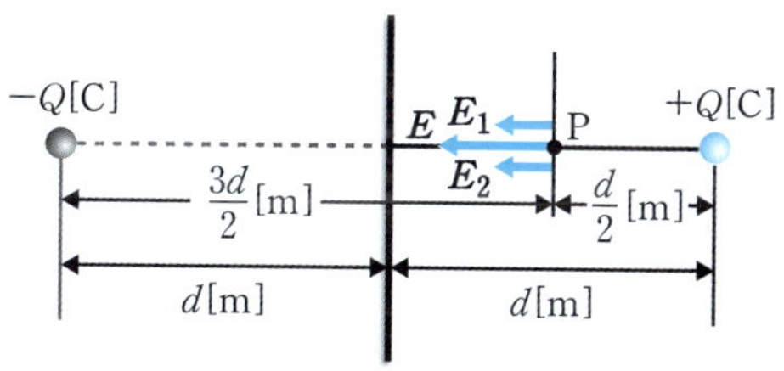

그림에서 점 P와 $+Q$ 및 $-Q$ 사이의 거리는 각각 $\frac{d}{2}$, $\frac{3d}{2}$[m]이므로 다음과 같이 구할 수 있다.

$$E_1 = \frac{Q}{4\pi\epsilon_0\left(\frac{d}{2}\right)^2},\quad E_2 = \frac{Q}{4\pi\epsilon_0\left(\frac{3d}{2}\right)^2}$$

따라서 점 P에서의 전계 E는 다음과 같다.

$$E = \frac{Q}{\pi\epsilon_0 d^2} + \frac{Q}{9\pi\epsilon_0 d^2} = \frac{10Q}{9\pi\epsilon_0 d^2} \text{ [V/m]}$$

답 ③

02 무한 평면 도체로부터 거리 a[m]인 곳에 점전하 2π[C]가 있을 때 도체 표면에 유도되는 최대 전하밀도는 몇 [C/m^2]인가?

① $-\frac{1}{a^2}$　② $-\frac{1}{2a^2}$　③ $-\frac{1}{2\pi a}$　④ $-\frac{1}{4\pi a}$

풀이

무한 평면 도체의 최대 전하밀도를 구하는 식 (5.4)의 $|\sigma_{\max}| = -\frac{Q}{2\pi d^2}$를 참고하면 $|\sigma_{\max}| = -\frac{2\pi}{2\pi a^2} = -\frac{1}{a^2}$ [C/m^2]이다.

답 ①

유형 2 영상력 계산하기

TIP
- 점전하와 무한 평면 도체 간의 영상력 계산하기
- 영상력을 이용하여 전하량 계산하기

01 지표면에서 h[m] 위의 반지름 a[m]인 구도체에 Q[C]의 전하가 있을 때 Q[C]의 전하가 받는 전기력은 몇 [N]인가?

① $\frac{Q^2}{16\pi\epsilon_0 h}$　② $\frac{-Q^2}{16\pi\epsilon_0 h^2}$　③ $\frac{Q^2}{4\pi\epsilon_0 h}$　④ $\frac{-Q^2}{4\pi\epsilon_0 h^2}$

풀이

지표면은 무한 평면 도체에 해당하며, 지표면에서 h[m]인 곳에 구도체가 있으므로 점전하와 무한 평면 도체 간의 영상력을 구하는 식 (5.5)를 적용한다.

답 ②

---

02 질량이 m[kg]인 작은 물체가 전하 Q[C]을 가지고 중력 방향과 직각인 무한 도체 평면 아래쪽 d[m]의 거리에 놓여 있다. 정전력이 중력과 같아지는 데 필요한 Q[C]의 크기는?

① $d\sqrt{\pi\epsilon_0 mg}$　② $\frac{d}{2}\sqrt{\pi\epsilon_0 mg}$　③ $2d\sqrt{\pi\epsilon_0 mg}$　④ $4d\sqrt{\pi\epsilon_0 mg}$

풀이

중력 $\boldsymbol{F} = mg$와 식 (5.5)의 영상력 $\boldsymbol{F} = -\frac{Q^2}{16\pi\epsilon_0 d^2}$가 같아져야 하므로 $mg = \frac{Q^2}{16\pi\epsilon_0 d^2}$이다.

$Q^2 = mg \times 16\pi\epsilon_0 d^2$이므로 $Q = 4d\sqrt{\pi\epsilon_0 mg}$ [C]이 된다.

답 ④

유형 3 접지 구도체 정의하기

TIP

- 접지 구도체의 특성 확인하기
- 접지 구도체에서 영상전하의 크기와 위치 구하기

01 접지된 구도체와 점전하 간에 작용하는 힘은 무엇인가?

① 항상 흡인력이다. ② 항상 반발력이다.
③ 조건적 흡인력이다. ④ 조건적 반발력이다.

풀이

접지된 구도체의 영상전하 크기를 나타내는 식 (5.10)을 참고하면 영상전하의 부호는 (−)이므로 점전하와는 항상 흡인력이 작용한다.

답 ①

---

02 반지름이 a[m]인 구도체가 접지되어 있지 않고 절연되어 있을 때 구도체의 중심에서 d[m] 떨어진 점에 점전하 Q[C]을 주는 경우 구도체에 유도된 전하의 총합은 얼마인가?

① 1 ② $\frac{d}{a}Q$ ③ $-\frac{a}{d}Q$ ④ 0

풀이

구도체가 절연되어 있으므로 유도 전하는 없다.

답 ④

---

03 반지름이 a[m]인 접지 구도체의 중심에서 $d(d>a)$ 되는 곳에 점전하 Q가 있다. 구도체에 유기되는 영상전하 및 그 위치(중심에서의 거리)는 각각 얼마인가?

① $+\frac{a}{d}Q,\ \frac{a^2}{d}$ ② $-\frac{a}{d}Q,\ \frac{a^2}{d}$
③ $+\frac{d}{a}Q,\ \frac{a^2}{d}$ ④ $-\frac{a}{d}Q,\ \frac{d^2}{a}$

풀이

영상전하의 위치 및 크기에 대한 식 (5.9)와 식 (5.10)을 참고하면 접지 구도체에서 영상전하의 위치 $b=\frac{a^2}{d}$이고 영상전하 $Q'=-\frac{a}{d}Q$이다.

답 ②

CHAPTER 05

기출문제

5.1 접지된 무한히 넓은 평면 도체로부터 a[m] 떨어져 있는 공간에 Q[C]의 점전하가 놓여 있을 때, 그림의 P점의 전위는 몇 [V]인가?

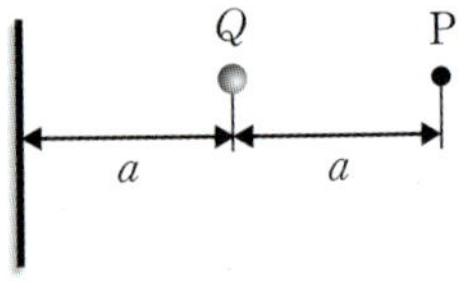

① $\dfrac{Q}{8\pi\epsilon_0 a}$　② $\dfrac{Q}{6\pi\epsilon_0 a}$　③ $\dfrac{3Q}{4\pi\epsilon_0 a}$　④ $\dfrac{Q}{2\pi\epsilon_0 a}$

5.2 그림과 같이 공기 중에서 무한 평면 도체의 표면으로부터 2[m]인 곳에 점전하 4[C]이 있다. 전하가 받는 힘은 몇 [N]인가?

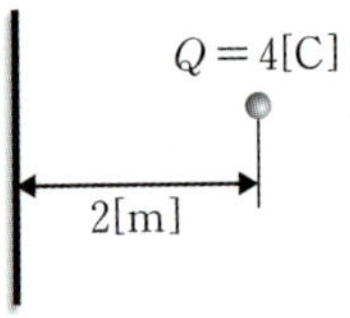

① 3×10^9　② 9×10^9　③ 1.2×10^{10}　④ 3.6×10^{10}

5.3 그림과 같이 무한 평면 도체로부터 수직거리 a[m]인 곳에 점전하 Q[C]이 있다. 점전하 Q[C]으로부터 r[m] 떨어진 점 (0, y)의 전위는 몇 [V]인가?

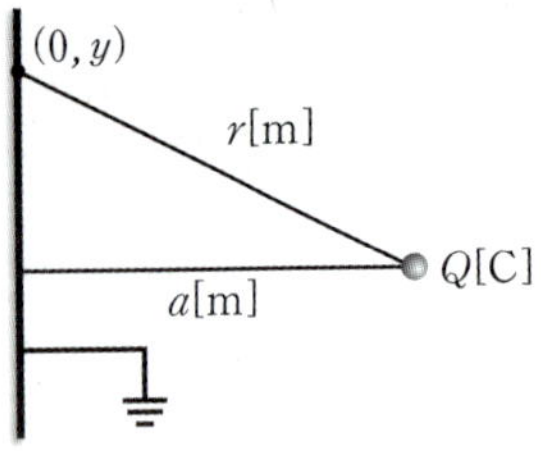

① 0

② $\dfrac{Q}{4\pi\epsilon_0}\left[\dfrac{1}{\sqrt{a^2+y^2}}+\dfrac{1}{\sqrt{a^2-y^2}}\right]$

③ $\dfrac{Q}{4\pi\epsilon_0}\left[\dfrac{1}{\sqrt{a^2+x^2}}+\dfrac{1}{\sqrt{a^2-x^2}}\right]$

④ $\dfrac{Q}{4\pi\epsilon_0}\left[\dfrac{1}{\sqrt{a^2+y^2}}\right]$

5.4 무한 평면 도체와 d[m] 떨어져 평행한 무한장 직선 도체에 ρ[C/m]의 전하분포가 주어졌을 때, 직선 도체가 단위길이당 받는 힘 [N/m]는?

① 0 ② $\frac{\rho^2}{\pi\epsilon d}$ ③ $\frac{\rho^2}{2\pi\epsilon d}$ ④ $\frac{\rho^2}{4\pi\epsilon d}$

5.5 반지름 a[m]인 접지 구형 도체와 점전하가 유전율 ϵ인 공간에서 각각 원점과 $(d,\ 0,\ 0)$인 점에 있다. 구형 도체를 제외한 공간의 전계를 구할 수 있도록 구형 도체를 영상전하로 대치할 때의 영상 점전하의 위치는?

① $\left(-\frac{a^2}{d},\ 0,\ 0\right)$ ② $\left(+\frac{a^2}{d},\ 0,\ 0\right)$

③ $\left(0,\ -\frac{a^2}{d},\ 0\right)$ ④ $\left(+\frac{d^2}{4a},\ 0,\ 0\right)$

정답

5.1 ② **5.2** ② **5.3** ① **5.4** ④ **5.5** ②

CHAPTER

06

전류

CONTENTS

학습 내용

전류와 전류밀도의 개념을 시작으로 전하의 보존을 설명하는 전류의 연속성과 물질의 고유저항, 도전율, 컨덕턴스의 관계를 살펴본다. 또한 옴의 법칙의 미분형과 저항의 온도계수를 통해 저항의 변화 특성을 이해하고 접지저항과 누설 전류 등 전기 안전과 관련된 요소들도 다룬다. 나아가 전력과 전력량, 줄열의 개념을 바탕으로 전기에너지를 표현하는 기법을 살펴보고 열과 전기의 상호작용인 제벡 효과와 열전대, 펠티에 효과, 톰슨 효과를 학습한다.

핵심 키워드

전류 · 전류밀도 · 전류의 연속성 · 고유저항 · 도전율 · 컨덕턴스 · 옴의 법칙의 미분형 · 저항 온도계수 · 접지저항 · 누설 전류 · 전력 · 전력량 · 줄열 · 제벡 효과 · 열전대 · 펠티에 효과 · 톰슨 효과

학습 전략

전류와 전류밀도를 정의하는 식과 응용문제는 관련 자격시험에서 출제 빈도가 높으므로 충분히 학습하기 바랍니다. 전류의 연속성이 갖는 물리적 의미와 수식을 기억하고, 저항의 정의와 고유저항, 도전율, 컨덕턴스의 개념도 체계적으로 정리해야 합니다. 저항 온도계수의 개념과 이를 적용하여 온도에 따른 저항값을 구하는 문제, 접지저항과 누설 전류 관련한 수식과 기출문제도 주의 깊게 살펴보아야 합니다. 마지막으로 세 가지 열전 현상의 차이점을 명확히 구별할 수 있어야 합니다.

6.1 전류와 전류밀도

6.1.1 전류와 전류밀도의 정의

2장에서는 전하가 정지해 있을 때의 전기적 현상을 다루는 정전계를 살펴보았다. **전류**Current는 전하가 움직이는 현상이므로 정전계와는 전기적 특성이 다르다. 즉, 전류는 **단위시간 동안 도선의 단면을 통과한 전하량**으로 정의하며, 수식으로 표현하면 식 (6.1)과 같다. 단위시간 동안에 흐르는 전하량 Q가 많을수록 전류 I는 커진다.

$$I\,[\mathrm{A}] = \frac{Q\,[\mathrm{C}]}{t\,[\mathrm{sec}]} \tag{6.1}$$

시간에 따라 크기가 변하는 교류 전류Alternating current i는 식 (6.2)와 같이 시간에 대한 전하량의 변화율로 나타낸다.[1]

$$i = \frac{dq}{dt}\,[\mathrm{A}] \tag{6.2}$$

교류 전류의 전하량 q는 식 (6.2)를 정리하여 식 (6.3)과 같이 나타낼 수 있다.

$$q = \int i \cdot dt\,[\mathrm{C}] \tag{6.3}$$

전류밀도Current density J는 **도선의 단면에서 단위면적당 흐르는 전류**로 정의한다. 이를 수식으로 나타내면 식 (6.4)와 같다.

$$J = \frac{i}{S}\,[\mathrm{A/m^2}] \tag{6.4}$$

실제 도선을 흐르는 전류는 자유전자가 이동하는 것이므로 전류밀도를 식 (6.5)와 같이 전자의 이동에 관한 식으로 나타낼 수 있다. 식에서 n은 단위체적당 전자의 수(전자의 농도)이고 e는 전자 1개의 전하량[2]이며, v는 전자의 이동 속도이다.

$$J = nev\,[\mathrm{A/m^2}] \tag{6.5}$$

---

1 일반적인 교류의 표기 방법을 따라 소문자로 표시하였다.

2 전하량 e는 $1.602 \times 10^{-19}\,[\mathrm{C}]$이다.

예제 6-1

도체의 단면적이 $5[m^2]$인 곳을 3초 동안에 $30[C]$의 전하가 통과했다. 이때의 전류 [A]는 얼마인가?

① 5 ② 10 ③ 30 ④ 90

풀이

식 (6.1)을 적용하면 $I = \frac{30}{3} = 10[A]$이므로 답은 ②이다.

HOW 식 (6.5) : $J = nev\,[A/m^2]$ 구하기

체적 전하밀도를 $\rho\,[C/m^3]$, 미소체적을 $dV\,[m^3]$라 하면 전하량 $dq = \rho dV$가 된다. 이를 식 (6.2)에 대입하면 교류 전류 i를 다음과 같이 나타낼 수 있다.

$$i = \frac{\rho dV}{dt}$$

[그림 6-1]에서 미소체적 $dV = S\,dl$이고 $\frac{dl}{dt}$은 단위시간당 거리 변화, 즉 속도 v이므로 앞선 식을 다음과 같이 바꿀 수 있다.

$$i = \frac{\rho S\,dl}{dt} = \rho v S$$

체적 전하밀도 ρ는 전자 농도 n과 전자의 전하량 e의 곱, 즉 $\rho = ne$이다. 그러면 교류 전류 $i = nevS$가 된다. 전류밀도 $J = \frac{i}{S}$이므로 이로부터 식 (6.5)의 $J = nev\,[A/m^2]$를 구할 수 있다.

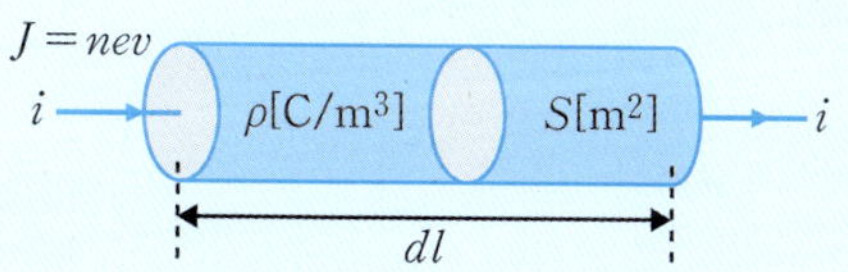

그림 6-1 전류밀도

예제 6-2

지름 $2[mm]$의 동선에 $\pi[A]$의 전류가 균일하게 흐를 때 전류밀도는 몇 $[A/m^2]$인가?

① 10^3 ② 10^4 ③ 10^5 ④ 10^6

풀이

도선의 면적 $S = \pi r^2$이고 전류밀도 $J = \frac{i}{S}$이다. 따라서 $J = \frac{\pi}{\pi \times (1 \times 10^{-3})^2} = 10^6\,[A/m^2]$이므로 정답은 ④이다.

6.1.2 전류의 연속성

도선을 흐르는 전류는 중간에서 사라지거나 새로 생기지 않기 때문에 흘러 들어오는 전류와 흘러 나가는 전류는 항상 같다. 이를 **전류의 연속성**이라 하며, 식 (6.6)과 같이 '전류밀도 J[3]의 발산은 0이다'를 뜻하는 전류의 연속 방정식continuity equation으로 나타낸다.[4]

$$div\, J = 0 \tag{6.6}$$

HOW 식 (6.6) : $div\, J = 0$ 구하기

도선으로 들어오는 전류 i_{in}은 전류밀도 J의 면적적분으로 나타낼 수 있다.

$$i_{in} = \int_S J \cdot dS$$

도선에서 나가는 전류 i_{out}은 교류 전류에 대한 식 (6.2)와 $dq = \rho dV$의 식을 이용하여 다음과 같이 체적 전하밀도 ρ의 체적적분으로 나타낼 수 있다. (−) 부호는 전류의 방향을 나타낸다.

$$i_{out} = -\frac{dq}{dt} = \frac{d}{dt}\int_V \rho \cdot dV = -\int_V \frac{\partial \rho}{\partial t} \cdot dV$$

도선을 흐르는 전류가 변하지 않는다면 $i_{in} = i_{out}$이므로 다음과 같이 나타낼 수 있다.

$$\int_S J \cdot dS = -\int_V \frac{\partial \rho}{\partial t} \cdot dV$$

앞선 식의 왼쪽 항에 발산 정리[5]를 적용하면 다음과 같다.

$$\int_V div\, J \cdot dV = -\int_V \frac{\partial \rho}{\partial t} \cdot dV$$

앞선 식의 양변에서 적분 기호를 지우면 다음과 같다.

$$div\, J = -\frac{\partial \rho}{\partial t}$$

도선을 흐르는 전류가 변하지 않는다면 $\frac{\partial \rho}{\partial t} = 0$이다. 이를 적용하여 다음과 같이 전류의 연속성을 나타내는 식 (6.6)을 구할 수 있다.

$$div\, J = 0$$

---

3 전류밀도의 기호로 i를 사용하여 $div\, i = 0$이라고 표시하거나 연산자와 함께 $\nabla \cdot i = 0$으로도 표시한다.

4 $div\, J$는 $\nabla \cdot J$로 표시할 수 있다.

5 1.6.2절을 참고하라.

한편, 키르히호프의 전류 법칙Kirchhoff's current law, KCL은 **'회로의 마디**Node [6]**에 흘러 들어오는 모든 전류의 합은 마디에서 흘러 나가는 전류의 합과 같다'**로 정의되며, 회로의 마디에 전하가 축적될 수 없다는 물리적 현상을 나타낸다. 따라서 키르히호프의 전류 법칙은 식 (6.6)에 나타낸 전류의 연속 방정식을 회로의 관점에서 설명한 것으로 이해할 수 있다.

예제 6-3

정상전류계에서 $\nabla \cdot i = 0$에 대한 설명이 아닌 것은 무엇인가?

① 도체 내에 흐르는 전류는 연속적이다.
② 도체 내에 흐르는 전류는 일정하다.
③ 단위시간당 전하의 변화는 없다.
④ 도체 내에 전류가 흐르지 않는다.

풀이

식 (6.6)을 참고하면 이 식은 '전류의 연속성'을 나타낸다. 전류의 연속성이란 일정한 전류가 흐르고, 시간에 따라 전하가 변하지 않는 것, 즉 $\frac{\partial \rho}{\partial t} = 0$이므로 정답은 ④이다.

6.2 저항

이제 물리적 형태와 온도에 따른 **저항**Resistor의 변화, 정전용량과 저항의 관계 등을 알아보자. [그림 6-2]와 같이 단면적 S, 길이 l인 도선의 저항 R은 식 (6.7)과 같이 주어진다.

$$R = \rho \frac{l}{S}\ [\Omega] \tag{6.7}$$

이 식에서 ρ는 물질마다 값이 다른 고유저항이며, 단위는 $[\Omega \cdot \mathrm{m}]$이다. 도선의 저항 R은 고유저항 ρ와 길이 l의 곱에 비례하고 단면적 S에 반비례한다.

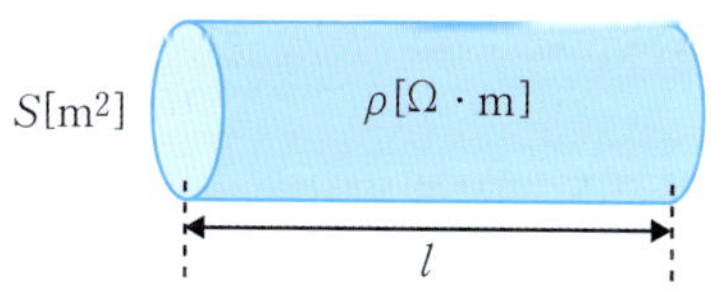

그림 6-2 도선의 저항

6 2개 이상의 소자가 연결되는 회로의 접점을 말한다.

고유저항 ρ는 **도전율**Conductivity k의 역수로, **저항률**Resistivity이라고도 하며 식 (6.8)과 같이 정의한다. 도전율이란 물질에 전류가 얼마나 잘 흐르는지를 나타내는 물리량이다.

$$\rho = \frac{1}{k} \tag{6.8}$$

저항 R의 역수는 **컨덕턴스**Conductance라고 하고 G로 표시한다. G는 식 (6.9)와 같이 여러 형태로 표시할 수 있다. 컨덕턴스의 단위는 지멘스Siemens [S]이며, 그 외에 $[1/\Omega]$, [mho]([℧])도 사용된다.

$$G = \frac{1}{R} = \frac{S}{\rho l} = \frac{kS}{l}\,[\mathrm{S}] \tag{6.9}$$

여기서 잠깐 **연동선과 경동선**

구리 도체는 전기 전도성이 뛰어나 송전선과 전기 배선 등 여러 전기 분야에 사용되며, 전선의 강도 및 열처리 여부에 따라 연동선과 경동선으로 구분된다. 연동선Annealed Copper Wire, 軟銅線은 열처리Annealing한 구리 선으로, 쉽게 구부릴 수 있는 유연성이 있어 배선이 쉽다. 건물 내부의 전기 배선, 제어 회로, 전기기기 내부 배선 등에 주로 사용되며, 도전율은 100 [%]이다.

경동선Hard Drawn Copper Wire, 硬銅線 용융된 구리를 굵은 구리봉으로 만든 후 가늘게 가공한 구리 선으로, 단단하고 인장 강도가 높아 잘 끊어지지 않기 때문에 송전선과 같은 장거리·고장력 전선으로 주로 사용된다. 경동선은 연동선 대비 97 [%] 정도의 도전율을 가지며, 가격도 저렴하다.

예제 6-4

경동선의 고유저항은 몇 $[\Omega \cdot \mathrm{mm}^2/\mathrm{m}]$인가?

① $\frac{1}{35}$ ② $\frac{1}{38}$ ③ $\frac{1}{55}$ ④ $\frac{1}{58}$

풀이

연동선의 고유저항 $\rho = \frac{1}{58}\,[\Omega \cdot \mathrm{mm}^2/\mathrm{m}] = \frac{1}{58} \times 10^{-6}\,[\Omega \cdot \mathrm{m}^2/\mathrm{m}]$이고, 경동선의 고유저항 $\rho = \frac{1}{55}\,[\Omega \cdot \mathrm{mm}^2/\mathrm{m}] = \frac{1}{55} \times 10^{-6}\,[\Omega \cdot \mathrm{m}^2/\mathrm{m}]$이므로 정답은 ③이다.

관련 자격시험에서 연동선과 경동선의 고유저항을 묻는 문제가 출제되기도 하므로 참고해두면 좋다.

6.2.1 옴의 법칙의 미분형

식 (6.7)의 양변을 미분하면 $dR = \rho\frac{dl}{dS}$이 되며, 옴의 법칙 $R = \frac{V}{I}$를 미분하면 $dR = \frac{dV}{dI}$가 된다. 이 두 식은 모두 저항 R에 대한 식이므로 다음과 같이 정리할 수 있다.

$$\rho\frac{dl}{dS} = \frac{dV}{dI} \rightarrow \frac{dV}{dl} = \rho\frac{dI}{dS}$$

앞선 식에서 $\frac{dV}{dl}$는 단위가 [V/m]이므로 전계 $\boldsymbol{E}$가 되고 $\frac{dI}{dS}$는 전류밀도 J이므로 다음과 같이 바꿀 수 있다.[7]

$$\boldsymbol{E} = \rho J\,[\mathrm{V/m}]$$

이 식을 전류밀도 J에 대해 쓰면 식 (6.10)이 되며, 이를 **옴의 법칙의 미분형**이라 한다.

$$J = \frac{1}{\rho}\boldsymbol{E} = k\boldsymbol{E}\,[\mathrm{A/m^2}] \qquad (6.10)$$

예제 6-5

k는 도전도, ρ는 고유저항, $\boldsymbol{E}$는 전계의 세기, i는 전류밀도일 때 옴의 법칙은 무엇인가?

① $i = k\boldsymbol{E}$ ② $i = \frac{\boldsymbol{E}}{k}$ ③ $i = \rho\boldsymbol{E}$ ④ $i = \rho k\boldsymbol{E}$

풀이

옴의 법칙의 미분형을 나타낸 식 (6.10)을 참고하면, 전류밀도 $J = k\boldsymbol{E}$이므로 정답은 ①이다.

6.2.2 저항 온도계수

저항 온도계수 Temperature Coefficient of Resistance, TCR는 α로 표시하며, **특정 온도에서 온도가 1[℃] 상승할 때 저항의 증가율**을 나타낸다.[8] 예를 들어, α_0는 0[℃]에서의 저항 온도계수이고 α_{20}는 20[℃]에서의 저항 온도계수이다.

7 전계에 대해서는 식 (2.12)를, 전류밀도에 대해서는 식 (6.4)를 참고하라.

8 1[℃]당 저항 증가율이므로 저항 온도계수의 단위는 [1/℃] 또는 [℃$^{-1}$]이다.

만약 온도가 20[℃]에서 T[℃]로 변하면 다음 식과 같이 α_{20}를 적용하여 T[℃]에서의 저항값 R_T를 구한다. 식에서 R_{20}는 20[℃]에서의 저항값이다.

$$R_T = R_{20}[1+\alpha_{20}(T-20)]\,[\Omega]$$

앞선 식을 일반화하면 온도가 T_1[℃]에서 T_2[℃]로 변할 때 T_2[℃]에서의 저항값 R_{T2}는 식 (6.11)과 같이 나타낼 수 있다. 식에서 R_{T1}은 T_1[℃]에서의 저항값이고 α_{T1}은 T_1[℃]에서의 저항 온도계수이다.

$$R_{T2} = R_{T1}[1+\alpha_{T1}(T_2-T_1)]\,[\Omega] \tag{6.11}$$

도체는 (+)의 저항 온도계수를 가지고 있어 **온도가 높아질 때 저항이 증가**한다. 반면에 반도체와 유전체는 (−)의 저항 온도계수를 가지고 있어 **온도가 높아질 때 저항이 감소**한다.

여기서 잠깐 **물질에 따른 저항 온도계수**

고유저항 ρ는 물질마다 존재하는 자유전자의 농도에 반비례한다. 도체는 자유전자의 농도가 매우 높고 반도체는 상대적으로 낮으며, 유전체(절연체)는 자유전자가 거의 없다. 따라서 도체의 고유저항은 0에 가깝고 유전체의 고유저항은 매우 크다.

[그림 6-3]은 온도에 따른 물질별 고유저항의 변화를 나타낸 것이다. 온도가 상승하면 자유전자의 열운동과 결정격자의 열진동이 증가하여 이동 중인 자유전자들이 산란Scattering되면서 이동을 방해받게 된다. 자유전자의 농도가 높은 도체에서는 이러한 산란이 더욱 활발하게 일어나므로 온도가 높아질수록 고유저항이 증가한다. 따라서 도체는 양(+)의 저항 온도계수를 갖는다.

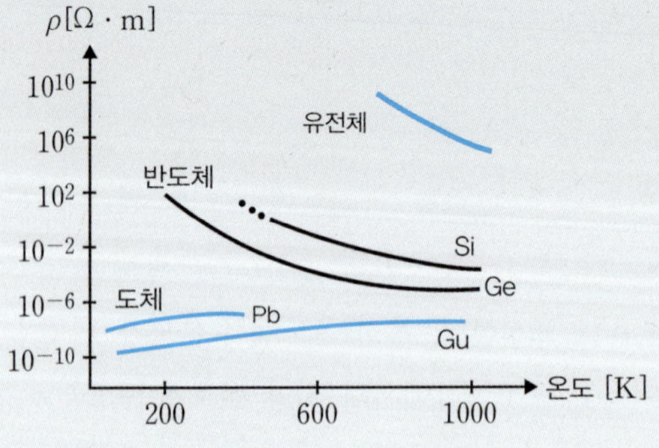

그림 6-3 온도에 따른 물질의 고유저항 변화

반면 자유전자의 농도가 낮은 반도체나 자유전자가 거의 없는 유전체에서는 산란 현상이 거의 일어나지 않는다. 오히려 온도가 높아질수록 원자핵으로부터 떨어져 나오는 자유전자가 증가하므로 고유저항은 감소한다. 따라서 반도체와 유전체는 (−)의 저항 온도계수를 갖는다.

T[℃]에서의 저항 온도계수 α_T는 식 (6.12)와 같이 0[℃]에서의 저항 온도계수 α_0에 관한 식으로 나타낼 수 있다. 이 식은 온도가 높아질수록 저항 온도계수가 감소함을 나타낸다.

$$\alpha_T = \frac{1}{1/\alpha_0 + T} = \frac{\alpha_0}{1 + \alpha_0 T} \tag{6.12}$$

예를 들어, 구리(Cu)의 0[℃]에서의 저항 온도계수 $\alpha_0 = \frac{1}{234.5}$이다. 식 (6.12)를 이용하면 20[℃]에서의 구리의 저항 온도계수 $\alpha_{20} = \frac{1}{234.5 + 20} = \frac{1}{253.5}$로, 0[℃]일 때보다 감소한다. 즉, $\alpha_{20} < \alpha_0$이며, 온도가 높아질수록 저항 온도계수가 감소함을 보여준다.[9][10]

이번에는 [그림 6-4]와 같이 2개의 저항이 직렬로 연결되어 있을 때 합성 온도계수 α를 구해보자. 각 저항의 온도계수와 저항값은 각각 α_1, R_1 및 α_2, R_2이다.

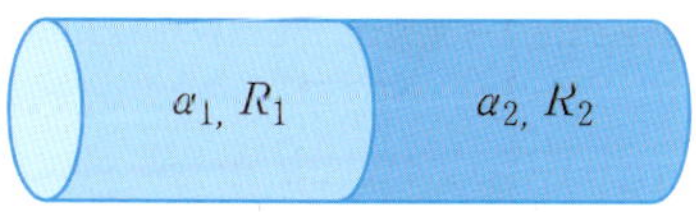

그림 6-4 합성 온도계수

온도가 T_1[℃]에서 T_2[℃]로 변할 때 저항 R_1과 R_2는 식 (6.11)에 의해 각각 다음과 같이 나타낼 수 있다.

$$R_1 = R_1[1 + \alpha_1(T_2 - T_1)] = R_1 + R_1\alpha_1(T_2 - T_1)$$

$$R_2 = R_2[1 + \alpha_2(T_2 - T_1)] = R_2 + R_2\alpha_2(T_2 - T_1)$$

[그림 6-4]의 두 저항은 직렬로 연결되어 있으므로 합성 저항은 두 저항을 더한 $R_1 + R_2$이다.

$$R_1 + R_2 = (R_1 + R_2) + (R_1\alpha_1 + R_2\alpha_2)(T_2 - T_1)$$

두 저항의 합성 온도계수를 α라 하면 앞선 식을 다음과 같이 바꿀 수 있다.

$$R_1 + R_2 = (R_1 + R_2) + (R_1 + R_2)\alpha(T_2 - T_1)$$

---

9 도체가 (+)의 저항 온도계수를 나타내는 것은 격자 진동에 의한 산란으로 인해 자유전자의 이동이 방해를 받기 때문이다. 그런데 이러한 산란 현상은 온도가 높아질수록 점차 완만해져 전자의 운동을 방해하는 정도가 감소한다. 따라서 고온으로 갈수록 저항 온도계수는 점점 줄어들게 되며, 그에 따라 저항의 증가 속도가 둔화된다.

10 (−)의 저항 온도계수를 가진 반도체에서는 온도가 높아질수록 열적으로 생성되는 자유전자가 증가하여 저항이 감소한다. 그러나 이러한 자유전자의 증가 현상은 온도가 높아질수록 점차 완만해진다. 따라서 고온이 될수록 저항 감소율이 점차 둔화된다.

앞선 두 식은 같은 식이므로 다음과 같이 정리할 수 있다.

$$(R_1\alpha_1 + R_2\alpha_2)(T_2 - T_1) = (R_1 + R_2)\alpha(T_2 - T_1)$$

이 식의 양변을 $(T_2 - T_1)$으로 나누고 α에 대해 정리하면, 합성 온도계수 α를 나타내는 식 (6.13)을 구할 수 있다.

$$\alpha = \frac{R_1\alpha_1 + R_2\alpha_2}{R_1 + R_2} \tag{6.13}$$

예제 6-6

도체의 전기저항에 대한 설명으로 틀린 것은?

① 단면적에 반비례하고 길이에 비례한다.
② 고유저항은 백금보다 구리가 크다.
③ 도체 반지름의 제곱에 반비례한다.
④ 같은 길이, 같은 단면적에서도 온도가 상승하면 저항이 증가한다.

풀이

도선의 저항에 대한 식 (6.7)을 참고하면 $R = \rho\frac{l}{S}$이므로 저항은 단면적에 반비례하고 길이에 비례한다. 또한 도선의 단면적 $S = \pi r^2$이므로 저항은 도체 반지름의 제곱에 반비례하며, 도체는 온도가 상승하면 저항이 증가한다.

백금의 고유저항은 $10.6 \times 10^{-8}[\Omega \cdot \text{m}]$, 구리는 $1.69 \times 10^{-8}[\Omega \cdot \text{m}]$이므로 백금이 구리보다 고유저항이 커 정답은 ②가 된다.

예제 6-7

20[℃]에서 저항의 온도계수가 0.002인 니크롬선의 저항이 100[Ω]이다. 온도가 60[℃]로 상승하면 저항은 몇 [Ω]이 되는가?

① 108　　② 112　　③ 115　　④ 120

풀이

온도에 따른 저항을 구하는 식 (6.11)의 $R_{T2} = R_{T1}[1 + \alpha_{T1}(T_2 - T_1)][\Omega]$을 참고하면 60[℃]에서의 저항 $R_{60} = 100 \times [1 + 0.002 \times (60 - 20)] = 108[\Omega]$이므로 정답은 ①이다.

6.2.3 저항과 정전용량의 관계

이번에는 저항과 정전용량의 관계를 통해 접지저항과 누설 전류를 살펴보자. [그림 6-5]는 전극 면적이 S이고 전극 간격이 d인 평행판 콘덴서이다. 이때 전극 사이에 놓인 유전체의 유전율은 ϵ이고 고유저항은 ρ이다.

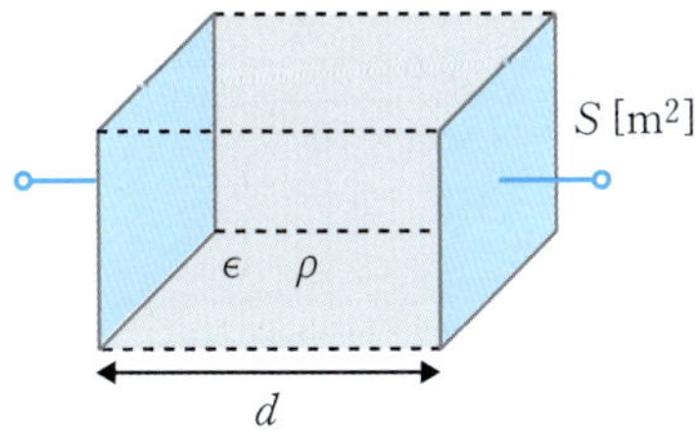

그림 6-5 평행판 콘덴서

[그림 6-5]의 평행판 콘덴서의 정전용량 $C = \dfrac{\epsilon S}{d}$이고[11] 유전체의 저항 $R = \rho\dfrac{d}{S}$이다.[12] 이루부터 다음과 같이 저항과 정전용량을 곱한 RC의 식을 얻을 수 있다.

$$RC = \rho\frac{d}{S} \times \frac{\epsilon S}{d} = \rho\epsilon$$

이 식을 저항 R에 대해 정리하면 식 (6.14)가 되며, 이 저항을 **접지저항**Earthing Resistance 또는 **절연저항**Insulation Resistance이라고 부른다.

$$R = \frac{\rho\epsilon}{C}\ [\Omega] \tag{6.14}$$

유전체는 완벽한 절연체가 아니므로 **누설 전류**Leakage current가 흐른다. 누설 전류 I_l은 옴의 법칙을 이용하여 식 (6.15)와 같이 나타낼 수 있다.

$$I_l = \frac{V}{R} = \frac{V}{\dfrac{\rho\epsilon}{C}} = \frac{CV}{\rho\epsilon}\ [\mathrm{A}] \tag{6.15}$$

11 식 (3.22)를 참고하라.

12 식 (6.7)을 참고하라.

예제 6-8

비유전율 $\epsilon_s = 2.2$, 고유저항 $\rho = 10^{11}\,[\Omega \cdot \mathrm{m}]$인 유전체를 넣은 콘덴서의 용량이 $20\,[\mu\mathrm{F}]$이었다. 여기에 $500\,[\mathrm{kV}]$의 전압을 가할 때 누설 전류는 몇 [A]인가?

① 4.2 ② 5.1 ③ 54.5 ④ 61.0

풀이

누설 전류에 대한 식 (6.15)를 참고하면 $I_l = \dfrac{CV}{\rho\epsilon}$이므로 $I_l = \dfrac{20 \times 10^{-6} \times 500 \times 10^3}{10^{11} \times 2.2 \times 8.855 \times 10^{-12}} = 5.1\,[\mathrm{A}]$가 된다. 따라서 정답은 ②이다.

6.3 전력

6.3.1 전력과 전력량

전력Power P는 **단위시간당 사용된 전기에너지(일)**로 정의된다. 이로부터 P를 식 (6.16)과 같이 에너지 W를 시간 t로 나눈 형태로 나타낼 수 있다.

$$P\,[\mathrm{W}] = \frac{W\,[\mathrm{J}]}{t\,[\mathrm{s}]} \tag{6.16}$$

정전계의 에너지 $W = QV$[13]이고 식 (6.1)에서 $Q = It$이므로 전력 P를 식 (6.17)과 같이 나타낼 수 있다.

$$P = \frac{QV}{t} = \frac{ItV}{t} = VI\,[\mathrm{W}] \tag{6.17}$$

옴의 법칙을 이용하면 전력 P를 식 (6.18)과 같이 나타낼 수도 있다.

$$P = I^2R = \frac{V^2}{R}\,[\mathrm{W}] \tag{6.18}$$

13 식 (2.14)를 참고하라.

전력량Electrical energy W는 사용된 총 전력량으로, 식 (6.19)와 같이 전력 P에 시간 t를 곱해 구한다. 전력량의 단위는 와트초[Ws] 또는 줄[J]이지만 실제로는 시간당의 전력량을 나타내는 와트시[Wh] 또는 킬로와트시[KWh]가 주로 사용된다.

$$W = P \times t\ [\mathrm{J}] \tag{6.19}$$

6.3.3 줄열

도체는 자유전자의 농도가 매우 높아 전류가 잘 흐른다. 그러나 자유전자가 이동하는 과정에서 도체를 구성하는 원자들과 충돌하면서 도체에 열이 발생하게 된다. 이러한 현상은 1840년 영국 물리학자인 줄James Prescott Joule에 의해 발견되었다고 하여 **줄열**Joule heating이라 한다. 줄열이 발생하면 전력 손실이 생기게 된다.

전류 I가 흐르는 저항 R인 도선에 시간 t동안 줄열에 의해 발생하는 열량 Q는 식 (6.20)과 같다.[14] [15]

$$Q = I^2Rt\ [\mathrm{J}] = 0.24I^2Rt\ [\mathrm{cal}] \tag{6.20}$$

예제 6-9

10^6 [cal]의 열량은 약 몇 [kWh]인가?

① 0.06 ② 1.16 ③ 2.27 ④ 4.17

풀이

1 [J]은 0.24 [cal]이므로 1 [cal]는 4.2 [J]이다. 식 (6.19)를 참고하면 단위 [J]은 [Ws]이므로 10^6 [cal] $= 4.2 \times 10^6$ [J] $= 4.2 \times 10^6$ [Ws]이다. 1시간은 3600초이므로 4.2×10^6 [Ws] $= 4.2 \times 10^6 \times \frac{1}{3600} =$ 1.16 [kWh]가 된다. 따라서 정답은 ②이다.

---

14 물리학자인 줄은 여러 차례의 실험을 통해 식 (6.20)의 관계식을 도출하였다. 이후 전기자기학과 열역학의 발전으로 이 식은 이론적으로도 증명되었다. 즉, 식 (6.18)에 시간 t를 곱하면 줄열 Q를 나타내는 식 (6.20)이 된다.

15 1 [J]은 0.24 [cal]이다.

6.4 열전 현상

자유전자는 열에너지가 가해지면 보다 활발하게 이동한다. 이 과정에서 열을 운반하기도 하는데, 이러한 현상을 **열전 현상**Thermoelectric Phenomenon이라고 한다. 열전 현상의 대표적인 예로는 제벡 효과Seebeck effect, 펠티에 효과Peltier effect, 톰슨 효과Thomson effect가 있다.

6.4.1 제벡 효과

두 종류의 금속으로 폐회로를 만들고 양쪽 접합점에 온도 차이를 두면 그에 비례하는 기전력이 발생한다. 이를 열기전력Thermoelectromotive force이라 하며, 이로 인해 전류가 흐르는 현상을 **제벡 효과**Seebeck effect라고 한다. 제벡 효과를 이용하여 만든 온도 센서를 **열전대**Thermocouple라 한다. 일반적인 열전대는 구리-콘스탄탄[16] 조합으로, 고온용 열전대는 백금-백금로듐[17] 조합으로 만든다.

열전대는 [그림 6-6(a)]와 같이 두 종류의 금속(도체 A, 도체 B)을 접합한 구조로, 한쪽 접점을 열원에 접촉하면 반대쪽 접점에서 기전력이 측정된다. [그림 6-6(b)]는 이렇게 제작된 열전대 제품이다.

(a) 열전대의 구조 (b) 열전대

그림 6-6 열전대

16 콘스탄탄(Constantan)은 니켈 45%, 구리 55%의 합금으로 전기 저항률이 높다.

17 백금로듐(PtRh)은 백금 90%, 로듐 10%의 합금이다.

6.4.2 펠티에 효과와 톰슨 효과

두 종류의 금속을 접합하여 폐회로를 만들고 전류를 흘려주면 한쪽 접점에서는 열을 흡수하고 반대쪽 접점에서는 열을 방출하는 현상이 나타난다. 이 현상은 전자가 여기 Excitation 되거나 재결합 Recombination 하는 과정에서 발생한다. 전자가 원자핵으로부터 떨어져나와 자유전자로 여기될 때는 열을 흡수하고 자유전자가 다시 원자핵과 결합할 때는 열을 방출하기 때문이다.

이로 인해 한쪽 접점은 가열되고 반대쪽 접점은 냉각되는데, 이러한 현상을 **펠티에 효과** Peltier Effect 라 한다. 전류의 방향을 바꾸면 열의 흡수와 방출은 반대 방향으로 일어난다. 펠티에 효과는 '전자냉각' 기술로 활용되며, 이를 이용한 냉장고 제품도 상용화되고 있다.

한편 펠티에 효과와 달리 **한 종류의 금속**으로 폐회로를 구성하고 전류를 흘려줄 때도 열의 흡수와 방출 현상이 나타나는데, 이를 **톰슨 효과** Thomson Effect 라고 한다. 톰슨 효과가 두드러지게 나타나는 금속에는 철(Fe), 니켈(Ni) 등이 있다.

예제 6-10

두 종류의 금속으로 하나의 폐회로를 만들고, 전류를 흘리면 접속점에 열의 흡수나 방출이 일어나는 효과를 무엇이라 하는가?

① Pinch 효과　　② Peltier 효과　　③ Thomson 효과　　④ Seebeck 효과

풀이

두 종류의 금속을 접합한 폐회로에 전류를 흘릴 때 접점에서 각각 열의 흡수와 방출이 일어나는 현상은 '펠티에(Peltier) 효과'이므로 정답은 ②이다.

CHAPTER 06

핵심 정리

- **전류와 전류밀도**
  - 전류 $I\,[\mathrm{A}] = \dfrac{Q}{t}\,[\mathrm{C/sec}]$: 단위시간 동안 도선의 단면을 통과한 전하량
  - 전류밀도 $J = \dfrac{i}{S}\,[\mathrm{A/m^2}]$, $J = nev\,[\mathrm{A/m^2}]$: 도선의 단면에서 단위면적당 흐르는 전류
- **전류의 연속성** : $div\,J = 0$
- **저항** : $R = \rho\dfrac{l}{S}\,[\Omega]$, ρ는 고유저항으로, 도전율 k의 역수$\left(\rho = \dfrac{1}{k}\right)$
- **옴의 법칙의 미분형** : $J = \dfrac{1}{\rho}\boldsymbol{E} = k\boldsymbol{E}\,[\mathrm{A/m^2}]$
- **저항 온도계수** α : 특정 온도에서 온도가 1[℃] 상승할 때 저항의 증가율
  - T_1[℃]에서 T_2[℃]로 변할 때 T_2[℃]에서의 저항값 $R_{T2} = R_{T1}[1 + \alpha_{T1}(T_2 - T_1)]\,[\Omega]$
  - T[℃]에서의 저항 온도계수 $\alpha_T = \dfrac{1}{1/\alpha_0 + T} = \dfrac{\alpha_0}{1 + \alpha_0 T}\,[℃^{-1}]$
  - 도체 : (+)의 저항 온도계수(온도가 높아질 때 저항 증가)
  - 반도체, 유전체 : (−)의 저항 온도계수(온도가 높아질 때 저항 감소)
- **2개의 저항이 직렬로 연결되었을 때의 합성 온도계수** $\alpha = \dfrac{R_1\alpha_1 + R_2\alpha_2}{R_1 + R_2}$
- **접지저항(절연저항)** : $R = \dfrac{\rho\epsilon}{C}\,[\Omega]$, **누설 전류** : $I_l = \dfrac{CV}{\rho\epsilon}\,[\mathrm{A}]$
- **전력** : 단위시간당 사용된 전기에너지(일), $P = VI = I^2R = \dfrac{V^2}{R}\,[\mathrm{W}]$
- **전력량** : $W = P \times t\,[\mathrm{J}]$
- **줄열** : 전류가 흐르는 도선(도체)에 발생하는 열
  - 전류 I, 저항 R인 도선에 시간 t동안 발생하는 열량 $Q = I^2Rt\,[\mathrm{J}] = 0.24I^2Rt\,[\mathrm{cal}]$
- **열전 현상**
  - 제벡 효과 : 두 종류 금속의 폐회로에서 양쪽 접합점의 온도 차이에 비례하는 기전력이 발생하는 현상(열전대의 원리)
  - 펠티에 효과 : 두 종류 금속의 폐회로에 전류가 흐를 때 한쪽 접점에서는 열을 흡수하고 반대쪽 접점에서는 열을 방출하는 현상(전자냉각 기술로 활용)
  - 톰슨 효과 : 한 종류 금속의 폐회로에 전류가 흐를 때 펠티에 효과와 유사하게 열을 흡수하고 방출하는 현상

CHAPTER 06

핵심 유형

유형 1 전류 정의하기

TIP

- 전류의 정의를 이용하여 전기량, 시간, 전자의 수 계산하기
- 전류밀도를 이용하여 전류, 이동 속도 계산하기

01 1 [Ah]의 전기량은 몇 [C]인가?

① $\frac{1}{3600}$ ② 1 ③ 60 ④ 3600

풀이

1 [Ah]는 1 [A]이 전류가 1시간 동안 흘렀을 때의 전기량이며, 1 [h]는 3600 [sec]이다. 전류를 구하는 식 (6.1)에서 $Q = It$ [A · sec] $= 1 \times 3600 = 3600$ [Ah]이다.

답 ④

---

02 길이가 1 [cm], 지름이 5 [mm]인 동선에 1 [A]의 전류를 흘렸을 때 전자가 동선을 흐르는 데 걸린 평균 시간은 대략 얼마인가? (단, 동선의 전자밀도는 1×10^{28} [개/m^3]이다)

① 3초 ② 31초 ③ 314초 ④ 3147초

풀이

동선에 존재하는 총 전하량 $Q = neV$이다. 여기에서 n은 전자의 농도, e는 전자 1개의 전하량, V는 동선의 체적이다. 동선의 체적 V는 '단면적 × 길이'이므로 $V = \pi r^2 \times l = \pi(2.5 \times 10^{-3})^2 \times (1 \times 10^{-2}) = 19.6 \times 10^{-8}$ [m^3]이다.

따라서 $Q = (1 \times 10^{28}) \times (1.602 \times 10^{-19}) \times (19.6 \times 10^{-8}) = 314$ [C]이 된다. 식 (6.1)을 적용하면 평균 시간 $t = \frac{Q}{I} = \frac{314}{1} = 314$ [sec]이다.

답 ③

03 전류밀도 $J = 10^7\,[\mathrm{A/m^2}]$이고 단위체적의 이동전하 $Q = 8\times 10^9\,[\mathrm{C/m^3}]$이라면 도체 내의 전자의 이동 속도 $v\,[\mathrm{m/s}]$는?

① 1.25×10^{-2} ② 1.25×10^{-3} ③ 1.25×10^{-4} ④ 1.25×10^{-5}

풀이

전류밀도를 구하는 식 (6.5)에서 이동 속도 $v = \dfrac{J}{ne}$이다. 체적 전하밀도 $\rho = ne$이고 $Q = 8\times 10^9\,[\mathrm{C/m^3}]$는 ρ에 해당하므로 $v = \dfrac{10^7}{8\times 10^9} = 1.25\times 10^{-3}\,[\mathrm{m/s}]$이다.

답 ②

유형 2 저항의 물리적 특성 정의하기

TIP
- 저항의 정의를 이용하여 저항값 계산하기
- 저항의 온도계수 계산하기

01 저항의 크기가 $1[\Omega]$인 전선이 있다. 전선의 체적을 동일하게 유지하면서 길이를 2배로 늘였을 때 전선의 저항$[\Omega]$은?

① 0.5 ② 1 ③ 2 ④ 4

풀이

저항을 구하는 식 (6.7)의 $R = \rho\dfrac{l}{S}$을 참고하면 길이 l이 2배가 되므로 체적을 동일하게 유지하려면 면적 S는 $\dfrac{1}{2}$배가 되어야 한다. 따라서 $R = \rho\dfrac{2l}{\frac{1}{2}S} = 4\times\rho\dfrac{l}{S}$이므로 저항 R은 4배가 된다.

답 ④

---

02 도전율의 단위로 옳은 것은?

① $[\mathrm{m}/\Omega]$ ② $[\Omega/\mathrm{m^2}]$ ③ $[1/\mho\cdot\mathrm{m}]$ ④ $[\mho/\mathrm{m}]$

풀이

도전율 $k = \dfrac{1}{\rho}$이고 고유저항 ρ의 단위는 $[\Omega\cdot\mathrm{m}]$이므로 k의 단위는 $[1/\Omega\cdot\mathrm{m}]$ 또는 $[\mho/\mathrm{m}]$이다.

답 ④

03 저항 $10[\Omega]$, 저항 온도계수 $\alpha_1 = 5\times10^{-3}[1/℃]$의 동선에 직렬로 저항 $90[\Omega]$, 온도계수 $\alpha_2 \fallingdotseq 0[1/℃]$의 망간 선을 접속할 때 합성 저항 온도계수 $[1/℃]$는?

① 2×10^{-4}　② 3×10^{-4}　③ 4×10^{-4}　④ 5×10^{-4}

풀이

합성 온도계수를 구하는 식 (6.13)의 $\alpha = \dfrac{R_1\alpha_1 + R_2\alpha_2}{R_1 + R_2}$를 이용하면 $\alpha_2 \fallingdotseq 0$이므로 $\alpha = \dfrac{10\times5\times10^{-3}}{10+90} = 5\times10^{-4}[1/℃]$이다.

답 ④

유형 3 저항과 정전용량 구하기

TIP
- 저항과 도체별 정전용량의 관계를 이용하여 저항 구하기
- 저항과 정전용량의 관계를 이용하여 누설 전류 계산하기

01 반경이 a, b이고 길이 l, 도전율이 σ인 동축 케이블이 있다. 단위길이당 절연저항은?

① $\dfrac{\sigma}{2l}\ln\dfrac{b}{a}$　② $\dfrac{\sigma l}{2\pi}\ln\dfrac{b}{a}$　③ $\dfrac{1}{2\pi\sigma}\ln\dfrac{b}{a}$　④ $\dfrac{1}{2\pi\sigma}\ln\dfrac{a}{b}$

풀이

동축 케이블의 단위길이당 정전용량을 구하는 식 (3.18)을 참고하면 정전용량은 다음과 같다.

$$C = \frac{2\pi\epsilon}{\ln\frac{b}{a}}[\text{F/m}]$$

고유저항 $\rho = \dfrac{1}{\sigma}$이다. 접지저항에 대한 식 (6.14)의 $R = \dfrac{\rho\epsilon}{C}[\Omega]$을 적용하여 구하면 다음과 같다.

$$R = \frac{\rho\epsilon}{\frac{2\pi\epsilon}{\ln\frac{b}{a}}} = \frac{\rho}{2\pi}\ln\frac{b}{a} = \frac{1}{2\pi\sigma}\ln\frac{b}{a}[\Omega]$$

답 ③

02 반지름 a[m]인 반 구도체를 유전율 ϵ, 고유저항 ρ인 대지에 접지할 경우 도체와 대지 간의 저항은 몇 [Ω]인가?

① $4\pi a\rho$ ② $\dfrac{\rho}{4\pi a}$ ③ $2\pi a\rho$ ④ $\dfrac{\rho}{2\pi a}$

풀이

구도체의 정전용량을 구하는 식 (3.14)를 참고하면 $C = 4\pi\epsilon a$[F]이므로 반[Half] 구도체의 정전용량은 $2\pi\epsilon_0 a$[F]이다. 따라서 식 (6.14)의 $R = \dfrac{\rho\epsilon}{C}$[Ω]에서 $R = \dfrac{\rho\epsilon}{2\pi\epsilon a} = \dfrac{\rho}{2\pi a}$[Ω]이다.

답 ④

---

03 액체 유전체를 넣은 콘덴서의 용량이 30[μF]이다. 여기에 500[V]의 전압을 가할 때 누설 전류는 몇 [mA]인가? (단, 고유저항 ρ는 10^{11}[Ω · m], 비유전율 ϵ_s는 2.2이다)

① 5.1 ② 7.7 ③ 10.2 ④ 15.4

풀이

접지저항에 대한 식 (6.14)의 $R = \dfrac{\rho\epsilon}{C}$ [Ω]에서 $R = \dfrac{10^{11} \times 2.2 \times 8.855 \times 10^{-12}}{30 \times 10^{-6}} = 0.65 \times 10^5$[Ω]이다. 따라서 누설 전류 $I = \dfrac{V}{R} = \dfrac{5 \times 10^2}{0.65 \times 10^5} = 7.7 \times 10^{-3} = 7.7$[mA]이다.

답 ②

CHAPTER 06

기출문제

6.1 10 [mm]의 지름을 가진 동선에 50 [A]의 전류가 흐를 때 단위시간 동안 동선의 단면을 통과하는 전자의 수는 약 몇 개인가?

① 7.85×10^{16} ② 20.45×10^{15} ③ 31.21×10^{19} ④ 50×10^{19}

6.2 구리 중에는 1 [cm³]에 8.5×10^{22} [개]의 자유전자가 있다. 단면적 2[mm²]의 구리선에 10 [A]의 전류가 흐를 때 자유전자의 평균 속도는 약 몇 [cm/s]인가?

① 0.037 ② 0.37 ③ 3.7 ④ 37

6.3 공간 도체 중의 정상 전류밀도가 i, 전하밀도가 ρ일 때 키르히호프의 전류 법칙을 나타내는 것은?

① $i=\dfrac{\partial\rho}{\partial t}$ ② $div\, i=0$ ③ $i=0$ ④ $div\, i=\dfrac{\partial\rho}{\partial t}$

6.4 고유저항이 ρ[Ω · m], 한 변의 길이가 r[m]인 정육면체의 저항 [Ω]은?

① $\dfrac{\rho}{\pi r}$ ② $\dfrac{r}{\rho}$ ③ $\dfrac{\pi r}{\rho}$ ④ $\dfrac{\rho}{r}$

6.5 도전율이 연동선의 62 [%]인 알루미늄선의 고유저항은 몇 [Ω · m]인가? (단, 표준 연동선의 도전율은 58×10^{6} [℧/m]이다)

① 2.78×10^{-8} ② 2.93×10^{-8} ③ 3.41×10^{-8} ④ 3.60×10^{-8}

6.6 내경이 2 [cm], 외경이 3 [cm]인 동심 구도체 간에 고유저항이 1.884×10^{2} [Ω · m]인 저항 물질이 채워져 있는 경우 내외 구간의 합성 저항은 약 몇 [Ω] 정도인가?

① 2.5 ② 5 ③ 250 ④ 500

6.7 반지름이 각각 $a=0.2$ [m], $b=0.5$ [m] 되는 동심구 간에 고유저항 $\rho=2\times10^{12}$ [Ω · m], 비유전율 $\epsilon_s=100$인 유전체를 채우고 내외 동심구 간에 150 [V]의 전위차를 가할 때 유전체를 통하여 흐르는 누설 전류는 몇 [A]인가?

① 2.15×10^{-10} ② 3.14×10^{-10} ③ 5.31×10^{-10} ④ 6.13×10^{-10}

6.8 정전용량 C[F]과 컨덕턴스 G[S]의 관계로 옳은 것은? (단, k : 도전율 [℧/m], ϵ : 유전율 [F/m]이다)

① $\dfrac{C}{G} = \dfrac{\epsilon}{k}$　　② $Ck = \dfrac{G}{\epsilon}$　　③ $GC = \epsilon k$　　④ $\dfrac{C}{G} = \dfrac{k}{\epsilon}$

6.9 2 [Ω]과 4 [Ω]의 병렬회로 양단에 40 [V]를 가했을 때 2 [Ω]에서 발생하는 열은 4 [Ω]에서의 열의 몇 배인가?

① 2　　② 4　　③ 6　　④ 8

6.10 유전율 ϵ[F/m], 고유저항 ρ[Ω · m]의 유전체로 채운 정전용량 C [F]의 콘덴서에 전압 V[V]를 가할 때 유전체 중에 발생하는 열량은 시간 t[sec] 동안에 몇 [cal]인가?

① $4.2\dfrac{CV^2}{\rho\epsilon}t$　　② $4.2\dfrac{CV}{\rho\epsilon}t$　　③ $0.24\dfrac{CV}{\rho\epsilon}t$　　④ $0.24\dfrac{CV^2}{\rho\epsilon}t$

6.11 동일한 금속 도선의 두 점 간에 온도차를 주고 고온 쪽에서 저온 쪽으로 전류를 흘리면 줄열 이외에 도선 속에서 열이 발생하거나 흡수가 일어나는 현상을 지칭하는 것은?

① 제베크 효과　　② 톰슨 효과　　③ 펠티에 효과　　④ 볼타 효과

정답

6.1 ③　**6.2** ①　**6.3** ②　**6.4** ④　**6.5** ①　**6.6** ③　**6.7** ②　**6.8** ①　**6.9** ①　**6.10** ④
6.11 ②

PART

02

자기적인 현상

전기자기학Electromagnetics은 전기학Electricity과 자기학Magnetics을 배우는 학문이다. 이 두 분야는 서로 독립적인 것 같지만, 전류가 자계를 만들고, 변화하는 자계가 다시 전류를 유도한다는 점에서 서로 밀접하게 연결되어 있다.

PART 02에서는 전류와 자성체가 만드는 자계의 특성을 다루는 자기학에 대해 배운다. 쿨롱의 법칙, 암페어의 주회적분 법칙, 비오-사바르 법칙, 패러데이 법칙, 자기회로와 인덕터, 자계의 에너지 및 맥스웰 방정식을 포함한 전자계의 특성을 주요 내용으로 다룬다.

CONTENTS

CHAPTER

07

진공 중의 정자계

CONTENTS

학습 내용

자성체의 특성과 자기유도를 살펴보고 자하 사이에 작용하는 자기력을 설명하는 쿨롱의 법칙을 배운다. 자계의 세기와 자속, 자속밀도의 정의와 이들 간의 관계도 함께 살펴본다. 자기력선을 통해 자계의 방향과 세기를 시각적으로 파악하고, 자기적인 위치에너지를 나타내는 자위의 개념도 익힌다. 자기쌍극자와 자기 이중층이 형성하는 자계의 특성을 공부하며, 마지막으로 평등자계에 놓인 막대자석이 받는 회전력을 통해 전동기의 회전 원리를 살펴본다.

핵심 키워드

자기유도 (점)자하 쿨롱의 법칙 자계 자위 자기력선 가우스 법칙 자속밀도 자기 홀극 자기쌍극자 자기쌍극자 모멘트 자기 이중층(판자석) 회전력(토크)

학습 전략

쿨롱의 법칙과 자계의 세기, 자위에 대한 정의와 관련 수식을 충분히 학습하고 이를 적용한 문제를 풀어내는 것이 중요합니다. 자기력선의 성질과 자속, 자속밀도의 개념도 확실히 정리해두어야 합니다. 자기쌍극자와 자기쌍극자 모멘트의 정의, 자기쌍극자에 의한 자계와 자위를 나타내는 수식의 특성도 꼼꼼히 익혀야 합니다. 평등자계에 놓인 막대자석에 생기는 회전력의 수식도 정확히 기억해두기 바랍니다.

7.1 자성체와 자기유도

자성체Magnetic Material는 자기적 성질(자성)을 가지고 있거나 외부 자기장에 반응하여 자기적 성질을 띠는 물질이다. 자성을 가진 자성체는 자석Magnetic이라 하며, 철과 같은 다른 자성체를 끌어당기거나 지구의 자기장에 반응하여 나침판 역할을 한다.[1] 자석에서 자기력이 강한 부분을 자극Magnetic pole이라 하고 북쪽을 가리키는 자극을 N극North pole, 남쪽을 가리키는 부분을 S극South pole이라 한다.

전하가 극성이 다른 전하를 끌어당기는 정전유도 현상처럼 자석은 다른 자성체를 끌어당기거나 근처에 놓인 금속을 자화시키는데, 이를 **자기유도**라고 한다. 자기유도에 의한 자화의 방향은 원래 자석의 극성과 반대이다. 예를 들어, 막대자석의 N극 근처에 놓인 철 조각이 있다면 N극과 가까운 부분의 철 조각은 S극으로 자화된다. 자성체에 따라 자화는 일시적일 수도 있고 영구적일 수도 있다. 연철과 같은 재료는 자석이 가까이 있을 때만 자성을 띠지만 강철과 같은 재료는 자화된 상태를 유지한다.[2]

자석의 N극과 S극은 분리할 수 없다. 예를 들어, 막대자석에서 N극 쪽을 잘라내면 잘라낸 조각은 다시 N극과 S극을 가진 새로운 막대자석이 된다. 남아 있는 S극 부분도 마찬가지로 N극과 S극을 가진 막대자석이 되어 총 2개의 막대자석이 만들어진다.

7.2 쿨롱의 법칙

자석의 N극과 S극을 전하와 유사한 개념으로 **자하**Magnetic charge라 부르며, m으로 나타낸다. N극은 $+m$, S극은 $-m$으로 표시하며, 단위는 웨버Weber[Wb]이다. 전하와 마찬가지로 자하 간에도 힘이 작용하며, 그 크기를 쿨롱의 법칙으로 나타낸다.[3] [그림 7-1]과 같이 2개의 자하 m_1과 m_2가 거리 r만큼 떨어져 있을 때 두 자하 간에 작용하는 쿨롱의 힘 $\boldsymbol{F}$는 두 자하의 곱에 비례하고 거리의 제곱에 반비례한다. 이를 수식으로 표현하면 식 (7.1)과 같다.

---

1 지구는 커다란 구형 자석과 같으며, 지구 자기장(지자기) S극은 지리적으로 북극 근처에, 지구 자기장 N극은 지리적으로 남극 근처에 있다. 이 때문에 자석의 N극은 북쪽을, S극은 남쪽을 가리키게 된다.

2 연철과 강철의 탄소 함유량은 다르며, 탄소가 더 많이 함유된 강철이 더 단단하다.

3 다른 극끼리는 흡인력이, 같은 극끼리는 반발력이 작용한다.

$$F = k\frac{m_1 m_2}{r^2}\,[\mathrm{N}] \tag{7.1}$$

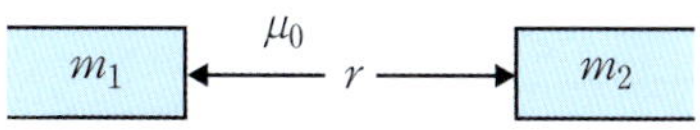

그림 7-1 쿨롱의 법칙

식 (7.1)에서 k는 매질에 따라 달라지는 비례 상수인 쿨롱 상수Coulomb constant이다. 공기(진공)에서의 쿨롱 상수는 다음과 같다.

$$k = \frac{1}{4\pi\mu_0} \tag{7.2}$$

앞선 식에서 μ_0는 공기의 투자율로, 값은 $4\pi \times 10^{-7}$[H/m]이다.[4] μ_0의 값을 넣어 k를 계산하면 6.33×10^4이 되며, 쿨롱의 힘 F는 식 (7.3)으로 나타낼 수 있다.

$$F = \frac{m_1 m_2}{4\pi\mu_0 r^2} = 6.33 \times 10^4 \times \frac{m_1 m_2}{r^2}\,[\mathrm{N}] \tag{7.3}$$

여기서 잠깐 **투자율**

투자율Permeability μ는 매질에 따라 물질 내부에서 자계가 얼마나 잘 형성되는지를 나타내는 물리량으로, 단위는 [H/m]이다. 비투자율(μ_s 또는 μ_r로 표시)은 공기(진공)의 투자율 μ_0를 기준값 1로 놓고 다른 물질의 투자율이 기준값 대비 몇 배인지를 나타낸다. 따라서 어떤 물질의 투자율 $\mu = \mu_0\mu_s$로 정의한다. 예를 들어, 변압기에 사용된 규소강Silicon steel의 비투자율 μ_s는 약 3000이므로 실제 규소강의 투자율 $\mu = 3000 \times \mu_0$[H/m]이다.

예제 7-1

10^{-5}[Wb]와 1.2×10^{-5}[Wb]의 점자극[5]을 공기 중에서 2[cm] 거리에 놓았을 때 자극 간에 작용하는 힘은 약 몇 [N]인가?

① 1.9×10^{-2} ② 1.9×10^{-3} ③ 3.8×10^{-2} ④ 3.8×10^{-3}

풀이

식 (7.3)에서 $F = 6.33 \times 10^4 \times \frac{10^{-5} \times 1.2 \times 10^{-5}}{(2 \times 10^{-2})^2} = 1.9 \times 10^{-2}$[N]이므로 정답은 ①이다.

4 특별한 언급이 없으면 μ_0를 매질의 투자율로 사용한다.

5 전계에서의 점전하와 유사한 개념이다. (+)나 (−)전기를 띤 점전하는 실제로 존재한다. 단, N극이나 S극이 따로 분리된 점자하는 존재할 수 없다. 그럼에도 자계의 물리적 현상을 이해하기 위해 가상의 점자극을 설정하였다.

7.3 자계의 세기

자석의 자기적인 힘이 작용하는 공간을 **자계** Magnetic Field라 하며, '자기장' 또는 '자장'이라고도 한다. 자석 근처에 놓인 자성체가 자화되는 것은 주변 공간에 자기적인 힘이 작용하기 때문이다. 자계 중에서 **시간에 따라 변하지 않는 정적인 자계를 정자계** Static magnetic field라 한다. 영구자석이나 직류 전류에 의해 형성되는 자계는 정자계의 대표적인 예이다.

자계의 세기는 $m\,[\mathrm{Wb}]$**의 자하와 단위 양자하**($+1\,[\mathrm{Wb}]$) **간에 작용하는 쿨롱의 힘**으로 정의하며, $\boldsymbol{H}$로 표시한다. 자계의 세기 $\boldsymbol{H}$는 두 자하 간의 작용하는 쿨롱의 힘이므로 식 (7.4)와 같이 나타낼 수 있다. 이때 단위 양자하가 받는 힘의 방향이 자계의 방향이다.[6]

$$\boldsymbol{H} = k\frac{m \times 1}{r^2} = k\frac{m}{r^2} = \frac{m}{4\pi\mu_0 r^2}\ [\mathrm{N/Wb}] \tag{7.4}$$

자계의 세기 $\boldsymbol{H}$는 $+1[\mathrm{Wb}]$의 자하가 받는 쿨롱의 힘이므로 힘 $\boldsymbol{F}$는 식 (7.5)와 같이 자하의 크기에 비례한다.[7]

$$\boldsymbol{F} = m\boldsymbol{H}\ [\mathrm{N}] \tag{7.5}$$

식 (7.5)에서 $\boldsymbol{H} = \dfrac{\boldsymbol{F}}{m}$이므로 자계의 단위는 $[\mathrm{N/Wb}]$가 된다. $[\mathrm{A/m}]$와 $[\mathrm{AT/m}]$도 자계의 단위로 사용된다.[8]

예제 7-2

자계의 세기를 표시하는 단위가 아닌 것은?

① [A/m] ② [Wb/m] ③ [N/Wb] ④ [AT/m]

풀이

[Wb/m]는 자계의 단위로 쓰이지 않는다. 따라서 정답은 ②이다.

---

6 따라서 자계의 세기 $\boldsymbol{H}$는 벡터이다.

7 이 책에서는 앞으로 '자계의 세기 $\boldsymbol{H}$'를 간단히 '자계 $\boldsymbol{H}$'로 표기한다.

8 단위에 대한 내용은 8.1.2절을 참고하라.

7.4 자기력선

7.4.1 자기력선

2장에서 살펴본 전기력선이 전계의 세기와 방향을 나타낸다면 **자기력선**Magnetic field lines은 자계의 세기와 방향을 나타내는 가상의 선이다. [그림 7-2]는 막대자석 주위에 형성된 자기력선의 모습을 나타낸 것이다. 자기력선은 일반적으로 [그림 7-2(a)]와 같이 N극에서 나와 S극으로 들어간다. 같은 극끼리는 [그림 7-2(b)]와 같이 흡인력이 작용하며, 다른 극끼리는 [그림 7-2(c)]와 같이 반발력이 작용하여 자기력선을 형성한다.

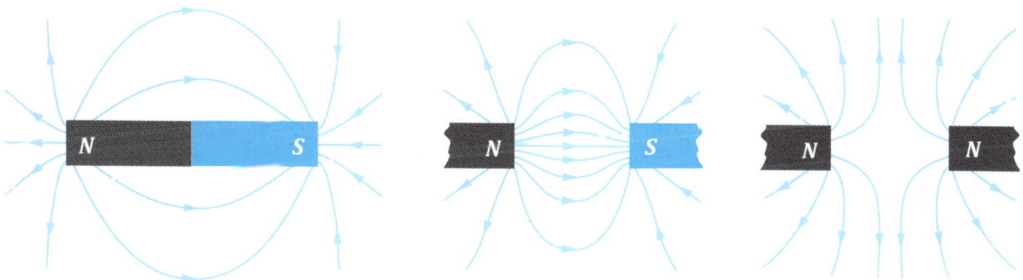

(a) 자기력선(N극 → S극)　(b) 다른 극(흡인력)　(c) 같은 극(반발력)

그림 7-2 자기력선의 분포

7.4.2 자기력선의 성질

자기력선은 다음과 같은 성질을 가지고 있다.

1. N극($+m$)에서 나와 S극($-m$)으로 들어간다.
2. 서로 교차하지 않는다.
3. 자성체 표면에 수직으로 출입한다.
4. 자석은 분리될 수 없으므로 자기력선은 항상 폐곡선을 형성한다.
5. 자계의 방향은 자기력선 위의 한 점에서의 접선 방향이다.
6. 등자위면과 수직으로 교차한다.
7. 자기력선의 밀도는 자계의 세기와 같다.

자하 m에서 나오는 자기력선의 수 N은 식 (7.6)으로 나타낼 수 있으며, 자하의 크기 m에 비례한다.[9]

$$N = \frac{m}{\mu_0}[\text{개}] \tag{7.6}$$

[그림 7-3]은 자기력선상의 임의의 점 ⓐ, ⓑ, ⓒ에 접선을 표시한 것이다. 각 점에서 접선의 방향은 곧 자계의 방향이 된다. 이를 통해 자기력선의 위치에 따라 자계의 방향이 달라짐을 알 수 있다.

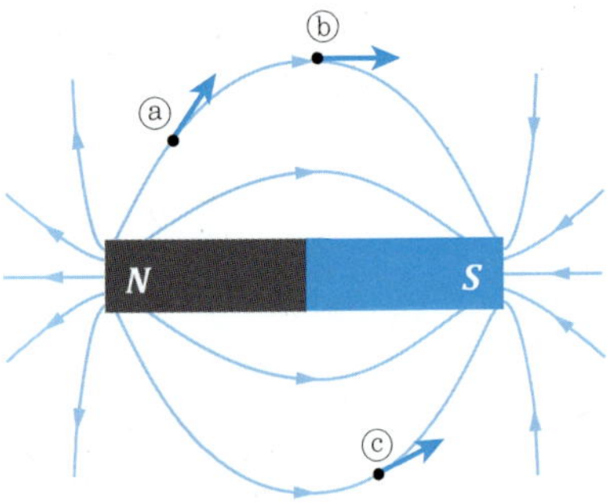

그림 7-3 자계의 방향

예제 7-3

진공 중에서 4π[Wb]의 자하로부터 발산되는 총자기력선의 수는?

① 4π ② 10^7 ③ $4\pi \times 10^7$ ④ $\frac{10^7}{4\pi}$

풀이

식 (7.6)을 참고하면 자기력선의 수 $N = \frac{m}{\mu_0} = \frac{4\pi}{4\pi \times 10^{-7}} = 10^7$[개]이므로 정답은 ②이다.

---

9 자기력선의 수 N을 구하는 과정은 7.5.3절을 참고하라.

7.5 자속밀도

7.5.1 자속과 자속밀도

자하 m에서 나오는 자기력선의 묶음을 **자속**Magnetic Flux이라 하며, 기호 ϕ로 표시한다. 만약 독립된 자극이 존재한다고 가정하면 자속과 자하의 관계는 식 (7.7)과 같이 나타낼 수 있다.[10]

$$\phi = m \tag{7.7}$$

식 (7.7)에 따르면 자속은 매질과 무관하게 $m\,[\mathrm{Wb}]$의 자하에서 $\phi\,[\mathrm{Wb}]$의 자속이 발생한다고 볼 수 있으나 실제 매질 내부의 자계는 투자율과 같은 매질의 특성에 따라 달라진다. 자속 ϕ를 면적 S로 나누면 **자속밀도**Magnetic Flux Density가 되며, 이를 $\boldsymbol{B}$로 표시한다. 구의 표면적 $S = 4\pi r^2$이므로 자속밀도 $\boldsymbol{B}$는 식 (7.8)과 같이 나타낼 수 있다.

$$\boldsymbol{B} = \frac{\phi}{S} = \frac{m}{S} = \frac{m}{4\pi r^2}\,[\mathrm{Wb/m^2}] \tag{7.8}$$

식 (7.4)의 자계 $\boldsymbol{H} = \dfrac{m}{4\pi\mu_0 r^2}$에 투자율 μ_0를 곱하면 식 (7.8)이 되므로 자속밀도 $\boldsymbol{B}$와 자계 $\boldsymbol{H}$의 관계를 식 (7.9)와 같이 나타낼 수 있다.

$$\boldsymbol{B} = \mu_0 \boldsymbol{H} \tag{7.9}$$

자속 ϕ는 다음과 같이 자속밀도 $\boldsymbol{B}$를 면적적분하여 구할 수 있다.

$$\phi = \int_S \boldsymbol{B} \cdot d\boldsymbol{S} \tag{7.10}$$

그러나 7.1절에서 설명한 것처럼 자석의 N극과 S극은 서로 분리할 수 없으며, 항상 쌍으로만 존재한다.[11] 이에 따라 자속은 전속과 달리 항상 폐곡선을 형성한다. 따라서 폐곡면에 대해 자속밀도 $\boldsymbol{B}$를 면적적분하면 그 값은 식 (7.11)과 같이 항상 0이 된다. 이를 **자계에서의 가우스 법칙**이라고 한다.

---

10 실제로 독립된 자극(자기 홀극)은 존재하지 않으므로 식 (7.7)은 정확한 물리 법칙이라기보다 전계와 유사하게 자계를 설명하기 위해 도입된 가상의 개념이다.

11 자석이 자성을 띠는 이유는 자성체 내부의 자기쌍극자 모멘트들이 한 방향으로 정렬되는 자화 현상 때문이다. 자석을 잘라내더라도 내부의 자기쌍극자 모멘트는 사라지지 않으므로 잘린 조각은 다시 N극과 S극을 형성한다. 자화에 대한 자세한 내용은 9.1절을 참고하라.

$$\int_S \boldsymbol{B} \cdot dS = 0 \tag{7.11}$$

자기력선이 항상 폐곡선을 형성한다는 것은 그 흐름이 끊이지 않고 연속적임을 의미하며, 식 (7.12)와 같이 자속밀도의 발산이 0이 됨을 의미한다. 이 식을 자계에서의 **가우스 법칙의 미분형**이라고 한다.

$$\nabla \cdot \boldsymbol{B} = 0 \tag{7.12}$$

7.5.2 자기력선의 수

자기력선의 밀도는 자계의 세기와 같으므로[12] 식 (7.12)와 같이 자계 $\boldsymbol{H}$를 면적적분하여 자기력선의 수 N을 구할 수 있다.

$$N = \int_S \boldsymbol{H} \cdot dS \tag{7.13}$$

식 (7.9)에서 $\boldsymbol{H} = \dfrac{\boldsymbol{B}}{\mu_0}$이므로 식 (7.13)을 다음과 같이 바꿀 수 있다.

$$N = \frac{1}{\mu_0}\int_S \boldsymbol{B} \cdot dS$$

식 (7.7)과 식 (7.10)을 참고하면 $\int_S \boldsymbol{B} \cdot dS = m$이므로 식 (7.14)와 같이 자기력선의 수를 구할 수 있다.

$$N = \frac{m}{\mu_0}\,[\text{개}] \tag{7.14}$$

예제 7-4

공기 중 임의의 점에서 자계의 세기 $\boldsymbol{H}$가 $20\,[\mathrm{AT/m}]$이면 자속밀도 $\boldsymbol{B}$는 약 몇 $[\mathrm{Wb/m^2}]$인가?

① 2.5×10^{-5} ② 3.5×10^{-5} ③ 4.5×10^{-5} ④ 5.5×10^{-5}

풀이

식 (7.9)를 참고하면 $\boldsymbol{B} = \mu_0 \boldsymbol{H} = 4\pi \times 10^{-7} \times 20 = 2.5 \times 10^{-5}\,[\mathrm{Wb/m^2}]$이므로 정답은 ①이다.

---

12 7.4.2절의 '자기력선의 성질' ❼을 참고하라.

7.6 자위

7.6.1 자위의 정의

자위 Magnetic potential 는 단위 양자하(+1[Wb])가 어떤 위치에서 가지는 자기적인 위치에너지이며, U로 표시한다. [그림 7-4]는 이러한 자위의 정의를 나타낸 것으로, 점 P의 자위 U_P는 단위 양자하를 자계 $\boldsymbol{H}$를 거슬러 무한 원점(∞)[13]에서 점 P까지 이동시키는 데 필요한 일(W[J])이다.

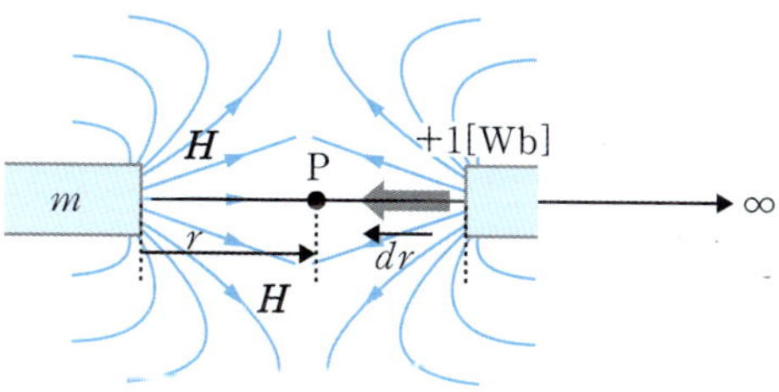

그림 7-4 자위의 정의

정의에 따라 자위 U_P는 식 (7.15)와 같이 나타낼 수 있으며, 단위 양자하가 자계와 반대로 움직이므로 식에 (−)를 붙인다.

$$U_P = -\int_{\infty}^{P} \boldsymbol{H} \cdot dr \tag{7.15}$$

[그림 7-4]에서 점 P는 자하 m에서 r만큼 떨어진 점이므로 식 (7.15)의 점 P를 r로 바꿀 수 있다. 이어서 자계 $\boldsymbol{H}$의 식 (7.4)를 대입한 후 적분하여 식 (7.16)과 같이 U_P를 구할 수 있다. U_P는 임의의 점 P의 자위이므로 간단히 U로 표시한다.

$$\begin{aligned} U_P &= -\int_{\infty}^{r} \boldsymbol{H} \cdot dr = -\int_{\infty}^{r} \frac{m}{4\pi\mu_0 r^2} \cdot dr \\ &= \frac{m}{4\pi\mu_0}\left[-\frac{1}{r}\right]_r^{\infty} \\ &= \frac{m}{4\pi\mu_0 r}\,[\mathrm{A}] \end{aligned} \tag{7.16}$$

13 자계 $\boldsymbol{H}=0$인 점이다.

7.6.2 자계와 자위의 관계

자위 U는 $+1$[Wb]의 자하를 이동시키는 데 필요한 일(에너지)이므로 일 W는 식 (7.17)과 같이 자하의 크기에 비례한다.

$$W = mU \text{ [J]} \tag{7.17}$$

식 (7.4)와 식 (7.16)을 비교하면 자계 $\boldsymbol{H}$와 자위 U의 관계를 식 (7.18)과 같이 나타낼 수 있다.[14]

$$U = \boldsymbol{H} \cdot r \text{ [A], [AT]}, \quad \boldsymbol{H} = \frac{U}{r} \text{ [A/m], [AT/m]} \tag{7.18}$$

자계 $\boldsymbol{H}$의 단위 [A/m]는 '단위길이당 자위차'를 의미한다. 따라서 자계 $\boldsymbol{H}$는 자위의 기울기, 즉 자위 경도이므로 식 (7.19)와 같이 나타낼 수 있다.

$$\boldsymbol{H} = -grad\,U = -\nabla U \text{ [A/m]} \tag{7.19}$$

예제 7-5

다음 중 자위의 단위로 옳은 것은 무엇인가?

① [C/m] ② [Gauss] ③ [N/Wb] ④ [A]

풀이

자위의 단위는 [A] 또는 [AT]이므로 정답은 ④이다.

7.7 자기쌍극자

[그림 7-5]와 같이 미소간격 l만큼 떨어져 있고 크기는 같으며 극성이 반대인 두 자하 $-m$과 $+m$을 **자기쌍극자** Magnetic dipole라 한다.[15] 이때 $-m$ [Wb]에서 $+m$ [Wb]를 향하는 벡터를 **자기쌍극자 모멘트** magnetic dipole moment라 하며, $\boldsymbol{M}$으로 표시한다. 자기쌍극자 모멘트 $\boldsymbol{M}$의 크기는 식 (7.20)과 같다.

---

14 자계 $\boldsymbol{H}$의 단위는 [A/m], [AT/m]이며, 거리는 r[m]이므로 $U = \boldsymbol{H} \cdot r$에서 자위 U의 단위는 [A], [AT]가 된다.

15 자석은 N극과 S극을 분리할 수 없으므로 항상 자기쌍극자를 이룬다.

$$M = m \cdot l \, [\mathrm{Wb \cdot m}] \tag{7.20}$$

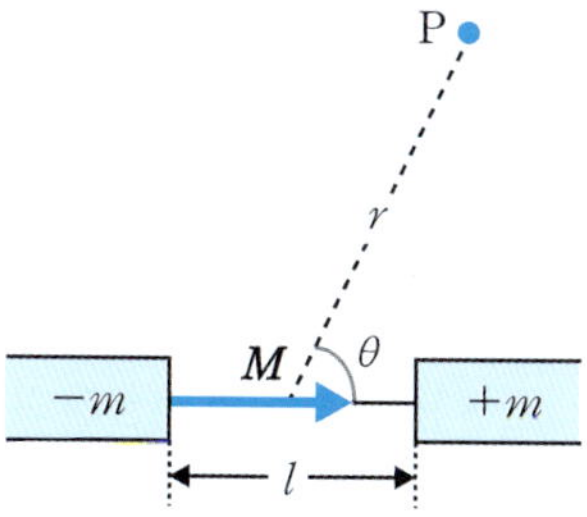

그림 7-5 자기쌍극자

자기쌍극자의 중심점에서 거리 r만큼 떨어진 점 P의 자위 U와 자계 $\boldsymbol{H}$의 크기는 각각 식 (7.21)과 식 (7.22)로 주어진다.[16] 식에서 θ는 l와 r 간의 각도로, [그림 7-5]에 표시하였다.

$$U = \frac{M\cos\theta}{4\pi\mu_0 r^2} \, [\mathrm{A}] \tag{7.21}$$

$$H = \frac{M\sqrt{1+3\cos^2\theta}}{4\pi\mu_0 r^3} \, [\mathrm{A/m}] \tag{7.22}$$

자기쌍극자에 의한 자위와 자계는 자기쌍극자 모멘트 $\boldsymbol{M}$의 크기에 비례하며, 자위는 거리의 제곱(r^2)에 반비례하고, 자계는 거리의 세제곱(r^3)에 반비례한다. 또한 자위 U와 자계 $\boldsymbol{H}$의 크기는 $\theta = 0°$일 때 최대이고 $\theta = 90°$일 때 최소이다.

예제 7-6

자기쌍극자의 자위에 관한 설명 중 맞는 것은 무엇인가?

① 쌍극자의 자기모멘트에 반비례한다.
② 거리의 제곱에 반비례한다.
③ 자기쌍극자의 축과 이루는 각도 θ의 $\sin\theta$에 비례한다.
④ 자위의 단위는 [Wb]이다.

풀이

식 (7.21)을 참고하면 자기쌍극자에 의한 자위는 거리의 제곱(r^2)에 반비례하므로 정답은 ②이다. 자기쌍극자에 의한 자위는 자기쌍극자 모멘트와 $\cos\theta$에 비례하며, 단위는 [A] 또는 [AT]이다.

16 두 식은 전기쌍극자에 의한 전위의 식 (2.48) 및 전계의 식 (2.49)와 형태가 동일하다.

7.8 자기 이중층

정전계에서 다룬 전기 이중층과 비슷하게 얇은 판으로 이루어진 층 사이에 수많은 자기쌍극자가 형성된 판상의 자석을 **자기 이중층**Magnetic Double Layer 또는 판자석이라 한다. [그림 7-6]은 자기 이중층을 나타낸 것으로, 각 층의 표면 자하밀도는 $+\sigma\,[\mathrm{Wb/m^2}]$와 $-\sigma\,[\mathrm{Wb/m^2}]$이며, 층 간격은 δ이다.

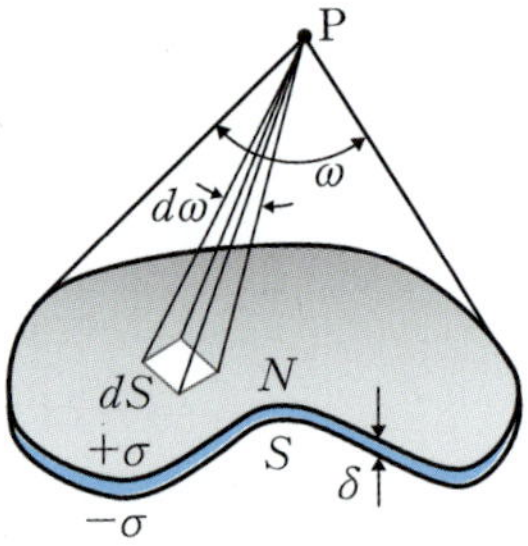

그림 7-6 자기 이중층

[그림 7-6]에서 미소면적 dS는 매우 짧은 간격 δ에 $\pm\sigma$의 자하가 놓인 자기쌍극자로 볼 수 있으며, dS에 존재하는 미소자하량 $dm=\sigma dS$이다. 그림의 $d\omega$는 dS와 점 P가 이루는 미소 입체각이다. 자기쌍극자의 자위를 나타내는 식 (7.20)을 적용하면 dS에 의한 점 P의 자위 dU_P를 다음과 같이 나타낼 수 있다.

$$dU_P=\frac{dm\delta\cos\theta}{4\pi\mu_0 r^2}=\frac{(\sigma dS)\delta\cos\theta}{4\pi\mu_0 r^2}=\frac{\sigma\delta}{4\pi\mu_0}\frac{dS\cos\theta}{r^2}$$

앞선 식에 미소 입체각 $d\omega=\dfrac{dS\cos\theta}{r^2}$[17]를 적용하면 dU_P를 다음과 같이 다시 쓸 수 있다.

$$dU_P=\frac{\sigma\delta}{4\pi\mu_0}d\omega$$

그러면 자위 U_P를 식 (7.23)과 같이 나타낼 수 있다. 식에서 $\sigma\delta$를 $P\,[\mathrm{Wb/m}]$[18]로 표시하고 '**자기 이중층의 세기**' 또는 '**판자석의 세기**'라고 한다.

$$U_P=\frac{\sigma\delta}{4\pi\mu_0}\omega=\frac{P\omega}{4\pi\mu_0}\ [\mathrm{A}] \tag{7.23}$$

17 미소 입체각에 대한 자세한 내용은 2.11절을 참고하라.

18 σ와 δ의 단위가 각각 $[\mathrm{Wb/m^2}]$와 $[\mathrm{m}]$이므로 자기 이중층의 세기 P의 단위는 $[\mathrm{Wb/m}]$가 된다.

자기 이중층이 무한하게 넓다면 입체각 ω는 점점 커져서 결국 2π가 되므로 자위 U_P는 식 (7.24)와 같이 나타낼 수 있다.

$$U_P = \frac{P}{2\mu_0} \text{ [A]} \tag{7.24}$$

점 P 대신 $-\sigma$층 아래쪽에 점 Q가 있다고 가정하면 점 Q의 자위 U_Q는 식 (7.25)처럼 부호가 반대로 된다.

$$U_Q = -\frac{P}{2\mu_0} \text{ [A]} \tag{7.25}$$

이로부터 점 P와 점 Q의 자위차 U_{PQ}를 식 (7.26)과 같이 구할 수 있다.

$$U_{PQ} = U_P - U_Q = \frac{P}{\mu_0} \text{ [A]} \tag{7.26}$$

예제 7-7

판자석의 세기가 P [Wb/m]인 판자석의 입체각 ω인 점에서의 자위는 몇 [A]인가?

① $\dfrac{P}{4\pi\mu_0\omega}$ ② $\dfrac{P\omega}{4\pi\mu_0}$ ③ $\dfrac{P}{2\pi\mu_0\omega}$ ④ $\dfrac{P\omega}{2\pi\mu_0}$

풀이

식 (7.23)에서 판자석에 의한 자위 $U = \dfrac{P\omega}{4\pi\mu_0}$ 이므로 정답은 ②이다.

7.9 자계에 의한 회전력(토크)

[그림 7-7]은 평등자계 $\boldsymbol{H}$에 놓인 길이가 l이고 자극의 세기가 각각 $+m$, $-m$인 막대자석이다. 이 막대자석과 자계 $\boldsymbol{H}$의 각도가 θ일 때 막대자석에 작용하는 **회전력**(**토크** Torque) $\boldsymbol{T}$는 자기 쌍극자 모멘트 $\boldsymbol{M}$과 자계 $\boldsymbol{H}$의 벡터곱이며, 식 (7.27)과 같이 표현할 수 있다.

$$\boldsymbol{T} = \boldsymbol{M} \times \boldsymbol{H} = MH\sin\theta = mlH\sin\theta \text{ [N} \cdot \text{m]} \tag{7.27}$$

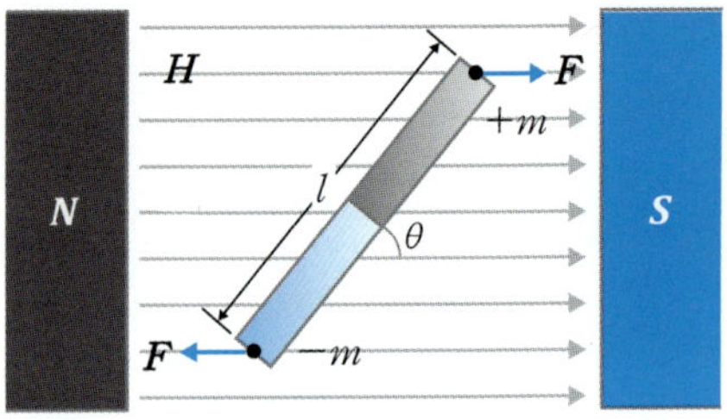

그림 7-7 자계에 놓인 막대자석

여기서 잠깐 **회전력**

회전력은 회전축을 중심으로 물체를 회전시키는 힘의 크기를 나타내는 물리량으로, [그림 7-8]의 회전축에서 힘이 작용하는 지점까지의 거리 $\boldsymbol{r}$과 힘 $\boldsymbol{F}$의 벡터곱으로 정의된다. 즉, 회전력 $\boldsymbol{T} = \boldsymbol{r} \times \boldsymbol{F} = rF\sin\theta$이며, θ는 힘의 작용점이 회전축과 이루는 각도이다. 회전력의 단위는 [N · m]이다.

그림 7-8 회전력의 정의

예제 7-8

자극의 세기가 8×10^{-6}[Wb], 길이가 3[cm]인 막대자석을 120[AT/m]의 평등자계 내에 자력선과 30°의 각도로 놓으면 이 막대자석이 받는 회전력은 몇 [N · m]인가?

① 1.44×10^{-4} ② 1.44×10^{-5} ③ 3.02×10^{-4} ④ 3.02×10^{-5}

풀이

식 (7.27)을 참고하면 회전력(토크) $T = mlH\sin\theta$ [N · m]이다. 따라서 $T = 8 \times 10^{-6} \times 3 \times 10^{-2} \times 120 \times \sin 30° = 1.44 \times 10^{-5}$이 되므로 정답은 ②이다.

CHAPTER 07

핵심 정리

- **자기유도** : 다른 자성체를 끌어당기거나 자석 근처에 놓인 금속을 자화시키는 현상

- **쿨롱의 법칙과 자계, 자위**

구분	쿨롱의 법칙	자계	자위
설명	• 두 자하 간에 작용하는 자기력 • 두 자하의 곱에 비례하고 거리의 제곱에 반비례하며, 쿨롱 상수는 매질에 따라 변화	• 자계 : 자기력이 작용하는 공간 • 자계의 세기 : m[Wb]의 자하와 단위 양자하(+1[Wb]) 간에 작용하는 쿨롱의 힘	• 단위 양자하(+1[Wb])가 가진 자기적인 위치에너지 • 점 P의 자위 : 단위 양자하(+1[Wb])를 무한 원점에서 점 P까지 자계를 거슬러 이동시키는 데 필요한 일
식	$\boldsymbol{F}=\dfrac{m_1m_2}{4\pi\mu_0 r^2}$[N]	$\boldsymbol{H}=\dfrac{m}{4\pi\mu_0 r^2}$[N/Wb]	$U=\dfrac{m}{4\pi\mu_0 r}$[A]
기타	두 자하의 극성이 다르면 흡인력이, 같으면 반발력이 작용	단위 : [N/Wb], [A/m], [AT/m]	자위 $U=\boldsymbol{H}\cdot r$[A]
		자기력 $\boldsymbol{F}=m\boldsymbol{H}$[N]	자위와 일 $W=mU$[J]

- k : 쿨롱 상수 $\left(\dfrac{1}{4\pi\mu_0}=6.33\times10^4\right)$
- μ_0 : 공기(진공)의 투자율 $(4\pi\times10^{-7}\,[\mathrm{H/m}])$
- 자계 $\boldsymbol{H}=-gradU=-\nabla U$(자위경도)

- **자기력선** : 자계의 세기와 방향을 나타내는 가상의 선(자기력선의 성질은 7.4.2절 참고)
  - 자기력선의 수 $N=\dfrac{m}{\mu_0}$[개]

- **자속밀도** : $\boldsymbol{B}=\dfrac{\phi}{S}=\dfrac{m}{S}=\dfrac{m}{4\pi r^2}[\mathrm{Wb/m^2}]$, $\boldsymbol{B}=\mu_0\boldsymbol{H}$

- **(자계) 가우스 법칙** : $\int_S \boldsymbol{B}\cdot dS=0$으로, 폐곡면에 대한 자속밀도 $\boldsymbol{B}$의 면적적분은 항상 0이다(자기 홀극은 존재하지 않음).

- **자기쌍극자** : 미소간격 l 사이에 놓인 크기는 같고 극성이 반대인 두 자하 $-m$과 $+m$
  - 자기쌍극자 모멘트 : $M=m\cdot l\,[\mathrm{Wb\cdot m}]$
  - 자위 U는 거리의 제곱(r^2)에 반비례하고, 자계 H는 거리의 세제곱(r^3)에 반비례한다.

- **자기 이중층(판자석)** : $+\sigma$와 $-\sigma$의 표면 자하밀도를 가진 얇은 층 사이에 수많은 자기쌍극자가 형성된 상태

- **회전력(토크)** $\boldsymbol{T}$
  - 평등자계 $\boldsymbol{H}$에 놓인 길이 l, 자극 $\pm m$[Wb]인 막대자석에 작용하는 회전력
  - $\boldsymbol{T}=\boldsymbol{M}\times\boldsymbol{H}=mlH\sin\theta\,[\mathrm{N\cdot m}]$

CHAPTER 07

핵심 유형

유형 1 쿨롱의 힘, 자계의 세기 계산하기

TIP
- 쿨롱의 법칙으로 자하 간의 거리 계산하기
- 정자계에서 자극의 크기, 자계의 세기 계산하기

01 공기 중에서 가상 점자극 m_1[Wb]과 m_2[Wb]를 r[m] 떼어 놓았을 때 두 자극 간의 작용력이 $\boldsymbol{F}$[N]이라면 이때의 거리 r[m]는?

① $\sqrt{\dfrac{m_1 m_2}{\boldsymbol{F}}}$ ② $\dfrac{6.33\times 10^4\times m_1 m_2}{\boldsymbol{F}}$

③ $\sqrt{\dfrac{6.33\times 10^4\times m_1 m_2}{\boldsymbol{F}}}$ ④ $\sqrt{\dfrac{9\times 10^4\times m_1 m_2}{\boldsymbol{F}}}$

풀이

쿨롱의 힘을 구하는 식 (7.3)에서 m_1과 m_2의 점자극 사이에 작용하는 쿨롱의 힘 $\boldsymbol{F}=6.33\times 10^4\times \dfrac{m_1 m_2}{r^2}$[N]이므로 $r=\sqrt{\dfrac{6.33\times 10^4\times m_1 m_2}{\boldsymbol{F}}}$ 이다.

답 ③

---

02 500[AT/m]의 자계 중에 어떤 자극을 놓았을 때 3×10^3[N]의 힘이 작용했다면 자극의 세기는 몇 [Wb]인가?

① 2 ② 3 ③ 5 ④ 6

풀이

쿨롱의 힘에 대한 식 (7.5)를 참고하면 $m=\dfrac{\boldsymbol{F}}{\boldsymbol{H}}$이므로 $m=\dfrac{3\times 10^3}{500}=6$[Wb]이다.

답 ④

03 거리 r[m]를 두고 m_1, m_2[Wb]인 같은 부호의 자극이 있다. 두 자극을 잇는 선상의 어느 점에서 자계의 세기가 0인 점은 m_1[Wb]에서 몇 [m] 떨어져 있는가?

① $\dfrac{m_1 r}{m_1+m_2}$ ② $\dfrac{r\sqrt{m_1}}{\sqrt{m_1+m_2}}$ ③ $\dfrac{r\sqrt{m_1}}{\sqrt{m_1}+\sqrt{m_2}}$ ④ $\dfrac{r\sqrt{m_2}}{\sqrt{m_1}+\sqrt{m_2}}$

풀이

다음 그림과 같이 두 자극을 잇는 선상의 점을 P라 하자. 점 P의 자계의 세기가 0이 되려면 m_1 및 m_2에 의한 자계의 세기가 서로 같아야 한다.

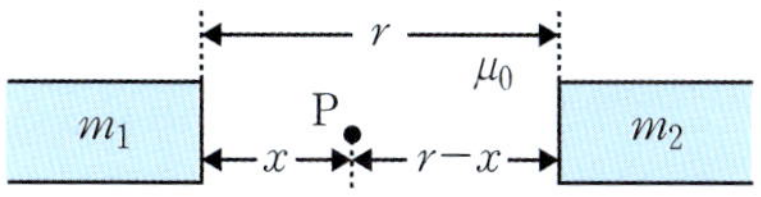

식 (7.4)를 적용하면 자계 $\boldsymbol{H} = \dfrac{m_1}{4\pi\mu_0 x^2} = \dfrac{m_2}{4\pi\mu_0 (r-x)^2}$가 되며, 양변에 공통인 $\dfrac{1}{4\pi\mu_0}$을 지우고 제곱근을 취하면 $\dfrac{\sqrt{m_1}}{x} = \dfrac{\sqrt{m_2}}{r-x}$이 된다. 이 식을 x에 대해 정리하면 $x(\sqrt{m_1}+\sqrt{m_2}) = r\sqrt{m_1}$이므로 $x = \dfrac{r\sqrt{m_1}}{\sqrt{m_1}+\sqrt{m_2}}$이 된다.

답 ③

유형 2 자기력선과 자속밀도 정의하기

TIP

- 자기력선의 성질 정의하기
- 자속밀도를 이용하여 비투자율 또는 자극이 받는 힘 계산하기

01 다음의 자력선의 성질 중에서 맞지 않는 것은?

① 자력선은 N(+)극에서 출발하여 S(−)극에서 끝난다.

② 한 점의 자력선의 밀도는 그 점의 자계의 크기와 같다.

③ m[Wb]의 자하에서 나오는 자력선의 개수는 m개이다.

④ 자력선에 그은 접선은 그 점에서의 자계의 방향을 나타낸다.

풀이

자기력선의 수를 나타낸 식 (7.14)를 참고하면 m[Wb]의 자하에서 나오는 자기력선(자력선)의 수 $N = \dfrac{m}{\mu_0}$[개]이다.

답 ③

02 단면적 $4[\mathrm{cm}^2]$의 철심에 $6\times10^{-4}[\mathrm{Wb}]$의 자속을 통하게 하려면 $2800[\mathrm{AT/m}]$의 자계가 필요하다. 이 철심의 비투자율은 약 얼마인가?

① 346 ② 375 ③ 407 ④ 426

풀이

자속밀도에 대한 식 (7.8)을 참고하면 자속밀도 $\boldsymbol{B} = \dfrac{\phi}{S} = \dfrac{6\times10^{-4}}{4\times10^{-4}} = 1.5[\mathrm{Wb/m^2}]$이다. 또한 식 (7.9)를 참고하면 $\mu = \mu_0\mu_s = \dfrac{\boldsymbol{B}}{\boldsymbol{H}}$이므로 $\mu_s = \dfrac{\boldsymbol{B}}{\mu_0\boldsymbol{H}} = \dfrac{1.5}{4\pi\times10^{-7}\times2800} = 426.3$이다.

답 ④

---

03 비투자율 μ_s, 자속밀도 $\boldsymbol{B}$인 자계 중에 있는 $m[\mathrm{Wb}]$의 점자극이 받는 힘 $[\mathrm{N}]$은?

① $\dfrac{m\boldsymbol{B}}{\mu_0}$ ② $\dfrac{m\boldsymbol{B}}{\mu_0\mu_s}$ ③ $\dfrac{m\boldsymbol{B}}{\mu_s}$ ④ $\dfrac{\mu_0\mu_s}{m\boldsymbol{B}}$

풀이

자속밀도에 대한 식 (7.9)를 참고하면 $\boldsymbol{B} = \mu\boldsymbol{H} = \mu_s\mu_0\boldsymbol{H}$이므로 $\boldsymbol{H} = \dfrac{\boldsymbol{B}}{\mu_0\mu_s}$이다. 또한 쿨롱의 힘에 대한 식 (7.5)에서 $m[\mathrm{Wb}]$의 점자극이 받는 힘 $\boldsymbol{F} = m\boldsymbol{H}$이므로 $\boldsymbol{F} = \dfrac{m\boldsymbol{B}}{\mu_0\mu_s}[\mathrm{N}]$이 된다.

답 ②

유형 3 자기쌍극자 정의하기

TIP

- 자기쌍극자에 의한 자위와 자계의 특성 확인하기
- 자기쌍극자에 의한 자위 또는 자계 계산하기

01 자기쌍극자의 중심축으로부터 r[m]인 점의 자계의 세기에 관한 설명으로 옳은 것은?

① r에 비례한다.
② r^2에 비례한다.
③ r^2에 반비례한다.
④ r^3에 반비례한다.

풀이

식 (7.22)를 참고하면 자기쌍극자에 의한 자계의 세기는 거리 r^3에 반비례한다.

답 ④

---

02 자석의 세기 0.2[Wb], 길이 10[cm]인 막대자석의 중심에서 60°의 각을 가지며, 40[cm]만큼 떨어진 점 A의 자위는 몇 [A]인가?

① 1.97×10^3
② 3.97×10^3
③ 7.92×10^3
④ 9.58×10^3

풀이

식 (7.21)을 참고하면 자기쌍극자의 자위 $U=\dfrac{M\cos\theta}{4\pi\mu_0 r^2}=\dfrac{ml\cos\theta}{4\pi\mu_0 r^2}$[A]이므로 점 A의 자위

$U=6.33\times10^4\times\dfrac{0.2\times0.1\times\cos60°}{0.4^2}=3.97\times10^3$[A]이다.

답 ②

CHAPTER 07

기출문제

7.1 자극의 크기 $m = 4$ [Wb]의 점자극으로부터 $r = 4$ [m] 떨어진 점의 자계의 세기는 몇 [AT/m]인가?

① 7.9×10^3　② 6.3×10^4　③ 1.6×10^4　④ 1.3×10^3

7.2 등자위면에 대한 설명으로 잘못된 것은?

① 등자위면은 자력선과 직교한다.
② 자계 중에서 같은 자위의 점으로 이루어진 면이다.
③ 서로 다른 등자위면은 교차하지 않는다.
④ 자계 중에 있는 물체의 표면은 항상 등자위면이다.

7.3 공기 중에서 자극의 세기 m [Wb]인 점자극으로부터 나오는 총자기력선의 수는 얼마인가?

① m　② $\mu_0 m$　③ $\dfrac{m}{\mu_0}$　④ $\dfrac{m^2}{\mu_0}$

7.4 단면적 S [m^2]의 철심에 ϕ [Wb]의 자속을 통하게 하려면 H [AT/m]의 자계가 필요하다. 이 철심의 비투자율은 얼마인가?

① $\dfrac{\phi}{\mu_0 SH^2}$　② $\dfrac{\phi}{SH}$　③ $\dfrac{\phi}{SH^2}$　④ $\dfrac{\phi}{\mu_0 SH}$

7.5 다음은 전기 및 자기쌍극자에 의한 전계와 자계의 세기에 대한 설명이다. (　) 안에 들어갈 내용으로 옳은 것은?

> 전기쌍극자에 의해 발생하는 전위의 크기는 전기쌍극자 중심으로부터 거리의 (㉮)에 반비례하고, 자기쌍극자에 의해 발생하는 자계의 크기는 자기쌍극자 중심으로부터 거리의 (㉯)에 반비례한다.

① ㉮ 제곱, ㉯ 제곱　② ㉮ 제곱, ㉯ 세제곱
③ ㉮ 세제곱, ㉯ 제곱　④ ㉮ 세제곱, ㉯ 세제곱

7.6 자기쌍극자에 의한 자위 U[A]에 해당되는 것은? (단, 자기쌍극자의 자기모멘트는 M[Wb · m], 쌍극자의 중심으로부터의 거리는 r[m], 쌍극자의 정방향과의 각도는 θ라 한다)

① $6.33 \times 10^4 \times \dfrac{M\sin\theta}{r^3}$ ② $6.33 \times 10^4 \times \dfrac{M\sin\theta}{r^2}$

③ $6.33 \times 10^4 \times \dfrac{M\cos\theta}{r^3}$ ④ $6.33 \times 10^4 \times \dfrac{M\cos\theta}{r^2}$

7.7 자기모멘트 9.8×10^{-5}[Wb · m]의 막대자석을 지구 자계의 수평분력이 10.5[AT/m]인 곳에서 지자기 자오면으로부터 90° 회전시키는 데 필요한 일은 몇 [J]인가?

① 9.3×10^{-3} ② 9.3×10^{-4} ③ 1.03×10^{-3} ④ 1.23×10^{-3}

정답

7.1 ③ 7.2 ④ 7.3 ③ 7.4 ④ 7.5 ② 7.6 ④ 7.7 ③

CHAPTER

08

전류에 의한 자계

CONTENTS

학습 내용

암페어의 오른손 법칙과 주회적분 법칙을 학습하고 이를 바탕으로 무한 원통도체와 환상 솔레노이드, 무한 솔레노이드와 같은 대칭 구조에서의 자계를 구한다. 비오-사바르 법칙을 통해 원형 코일 및 유한 직선 도선의 자계를 구하고, 도형 중심에서 자계가 어떻게 형성되는지도 살펴본다. 플레밍의 왼손 법칙을 통해 전자력의 크기와 방향을 이해하고 무한 평행 도선 간에 작용하는 힘과 자계 내 사각형 도선에 작용하는 토크, 로렌츠의 힘을 정리한다. 또한 핀치 효과, 홀 효과, 스트레치 효과 등 전자력에 의한 물리 현상을 살펴봄으로써 전자기 이론의 이해를 넓힌다.

핵심 키워드

전자기 유도 / 암페어의 오른손 법칙 / 암페어의 주회적분 법칙 / 비오-사바르 법칙 / 무한 원통도체 / 환상 솔레노이드 / 무한 솔레노이드 / 원형 코일 / 유한 직선 도선 / 플레밍의 왼손 법칙 / 무한 평행 도선 / 사각형 도선 / 로렌츠의 힘 / 핀치 효과 / 홀 효과 / 스트레치 효과

학습 전략

이번 장에서 다루는 전자기 유도와 관련된 법칙들(암페어의 오른손 법칙, 주회적분 법칙, 비오-사바르 법칙, 플레밍의 왼손 법칙)의 정의와 적용 방법을 이해하고, 관련된 문제를 충분히 풀어봐야 합니다. 또한 이들 법칙을 바탕으로 구한 무한 원통도체, 환상 솔레노이드, 무한 솔레노이드, 원형 코일, 유한 직선 도선 등에서의 자계를 나타내는 식을 반드시 기억해두고 관련 문제를 충분히 연습하기 바랍니다. 핀치 효과, 홀 효과, 스트레치 효과가 발생하는 조건과 원인에 대해서도 정리해두어야 합니다

8.1 전류의 자기 작용

과학 발전 초기에는 전기와 자기가 별개의 현상으로 여겨졌으나 1820년 외르스테드Hans Christian Ørsted가 전류가 흐르는 도선 주변에 자계(자기장)가 형성된다는 사실을 발견하면서 두 현상 간의 관계가 밝혀지기 시작했다. 이후 암페어André-Marie Ampère는 외르스테드의 연구를 발전시켜 1826년 암페어 법칙을 통해 전류에 의해 형성되는 자계를 수학적으로 정리하였다. 1831년 패러데이Michael Faraday는 변화하는 자계가 전류를 발생시킨다는 전자기 유도 법칙을 발견하였으며, 1861년 맥스웰James Clerk Maxwell은 전자기 개념을 도입하고 1865년에 전기와 자기의 상호 작용을 정리한 맥스웰 방정식을 통해 이론을 확립하였다.

8.1.1 암페어의 오른손 법칙

암페어의 오른손 법칙 Right hand rule은 전류가 흐르는 도선 주위에 생기는 자계의 방향을 결정하거나 자계에 의해 생성되는 유도 전류의 방향을 결정하는 데 사용되는 법칙이다. [그림 8-1(a)]와 같이 오른손 엄지손가락을 전류 I가 흐르는 방향으로 향하게 하면 다른 네 손가락이 감기는 방향이 자계의 방향이 된다. 반대로 오른손 엄지손가락을 자계 H의 방향으로 향하게 하면 다른 네 손가락이 감기는 방향이 유도 전류의 방향이 된다.

암페어의 오른손 법칙은 '오른나사 법칙'으로도 불리며, [그림 8-1(b)]처럼 오른나사의 회전 방향과 그에 따른 진행 방향을 기준으로 자계 H 또는 유도 전류 I의 방향을 결정할 수 있다.

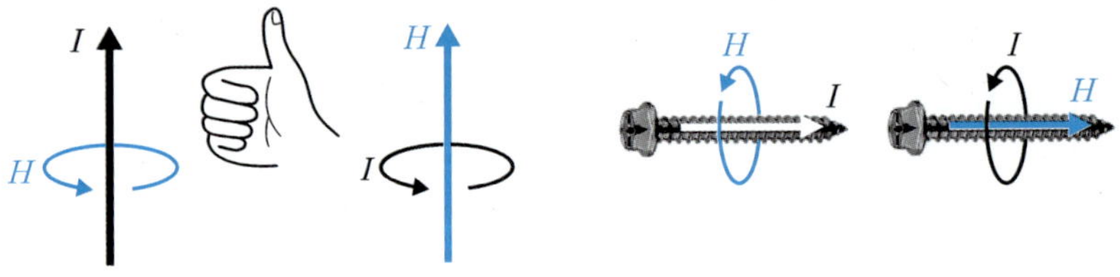

(a) 오른손 법칙 (b) 오른나사 법칙

그림 8-1 암페어의 오른손(오른나사) 법칙

전류나 자계는 기호를 사용하여 방향을 표시하며, '⊙'는 나오는 방향, '⊗'는 들어가는 방향을 나타낸다. [그림 8-2]는 이러한 기호를 사용하여 전류와 그에 따른 자계를 표시한 것으로, [그림 8-2(a)]에서는 전류가 지면(종이면)에서 나오므로 반시계 방향으로 회전하는 자계가 형성되고 [그림 8-2(b)]는 전류가 지면으로 들어가므로 시계 방향으로 회전하는 자계가 형성된다.

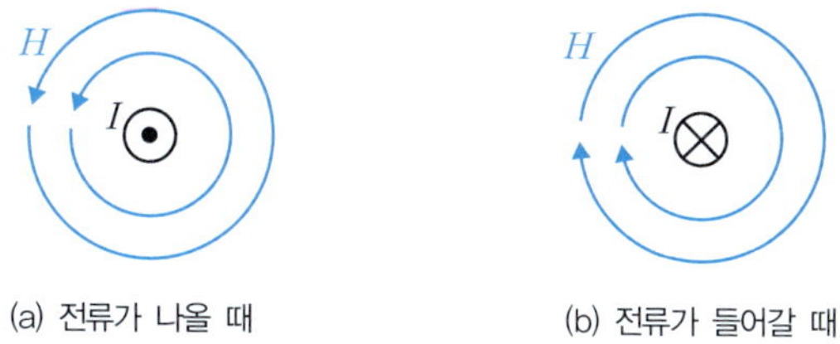

그림 8-2 전류의 방향과 자계

예제 8-1

전류 I[A]에 대한 점 P의 자계 H[A/m]의 방향을 바르게 표시한 것은? (단, ⊙는 지면을 나오는 방향, ⊗는 지면으로 들어가는 방향 표시이다)

①

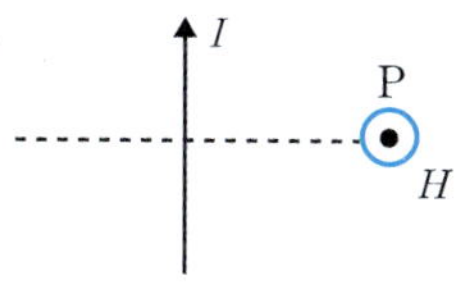

②

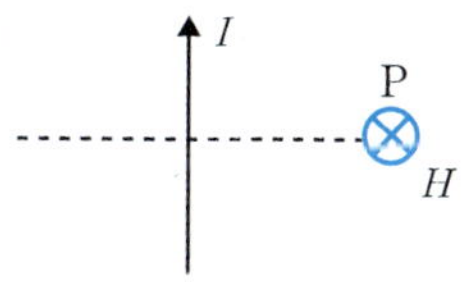

③

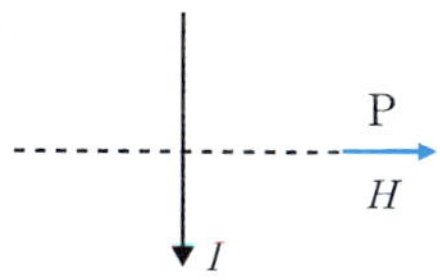

④

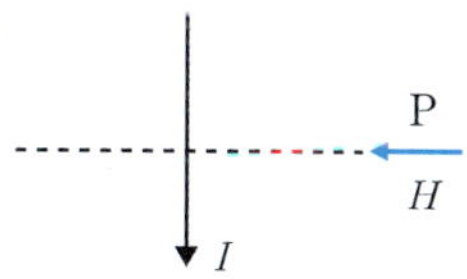

풀이

① ~ ④에 표시된 전류 I는 지면의 위쪽 또는 아래쪽을 향하므로 점 P의 자계는 지면으로 들어가거나 나오는 방향이 된다. 암페어의 오른손 법칙을 적용하면 자계는 점 P에서 지면으로 들어가므로 정답은 ②이다.

8.1.2 암페어의 주회적분 법칙

정전계에서는 가우스 법칙을 적용하여 대칭성[Symmetry]을 가진 도체의 전계와 전위를 구할 수 있다. 이와 비슷하게 자계에서는 전류와 자계 사이의 관계를 나타내는 암페어의 주회적분 법칙을 이용하여 다양한 자성체에서 자계를 구할 수 있다.

[그림 8-3]은 전류가 흐르는 도선 주변에 형성된 폐곡선 형태의 자계를 나타낸 것이다. 암페어의 주회적분 법칙은 '**임의의 폐곡선에 대한 자계의 선적분은 폐곡선을 통과하는 전류와 같다**'로 정의하며, 식 (8.1)과 같이 나타낼 수 있다.

$$\oint_C \boldsymbol{H} \cdot dl = I \tag{8.1}$$

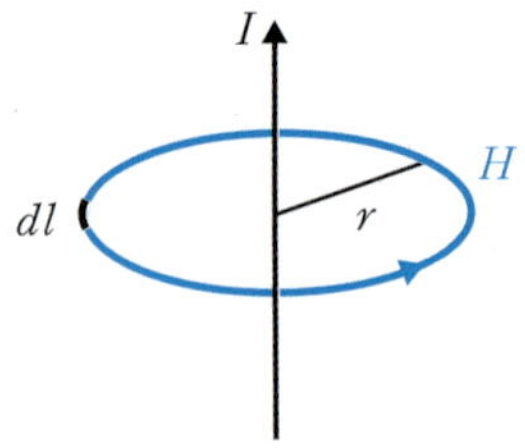

그림 8-3 암페어의 주회적분 법칙

식 (8.1)에서 자계 $\boldsymbol{H} = \frac{I}{l}$이므로 자계 $\boldsymbol{H}$의 단위는 [A/m] 또는 [AT/m]가 된다.[1]

예제 8-2

다음 중 암페어의 주회적분 법칙을 올바르게 설명한 것은?

① 폐회로 주위를 따라 전계를 선적분한 값은 폐회로 내의 총 저항과 같다.
② 폐회로 주위를 따라 전계를 선적분한 값은 폐회로 내의 총 전압과 같다.
③ 폐회로 주위를 따라 자계를 선적분한 값은 폐회로 내의 총 전류와 같다.
④ 폐회로 주위를 따라 전계와 자계를 선적분한 값은 폐회로 내의 총 저항, 총 전압, 총 전류의 합과 같다.

풀이

암페어의 주회적분 법칙은 '자계의 선적분은 폐곡선을 통과하는 전류와 같다'로 정의하므로 정답은 ③이다.

8.1.3 비오-사바르 법칙

비오-사바르 법칙 Biot-Savart law은 프랑스의 물리학자인 장 바티스트 비오Jean-Baptiste Biot와 펠릭스 사바르Félix Savart가 정립한 실험 법칙이다. 이 법칙은 **유한한 길이의 도선을 흐르는 전류에 의해 형성되는 자계의 세기**를 나타내며, 특히 대칭성이 없는 전류 분포에서 자계를 계산할 때 유용하게 사용된다.

1 [A/m]는 주로 직선 도선에 의한 자계의 단위로 사용되며, [AT/m]는 권수(Turn)가 있는 코일(솔레노이드)에 의해 생성된 자계의 단위로 사용된다.

비오-사바르 법칙에 따르면 [그림 8-4]와 같이 유한한 길이의 도선에 전류 I가 흐를 때 도선의 미소길이 dl을 흐르는 전류에 의해 거리 $\boldsymbol{r}$만큼 떨어진 점 P에 형성되는 자계의 세기 dH는 식 (8.2)와 같이 주어진다. 여기서 θ는 dl과 거리 $\boldsymbol{r}$ 사이의 각도이다. 이때 점 P의 자계는 암페어의 오른손 법칙에 따라 지면에서 나오는 방향(⊙)이 된다.

$$dH = \frac{Idl\sin\theta}{4\pi r^2}\ [\mathrm{A/m}] \tag{8.2}$$

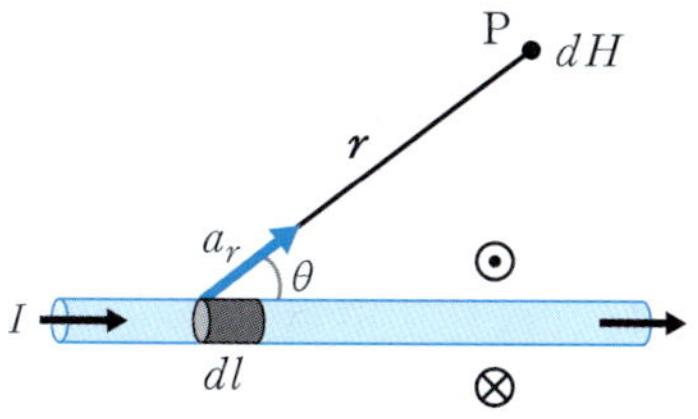

그림 8-4 비오-사바르 법칙

[그림 8-4]에서 방향 벡터 $\boldsymbol{r} = a_r|\boldsymbol{r}|$로 나타낼 수 있으므로 단위 벡터 $a_r = \dfrac{\boldsymbol{r}}{|\boldsymbol{r}|} = \dfrac{\boldsymbol{r}}{r}$로 나타낼 수 있다. 그러면 식 (8.2)를 식 (8.3)과 같이 벡터로 다시 쓸 수 있다.[2]

$$d\boldsymbol{H} = \frac{Idl \times a_r}{4\pi r^2} = \frac{Idl \times \boldsymbol{r}}{4\pi r^3}\ [\mathrm{A/m}] \tag{8.3}$$

예제 8-3

비오-사바르 법칙으로 구할 수 있는 것은?

① 자계의 세기 ② 전계의 세기
③ 전하 사이의 힘 ④ 자하 사이의 힘

풀이

비오-사바르 법칙을 이용하면 유한한 길이의 도선을 흐르는 전류에 의해 형성되는 자계의 세기를 구할 수 있으므로 정답은 ①이다.

2 식 (8.3)의 자계 $d\boldsymbol{H}$는 벡터이므로 굵게 표시하였다.

8.2 전류에 의한 자계

이번 절에서는 앞에서 살펴본 암페어의 주회적분 법칙을 이용하여 무한 원통도체[3]와 환상 솔레노이드, 무한 솔레노이드에 형성되는 자계를 구한다. 앞에서 살펴본 비오-사바르의 법칙을 이용하여 원형 코일에 의해 형성되는 자계와 유한 직선 도선에 의한 자계, 도형 중심에서의 자계도 구한다.

8.2.1 무한 원통도체에 의한 자계

무한 원통도체의 표면에만 전류가 흐르는 경우[4]

[그림 8-5]는 반지름이 a인 무한 원통도체(도선)이다. 여기서 r은 원통도체 중심으로부터의 거리이다. 무한 원통도체의 표면에만 전류가 흐르므로 자계는 원통도체의 외부($r > a$)에만 형성된다. 거리 r인 지점에서 원형 폐곡선의 둘레는 $2\pi r$이므로 암페어의 주회적분 법칙에 따라 원통도체 외부의 자계 $\boldsymbol{H}$는 식 (8.4)로 나타낼 수 있다.

$$I = \oint_C \boldsymbol{H} \cdot dl = \boldsymbol{H} \cdot 2\pi r$$

$$\boldsymbol{H} = \frac{I}{2\pi r} \ [\mathrm{A/m}] \tag{8.4}$$

식 (8.4)에 따르면 무한 원통도체 외부의 자계는 [그림 8-6]과 같이 도체 표면($r = a$)에서 최대이고 표면에서 멀어질수록 거리 r에 반비례하여 감소한다.

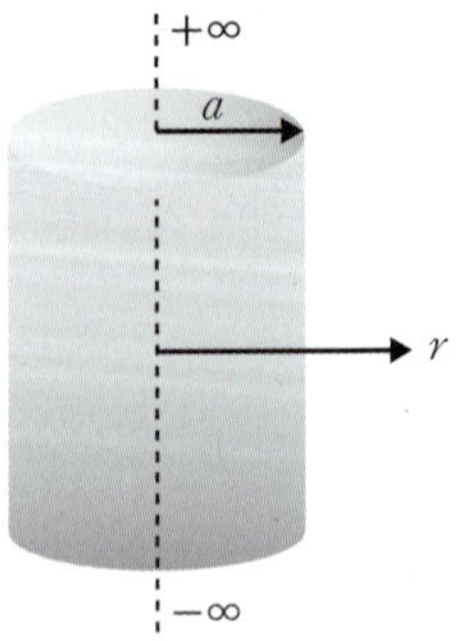

그림 8-5 무한 원통도체

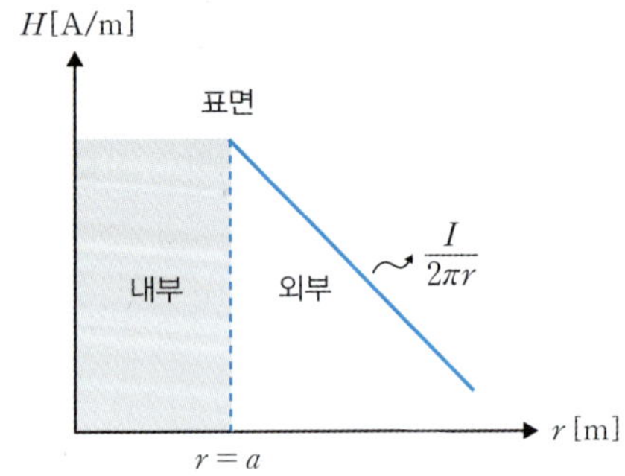

그림 8-6 무한 원통도체의 자계(외부)

---

3 전기기사, 전기산업기사 기출문제에서는 '무한 직선 도체'라는 표현을 많이 사용한다.

4 무한 원통도체에 고주파 교류(AC) 전류가 흐르면 표피효과로 인해 도체 표면에만 전류가 흐른다. 표피효과에 대해서는 10.4절을 참고하라.

무한 원통도체의 내부에도 균일한 전류가 흐르는 경우[5]

[그림 8-7]은 반지름이 a인 무한 원통도체의 내부에도 전류 I가 균일하게 흐르는 경우를 나타낸다. 이 경우 자계는 원통도체 내부($r < a$)와 외부($r > a$) 모두에 형성된다. 전류란 단위시간 동안 단면을 통과하는 전하량이므로 단면적이 클수록 더 많은 전류가 흐를 수 있다. 즉, 전류는 도체의 단면적에 비례하며, 이 경우 전류 I는 전체 단면적 πa^2에 비례한다. 한편 [그림 8-7]에서 반지름 r인 지점까지의 내부 전류 I'은 단면적의 비를 이용하여 다음과 같이 나타낼 수 있다.

$$I' = \frac{\pi r^2}{\pi a^2} I = \frac{r^2}{a^2} I$$

암페어의 주회적분 법칙을 적용하면 원통도체 내부($r < a$)에서의 자계 $\boldsymbol{H}_i$는 다음과 같다.

$$\boldsymbol{H}_i = \frac{I'}{2\pi r} = \frac{\frac{r^2}{a^2} I}{2\pi r} = \frac{rI}{2\pi a^2}\,[\mathrm{A/m}] \tag{8.5}$$

식 (8.5)에 따르면 무한 원통도체 내부의 자계는 [그림 8-8]과 같이 도체 중심에서부터 표면까지의 거리 r에 비례하여 증가한다.

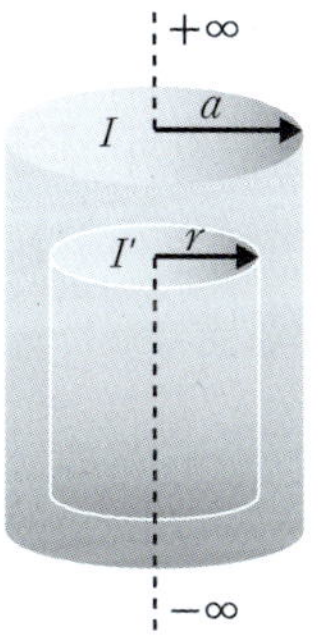

그림 8-7 무한 원통도체(내부 전류가 흐르는 경우)

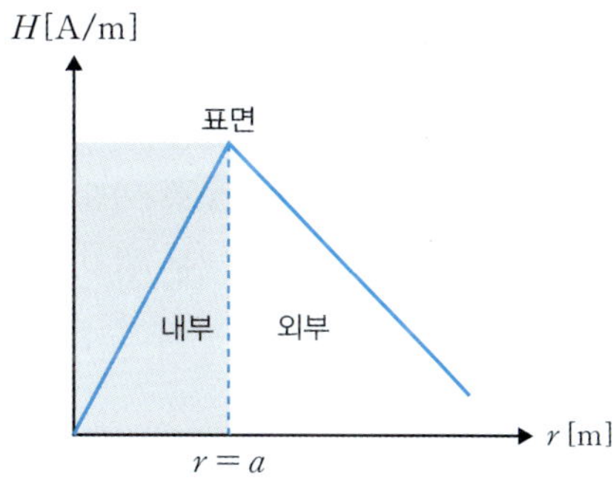

그림 8-8 무한 원통도체의 자계(내부, 외부)

예제 8-4

전류 4π[A]가 흐르는 무한 직선 도체에 의한 자계가 4[A/m]인 점은 직선 도체로부터의 거리가 몇 [m]인가?

① 0.5　　② 1　　③ 3　　④ 4

풀이

식 (8.4)를 참고하면 자계 $\boldsymbol{H} = 4 = \frac{4\pi}{2\pi \times r}$이므로 $r = \frac{4\pi}{2\pi \times 4} = 0.5$[m]가 되어 정답은 ①이다.

5 무한 원통도체에 직류(DC) 전류가 흐르면 표피효과가 나타나지 않으므로 전류는 도체 내부 전체에 균일하게 흐른다.

8.2.2 환상 솔레노이드에 의한 자계

[그림 8-9(a)]는 권수가 N, 반지름이 r인 **환상 솔레노이드** Toroidal solenoid를 나타낸 것으로, **토로이드** Toroid라고도 부른다. 실제 환상 솔레노이드는 [그림 8-9(b)]와 같은 형태로 제작하여 인덕터 Inductor로 사용한다.[6] [7]

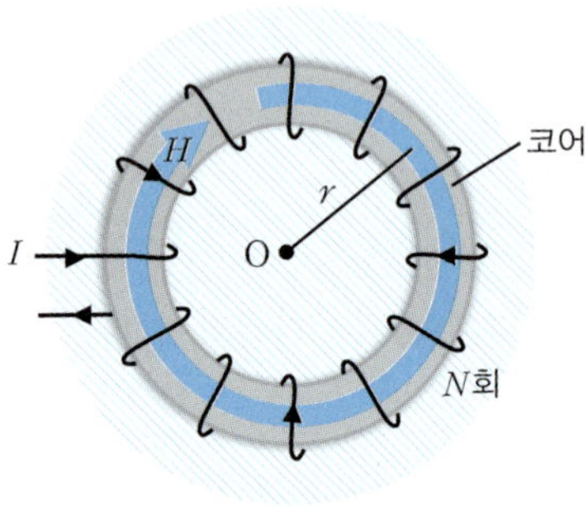

(a) 환상 솔레노이드

(b) 실제 환상 솔레노이드

그림 8-9 환상 솔레노이드

환상 솔레노이드에서 코일이 감긴 부분을 코어 Core라고 한다. 코어는 자속의 경로이자 이를 집중시키는 역할을 한다. 코어의 재료로는 투자율이 큰 페라이트 Ferrite[8]나 철심 등이 사용된다.

환상 솔레노이드 코일에 전류가 흐르면 암페어의 오른손 법칙에 따라 [그림 8-9(a)]와 같이 시계 방향의 자계가 코어 내부에 형성된다. 이때 코어의 내외부 영역(빗금 친 부분)의 자계는 0이다. 환상 솔레노이드에 암페어의 주회적분 법칙을 적용하면 코일의 권수가 N이므로 다음과 같이 표현할 수 있다. l은 환상 솔레노이드의 중심을 따라 도는 폐곡선의 길이로, 자로[9]라고 한다.

$$\oint_C \boldsymbol{H} \cdot dl = NI$$

$$\boldsymbol{H} \cdot l = NI$$

자로 l은 반지름이 r인 원의 둘레이므로 $l = 2\pi r$이다. 따라서 환상 솔레노이드의 자계 $\boldsymbol{H}$는 식 (8.6)과 같이 나타낼 수 있다. 이 식으로부터 환상 솔레노이드에 의해 형성되는 자계는 투자율 μ, 즉 매질과 관계없이 일정함을 알 수 있다.

$$\boldsymbol{H} = \frac{NI}{l} = \frac{NI}{2\pi r} \text{ [AT/m]} \tag{8.6}$$

6 인덕터에 대해서는 11.1절을 참고하라.

7 환상 솔레노이드는 '무단 솔레노이드'라고도 부른다. 여기에서 '무단(無端)'은 끝단이 없는 폐곡선 형태를 말한다.

8 산화철(Fe_2O_3)에 망간(Mn), 아연(Zn), 니켈(Ni) 등 금속 산화물을 첨가하여 만든 자성 세라믹 재료이다.

9 자기회로를 뜻하며, 자속 ϕ가 흐르는 경로이다.

예제 8-5

철심을 넣은 환상 솔레노이드의 평균 반지름은 20[cm]이다. 코일에 10[A]의 전류를 흘려 내부 자계의 세기를 2000[AT/m]로 하기 위한 코일의 권수는 약 몇 회인가?

① 200　　② 250　　③ 300　　④ 350

풀이

식 (8.6)을 참고하면 권수 $N = \dfrac{2\pi rH}{I} = \dfrac{2\pi \times 0.2 \times 2000}{10} = 251.3$ [회]이다. 이는 약 250 [회]이므로 정답은 ②이다.

8.2.3 무한 솔레노이드에 의한 자계

[그림 8-10]은 권수가 N, 길이가 l인 **무한 솔레노이드**[10]이다. 무한 솔레노이드 코일에 전류가 흐르면 암페어의 오른손 법칙에 따라 그림과 같이 코일 내부에 자계가 형성된다. 이 자계는 무한 솔레노이드의 축 방향과 평행한 평등자계이며, 이때 솔레노이드 외부의 자계는 0이다.

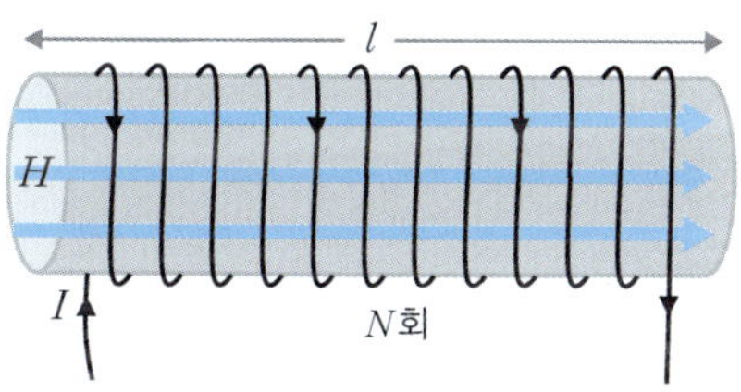

그림 8-10 무한 솔레노이드

무한 솔레노이드에 의한 자계는 암페어의 주회적분 법칙을 적용하여 다음과 같이 구할 수 있다.

$$\oint_C \boldsymbol{H} \cdot dl = NI$$

$$\boldsymbol{H} \cdot l = NI$$

이로부터 무한 솔레노이드의 자계 $\boldsymbol{H}$는 식 (8.7)과 같이 나타낼 수 있다. 이 식에서 $n_0 = \dfrac{N}{l}$이며, 단위길이([m])당 권수이다.

$$\boldsymbol{H} = \frac{NI}{l} = n_0 I \text{ [AT/m]} \tag{8.7}$$

10 '무한장 솔레노이드'로도 표현한다.

예제 8-6

1[cm]마다 권수가 100인 무한장 솔레노이드에 20[mA]의 전류를 흘릴 때 솔레노이드 내부의 자계의 세기는 몇 [AT/m]인가?

① 20　　② 200　　③ 2000　　④ 20000

풀이

식 (8.7)을 참고하면 자계의 세기 $\boldsymbol{H} = \dfrac{NI}{l} = n_0 I = \left(\dfrac{100}{1 \times 10^{-2}}\right) \times 20 \times 10^{-3} = 200\,[\mathrm{AT/m}]$이므로 정답은 ②이다.

8.2.4 원형 코일에 의한 자계

[그림 8-11]과 같이 반지름이 a인 원형 코일의 중심에서 거리 x만큼 떨어진 점 P의 자계의 세기는 식 (8.8)과 같다.

$$H = \frac{a^2 I}{2(a^2 + x^2)^{\frac{3}{2}}}\ [\mathrm{A/m}] \tag{8.8}$$

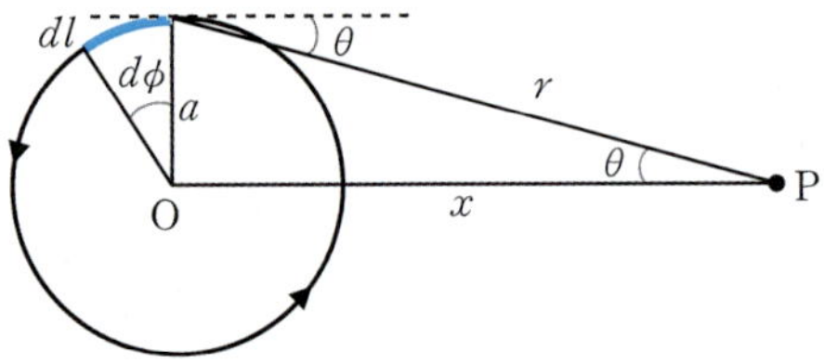

그림 8-11 원형 코일

원형 코일 중심에서 거리 $x = 0$이므로 원형 코일 중심에서의 자계의 세기는 식 (8.8)을 다시 쓴 식 (8.9)가 된다.

$$H = \frac{I}{2a}\ [\mathrm{A/m}] \tag{8.9}$$

이때 코일의 권수가 N이면 원형 코일 중심에서의 자계의 세기 $H = \dfrac{NI}{2a}\,[\mathrm{AT/m}]$가 된다.

HOW **식 (8.8) : 원형 코일에 의한 자계 구하기**

[그림 8-11]에서 원형 코일의 미소길이 dl에 의해 형성되는 점 P에서의 미소자계 dH는 비오-사바르 법칙에 따라 다음과 같이 나타낼 수 있다. 이때 미소길이 $dl = ad\phi$이다.

$$dH = \frac{Idl\sin\theta}{4\pi r^2} = \frac{aI\sin\theta}{4\pi r^2}d\phi$$

이 식을 원형 코일 전체에 대해 적분하여 점 P에서의 자계 H를 다음과 같이 구할 수 있다.

$$H = \int_0^{2\pi}\frac{aI\sin\theta}{4\pi r^2}d\phi = \frac{aI\sin\theta}{4\pi r^2}\int_0^{2\pi}d\phi = \frac{aI\sin\theta}{4\pi r^2}\times 2\pi = \frac{aI\sin\theta}{2r^2}$$

한편 [그림 8-11]에서 $\sin\theta = \frac{a}{r}$이고 $r = \sqrt{a^2+x^2} = (a^2+x^2)^{\frac{1}{2}}$이므로 이를 앞선 식에 대입하여 다음과 같이 식 (8.8)을 구한다.

$$H = \frac{aI}{2r^2}\sin\theta = \frac{aI}{2r^2}\times\frac{a}{r} = \frac{a^2I}{2r^3}$$

$$H = \frac{a^2I}{2(a^2+x^2)^{\frac{3}{2}}}\ [\mathrm{A/m}]$$

예제 8-7

지름이 10[cm]인 원형 코일에 1[A]의 전류를 흘릴 때 코일 중심의 자계를 1000[AT/m]로 하려면 코일을 몇 회 감으면 되는가?

① 200　　② 150　　③ 100　　④ 50

풀이

식 (8.9)를 참고하면 권수 $N = 2a\times\frac{H}{I} = \frac{2\times 0.05\times 1000}{1} = 100$[회]이므로 정답은 ③이다.

8.2.5 유한 직선 도선에 의한 자계

[그림 8-12]와 같이 길이가 유한한 직선 도선에 전류 I가 흐를 때 이 직선 도선에서 수직으로 거리 a만큼 떨어진 점 P의 자계의 세기는 식 (8.10)이다.

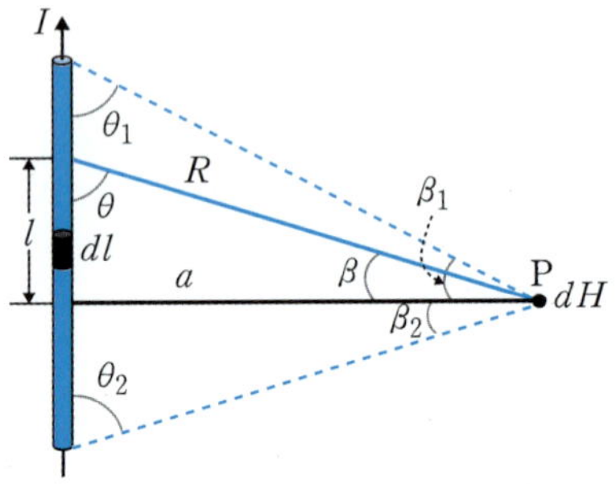

그림 8-12 유한 직선 도선

또한 [그림 8-12]에서 $\sin\beta = \cos\theta$이므로 식 (8.10)을 식 (8.11)로 바꾸어 나타낼 수 있다.[11]

$$H = \frac{I}{4\pi a}(\sin\beta_1 + \sin\beta_2)\,[\text{A/m}] \tag{8.10}$$

$$H = \frac{I}{4\pi a}(\cos\theta_1 + \cos\theta_2)\,[\text{A/m}] \tag{8.11}$$

HOW 식 (8.10) : 유한 직선 도선에 의한 자계 구하기

[그림 8-12]에서 유한 직선 도선의 미소길이 dl에 의한 점 P의 자계는 비오-사바르 법칙에 따라 다음과 같이 정의된다.[12]

$$dH = \frac{Idl\sin\theta}{4\pi R^2} = \frac{Idl\cos\beta}{4\pi R^2}$$

[그림 8-12]에서 $\tan\beta = \frac{l}{a}$이므로 $l = a\tan\beta$이다. 이 식의 양변을 β에 대해 미분하면 dl을 다음과 같이 나타낼 수 있다.

$$\frac{dl}{d\beta} = a\sec^2\beta,\quad dl = a\sec^2\beta\, d\beta$$

---

11 유한 직선 도선에 의한 자계를 구할 때는 일반적으로 식 (8.11)을 더 많이 사용한다.

12 [그림 8-10]에서 $\sin\theta = \cos\beta = \frac{a}{R}$이다.

또한 $\sec\beta = \dfrac{1}{\cos\beta} = \dfrac{R}{a}$이므로 $dl = a\left(\dfrac{R}{a}\right)^2 d\beta = \dfrac{R^2}{a}d\beta$가 된다. 앞서 정의한 dH에 dl을 대입하여 정리하면 다음과 같이 나타낼 수 있다.

$$dH = \frac{Idl\cos\beta}{4\pi R^2} = \frac{I\dfrac{R^2}{a}d\beta\cos\beta}{4\pi R^2} = \frac{I}{4\pi a}\cos\beta d\beta$$

이 식을 $-\beta_2$에서 β_1까지 적분하여 점 P의 자계 H를 다음과 같이 구한다.[13]

$$H = \int_{-\beta_2}^{\beta_1} dH = \frac{I}{4\pi a}\int_{-\beta_2}^{\beta_1}\cos\beta d\beta = \frac{I}{4\pi a}[\sin\beta]_{-\beta_2}^{\beta_1}$$

$$= \frac{I}{4\pi a}(\sin\beta_1 + \sin\beta_2)\,[\mathrm{A/m}]$$

8.2.6 도형 중심에서의 자계

정삼각형 도선 중심에서의 자계

[그림 8-13]과 같이 한 변의 길이가 l인 정삼각형 도선 중심에서의 자계는 3개의 도선 AB, BC, CA에 흐르는 전류에 의해 생성되는 자계의 합이다. 먼저 도선 AB에 의한 자계 H_{AB}는 식 (8.11)에 의해 다음과 같이 정의된다.

$$H_{AB} = \frac{I}{4\pi a}(\cos\theta_1 + \cos\theta_2)$$

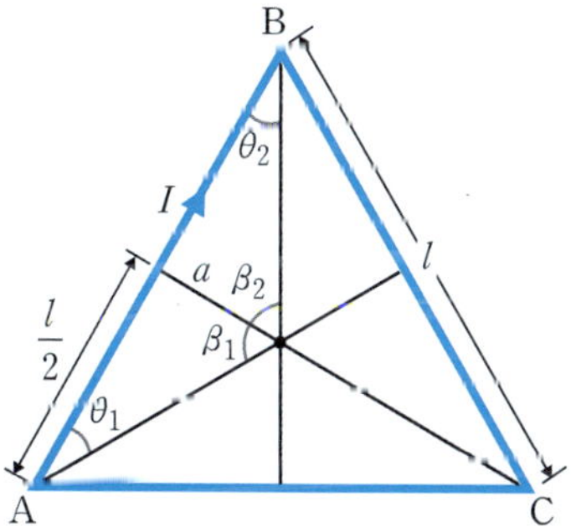

그림 8-13 정삼각형 도선

13 도선과의 수직거리 a가 기준선이므로 도선 전체에 의한 자계를 구하려면, 기준선 아래인 $-\beta_2$부터 기준선 위인 $+\beta_1$까지 적분해야 한다.

[그림 8-13]에서 $\tan\beta_1 = \tan 60° = \frac{l}{2a}$ 이므로 $a = \frac{l}{2\sqrt{3}}$ 이 된다. 또한 $\theta_1 = \theta_2 = 30°$ 이므로 $(\cos\theta_1 + \cos\theta_2)$는 $\cos 30° \times 2 = \sqrt{3}$ 이 된다.[14] 따라서 H_{AB}는 다음과 같이 쓸 수 있다.

$$H_{AB} = \frac{I}{4\pi\frac{l}{2\sqrt{3}}}\sqrt{3} = \frac{3I}{2\pi l}$$

같은 방법으로 도선 BC, CA에 의한 자계도 구할 수 있으며, 그 크기는 H_{AB}와 같다. 따라서 정삼각형 도선 중심에서의 자계 H의 크기는 H_{AB}의 3배이며, 식 (8.12)와 같다.

$$H = \frac{9I}{2\pi l}\,[\mathrm{A/m}] \tag{8.12}$$

정사각형 도선 중심에서의 자계

[그림 8-14]와 같이 한 변의 길이가 l인 정사각형 도선 중심에서의 자계는 4개의 도선 AB, BC, CD, DA에 흐르는 전류에 의해 생성되는 자계의 합이다. 먼저 도선 AB에 의한 자계 H_{AB}는 식 (8.11)에 의해 다음과 같이 정의된다.

$$H_{AB} = \frac{I}{4\pi a}(\cos\theta_1 + \cos\theta_2)$$

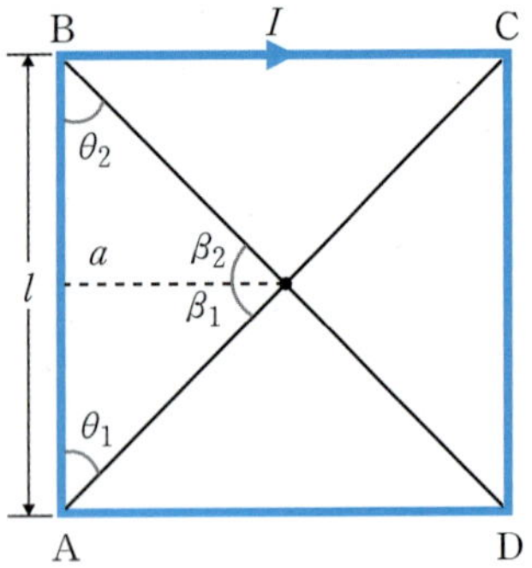

그림 8-14 정사각형 도선

[그림 8-14]에서 $a = \frac{l}{2}$ 이고 $\theta_1 = \theta_2 = 45°$ 이므로 $(\cos\theta_1 \cos\theta_2)$는 $\cos 45° \times 2 = \sqrt{2}$ 가 된다.[15] 따라서 H_{AB}는 다음과 같이 나타낼 수 있다.

---

14 $\tan 60° = \sqrt{3}$ 이고 $\cos 30° = \frac{\sqrt{3}}{2}$ 이다.

15 $\cos 45° = \frac{\sqrt{2}}{2}$ 이다.

$$H_{AB} = \frac{I}{4\pi \frac{l}{2}} \sqrt{2} = \frac{\sqrt{2}\, I}{2\pi l}$$

같은 방법으로 나머지 도선에 의한 자계도 구할 수 있으며, 그 크기는 H_{AB}와 같다. 따라서 정사각형 도선 중심에서의 자계 H의 크기는 H_{AB}의 4배이며, 식 (8.13)과 같다.

$$H = \frac{2\sqrt{2}\, I}{\pi l} \, [\mathrm{A/m}] \tag{8.13}$$

예제 8-8

정사각형 회로의 면적을 3배로, 흐르는 전류를 2배로 증가시키면 정사각형 중심에서의 자계의 세기는 약 몇 [%]가 되는가?

① 47 ② 115 ③ 150 ④ 225

풀이

정사각형 회로의 면적을 3배 증가시키려면 한 변의 길이를 $\sqrt{3}$배 증가시켜야 한다. 전류도 2배 증가시켰으므로 식 (8.13)의 $H = \frac{2\sqrt{2}I}{\pi l}$는 $H = \frac{2\sqrt{2} \times 2I}{\pi \times \sqrt{3}l} = \frac{2\sqrt{2}I}{\pi l} \times \frac{2}{\sqrt{3}}$이 된다. 따라서 원래 자계의 세기 H에 비해 $\frac{2}{\sqrt{3}} = 1.15$배, 즉 115[%] 증가하므로 정답은 ②이다.

정육각형 도선 중심에서의 자계

[그림 8-15]와 같이 한 변의 길이가 l인 정육각형 도선 중심에서의 자계는 6개의 도선 AB, BC, CD, DE, EF, FA에 흐르는 전류에 의해 생성되는 자계의 합이다.

먼저 도선 AD에 의한 자계 H_{AB}는 식 (8.11)에 의해 다음과 같이 정의된다.

$$H_{AB} = \frac{I}{4\pi a}(\cos\theta_1 + \cos\theta_2)$$

[그림 8-15]에서 $\tan\theta_1 = \frac{a}{\frac{l}{2}} = \frac{2a}{l}$이고 $\theta_1 = 60°$이므로 $a = \frac{l\sqrt{3}}{2}$이 된다.[16] $\theta_1 = \theta_2$이므로 $(\cos\theta_1 + \cos\theta_2)$는 $\cos 60° \times 2 = 1$이 되며[17] H_{AB}는 다음과 같이 나타낼 수 있다.

---

16 $\tan 60° = \sqrt{3}$이다.

17 $\cos 60° = \frac{1}{2}$이다.

$$H_{AB} = \frac{I}{4\pi \frac{l\sqrt{3}}{2}} \times 1 = \frac{I}{2\sqrt{3}\,\pi l} = \frac{\sqrt{3}\,I}{6\pi l}$$

같은 방법으로 나머지 도선에 의한 자계도 구할 수 있으며, 그 크기는 H_{AB}와 같다. 따라서 정육각형 도선 중심에서의 자계 H의 크기는 H_{AB}의 6배이며, 식 (8.14)와 같이 정의한다.

$$H = \frac{\sqrt{3}\,I}{\pi l}\,[\mathrm{A/m}] \tag{8.14}$$

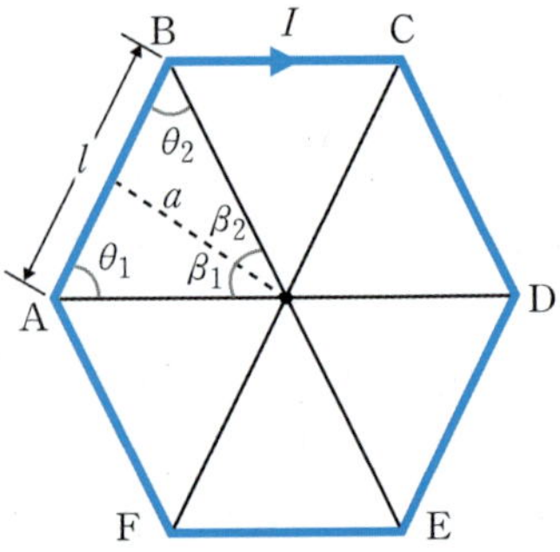

그림 8-15 정육각형 도선

8.3 자계 내의 전류에 작용하는 힘

[그림 8-16(a)]와 같이 전류가 흐르는 도선[18]을 평등자계에 놓으면 도선 주변에는 전류에 의해 동심원 형태의 자계가 발생한다. 이 평등자계와 도선 주변에 생성된 자계는 서로 합쳐져 [그림 8-16(b)]와 같이 합성자계를 형성한다. 이때 두 자계의 방향이 같은 도선의 아래쪽에서는 자계가 보강되어 세기가 증가하고, 도선의 위쪽에서는 자계가 상쇄되어 감소한다.

이 경우 도선은 자계가 약한 위쪽으로 힘을 받게 되는데, 이를 전자력 Electromagnetic force 이라고 한다. 전자력은 전기에너지를 기계적 회전에너지로 변환하는 전동기 Motor 와 같은 전기장치의 기본 원리이다.

---

18 도선을 흐르는 전류는 지면에서 나오는 방향이다.

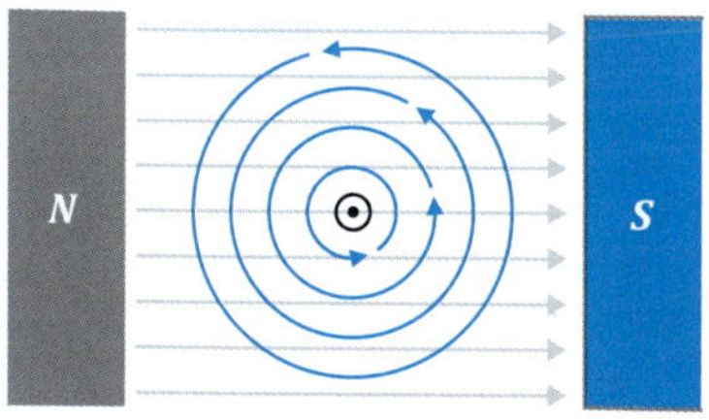

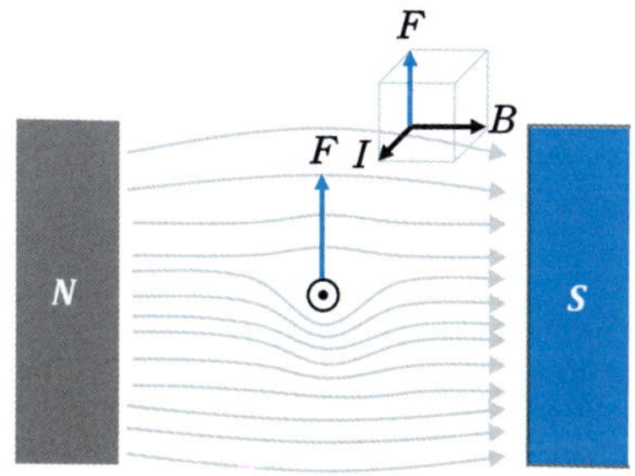

그림 8-16 평등자계 내의 도선에 작용하는 힘

8.3.1 플레밍의 왼손 법칙

플레밍의 왼손 법칙 Fleming's left hand rule 은 전자력의 크기와 방향을 나타내는 법칙이다. [그림 8-16(b)]를 살펴보면 전자력 $\boldsymbol{F}$는 전류 $\boldsymbol{I}$와 자속밀도 $\boldsymbol{B}$의 외적(벡터곱)의 방향, 즉 $\boldsymbol{F} = \boldsymbol{I} \times \boldsymbol{B}$가 된다. 따라서 길이가 l인 도선이 받는 전자력의 크기는 식 (8.15)와 같다.

$$F = IBl\sin\theta \text{ [N]} \tag{8.15}$$

식에서 θ는 전류가 흐르는 도선과 평등자계가 이루는 각도로, 전자력은 도선과 평등자계가 수직($\theta = 90°$)일 때 가장 크고 수평일 때($\theta = 0°$)일 때 0이 된다.

전자력 $\boldsymbol{F}$의 방향은 [그림 8-17]과 같이 왼손 손가락을 이용해서 간단히 알 수 있다. 그림과 같이 중지는 전류($\boldsymbol{I}$)의 방향으로, 검지는 자계($\boldsymbol{B}$)의 방향으로 맞출 때 엄지손가락이 가리키는 방향이 전자력($\boldsymbol{F}$)의 방향이 된다.

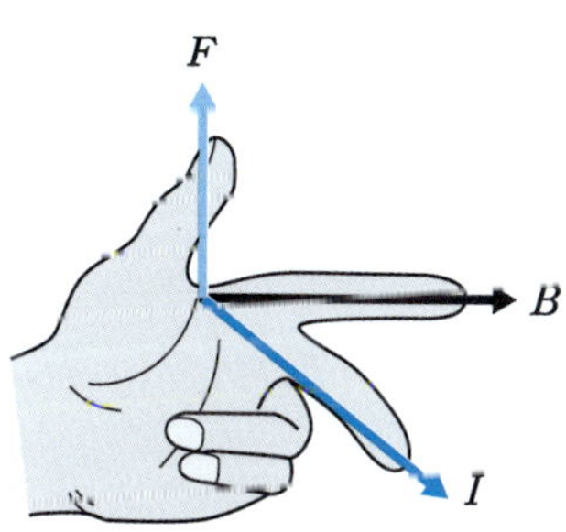

그림 8-17 플레밍의 왼손 법칙

예제 8-9

전류가 흐르는 도선을 자계 안에 놓으면 이 도선에 힘이 작용한다. 평등자계의 진공 중에 놓여 있는 직선 전류 도선이 받는 힘에 대한 설명으로 옳은 것은 무엇인가?

① 전류의 세기에 반비례한다.
② 도선의 길이에 비례한다.
③ 자계의 세기에 반비례한다.
④ 전류와 자계의 방향이 이루는 각의 탄젠트 각에 비례한다.

풀이

식 (8.15)를 참고하면 전자력 $F = IBl\sin\theta$ [N]이다. 전자력은 전류 I, 자계(자속밀도)의 세기 B, 도선의 길이 l에 비례하므로 정답은 ②이다.

8.3.2 무한 평행 도선 간의 전자력

이번 절에서는 [그림 8-18]과 같이 평행한 2개의 무한 직선 도선에 전류가 흐를 때 도선 간에 작용하는 힘에 대해 살펴보자.

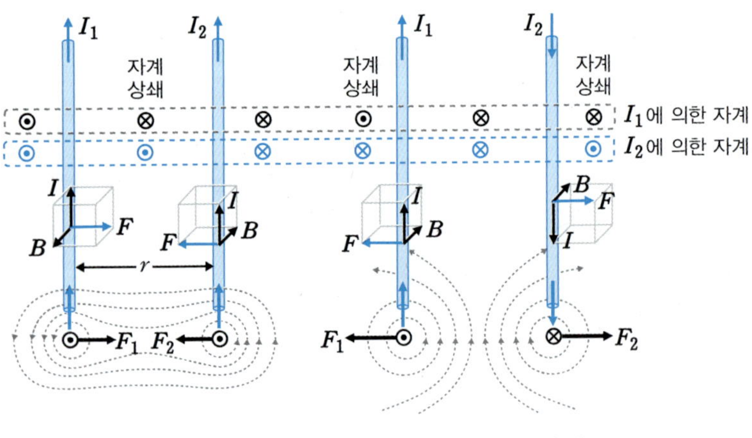

그림 8-18 무한 평행 도선 간의 전자력

먼저 두 도선에 같은 방향으로 전류가 흐르는 경우를 알아보자. [그림 8-18(a)]에서 전류 I_1과 I_2가 흐르는 각각의 도선 주변에는 암페어의 오른손 법칙에 따라 자계가 형성된다. 두 도선 사이에서 I_1에 의한 자계는 지면으로 들어가는 방향으로, I_2에 의한 자계는 지면에서 나오는 방향으로 형성되므로 이 영역에서 자계는 상쇄되거나 약해진다.[19] I_1이 흐르는 도선의 왼쪽과 I_2가 흐르는 도선의 오른쪽에서는 그림과 같이 자계의 방향이 같으므로 이 영역에서는 자계의 세기가 보강되어 강해진다.

이러한 자계 분포에 대해 플레밍의 왼손 법칙을 적용하여 전기력의 방향을 구해보면 그림에 나타낸 것처럼 두 도선 사이에는 서로 끌어당기는 흡인력이 작용함을 알 수 있다.

다음으로 두 도선에 반대의 방향으로 전류가 흐르는 경우를 알아보자. [그림 8-18(b)]에서 I_1이 흐르는 도선의 왼쪽과 I_2가 흐르는 도선의 오른쪽에서는 두 전류에 의해 형성되는 자계의 방향이 반대이므로 자계가 상쇄되거나 약해진다. 반면, 두 도선 사이에서는 그림과 같이 I_1과 I_2에 의해 형성되는 자계의 방향이 같으므로 자계의 세기는 강해진다. 이러한 자계 분포에 대해 플레밍의 왼손 법칙을 적용하여 전기력의 방향을 구해보면 그림에 나타낸 것처럼 두 도선 사이에는 서로 밀어내는 반발력이 작용함을 알 수 있다.

[그림 8-18]에 나타낸 평행 전류 간의 전자력 F_1, F_2는 전류의 방향과 관계없이 동일하며, 식 (8.16)과 같이 주어진다. F는 도선의 단위길이당 작용하는 힘으로, 단위는 $[\mathrm{N/m}]$이다.

$$F = \frac{2I_1I_2}{r} \times 10^{-7}\,[\mathrm{N/m}] \tag{8.16}$$

HOW **식 (8.16) : 무한 평행 도선 간의 전자력 구하기**

[그림 8-18(a)]에서 전류 I_1이 흐르는 도선에 의해 형성되는 자계 $\boldsymbol{H}_1 = \frac{I_1}{2\pi r}$이다.[20] 이러한 $\boldsymbol{H}_1$에 의해 전류 I_2가 흐르는 도선이 받는 힘 $F_2 = I_2B_1l\sin\theta\,[\mathrm{N}]$으로 나타낼 수 있다.[21] I_2와 B_1은 서로 수직이므로 $F_2 = I_2B_1l\,[\mathrm{N}]$이 되며, 단위길이당 힘을 생각하면 F_2는 다음과 같이 정의된다.

$$F_2 = I_2B_1 = I_2\mu_0H_1\,[\mathrm{N/m}]$$

F_2이 식에 H_1을 대입하면 다음과 같다.

$$F_2 = I_2\mu_0H_1 = \frac{\mu_0I_1I_2}{2\pi r} = 4\pi\times10^{-7}\times\frac{I_1I_2}{2\pi r} = \frac{2I_1I_2}{r}\times10^{-7}\,[\mathrm{N/m}]$$

---

19 I_1과 I_2의 크기가 같으면 완전히 상쇄되고 크기가 다르면 자계는 약해진다.

20 식 (8.4)를 참고하라.

21 도선은 자신이 아닌 외부 자기장에 의해서만 힘을 받는다. 따라서 I_2가 흐르는 도선에 작용하는 힘은 전류 I_1이 흐르는 도선이 만든 자속밀도 B_1에 의해 결정된다. 이때 $B_1 = \mu_0H_1$이다.

마찬가지로 전류 I_1이 흐르는 도선에 작용하는 힘 F_1은 다음과 같다.

$$F_1 = I_1 B_2 = I_1 \mu_0 H_2 \, [\mathrm{N/m}]$$

F_1의 식에 $\boldsymbol{H}_2 = \dfrac{I_2}{2\pi r}$를 대입하면 다음과 같다.

$$F_1 = I_1 \mu_0 H_2 = \frac{\mu_0 I_1 I_2}{2\pi r} = 4\pi \times 10^{-7} \times \frac{I_1 I_2}{2\pi r} = \frac{2 I_1 I_2}{r} \times 10^{-7} \, [\mathrm{N/m}]$$

이로부터 $F_1 = F_2$임을 알 수 있다. [그림 8-18(b)]와 같이 전류 I_1과 I_2가 반대 방향으로 흐를 때의 F_1과 F_2는 동일한 방법으로 구할 수 있으며, 결과는 앞선 식과 같다. 이로부터 무한 평행 도선 간의 전자력 F는 전류의 방향과 관계없이 식 (8.16)이 됨을 확인할 수 있다.

예제 8-10

간격이 1.5[m]이고 평행한 무한히 긴 단상 송전선로가 가설되었다. 여기에 선간 전압 6600[V], 3[A]를 전송할 때 단위길이당 작용하는 힘은?

① 1.2×10^{-3}[N/m], 흡인력
② 5.89×10^{-5}[N/m], 흡인력
③ 1.2×10^{-6}[N/m], 반발력
④ 6.28×10^{-7}[N/m], 반발력

풀이

평행한 단상 전송선로에 흐르는 전류는 방향이 반대인 왕복 전류이므로 반발력이 작용하며, 전류의 크기는 같다($I_1 = I_2$). 식 (8.16)을 참고하면 $F = \dfrac{2I_1 I_2}{r} \times 10^{-7} = \dfrac{2 \times 3^2}{1.5} \times 10^{-7} = 1.2 \times 10^{-6}$[N/m]이므로 정답은 ③이다.

8.3.3 자계 내의 사각형 도선에 생기는 토크

[그림 8-19]는 자계 내에 놓인 사각형 도선에 작용하는 토크를 나타낸 것이다. [그림 8-19(a)]는 자계 내에 놓인 사각형 도선으로, 크기는 $a \times b$이다. 자계는 y축 방향이며, 반시계 방향으로 전류 $\boldsymbol{I}$가 흐른다.

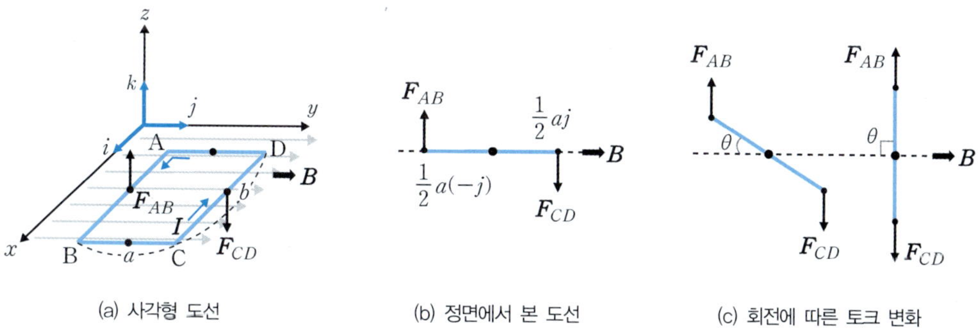

(a) 사각형 도선 (b) 정면에서 본 도선 (c) 회전에 따른 토크 변화

그림 8-19 자계 내의 사각형 도선에 생기는 토크

플레밍의 왼손 법칙을 적용하면 각 도선에 작용하는 힘은 다음과 같다.[22]

- 도선 AB가 받는 힘 $\boldsymbol{F}_{AB} = \boldsymbol{I}bi \times \boldsymbol{B}_y j = \boldsymbol{I}b\boldsymbol{B}_y k$
- 도선 BC가 받는 힘 $\boldsymbol{F}_{BC} = \boldsymbol{I}aj \times \boldsymbol{B}_y j = 0$
- 도선 CD가 받는 힘 $\boldsymbol{F}_{CD} = \boldsymbol{I}b(-i) \times \boldsymbol{B}_y j = \boldsymbol{I}b\boldsymbol{B}_y(-k)$
- 도선 DA가 받는 힘 $\boldsymbol{F}_{DA} = \boldsymbol{I}a(-j) \times \boldsymbol{B}_y j = 0$

$\boldsymbol{F}_{AB}$는 k 방향(z축 방향)이므로 사각형 도선의 위쪽으로 작용한다. 반면 $\boldsymbol{F}_{CD}$는 $-k$ 방향($-z$축 방향)이므로 사각형 도선의 아래쪽으로 작용한다. 따라서 사각형 도선은 시계 방향으로 회전한다.[23]

[그림 8-19(b)]는 사각형 도선을 정면에서 바라본 모습이며, 점으로 표시한 회전축을 중심으로 $\boldsymbol{F}_{AB}$와 $\boldsymbol{F}_{CD}$가 반대 방향으로 작용함을 보여준다. 토크는 회전축에서부터 힘이 작용하는 지점까지의 거리와 힘의 벡터곱이다.[24]

또한 총 토크 $\boldsymbol{T}$는 $\boldsymbol{F}_{AB}$에 의해 생기는 토크 $\boldsymbol{T}_{AB}$와 $\boldsymbol{F}_{CD}$에 의해 생기는 토크 $\boldsymbol{T}_{CD}$의 합이므로 토크 $\boldsymbol{T}$는 식 (8.17)과 같이 나타낼 수 있다.

$$\begin{aligned}\boldsymbol{T} &= \boldsymbol{T}_{AB} + \boldsymbol{T}_{CD} = \frac{1}{2}a(-j) \times \boldsymbol{I}b\boldsymbol{B}_y k + \frac{1}{2}aj \times \boldsymbol{I}b\boldsymbol{B}_y(-k) \\ &= \boldsymbol{I}ab\boldsymbol{B}_y(-i)\end{aligned} \tag{8.17}$$

22 전자력에 대한 식 (8.15)는 $\boldsymbol{I}$와 $\boldsymbol{B}$의 벡터곱 $\boldsymbol{F} = \boldsymbol{I}l \times \boldsymbol{B}$로 표시할 수 있다. 이 경우 도선의 길이 l은 a 또는 b이다. 기본 벡터의 외적에 대해서는 1.4.2절을 참고하라.

23 직류 모터는 사각형 코일에 생기는 토크를 활용하는 대표적인 전기장치이다.

24 벡터곱과 관련된 자세한 내용은 [그림 7-8]을 참고하라.

식 (8.17)에서 토크의 방향인 $(-i)$는 회전축의 방향을 나타내며, 이 회전축의 방향을 기준으로 오른나사 법칙을 적용하여 회전 방향을 결정한다. $-i$ 방향($-x$축 방향)에 대해 오른나사 법칙을 적용하면 사각형 도선은 시계 방향으로 회전하게 되며,[25] 이는 [그림 8-17(a)]에서 확인한 방향과 일치한다.

사각형 도선이 회전하면서 [그림 8-19(c)]와 같이 사각형 도선과 자계 사이에 각도 θ가 생기면 토크는 감소한다. θ가 90°가 되면 그림에서도 볼 수 있듯이 회전축을 중심으로 $\boldsymbol{F}_{AB}$와 $\boldsymbol{F}_{CD}$가 정확히 반대 방향으로 작용하게 되어 토크는 0이 된다. 반대로 [그림 8-19(b)]와 같이 θ가 0°이면 토크는 최대가 된다. 이러한 물리적 특성을 반영하여 식 (8.18)과 같이 토크의 크기를 나타낼 수 있다. 여기서 N은 사각형 도선의 권수이다.

$$T = NIBab\cos\theta\ [\mathrm{N \cdot m}] \tag{8.18}$$

예제 8-11

권수 N은 50, 전류 I는 1[mA]인 장방형 코일이 그림과 같이 B는 0.1[Wb/m²]인 평등자계에 놓여 있다. 코일 면을 자계와 30°로 기울여 놓을 때 이 코일에 작용하는 토크 [N · m]는 얼마인가? (단, $a=1$[cm], $b=1.5$[cm]이다)

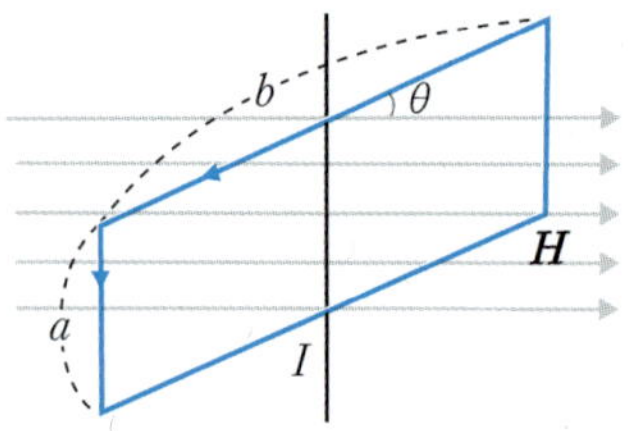

① 3.74×10^{-7} ② 6.49×10^{-7} ③ 7.48×10^{-7} ④ 11.22×10^{-7}

풀이

장방형(직사각형) 코일은 다음 그림과 같이 평등자계 내에서 30° 기울어져 있다. 식 (8.18)을 참고하면 $T=50\times0.1\times10^{-3}\times1\times10^{-2}\times1.5\times10^{-2}\times\cos30° = 6.49\times10^{-7}$[N · m]이므로 정답은 ②이다.

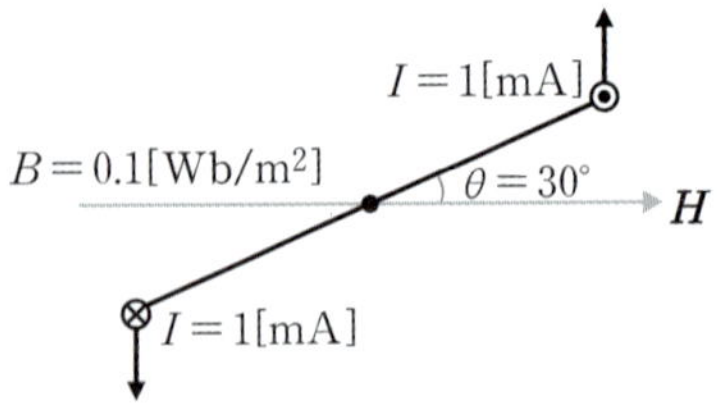

---

25 오른나사가 $-x$축 방향으로 진행하려면 나사를 시계 방향으로 돌려야 한다.

8.3.4 로렌츠의 힘

로렌츠의 힘 Lorentz's force 은 전자계(전계 + 자계) 속을 이동하는 전하가 받는 힘을 나타낸 법칙이다. 전하 q[26]에 전계를 가하면 $\boldsymbol{F} = q\boldsymbol{E}$ [N]의 힘을 받아 직선 운동을 하며, 이러한 전하의 이동이 전류가 된다. 전하 q가 속도 v로 이동할 때 전류에 대한 식은 $I = qv$[27]로 나타낼 수 있으며, 자계에서 이동하는 전하는 식 (8.19)로 나타낸 힘을 받는다.[28]

$$\boldsymbol{F} = q(\boldsymbol{v} \times \boldsymbol{B})\,[\mathrm{N}] \tag{8.19}$$

전자계 내에서 이동하는 전하가 받는 힘, 즉 로렌츠의 힘은 전계 및 자계에 대한 식을 합하여 식 (8.20)과 같이 나타낼 수 있다.

$$\boldsymbol{F} = q(\boldsymbol{E} + \boldsymbol{v} \times \boldsymbol{B})\,[\mathrm{N}] \tag{8.20}$$

[그림 8-20]은 속도 v로 이동하는 전하 q가 자계 $\boldsymbol{B}$에 수직으로 들어갈 때 받는 힘을 나타낸 것이다. 여기서 자계 $\boldsymbol{B}$는 지면 안쪽으로 들어가는 방향이다. ①로 표시한 부분에서는 플레밍의 왼손 법칙에 따라 전하가 왼쪽으로 힘을 받고, ②로 표시한 부분에서는 전하가 아래쪽으로 힘을 받는다. 결과적으로 전하 q는 안쪽(중심)으로 작용하는 힘을 받아 그림과 같이 **등속 원운동**을 하게 된다.

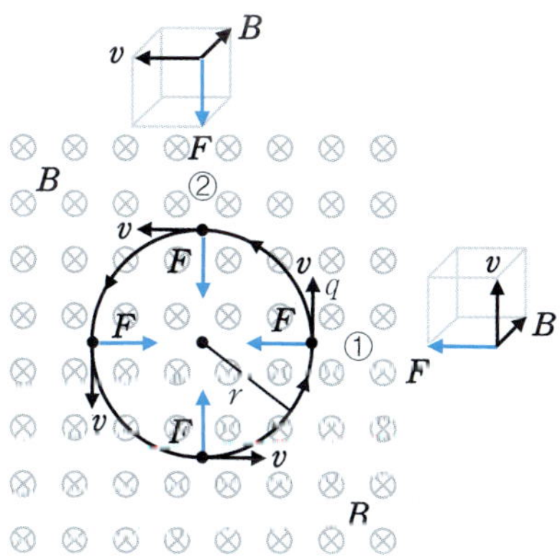

그림 8-20 로렌츠의 힘

26 일반적으로 전체 전하(량)을 나타낼 때는 Q, 개별 전하를 나타낼 때는 q로 표시한다.

27 전류는 단위시간 동안에 도선의 단면적을 지나는 전하량이므로 속도 v와 전하 q의 곱에 비례한다.

28 플레밍의 왼손 법칙 $\boldsymbol{F} = \boldsymbol{I} \times \boldsymbol{B}$를 적용하였다.

전하 q가 등속 원운동을 하려면 구심력 $F_c = qvB$[29]와 원심력 $F_c' = \frac{mv^2}{r}$이 서로 같아야 하므로 전하 q의 원운동 반지름 r은 식 (8.21)이 된다. 이로부터 전하의 원운동 반지름은 **전하의 속도 v에 비례**함을 알 수 있다.

$$r = \frac{mv}{qB} \text{[m]} \tag{8.21}$$

식에서 m은 전하 q의 질량을 나타낸다. 전하 q는 전자를 의미하므로 전자의 질량과 전하량의 값을 적용한다.[30]

예제 8-12

평등자계 내에 전자가 수직으로 입사하였을 때 전자의 운동에 대한 설명으로 옳은 것은?

① 원심력은 전자 속도에 반비례한다.
② 구심력은 자계의 세기에 반비례한다.
③ 원운동을 하고, 반지름은 자계의 세기에 비례한다.
④ 원운동을 하고, 반지름은 전자의 회전 속도에 비례한다.

풀이

8.3.4절을 참고하면 원심력은 전자(전하)의 속도 v^2에 비례하고 구심력은 자계의 세기에 비례하며, 전자는 원운동을 한다. 식 (8.21)을 참고하면 원운동 반지름은 자계의 세기에 반비례하지만 전자의 속도에 비례하므로 정답은 ④이다.

29 전계 $\boldsymbol{E}$에 의해 가속된 전하 q가 전계가 없는($\boldsymbol{E}=0$) 자계 $\boldsymbol{B}$의 영역에 수직으로 들어왔으므로 식 (8.20)에서 $F = qvB$가 된다. 이 힘은 안쪽으로 작용하므로 구심력이 된다.

30 전자의 질량은 9.109×10^{-31}[kg], 전하량은 -1.602×10^{-19}[C]이다.

8.4 전류에 의한 자계 효과

8.4.1 핀치 효과

액체 도체에 전류를 흘리면 전자력의 작용으로 도체의 단면이 수축했다가 다시 원래 상태로 되돌아오는 현상이 반복되는데, 이를 **핀치 효과**Pinch effect라고 한다. [그림 8-21]과 같이 액체 도체에서 전류가 지면 안쪽 방향으로 흐를 경우 암페어의 오른나사 법칙에 따라 도체 주위에는 시계 방향으로 회전하는 원형 자계가 형성된다.

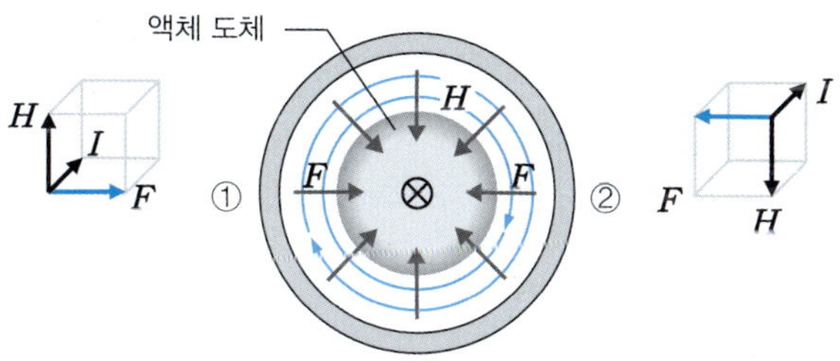

그림 8-21 핀치 효과

예를 들어, ①로 표시한 부분에서는 플레밍의 왼손 법칙을 적용하면 액체 도체는 그림에 나타낸 것처럼 오른쪽으로 힘을 받는다. ②로 표시한 부분에서는 왼쪽으로 힘을 받는다. 결과적으로 액체 도체는 그림에 나타낸 것처럼 중심을 향하는 수축력을 받아 단면이 줄어들게 된다.

액체 도체의 단면이 줄어들면 저항이 증가하면서[31] 전류가 감소한다. 그런데 전류가 감소하면 자계가 약해지고, 이에 따라 수축력이 약해지면서 액체 도체의 단면은 다시 원래 상태(크기)로 되돌아온다. 액체 도체의 단면이 원래 상태로 돌아오면 다시 전류가 증가하면서 다시 수축력이 증가하게 된다. 결과적으로 액체 도체는 단면이 수축했다가 다시 원래 상태로 돌아오는 현상(핀치 효과)을 반복하게 된다.

31 식 (6.7)을 참고하면 저항 $R=\rho\frac{l}{S}[\Omega]$이므로 단면적에 반비례한다.

8.4.2 홀 효과

도체나 반도체에 전류가 흐를 때 외부에서 자계를 가하면 전자력에 의해 전자가 한쪽으로 몰리는 현상이 발생하는데, 이를 **홀 효과**Hall effect라고 한다. 홀 효과가 발생하면 반도체(또는 도체)의 양단에 전압이 발생하며, 이를 홀 전압Hall voltage이라고 한다.

[그림 8-22]는 N형 반도체에 수직 방향의 자계 B를 가한 경우를 나타낸 것이다. N형 반도체에서는 전자Electron의 이동으로 전류가 흐르고[32] 전자는 전자력을 받아 그림과 같이 왼쪽으로 몰리게 된다. 이에 따라 반도체의 왼쪽에는 (−)전기를 띠는 전자의 농도가 높아지고 오른쪽에는 상대적으로 (+)전기를 띠는 정공의 농도가 높아지게 된다. 그 결과 반도체를 가로지르는 방향으로 전위차, 즉 홀 전압이 발생한다.

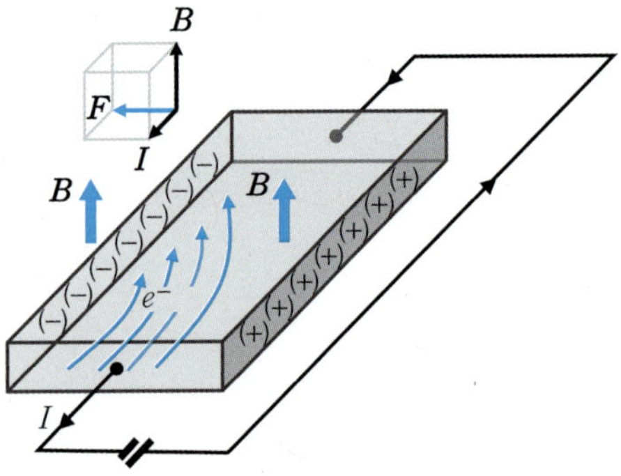

그림 8-22 홀 효과

홀 효과는 자계의 방향이나 세기를 측정하는 센서로 활용된다. 또한 반도체의 P형과 N형 판별 장비PN Checker, 자석의 접근 여부를 검출해 개폐를 인식하는 감지 센서[33] 등 전자기기에서 폭넓게 활용되고 있다.

32 P형 반도체에서는 정공(hole)의 이동으로 전류가 흐른다.

33 노트북이나 갤럭시 Z 플립의 화면을 열 때 이를 감지하여 화면이 켜지도록 한다.

8.4.3 스트레치 효과

유연한 도선에 전류가 흐를 때 스스로 퍼지듯이 펼쳐지는 현상을 **스트레치 효과**Stretch effect라고 한다. [그림 8-23]은 스트레치 효과를 나타낸 것으로, [그림 8-23(a)]와 같이 임의의 형태를 가진 유연한 도선에 큰 전류를 흘리면 전자력(반발력)의 작용으로 도선이 바깥쪽으로 밀리면서 [그림 8-23(b)]와 같이 펼쳐지게 된다. 즉, 스트레치 효과는 반대 방향으로 전류가 흐르는 도선 간에 생기는 반발력 때문에 발생한다.[34]

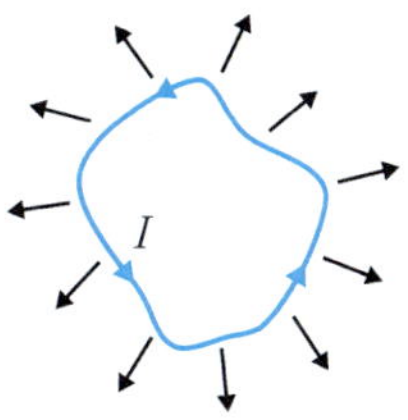

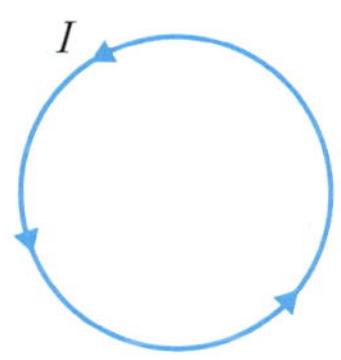

그림 8-23 스트레치 효과

스트레치 효과에서는 도선의 유연성이 중요한 요소로 작용하며, 전류가 클수록 전자력이 커지므로 큰 전류에서 도선이 충분히 펼쳐질 수 있다. 이 현상은 고전류가 흐르는 실험 장비 등에서 실제로 관찰되는 물리적 현상이다.

예제 8-13

도체나 반도체에 전류를 흘리고 이것과 직각 방향으로 자계를 가하면 도체나 반도체 측면에 정(+)의 전하가 생기는 것을 무슨 효과라 하는가?

① Thomson 효과 ② Peltier 효과
③ Seebeck 효과 ④ Hall 효과

풀이

자계를 가할 때 도체나 반도체 측면에 특정 극성의 전하가 몰리는 현상은 홀 효과이므로 정답은 ④이다.

34 [그림 8-18]을 참고하라.

CHAPTER 08

핵심 정리

- **전류의 자기 작용** : 전류가 흐르는 도선 주변에 자계(자기장)가 형성되는 현상
- **암페어의 오른손 법칙**
  - 전류가 흐르는 도선 주위에 생기는 자계의 방향 또는 자계에 의해 생성되는 유도 전류의 방향을 결정하는 데 사용되는 법칙
- **암페어의 주회적분 법칙**
  - $\oint_C \boldsymbol{H} \cdot dl = I$: 임의의 폐곡선에 대한 자계의 선적분은 폐곡선을 통과하는 전류와 같다.
- **비오-사바르 법칙** : 도선의 미소길이 dl에 의해 생성되는 자계를 구할 때 사용되는 실험 법칙
  - $dH = \dfrac{Idl\sin\theta}{4\pi r^2}$ [A/m] 또는 $d\boldsymbol{H} = \dfrac{Idl \times \boldsymbol{r}}{4\pi r^3}$ [A/m]
- **전류에 의한 자계**

<table>
<tr><th>구분</th><th colspan="6">자계</th></tr>
<tr><td rowspan="2">무한 원통도체
(a : 반지름)</td><td colspan="3">표면에만 전류가 흐르는 경우</td><td colspan="3">내부에도 균일한 전류가 흐르는 경우</td></tr>
<tr><td colspan="3">$\boldsymbol{H} = \dfrac{I}{2\pi r}$ [A/m]</td><td colspan="3">$\boldsymbol{H} = \dfrac{rI}{2\pi a^2}$ [A/m]</td></tr>
<tr><td>환상 솔레노이드
(l : 자로, r : 반지름)</td><td colspan="6">$\boldsymbol{H} = \dfrac{NI}{l} = \dfrac{NI}{2\pi r}$ [AT/m]</td></tr>
<tr><td>무한 솔레노이드
(l : 길이)</td><td colspan="6">$\boldsymbol{H} = n_0 I$ [AT/m], $n_0 = \dfrac{N}{l}$</td></tr>
<tr><td rowspan="2">원형 코일
(a : 반지름)</td><td colspan="3">중심에서 거리 x만큼 떨어진 점</td><td colspan="3">중심</td></tr>
<tr><td colspan="3">$H = \dfrac{a^2 I}{2(a^2+x^2)^{\frac{3}{2}}}$ [A/m]</td><td colspan="3">$H = \dfrac{I}{2a}$ [A/m] 또는 $H = \dfrac{NI}{2a}$ [AT/m]</td></tr>
<tr><td>유한 직선 도선
(a : 도선으로부터의 거리)</td><td colspan="6">$H = \dfrac{I}{4\pi a}(\sin\beta_1 + \sin\beta_2)$ 또는 $H = \dfrac{I}{4\pi a}(\cos\theta_1 + \cos\theta_2)$ [A/m]</td></tr>
<tr><td rowspan="2">도형 중심에서의 자계
(l : 한 변의 길이)</td><td colspan="2">정삼각형 도선</td><td colspan="2">정사각형 도선</td><td colspan="2">정육각형 도선</td></tr>
<tr><td colspan="2">$H = \dfrac{9I}{2\pi l}$ [A/m]</td><td colspan="2">$H = \dfrac{2\sqrt{2}\,I}{\pi l}$ [A/m]</td><td colspan="2">$H = \dfrac{\sqrt{3}\,I}{\pi l}$ [A/m]</td></tr>
</table>

- **플레밍의 왼손 법칙** : $F = IBl\sin\theta$ [N]

- **평행 전류(도선) 간의 전자력**
  - 전류 방향이 같으면 흡인력, 전류 방향이 다르면 반발력 작용
  - $F = \dfrac{2I_1I_2}{r} \times 10^{-7}$[N/m] (도선 단위길이당 작용하는 힘)
  - 힘의 크기는 전류의 방향과 관계없이 동일

- **자계 내의 사각형 도선에 생기는 토크**
  - $T = NIBab\cos\theta$ [N·m](ab는 사각형 도선의 크기)

- **로렌츠의 힘 : $\boldsymbol{F} = q(\boldsymbol{E} + \boldsymbol{v} \times \boldsymbol{B})$ [N]**
  - 전자계(전계 + 자계)에서 속도 v로 이동하는 전하 q가 받는 힘
  - 전하는 등속 원운동을 함(원운동 반지름 $r = \dfrac{mv}{qB}$ [m])

- **핀치 효과**
  - 액체 노제에 전류를 흘릴 때 전자력에 의해 도체의 단면이 수축했다가 다시 원래 상태로 되돌아오는 것을 반복하는 현상

- **홀 효과**
  - 전류가 흐르는 반도체(도체)에 자계를 가하면 전자력에 의해 전자가 한쪽으로 몰리면서 홀 전압이 발생하는 현상
  - 자계의 방향과 세기를 측정하는 홀 센서로 활용

CHAPTER 08

핵심 유형

유형 1 비오-사바르 법칙 정의하기

TIP

- 비오-사바르 법칙 정의하기
- 비오-사바르 법칙을 나타내는 수식 확인하기

01 임의의 형상을 가진 도선에 전류 I[A]가 흐를 때 거리 r[m]만큼 떨어진 점에서의 자계의 세기 H[AT/m]를 구하는 비오-사바르 법칙에서 자계의 세기 H[AT/m]와 거리 r[m]의 관계로 옳은 것은?

① r에 반비례 ② r에 비례 ③ r^2에 반비례 ④ r^2에 비례

풀이

비오-사바르 법칙에 대한 식 (8.2)를 참고하면 자계의 세기 H는 거리의 제곱(r^2)에 반비례한다.

답 ③

---

02 그림과 같은 회로 C에 전류 I[A]가 흐를 때 C의 미소 부분 dl에 의하여 거리 r[m]만큼 떨어진 점 P의 자계 dH[A/m]는? (단, θ는 dl과 거리 r이 이루는 각도이다)

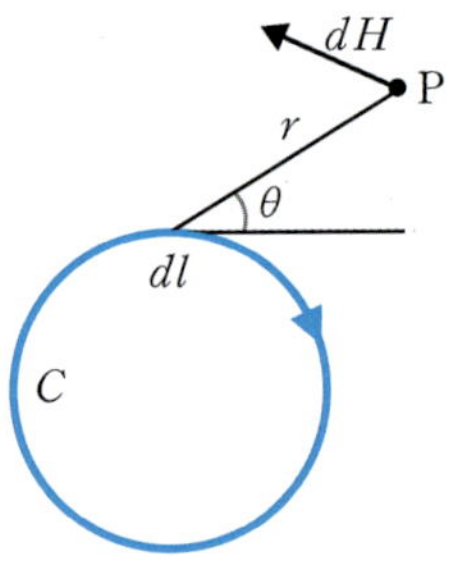

① $\dfrac{Idl\sin\theta}{4\pi r}$ ② $\dfrac{4\pi Idl\sin\theta}{r^2}$

③ $\dfrac{Idl\sin\theta}{4\pi r^2}$ ④ $\dfrac{Idl\sin\theta}{r^2}$

풀이

식 (8.2)를 참고하면 점 P의 자계 $dH = \dfrac{Idl\sin\theta}{4\pi r^2}$ [A/m]이다.

답 ③

유형 2 무한 원통도체와 솔레노이드의 자계 구하기

TIP

- 무한 원통도체의 자계 정의하고 계산하기
- 환상 솔레노이드와 무한 솔레노이드의 자계 정의하기

01 무한장 직선 전류에 의한 자계의 세기[A/m]는?

① 거리 r에 비례한다.　　② 거리 r^2에 비례한다.

③ 거리 r에 반비례한다.　　② 거리 r^2에 반비례한다.

풀이

무한 원통도체에 대한 식 (8.4)에서 무한장 직선 전류에 의한 자계의 세기는 거리 r에 반비례한다.

답 ③

---

02 반지름 25[cm]인 원주형 도선에 π[A]의 전류가 흐를 때 도선의 중심축에서 50[cm] 되는 점의 자계의 세기는 몇 [A/m]인가? (단, 도선의 길이 l은 매우 길다)

① 1　　② π　　③ $\frac{1}{2}\pi$　　④ $\frac{1}{4}\pi$

풀이

도선의 반지름이 25[cm]이고 중심축에서 50[cm]인 점의 자계의 세기를 구하는 것이므로 도선 외부에 해당한다. 따라서 식 (8.4)를 참고하면 $H = \frac{\pi}{2\pi \times 0.5} = 1$[A/m]이다.

답 ①

---

03 그림과 같이 평행한 무한장 직선 도선에 각각 I[A], $4I$[A]의 전류가 흐른다. 두 도선 사이의 점 P에서 자계의 세기가 0이라고 하면 $\frac{a}{b}$는?

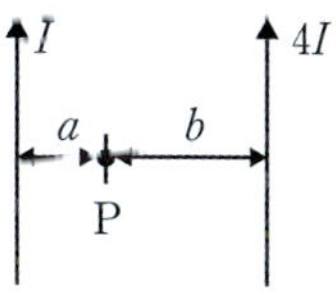

① 2　　② 4　　③ $\frac{1}{2}$　　④ $\frac{1}{4}$

풀이

식 (8.4)를 참고하면 I[A]의 도선에 의한 점 P의 자계의 세기는 $\frac{I}{2\pi a}$[A/m]이고 $4I$[A]의 도선에 의한 점 P의 자계의 세기는 $\frac{4I}{2\pi b}$[A/m]이다.

암페어의 오른나사 법칙을 적용하면 점 P에서 I[A]의 도선에 의한 자계는 지면으로 들어가는 $4I$[A]의 도선에 의한 자계는 지면에서 나오는 방향이다. 따라서 점 P에서 자계의 세기가 0이 되려면 두 도선에 의한 자계의 세기가 같아야 한다. 즉, $\frac{I}{2\pi a} = \frac{4I}{2\pi b}$이어야 하며, 이를 정리하면 $\frac{I}{a} = \frac{4I}{b}$ → $\frac{a}{b} = \frac{I}{4I}$ → $\frac{a}{b} = \frac{1}{4}$이 된다.

답 ④

---

04 무한히 긴 직선 도체에 전류 I[A]를 흘릴 때 이 전류로부터 d[m] 되는 점의 자속밀도는 몇 [$\mathrm{Wb/m^2}$]인가?

① $\frac{\mu_0 I}{4\pi d}$ ② $\frac{\mu_0 I}{2\pi d}$ ③ $\frac{I}{2\pi d}$ ④ $\frac{I}{4\pi \mu_0 d}$

풀이

무한히 긴 직선 도체는 무한 원통도체를 의미하므로 식 (8.4)를 참고하면 무한히 긴 직선 도체에 의한 자계 $\boldsymbol{H} = \frac{I}{2\pi d}$[A/m]로 나타낼 수 있다. 자속밀도 $\boldsymbol{B} = \mu_0 \boldsymbol{H}$이므로 $\boldsymbol{B} = \frac{\mu_0 I}{2\pi d}$[$\mathrm{Wb/m^2}$]이다.

답 ②

---

05 다음 중 무한 솔레노이드에 전류가 흐를 때 이에 대한 설명으로 가장 알맞은 것은?

① 내부 자계는 위치에 상관없이 일정하다.
② 내부 자계와 외부 자계는 그 값이 같다.
③ 외부 자계는 솔레노이드 근처에서 멀어질수록 그 값이 작아진다.
④ 내부 자계의 크기는 0이다.

풀이

무한 솔레노이드의 코일 내부에 형성되는 자계는 축 방향과 평행한 평등자계이고 솔레노이드 외부의 자계는 0이다.

답 ①

06 그림과 같이 권수 N[회], 평균 반지름 r[m]인 환상 솔레노이드에 I[A]의 전류가 흐를 때 중심 점 O의 자계의 세기는 몇 [AT/m]인가?

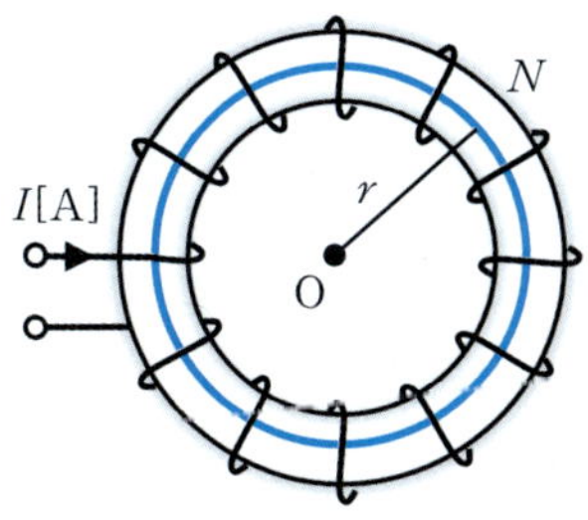

① 0　　② NI

③ $\frac{NI}{2\pi r}$　　④ $\frac{NI}{2\pi r^2}$

풀이

환상 솔레노이드에서 코어를 제외한 다른 부분(코어의 외부 영역)의 자계의 세기는 0이다.

답 ①

유형 3 원형 코일에 의한 자계 계산하기

TIP

- 원형 코일에 의한 자계 계산하기
- 원형 코일의 전류 계산하기

01 그림과 같이 반지름 r[m]인 원의 원주상 임의의 2점 a, b(각도 θ) 사이에 전류 I[A]가 흐른다. 원의 중심에서 자계의 세기는 몇 [AT/m]인가?

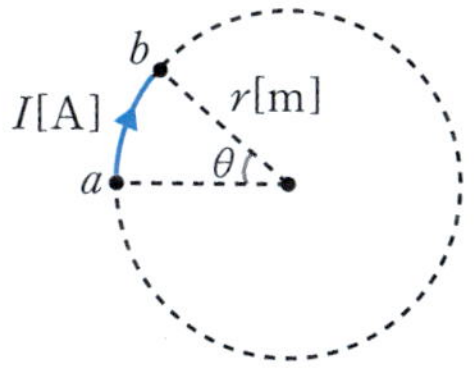

① $\frac{I\theta}{4\pi r^2}$　　② $\frac{I\theta}{4\pi r}$　　③ $\frac{I\theta}{2\pi r^2}$　　④ $\frac{I\theta}{2\pi r}$

풀이

원형 코일에 의한 자계의 식 (8.9)를 참고하면 자계 $H=\frac{I}{2r}$[A/m]이고 원형 코일의 일부 구간인 $a-b$ 사이(각도 θ)에 의한 자계이므로 $H=\frac{I}{2r}\times\frac{\theta}{2\pi}=\frac{I\theta}{4\pi r}$[AT/m]이다.

답 ②

02 반지름이 1[cm]인 원형 코일에 전류 10[A]가 흐를 때 코일의 중심에서 코일 면에 수직으로 $\sqrt{3}$[cm] 떨어진 점의 자계의 세기는 몇 [A/m]인가?

① $\frac{1}{16}\times 10^3$　② $\frac{3}{16}\times 10^3$　③ $\frac{5}{16}\times 10^3$　④ $\frac{7}{16}\times 10^3$

풀이

원형 코일에 의한 자계의 식 (8.8)을 참고하면 다음과 같다.

$$H=\frac{a^2I}{2(a^2+x^2)^{\frac{3}{2}}}=\frac{(1\times10^{-2})^2\times10}{2[(1\times10^{-2})^2+(\sqrt{3}\times10^{-2})^2]^{\frac{3}{2}}}=\frac{10^{-3}}{2[1\times10^{-4}+3\times10^{-4}]^{\frac{3}{2}}}$$

$$=\frac{10^{-3}}{2(2^3\times10^{-6})}=\frac{1}{16}\times10^3\,[\mathrm{AT/m}]$$

답 ①

---

03 반지름이 2[m], 권수가 100[회]인 원형 코일의 중심에 30[AT/m]의 자계를 발생시키려면 몇 [A]의 전류를 흘려야 하는가?

① 1.2　② 1.5　③ $\frac{150}{\pi}$　④ 150

풀이

8.2.4절에서 권수가 N일 때 원형 코일 중심에서의 자계의 세기 $H=\frac{NI}{2a}$ [AT/m]이므로

$I=\frac{2aH}{N}=\frac{2\times2\times30}{100}=1.2$[A]이다.

답 ①

유형 4 도형 중심에서의 자계 계산하기

TIP

- 정삼각형 도선 중심에서의 자계 정의하고 계산하기
- 정사각형 도선 중심에서의 자계 정의하고 계산하기

01 그림과 같이 한 변의 길이가 l인 정삼각형 회로에 I[A]가 흐르고 있을 때, 삼각형 중심에서의 자계의 세기는?

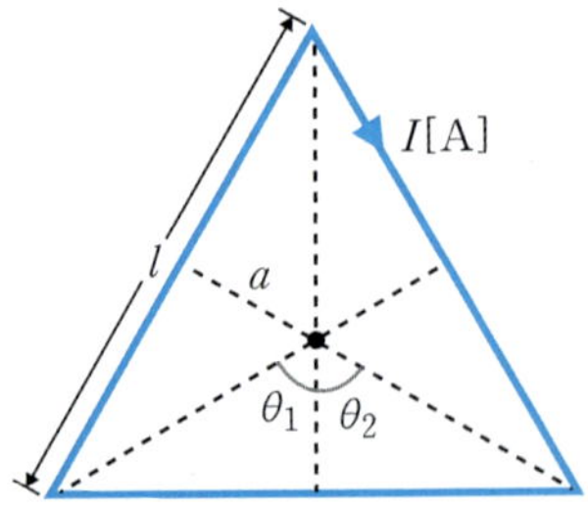

① $\frac{9I}{2\pi l}$　② $\frac{9I}{\pi l}$

③ $\frac{\sqrt{2}I}{2\pi l}$　④ $\frac{2\sqrt{2}I}{\pi l}$

풀이

정삼각형 도선에서의 자계에 대한 식 (8.12)를 참고하면 자계의 세기 $H = \dfrac{9I}{2\pi l}$ [A/m]이다.

답 ①

---

02 8[m] 길이의 도선으로 만들어진 정방형 코일에 π[A]의 전류가 흐를 때 정방형 중심에서의 자계의 세기는 몇 [A/m]인가?

① $\dfrac{\sqrt{2}}{2}$　　② $\sqrt{2}$　　③ $2\sqrt{2}$　　④ $4\sqrt{2}$

풀이

8[m] 길이의 도선으로 만든 정방형 코일에서 한 변의 길이는 2[m]이므로 정사각형 도선에서의 자계에 대한 식 (8.13)을 참고하면 $H - \dfrac{2\sqrt{2}I}{\pi l} = \dfrac{2\sqrt{2}\times\pi}{\pi\times 2} = \sqrt{2}$ [A/m]이다.

답 ②

유형 5 플레밍의 왼손 법칙 적용하기

TIP

- 플레밍의 왼손 법칙 정의하고 계산하기

01 그림과 같이 z축 상에 놓인 무한장 직선 도선 l에 전류 i_1이 z 방향으로 흐르고 있다. 그리고 $y-z$ 면상에 도선 ABCD가 있고 이것에 ABCD 방향으로 전류 i_2가 흐르고 있을 때 z 방향으로 힘이 발생하는 변은?

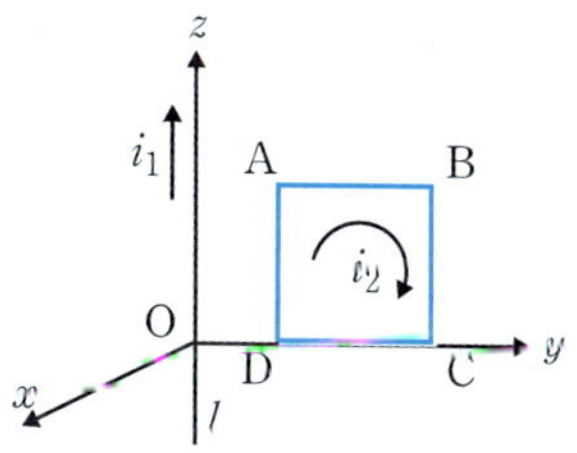

① DA변　　② AB변

③ CD변　　④ BC변

풀이

암페어의 오른나사 법칙을 적용하면 직선 도선 l에 의해 형성되는 자계는 도선 ABCD가 놓인 곳에서는 지면으로 들어간다. 그림과 같이 플레밍의 왼손 법칙을 적용해보면 AB변에서 z 방향의 힘이 발생한다.

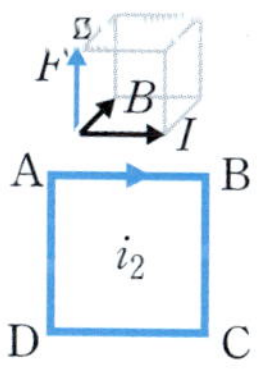

답 ②

02 자계 내의 도선에 전류를 흘릴 때 도선을 자계에 대해 60°의 각도로 놓을 때 작용하는 힘은 30°의 각도로 놓을 때 작용하는 힘의 몇 배인가?

① 1.2 ② 1.7 ③ 2.4 ④ 3.6

풀이

60°일 때 작용하는 힘을 $F_{60°}$, 30°일 때 작용하는 힘을 $F_{30°}$라 하고 전자력에 대한 식 (8.15)를 적용하면 $\dfrac{F_{60°}}{F_{30°}} = \dfrac{IBl\sin 60°}{IBl\sin 30°} = \dfrac{\sin 60°}{\sin 30°} = \dfrac{0.87}{0.5} = 1.74$ 배이다.

답 ②

---

03 공기 중에서 12[Wb/m²]인 평등자계 내에 길이 80[cm]인 도선을 자계에 대하여 30°의 각을 이루는 위치에 두었을 때 24[N]의 힘을 받았다면 도선에 흐르는 전류는 몇 [A]인가?

① 2 ② 3 ③ 4 ④ 5

풀이

식 (8.15)를 참고하면 $I = \dfrac{F}{Bl\sin\theta} = \dfrac{24}{12 \times 0.8 \times \sin 30°} = \dfrac{24}{9.6 \times 0.5} = 5$[A]이다.

답 ④

유형 6 평행 전류 간의 전자력 계산하기

TIP

- 평행 전류 간의 전자력 정의하고 계산하기

01 평행한 두 도선 간의 전자력은? (단, 두 도선 간의 거리는 r[m]라고 한다)

① r^2에 반비례 ② r^2에 비례 ③ r에 반비례 ④ r에 비례

풀이

평행한 두 도선 간의 전자력에 대한 식 (8.16)을 참고하면 전자력 $F = \dfrac{2I_1I_2}{r} \times 10^{-7}$이므로 거리 r에 반비례한다.

답 ③

02 2개의 길고 직선인 도체가 평행으로 그림과 같이 위치하고 있다. 각 도체에는 10[A]의 전류가 같은 방향으로 흐르고 있으며, 이격거리는 0.2[m]일 때 오른쪽 도체의 단위길이당 힘은? (단 a_x, a_z는 단위 벡터이다)

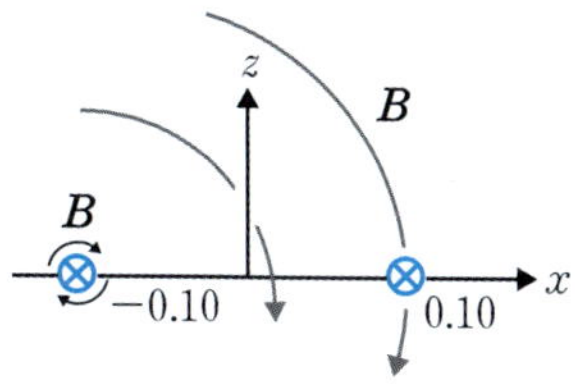

① $10^{-2}(-a_x)$ [N/m] ② $10^{-4}(-a_x)$ [N/m]

③ $10^{-2}(-a_z)$ [N/m] ④ $10^{-4}(-a_z)$ [N/m]

풀이

식 (8.16)을 참고하면 단위길이당 힘 $F = \frac{2I_1I_2}{r} \times 10^{-7} = \frac{2\times10\times10}{0.2}\times10^{-7} = 10^{-4}$[N/m]이다. 또한 두 도선에 같은 방향의 전류가 흐르므로 두 도선 간에는 흡인력이 발생한다. 따라서 오른쪽 도체에 작용하는 힘은 $-a_x$ 방향이다.

답 ②

유형 7 로렌츠의 힘 계산하기

TIP

- 로렌츠의 힘 정의하고 계산하기

01 v[m/s]의 속도를 가진 전자가 B [Wb/m²]의 평등자계에 직각으로 들어가면 원운동을 한다. 이때 원운동의 주기[s]를 구하면? (단, 원의 반지름은 r[m], 전자의 전하를 e[C], 질량 m[kg]이라 한다)

① $\frac{mv}{eB}$ ② $\frac{eB}{m}$ ③ $\frac{2\pi m}{eB}$ ④ $\frac{eBr}{2\pi m}$

풀이

각속도 $v = r\omega$이고 $\omega = 2\pi f$이므로 $v = r\times 2\pi f$로 나타낼 수 있다. 식 (8.21)을 참고하면 원운동 속도 $v = \frac{eBr}{m}$[m/s]로 나타낼 수 있다. 원운동 속도는 각속도와 같으므로 $v = \frac{eBr}{m} = r\times2\pi f$이고, 이로부터 $f = \frac{eB}{2\pi m}$가 된다. 주기 $T = \frac{1}{f}$이므로 $T = \frac{2\pi m}{eB}$가 된다.

참고 각속도에 대해서는 10.2.2절을 참고하라.

답 ③

02 평등자계와 직각 방향으로 일정한 속도로 발사된 전자의 원운동에 관한 설명 중에서 옳은 것은?

① 플레밍의 오른손 법칙에 의한 로렌츠의 힘과 원심력의 평형 운동이다.

② 원의 반지름은 전자의 발사 속도와 전계의 세기의 곱에 반비례한다.

③ 전자의 원운동 주기는 전자의 발사 속도와 관계없다.

④ 전자의 원운동 주파수는 전자의 질량에 비례한다.

풀이

① 로렌츠의 힘과 관련된 것은 플레밍의 왼손 법칙이다.

② 식 (8.21)을 참고하면 원운동 반지름 $r=\dfrac{mv}{qB}$[m]이며, 자계의 세기에 반비례한다.

③ **유형 7** 의 문제 **01**을 참고하면 전자의 원운동 주기 $T=\dfrac{2\pi m}{eB}$ 이므로 전자의 발사 속도와 관계없다.

④ **유형 7** 의 문제 **01**을 참고하면 전자의 원운동 주파수 $f=\dfrac{eB}{2\pi m}$ 이므로 전자의 질량에 반비례한다.

답 ③

---

03 자장 $B=3a_x-5a_y-6a_z$[Wb/m²] 내에서 점전하 0.2[C]이 속도 $v=4a_x-2a_y-3a_z$[m/s]로 움직일 때 이 점전하에 작용하는 힘의 크기는 몇 [N]이 되는가?

① 6.98 ② 2.58 ③ 4.15 ④ 5.67

풀이

식 (8.19)를 참고하면 점전하에 작용하는 힘 $\boldsymbol{F}=0.2\times(\boldsymbol{v}\times\boldsymbol{B})=0.2\begin{vmatrix} a_x & a_y & a_z \\ 4 & -2 & -3 \\ 3 & -5 & -6 \end{vmatrix}=0.2(-3a_x+15a_y-14a_z)=0.6a_x+3a_y-2.8a_z$이다.

따라서 힘의 크기 $F=\sqrt{0.6^2+3^2+2.8^2}=4.15$[N]이다.

답 ③

CHAPTER 08 기출문제

8.1 전류에 의한 자계의 방향을 결정하는 법칙은?

① 플레밍의 왼손 법칙　　② 플레밍의 오른손 법칙
③ 암페어의 오른나사 법칙　　④ 렌츠의 법칙

8.2 무한장 직선 도선에 흐르는 직류 전류 I에 의해 무한장 직선 도선의 상하에 존재하는 자침이 그림과 같이 자침 중심축을 중심으로 회전하여 정지하였다. (ㄱ), (ㄴ), (ㄷ), (ㄹ)의 극을 순서적으로 잘 배열한 것은?

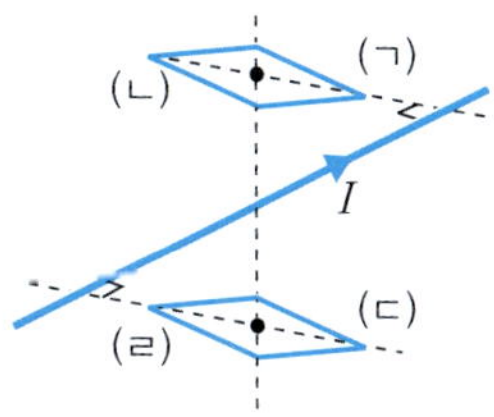

① S, N, S, N　　② S, N, N, S
③ N, S, N, S　　④ N, S, S, N

8.3 그림과 같이 전류 I[A]가 흐르는 직선 도체로부터 r[m] 떨어진 점 P의 자계의 세기 및 방향을 바르게 나타낸 것은? (단, ⊗는 지면을 들어가는 방향, ⊙는 지면을 나오는 방향이다)

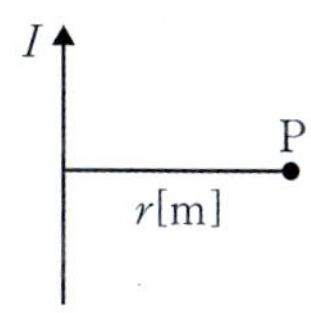

① $\frac{I}{2\pi r}$, ⊗　　② $\frac{I}{2\pi r}$, ⊙
③ $\frac{Idl}{4\pi r^2}$, ⊗　　④ $\frac{Idl}{4\pi r^2}$, ⊙

8.4 무한장 직선 도체가 있다. 이 도체로부터 수직으로 0.1 [m] 떨어진 점의 자계의 세기가 180 [A/m]이다. 이 도체로부터 수직으로 0.3 [m] 떨어진 점의 자계의 세기는 몇 [A/m]인가?

① 20　　② 60　　③ 180　　④ 540

8.5 공기 중에 있는 무한히 긴 직선 도선에 10[A]의 전류가 흐르고 있을 때 도선으로부터 2[m] 떨어진 점에서의 자속밀도는 몇 [Wb/m²]인가?

① 10^{-5}　　② 0.5×10^{-6}　　③ 10^{-6}　　④ 2×10^{-6}

8.6 전류 분포가 균일한 반지름 a[m]인 무한장 원주형 도선에 1[A]의 전류를 흘렸더니 도선 중심에서 $\frac{a}{2}$[m] 되는 점에서의 자계의 세기가 $\frac{1}{2\pi}$[A/m]였다. 이 도선의 반지름은 몇 [m]인가?

① 4 ② 2 ③ 0.5 ④ 0.25

8.7 그림과 같은 간격 d인 무한히 긴 2개의 평행 도선에 전류 I가 반대 방향으로 흐를 때, 임의의 점 P에서의 자계의 세기는?

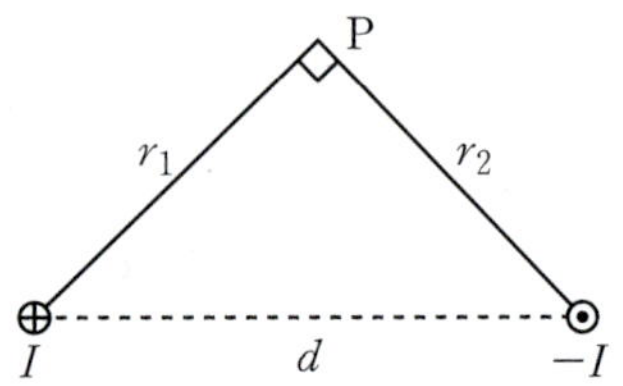

① $\frac{Id}{2\pi r_1 r_2}$ ② $\frac{Ir_2}{2\pi d r_1}$

③ $\frac{Ir_1}{2\pi d r_2}$ ④ $\frac{Id}{4\pi r_1 r_2}$

8.8 그림과 같이 무한장 직선 도체에 I[A]의 전류가 흐를 때, 도체에서 d[m] 떨어진 곳에 있는 가로, 세로가 각각 a[m], b[m]인 구형의 면적을 통과하는 자속 [Wb]은?

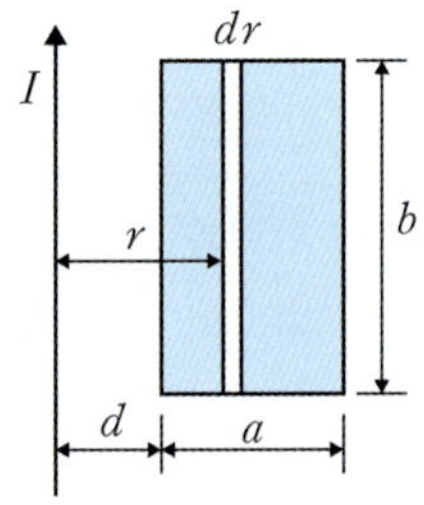

① $\frac{\mu_0 bI}{2\pi}\ln\frac{d}{d+a}$ ② $\frac{\mu_0 bI}{2\pi}\ln\frac{d+a}{d}$

③ $\frac{\mu_0 bI}{\pi}\ln\frac{d}{d+a}$ ④ $\frac{\mu_0 bI}{\pi}\ln\frac{d+a}{d}$

8.9 평등자계를 얻는 방법으로 가장 알맞은 것은?

① 길이에 비하여 단면적이 충분히 큰 솔레노이드에 전류를 흘린다.
② 길이에 비하여 단면적이 충분히 큰 원통형 도선에 전류를 흘린다.
③ 단면적에 비하여 길이가 충분히 긴 원통형 도선에 전류를 흘린다.
④ 단면적에 비하여 길이가 충분히 긴 솔레노이드에 전류를 흘린다.

8.10 철심이 든 환상 솔레노이드의 권수는 500회, 평균 반지름은 10[cm], 철심의 단면적은 10[cm^2], 비투자율 4000이다. 이 환상 솔레노이드에 2[A]의 전류를 흘릴 때 철심 내의 자속은 몇 [Wb]인가?

① 4×10^{-3} ② 4×10^{-4} ③ 8×10^{-3} ④ 8×10^{-4}

8.11 Biot-Savart 법칙에 의하면 전류소에 의해서 임의의 한 점 P에 생기는 자계의 세기를 구할 수 있다. 다음의 설명 중에서 틀린 것은?

① 자계의 세기는 전류소와 점 P와의 거리에 반비례한다.

② MKS 단위계를 사용할 경우 비례 상수는 $\frac{1}{4\pi}$ 이다.

③ 자계의 방향은 전류소 및 이 전류소와 점 P를 연결하는 직선을 포함하는 면에 법선 방향이다.

④ 자계의 세기는 전류의 크기에 비례한다.

8.12 그림과 같이 반지름이 r[m]인 반원형 전류 I[A]에 의한 반원의 중심 O에서 자계의 세기 [A/m]는?

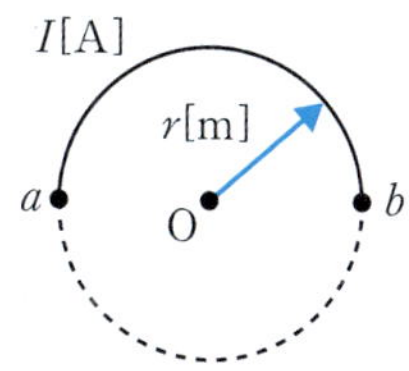

① $\frac{2I}{r}$　　② $\frac{I}{r}$

③ $\frac{I}{2r}$　　④ $\frac{I}{4r}$

8.13 그림과 같이 유한장 직선 AB에 전류 I[A]가 흐르고 있는 직선 도체에서 수직 거리 a[m] 떨어진 점 P의 자계 [A/m]는 다음 중 무엇인가?

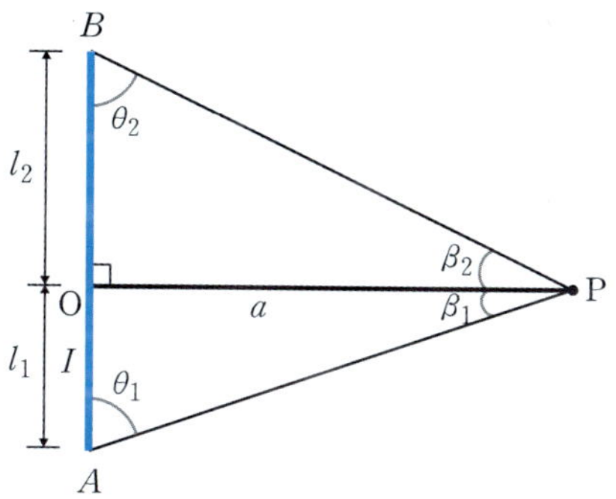

① $\frac{I}{4\pi a}(\sin\theta_1+\sin\theta_2)$　　② $\frac{I}{4\pi a}(\cos\theta_1+\cos\theta_2)$

③ $\frac{I}{2\pi a}(\sin\theta_1+\sin\theta_2)$　　④ $\frac{I}{2\pi a}(\cos\theta_1+\cos\theta_2)$

8.14 그림과 같이 길이 $\sqrt{3}$[m]인 유한장 직선 도선에 π[A]의 전류가 흐를 때 도선의 한쪽 끝인 B에서 수직으로 1[m]가 되는 점 P의 자계의 세기 [A/m]는?

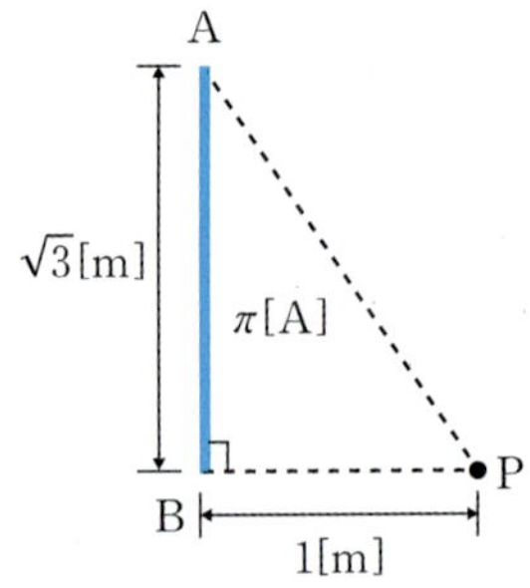

① $\frac{\sqrt{3}}{8}$ ② $\frac{\sqrt{3}}{4}$

③ $\frac{\sqrt{3}}{2}$ ④ $\sqrt{3}$

8.15 한 변의 길이가 4[m]인 정사각형 루프에 1[A]의 전류가 흐를 때 중심점에서의 자속밀도 B는 약 몇 [Wb/m^2]인가?

① 2.83×10^{-7} ② 5.65×10^{-7} ③ 11.31×10^{-7} ④ 14.14×10^{-7}

8.16 자속밀도가 0.3[Wb/m^2]인 평등자계 내에 5[A]의 전류가 흐르는 길이 2[m]인 직선 도체가 있다. 이 도체를 자계 방향에 대하여 60°의 각도로 놓을 때 이 도체가 받는 힘은 약 몇 [N]인가?

① 1.3 ② 2.6 ③ 4.7 ④ 5.2

8.17 자계 안에 놓여 있는 전류 회로에 작용하는 힘 F에 대한 식으로 옳은 것은?

① $F = \oint_C Idl \times B$ ② $F = \oint_C I \cdot B \times dl$

③ $F = \oint_C IB \cdot dl$ ④ $F = \oint_C I^2 H \cdot dl$

8.18 진공 중에서 2[m] 떨어진 2개의 무한 평행 도선에 단위길이당 10^{-7}[N]의 반발력이 작용할 때, 각 도선에 흐르는 전류의 크기와 방향은? (단, 각 도선에 흐르는 전류의 크기는 같다)

① 각 도선에 2[A]가 반대 방향으로 흐른다.
② 각 도선에 2[A]가 같은 방향으로 흐른다.
③ 각 도선에 1[A]가 반대 방향으로 흐른다.
④ 각 도선에 1[A]가 같은 방향으로 흐른다.

8.19 그림과 같이 반지름 a[m]의 한 번 감긴 원형 코일이 균일한 자속밀도 B[Wb/m^2]인 자계에 놓여 있다. 지금 코일 변을 자계와 나란하게 전류 I[A]를 흘리면, 원형 코일이 자계로부터 받는 회전 모멘트는 몇 [N · m/rad]인가?

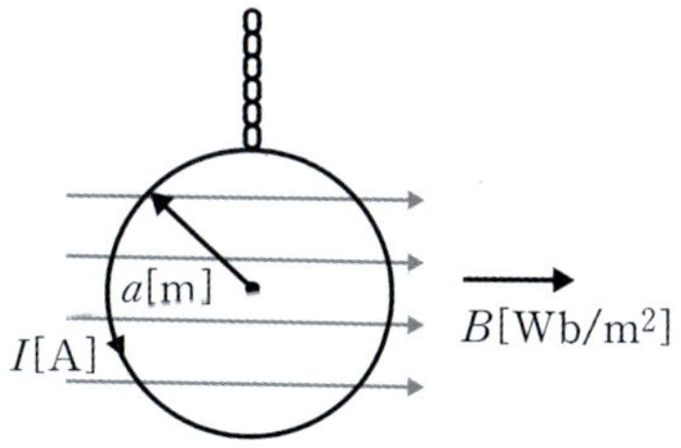

① $2\pi aBI$ ② πaBI ③ $2\pi a^2BI$ ④ πa^2BI

8.20 2[C]의 점전하가 전계 $E = 2a_x + a_y - 4a_z$ [V/m] 및 자계 $B = -2a_x + 2a_y - a_z$[Wb/m^2] 내에서 속도 $v = 4a_x - a_y - 2a_z$[m/s]로 운동하고 있을 때 점전하에 작용하는 힘은 몇 [N]인가?

① $10a_x + 18a_y + 4a_z$ ② $14a_x - 18a_y - 4a_z$

③ $-14a_x + 18a_y + 4a_z$ ④ $14a_x + 18a_y + 4a_z$

8.21 전하 q[C]이 진공 중의 자계 H[AT/m]에 수직 방향으로 v[m/s]의 속도로 움직일 때 받는 힘은 몇 [N]인가? (단, μ_0는 진공의 투자율이다)

① $\dfrac{qH}{\mu_0 v}$ ② $\mu_0 qvH$ ③ $\dfrac{qvH}{\mu_0}$ ④ qvH

정답

8.1 ③ 8.2 ④ 8.3 ① 8.4 ② 8.5 ③ 8.6 ③ 8.7 ① 8.8 ② 8.9 ④ 8.10 ③
8.11 ① 8.12 ④ 8.13 ② 8.14 ① 8.15 ① 8.16 ② 8.17 ① 8.18 ③ 8.19 ④ 8.20 ④
8.21 ②

CHAPTER

09

자성체와 자기회로

CONTENTS

학습 내용

자성체의 종류와 특성, 자화의 세기, 그리고 이와 관련된 자화율과 감자력을 공부한다. 또한 경계면을 지나는 자계와 자속밀도의 굴절 현상과 그에 따른 경계조건을 살펴보고, 자기차폐의 원리도 함께 익힌다. 강자성체의 자화 특성을 이해하고, 히스테리시스 곡선의 잔류자기와 보자력의 개념을 정리한 다음 자계 에너지와 그로 인한 자기 흡인력에 대해서도 살펴본다. 마지막으로 자기회로와 전기회로를 비교하고, 자기회로의 구성 요소인 자기저항, 기자력, 공극 등을 배운다.

핵심 키워드

자성체 | 자화 | 자화의 세기 | 히스테리시스 특성 | 자화율 | 감자력 | 경계조건 | 자기차폐 | 자화 곡선 | 히스테리시스 곡선 | 잔류자기 | 보자력 | 자계 에너지 밀도 | 히스테리시스 손실 | 자기 흡인력 | 자기저항 | 기자력 | 공극

학습 전략

자성체의 종류별 특성과 자화의 세기를 계산하는 문제를 많이 풀어보는 게 좋습니다. 경계조건에서는 자계와 자속밀도의 굴절 특성에 관한 문제, 굴절각을 계산하는 문제를 연습하기 바랍니다. 잔류자기와 보자력의 개념을 명확히 정리해두고, 자계 에너지(자기 흡인력)의 수식을 암기하여 관련 문제에 활용할 수 있어야 합니다. 마지막으로 자기회로 요소와 전기회로 요소의 대응 관계와 차이점을 파악하고, 기자력이나 자속을 계산하는 문제도 풀어보기 바랍니다.

9.1 자화

자성체Magnetic material는 물질 내에 자기쌍극자 모멘트를 가지고 있으며, 이 자기쌍극자 모멘트들은 일반적으로 무질서하게 배열되어 있다. 이러한 자성체를 자계 중에 놓으면 자기쌍극자 모멘트들이 한 방향으로 정렬되면서 자성체 전체가 자성을 띠게 되는데, 이를 **자화**Magnetization라고 한다.

자기쌍극자 모멘트가 형성되는 첫 번째 원인은 (−)전기를 띤 전자의 자전Spin으로 생기는 자기모멘트이고, 두 번째 원인은 전자가 원자핵 주위를 도는 궤도 운동이 원형 전류처럼 작용하여 생기는 자기모멘트이다. 일반적으로 자전에 의한 자기모멘트가 더 크며, 궤도 운동에 의한 자기모멘트는 무시할 정도로 매우 작다.

9.1.1 자성체의 종류

대표적인 자성체에는 상자성체Paramagnetic material, 강자성체Ferromagnetic material, 반자성체Diamagnetic material가 있다. [그림 9-1]은 외부 자계를 인가할 때 자성체의 종류에 따른 자기쌍극자 모멘트[1]의 정렬 특성을 나타낸 것이다.[2]

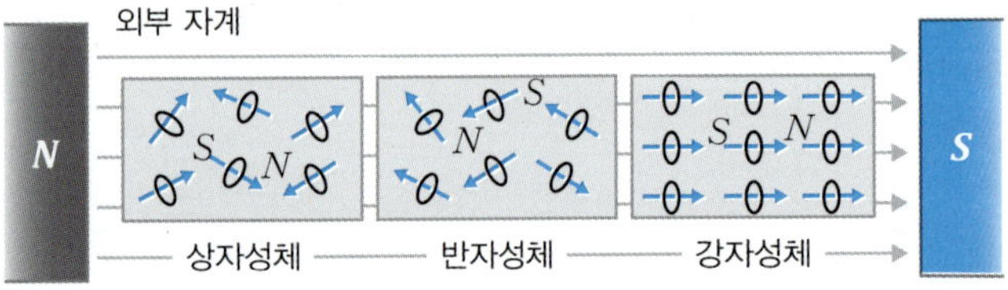

그림 9-1 자성체 종류별 자기쌍극자 모멘트의 정렬 특성

상자성체

상자성체는 투자율이 1보다 약간 큰 물질($\mu_s \geq 1$)로, [그림 9-1]과 같이 외부 자계를 가하면 자기쌍극자 모멘트가 자계 방향으로 약하게 정렬된다. 이때 자화는 외부 자계에 비례하며, 외부 자계를 제거하면 자기쌍극자 모멘트는 원래의 무질서한 상태로 돌아가 자성을 잃게 된다. 따라서 상자성체는 영구자석의 재료로 사용하기 부적합하다.

---

1 자기모멘트에 의해 자성체 내부에서 정렬되는 실제 물리량은 자기쌍극자로, 이를 정확히 표현하기 위해 '자기쌍극자 모멘트'로 표기하였다.

2 상자성체와 강자성체는 외부 자계와 같은 방향으로 자화되며, 그 결과 N극 쪽에는 S극이, S극 쪽에는 N극이 형성된다. 반면 반자성체는 외부 자계와 반대 방향으로 자화된다.

강자성체

강자성체는 투자율이 매우 큰 물질($\mu_s \gg 1$)로, 같은 방향의 자기쌍극자 모멘트를 가진 원자들이 모여 형성된 작은 영역인 자구Magnetic domain가 물질 전체에 분포하고 있다. 자구 내부의 자기쌍극자 모멘트들은 자발 자화Spontaneous magnetization[3]에 의해 같은 방향으로 정렬되어 있지만 자구마다 정렬 방향이 서로 달라 강자성체 전체의 자성은 약하다. 이때 외부 자계를 가하면 자구들이 자계 방향으로 정렬되면서 강한 자성을 띠게 된다. 이 자성은 외부 자계를 제거한 후에도 유지되므로 영구자석의 재료로 강자성체를 사용한다. 또한 강자성체는 외부 자계가 충분히 커져 모든 자구가 자계 방향으로 정렬되면 더 이상 자화되지 않는 **포화**Saturation 특성이 있으며, 상자성체와 달리 외부 자계에 대해 비선형적으로 자화되는 **히스테리시스**Hysteresis 특성도 가지고 있다.[4]

반자성체

반자성체는 투자율이 1보다 약간 작은 물질($\mu_s < 1$)로, 외부 자계를 가하면 자기쌍극자 모멘트가 자계와 반대 방향으로 약하게 정렬된다. 따라서 상자성체나 강자성체와 극성이 반대가 된다. 반자성체의 자화 또한 외부 자계에 비례하며, 외부 자계를 제거하면 상자성체처럼 원래의 무질서한 상태로 되돌아가면서 자성을 잃게 된다.

[표 9-1]은 이러한 자성체의 종류에 따른 특성을 정리한 것이다.

표 9-1 자성체의 종류와 특성

구분		상자성체	강자성체	반자성체
비투자율 μ_s		$\mu_s \geq 1$(1보다 약간 큼)	$\mu_s \gg 1$(수백 ~ 수천)	$\mu_s < 1$
물질 예시		알루미늄(Al), 백금(Pt), 마그네슘(Mg), 공기	철(Fe), 니켈(Ni), 코발트(Co)	구리(Cu), 금(Au), 은(Ag)
자기쌍극자 모멘트	밀도	작음	매우 큼	매우 작음
	배열 특성	외부 자계와 같은 방향으로 일부 정렬	외부 자계 없이도 정렬 가능(자발 자화)	외부 자계와 반대 방향으로 정렬
자구		없음	있음	없음
포화 특성		없음	있음	없음

[그림 9-2]는 상자성체와 반자성체의 자화 특성을 나타낸 것이다. [그림 9-2(a)]의 상자성체는 **외부 자계와 같은 방향으로 자화**되며, 이에 따라 자화된 상자성체의 N극에서 나오는 자기력선의 방향이 외부 자계와 같다. 반면에 [그림 9-2(b)]의 반자성체는 **외부 자계와 반대 방향으로 자화**되며, 반자성체의 N극에서 나오는 자기력선의 방향은 외부 자계와 반대가 된다.

3 원자 간의 강한 상호 작용에 의해 인접한 자기쌍극자 모멘트들이 외부 자계 없이 스스로 정렬되면서 자화되는 현상이다.

4 9.3절을 참고하라.

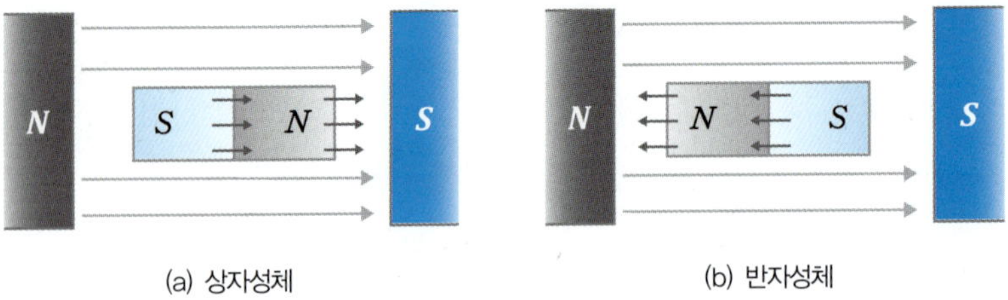

그림 9-2 상자성체와 반자성체의 자화 특성

한편, 충분히 자화된 강자성체를 가열하면 온도가 상승하면서 열에너지가 증가한다. 이에 따라 정렬된 자기쌍극자 모멘트들이 자화 전의 불규칙한 상태로 돌아가며 자성을 잃게 되는데, 이때의 온도를 **퀴리 온도** Curie temperature라고 한다. 퀴리 온도는 자성체의 종류에 따라 다르다(예 철 Fe의 퀴리 온도는 약 770°C).

예제 9-1

물질의 자화 현상과 관계가 가장 깊은 것은 무엇인가?

① 분자의 운동 ② 전자의 공전 ③ 전자의 자전 ④ 전자의 이동

풀이

전자의 자전 Spin으로 생기는 자기모멘트가 자화 현상의 가장 큰 원인이므로 정답은 ③이다.

9.1.2 자화의 세기

[그림 9-3]과 같이 자계 내에 상자성체를 놓으면 외부 자계와 같은 방향으로 자화되면서 양 끝에 S극과 N극이 나타난다.[5] 그림에서 $\boldsymbol{H}$는 외부 자계이고 $\boldsymbol{J}$는 자화의 세기이다.

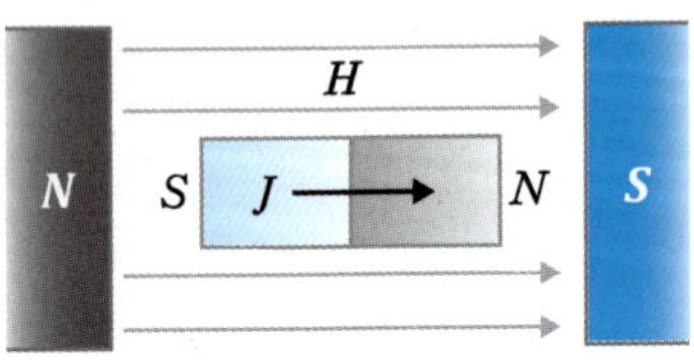

그림 9-3 자화의 세기

5 우측 그림과 같이 외부 자계에 의해 정렬한 자기쌍극자 모멘트 중 이웃한 자기쌍극자 모멘트들이 상쇄되므로 자성체는 S극과 N극으로 자화된다.

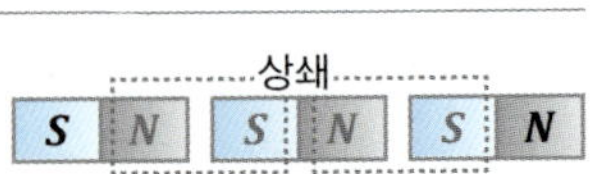

자화의 세기는 식 (9.1)과 같이 **단위체적당 자기쌍극자 모멘트**로 정의한다. 식에서 $\boldsymbol{M}$ [Wb · m]은 자기쌍극자 모멘트이고 V는 체적 [m^3]이다.[6]

$$\boldsymbol{J} = \frac{\boldsymbol{M}}{V}\ [\mathrm{Wb/m^2}] \tag{9.1}$$

또한 자화의 세기는 식 (9.2)와 같이 **자성체의 양 단면에 단위면적당 발생한 자기량**으로도 정의한다.[7] 식에서 m[Wb]은 자기량(자하)이고 S는 자성체의 단면적[m^2]이다.[8]

$$J = \frac{m}{S}\ [\mathrm{Wb/m^2}] \tag{9.2}$$

자화되지 않은 자성체의 투자율은 μ_0이지만 외부 자계에 의해 자화되면 투자율은 μ로 변하게 된다. 즉, 자화의 세기 $\boldsymbol{J}$는 식 (9.3)과 같이 투자율의 변화량으로 표현할 수 있다. 이때 $\boldsymbol{H}$는 외부 자계이다.

$$\boldsymbol{J} = (\mu - \mu_0)\boldsymbol{H}\ [\mathrm{Wb/m^2}] \tag{9.3}$$

식 (9.3)에서 $\mu - \mu_0$는 외부 자계 $\boldsymbol{H}$에 의해 얼마나 자화되는지를 나타내므로 **자화율**이라 하며, 기호 χ로 표시한다. 자화율을 적용하면 식 (9.3)은 식 (9.4)로 나타낼 수 있다. 이로부터 자화의 세기는 자화율과 외부 자계에 비례함을 알 수 있다.

$$\boldsymbol{J} = \chi\boldsymbol{H}\ [\mathrm{Wb/m^2}] \tag{9.4}$$

식 (9.3)은 식 (9.5)와 식 (9.6)[9]과 같이 나타낼 수 있다.

$$\begin{aligned}\boldsymbol{J} &= (\mu - \mu_0)\boldsymbol{H} = (\mu_0\mu_s - \mu_0)\boldsymbol{H} \\ &= \mu_0(\mu_s - 1)\boldsymbol{H}\ [\mathrm{Wb/m^2}] \qquad (9.5) \\ &= \left(1 - \frac{1}{\mu_s}\right)\boldsymbol{B}\ [\mathrm{Wb/m^2}] \qquad (9.6)\end{aligned}$$

자화율 χ는 자성체의 종류에 따라 다르다. 일반적으로 **상자성체는** $\chi > 0$, **강자성체는** $\chi \gg 0$, **반자성체는** $\chi < 0$이다.[10]

---

6 자화의 세기 $\boldsymbol{J}$는 벡터이다.

7 막대자석이나 원통자석처럼 축 방향으로 균일하게 자화되었을 때 적용할 수 있으며, 이때 자화의 세기는 '스칼라'이다.

8 식 (9.1)과 식 (9.2)에서 자화의 세기의 단위는 모두 [$\mathrm{Wb/m^2}$]이다.

9 $\boldsymbol{B} = \mu\boldsymbol{H} = \mu_0\mu_s\boldsymbol{H}$이므로 $\boldsymbol{H} = \dfrac{\boldsymbol{B}}{\mu_0\mu_s}$가 된다. 이를 식 (9.5)에 대입하면 식 (9.6)을 구할 수 있다.

10 예를 들어, 상자성체인 알루미늄(Al)의 자화율은 2.2×10^{-5}이고 강자성체인 철(Fe)의 자화율은 1000 이상이며, 반자성체인 구리(Cu)의 자화율은 -9.6×10^{-6}이다.

한편, 식 (9.6)을 이용해서 식 (9.7)과 같이 자속밀도 $\boldsymbol{B}$에 관한 식을 얻을 수 있다.

$$\boldsymbol{J} = (\mu - \mu_0)\boldsymbol{H} = \boldsymbol{B} - \mu_0 \boldsymbol{H}$$

$$\boldsymbol{B} = \mu_0 \boldsymbol{H} + \boldsymbol{J} \tag{9.7}$$

μ_0에 대한 자화율 χ의 비율을 '비자화율'이라 하며, 기호 χ_m으로 표시한다. 비자화율 χ_m은 식 (9.8)[11]과 같이 나타낼 수 있다. 상자성체와 강자성체의 비자화율은 0보다 크고 반자성체의 비자화율은 0보다 작다.

$$\chi_m = \frac{\chi}{\mu_0} = \mu_s - 1 \tag{9.8}$$

예제 9-2

비투자율이 400인 환상 철심 중의 평균 자계의 세기가 300[A/m]일 때 자화의 세기는 몇 [Wb/m^2]인가?

① 0.1 ② 0.15 ③ 0.2 ④ 0.25

풀이

식 (9.5)에서 $\boldsymbol{J} = \mu_0(\mu_s - 1)\boldsymbol{H} = 4\pi \times 10^{-7} \times (400-1) \times 300 = 0.15$[Wb/m^2]이므로 정답은 ②이다.

예제 9-3

다음 조건 중에서 틀린 것은 무엇인가? (단, χ_m은 비자화율, μ_r은 비투자율이다)

① 물질은 χ_m 또는 μ_r의 값에 따라 역자성체, 상자성체, 강자성체 등으로 구분한다.

② $\chi_m > 0$, $\mu_r > 1$이면 상자성체이다.

③ $\chi_m < 0$, $\mu_r < 1$이면 역자성체이다.

④ $\mu_r \ll 1$이면 강자성체이다.

풀이

[표 9-1]을 참고하면 강자성체의 투자율 $\mu_s \gg 1$이므로 정답은 ④이다.

---

11 $\chi_m = \dfrac{\chi}{\mu_0} = \dfrac{\mu_0(\mu_s - 1)}{\mu_0}$이므로 $\mu_s - 1$이 된다.

9.1.3 감자력

[그림 9-4]는 강자성체나 상자성체에 외부 자계를 인가하여 자화한 상태를 나타낸 것이다. 자화된 자성체에서는 외부 자계 $\boldsymbol{H}_0$와 반대 방향으로 내부 자계 $\boldsymbol{H}'$이 형성되며, 전체 자계 $\boldsymbol{H} = \boldsymbol{H}_0 - \boldsymbol{H}'$으로 감소하게 된다. 이러한 작용으로 인해 자계 $\boldsymbol{H}'$를 **감자력**Demagnetizing force이라고 한다.

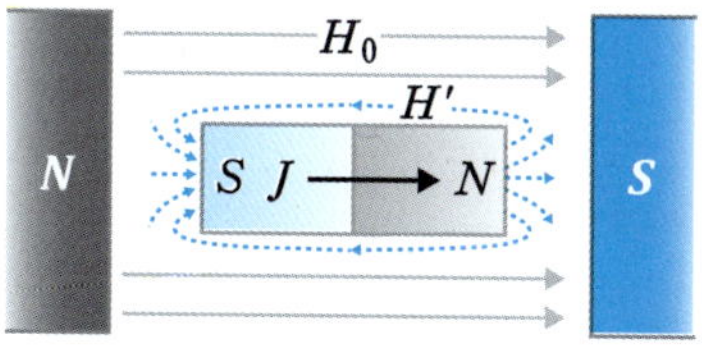

그림 9-4 감자력

감자력 $\boldsymbol{H}'$은 자화의 세기에 비례하므로 식 (9.9)와 같이 나타낼 수 있다. 이때 N은 감자율을 나타내며, $0 \le N \le 1$의 값을 가진다. 감자율은 자성체의 형상이나 크기에 따라 다르며, 주로 형상에 따라 값이 결정된다.[12]

$$\boldsymbol{H}' = N\frac{\boldsymbol{J}}{\mu_0}\,[\mathrm{AT/m}] \tag{9.9}$$

예제 9-4

감자력에 대한 설명 중에서 옳은 것은 무엇인가?

① 자계에 반비례한다.
② 자극의 세기에 비례한다.
③ 자화의 세기에 비례한다.
④ 자속에 반비례한다.

풀이

감자력을 나타내는 식 (9.9)에서 감자력은 자화의 세기 J에 비례하므로 정답은 ③이다.

12 구 자성체의 감자율 $N = \frac{1}{3}$이고, 환상 솔레노이드의 감자율 $N = 0$이다. 환상 솔레노이드는 자계가 고리 모양의 내부에서 순환하므로 자기극이 생기지 않아 감자력이 존재하지 않는다.

9.2 자계의 경계조건

자기력선은 투자율이 서로 다른 두 매질의 경계면을 지날 때 굴절된다. 자계의 **경계조건**은 유전체(정전계)의 경계조건[13]과 유사하다. 이번 절에서는 경계면을 지날 때 자계와 자속밀도의 굴절 특성을 살펴보자.

9.2.1 자계의 경계조건

[그림 9-5]는 투자율이 μ_1, μ_2이고 크기는 $\mu_1 > \mu_2$인 두 매질의 경계면을 지나면서 굴절되는 자계 $\boldsymbol{H}$를 나타낸 것이다. 경계면에 입사하는 자계를 $\boldsymbol{H}_1$, 굴절되는 자계를 $\boldsymbol{H}_2$로 표시하였으며, 입사각은 θ_1, 굴절각은 θ_2이다.

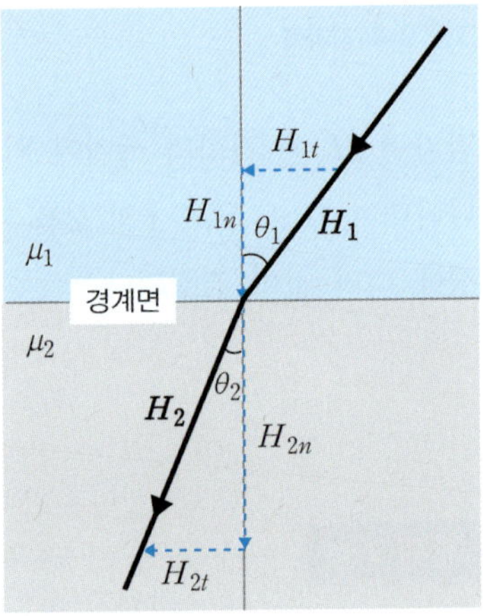

그림 9-5 자계의 경계조건

[그림 9-5]에서 H_{1t}와 H_{1n}은 각각 $\boldsymbol{H}_1$의 수평 성분(접선 성분)과 수직 성분(법선 성분)이고[14] H_{2t}와 H_{2n}은 각각 $\boldsymbol{H}_2$의 수평 성분(접선 성분)과 수직 성분(법선 성분)이다. **자계는 수평 성분이 연속**, 즉 $H_{1t} = H_{2t}$이다.[15] [그림 9-5]에서 $H_{1t} = H_1 \sin\theta_1$, $H_{2t} = H_2 \sin\theta_2$이고 $H_{1t} = H_{2t}$이므로 자계 $\boldsymbol{H}_1$과 $\boldsymbol{H}_2$를 식 (9.10)과 같이 나타낼 수 있다.

$$H_1 \sin\theta_1 = H_2 \sin\theta_2 \tag{9.10}$$

---

13 4.4절을 참고하라.

14 수평 성분의 아래첨자 't'는 'tangential'을, 수직 성분의 아래첨자 'n'은 'normal'을 의미한다.

15 자계가 굴절할 때 경계면에서 $H_{1t} = H_{2t}$인 이유는 4.4절에서 다룬 [그림 4-7]과 동일하게 적용하여 구할 수 있다.

9.2.2 자속밀도의 경계조건

[그림 9-6]은 투자율이 μ_1, μ_2이고 크기는 $\mu_1 > \mu_2$인 두 매질의 경계면을 지나면서 굴절되는 자속밀도 $\boldsymbol{B}$[16]를 나타낸 것이다. 경계면에 입사하는 자계를 $\boldsymbol{B_1}$, 굴절되는 자계를 $\boldsymbol{B_2}$로 표시하였으며, 입사각은 θ_1, 굴절각은 θ_2이다.

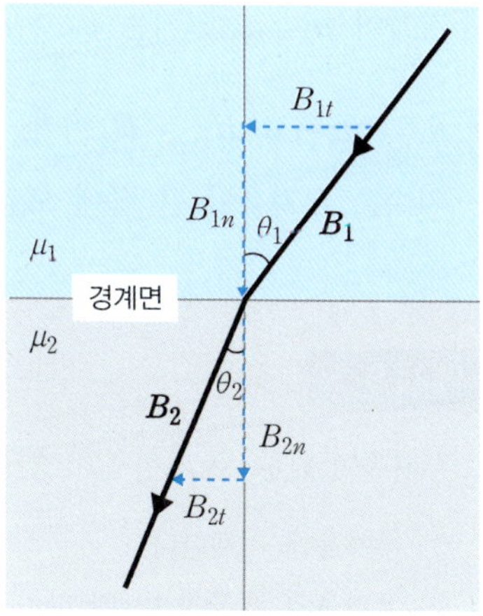

그림 9-6 자속밀도의 경계조건

[그림 9-6]에서 B_{1t}와 B_{1n}은 각각 $\boldsymbol{B_1}$의 수평 성분과 수직 성분이고 B_{2t}와 B_{2n}은 각각 $\boldsymbol{B_2}$의 수평 성분과 수직 성분이다. **자속밀도는 수직 성분이 연속**, 즉 $B_{1n} = B_{2n}$이다.[17] [그림 9-6]에서 $B_{1n} = B_1\cos\theta_1$, $B_{2n} = B_2\cos\theta_2$이고 $D_{1n} = D_{2n}$이므로 자속밀도 $\boldsymbol{B_1}$과 $\boldsymbol{B_2}$를 식 (9.11)과 같이 나타낼 수 있다.

$$B_1\cos\theta_1 = B_2\cos\theta_2 \tag{9.11}$$

9.2.3 굴절각

식 (9.10)을 식 (9.11)로 나누고 $\boldsymbol{B} = \mu\boldsymbol{H}$를 적용하면 다음과 같은 식을 얻을 수 있다.

$$\frac{H_1\sin\theta_1}{\mu_1 H_1\cos\theta_1} = \frac{H_2\sin\theta_2}{\mu_2 H_2\cos\theta_2}$$

여기에서 $\dfrac{\sin\theta}{\cos\theta} = \tan\theta$이므로 앞선 식은 $\dfrac{\tan\theta_1}{\mu_1} = \dfrac{\tan\theta_2}{\mu_2}$로 정리할 수 있다. 이 식은 식 (9.12)와 같이 바꾸어 쓸 수 있으며, **굴절각에 관한 식**이라고 한다.

$$\frac{\tan\theta_1}{\tan\theta_2} = \frac{\mu_1}{\mu_2} \tag{9.12}$$

---

16 경계면에서 실제로 굴절되는 것은 자기력선이지만 자속밀도 $\boldsymbol{B}$를 사용하면 자속의 흐름과 경계면에서의 자계 굴절 현상을 보다 정확하게 나타낼 수 있다.

17 자속밀도가 굴절할 때 경계면에서 $B_{1t} = B_{2t}$인 이유는 4.4절에서 다룬 [그림 4-9]와 동일하게 적용하여 구할 수 있다.

9.2.4 기타 경계조건

투자율이 μ_1, μ_2(크기는 $\mu_1 > \mu_2$)인 두 매질의 경계면에서는 다음과 같은 특성이 나타난다.[18]

- $\theta_1 > \theta_2$이고 $\boldsymbol{B}_1 > \boldsymbol{B}_2$이며, $\boldsymbol{H}_1 < \boldsymbol{H}_2$이다.
- 자속은 투자율이 큰 쪽에 모인다.

예제 9-5

투자율이 다른 두 자성체의 경계면에서 굴절각은 어떻게 되는가?

① 투자율에 비례한다. ② 투자율에 반비례한다.
③ 투자율의 제곱에 비례한다. ④ 비투자율에 반비례한다.

풀이

9.2.4절의 기타 경계조건에서 투자율 $\mu_1 > \mu_2$일 때 $\theta_1 > \theta_2$이다. 즉, 투자율 μ_2가 작을 때 굴절각 θ_2도 작으므로 굴절각은 투자율에 비례한다. 따라서 정답은 ①이다.

9.2.5 자기차폐

자기차폐Magnetic shielding는 **외부 자계가 특정 영역에 영향을 미치지 않도록 차단**하여 센서나 의료기기와 같은 민감한 전자기기의 오동작을 방지하는 데 사용된다. 자기차폐는 [그림 9-7]과 같이 투자율이 매우 큰 강자성체를 이용해 자기력선의 경로를 바꾼다.

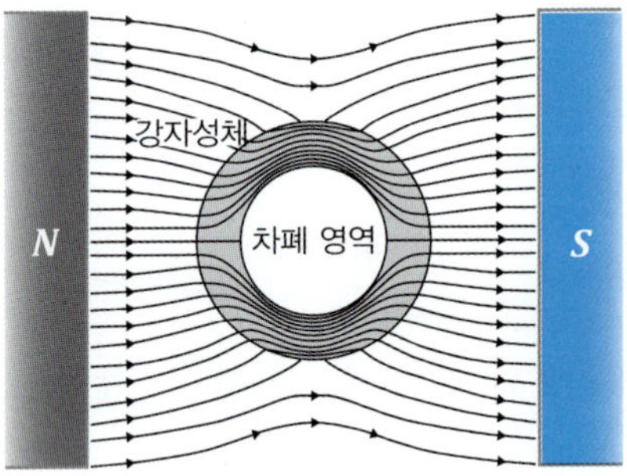

그림 9-7 자기차폐

9.2.4절에서 설명한 것처럼 자속은 투자율이 큰 쪽으로 모이므로 그림과 같이 보호하려는 영역을 투자율이 큰 자성체로 감싸면 자계가 내부로 침투하지 못하게 된다. 단, 실제로 무한대의 투자율을 가진 자성체는 존재하지 않으므로 완벽한 자기차폐는 원리적으로 불가능하다. 반면, 정전차폐의 경우 전기력선은 도체 내부를 통과할 수 없으므로 보호하려는 영역을 도체로 감싸면 전계의 완전한 차폐가 가능하다.

---

18 기타 경계조건이 성립하는 이유는 [그림 4-10]과 관련된 <여기서 잠깐>을 참고하라.

예제 9-6

내부장치 또는 공간을 물질로 포위시켜 외부 자계의 영향을 차폐시키는 방식을 자기차폐라 한다. 자기차폐에 좋은 물질은 무엇인가?

① 강자성체 중에서 비투자율이 큰 물질
② 강자성체 중에서 비투자율이 작은 물질
③ 비투자율이 1보다 작은 역자성체
④ 비투자율에 관계 없이 물질의 두께에만 관계되므로 되도록 두꺼운 물질

풀이

자기차폐를 하려면 투자율이 매우 큰 물질로 차폐하려는 대상물을 포위해야 한다. 투자율이 크려면 비투자율이 커야 하므로 정답은 ①이다.

9.3 강자성체의 자화

9.3.1 자화 곡선

강자성체는 상자성체와는 달리 자화의 세기가 외부 자계에 비례하지 않는 비선형적인 자화 특성을 갖는다. [그림 9-8]은 강자성체의 **자화 곡선**을 나타낸 것으로, 자속밀도 B, 자화의 세기 J, 투자율 μ의 변화를 보여준다. 자화되지 않은 강자성체에 외부 자계 H를 가하면 자화가 일어나면서 자화의 세기 J가 증가한다. 만약 외부 자계 H가 계속 증가하면 강자성체 내부의 자구가 모두 정렬되면서 더 이상 자화되지 않는 포화 상태에 이르게 되며, 마찬가지로 자화의 세기 J도 더 이상 증가하지 않고 거의 일정한 값을 유지한다.

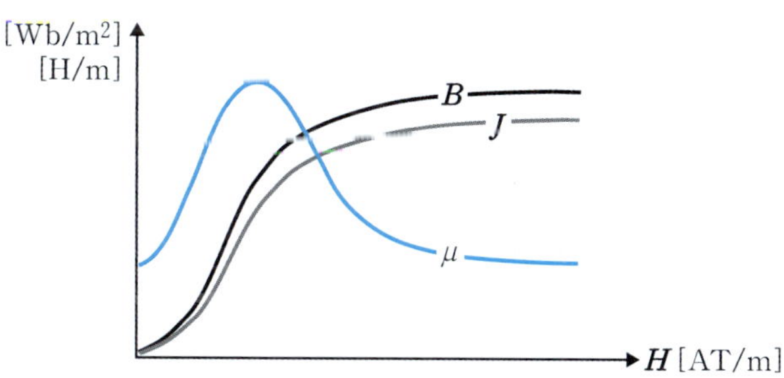

그림 9-8 강자성체의 자화 곡선

한편 식 (9.7)에서 $\boldsymbol{B} = \mu_0 \boldsymbol{H} + \boldsymbol{J}$ 이므로 [그림 9-8]에서 자속밀도 $\boldsymbol{B}$는 자화의 세기 $\boldsymbol{J}$보다 $\mu_0 \boldsymbol{H}$만큼 큰 값을 나타낸다.

한편, 강자성체의 투자율 μ는 처음에는 증가하다가 자속밀도 $\boldsymbol{B}$가 포화되면 급격히 감소한다. $\boldsymbol{B} = \mu \boldsymbol{H}$의 관계에서 외부 자계 $\boldsymbol{H}$가 계속 증가하더라도 자속밀도 $\boldsymbol{B}$는 포화되어 더 이상 증가하지 않으므로 등가 관계를 유지하기 위해 투자율 μ가 감소하는 것이다.

9.3.2 히스테리시스 곡선

[그림 9-9]는 외부 자계를 가하여 자화되지 않은 강자성체를 자화할 때 전속밀도 $\boldsymbol{B}$의 변화를 나타낸 것이다. 외부 자계를 $\boldsymbol{H}^+$ 또는 $\boldsymbol{H}^-$ 방향으로 증가시킬 때의 자속밀도 $\boldsymbol{B}$의 변화 경로와 증가된 외부 자계를 다시 0으로 만들 때의 자속밀도 $\boldsymbol{B}$의 변화 경로는 다르다. 따라서 [그림 9-9]와 같은 폐곡선 형태의 경로가 형성되는데, 이러한 강자성체의 자화 특성 곡선을 **히스테리시스 곡선**Hysteresis loop이라고 한다.

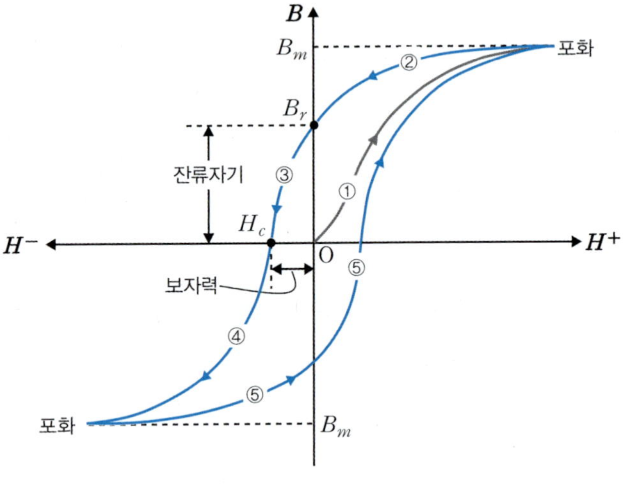

그림 9-9 히스테리시스 곡선

[그림 9-9]의 원점 O에서 외부 자계를 $\boldsymbol{H}^+$ 방향으로 증가시키면 강자성체는 경로 ①을 따라 자화되면서 자속밀도 $\boldsymbol{B}$가 증가한다. 자속밀도는 모든 자구들이 정렬되면서 포화 상태에 이르며, 더 이상 증가하지 않는다.

이후 외부 자계를 다시 원점 O까지 감소시키면 자속밀도는 경로 ①이 아닌 경로 ②를 따라 감소한다. 이때 외부 자계가 0이 되어도 자속밀도는 0으로 돌아가지 않고 일정한 값을 유지한다. 이러한 현상은 강자성체가 자화된 상태를 유지하기 때문이며, 이를 **잔류자기**Residual magnetism B_r이라고 한다.

다음으로 외부 자계를 $\boldsymbol{H}^-$ 방향으로 증가시키면 자속밀도는 경로 ③을 따라 감소한다. 이때 잔류자기가 0이 되는 자계의 세기를 **보자력**Coercive force, H_c라고 한다.[19] 이때 외부 자계를 $\boldsymbol{H}^-$ 방향으로 계속 증가시키면 자속밀도는 경로 ④를 따라 반대 방향으로 증가하다가 다시 포화된다. 외부 자계를 다시 $\boldsymbol{H}^+$ 방향으로 증가시키면 자속밀도는 경로 ⑤를 따라 증가하다가 다시 포화되며, 그 결과 그림과 같은 폐곡선 형태의 히스테리시스 곡선이 형성된다.

영구자석의 재료는 자성을 오래 유지해야 하므로 **잔류자기 B_r과 보자력 H_c가 모두 커야 한다.** 이에 따라 히스테리시스 곡선이 형성하는 **폐곡면의 면적도 커진다.** 반면에 전동기에 사용되는 전자석은 자극이 빠르게 바뀌어야 하므로 **잔류자기와 보자력이 작아야 한다.** 이렇게 하면 외부 자계의 방향이 바뀔 때 다른 자극으로 빠르게 전환할 수 있으며, 히스테리시스 곡선이 형성하는 **폐곡면은 폭이 좁고 면적도 작아진다.**

철을 기준으로 했을 때 영구자석에는 경철Hard iron이 사용되며, 전자석에는 연철Soft iron이 사용된다. 경철은 니켈Ni, 코발트Co 등의 합금 원소를 첨가하여 고정된 자구를 형성한 것으로, 영구자석의 재료로 적합하다. 연철은 일반적으로 규소강판이라고 불리며, 순수한 철에 규소Si 등을 소량 첨가하여 자구가 자유롭게 이동할 수 있도록 만들어 전자석에 맞게 잔류자기와 보자력을 줄인 소재이다.

예제 9-7

히스테리시스 곡선에서 종축과 만나는 것은 무엇인가?

① 잔류자기 ② 보자력 ③ 기자력 ④ 포화 자속

풀이

[그림 9-9]를 참고하면 히스테리시스 곡선에서 종축과 만나는 점은 잔류자기이므로 정답은 ①이다.

19 강자성체를 원래의 자화되지 않은 상태로 되돌리는 데 필요한 자계의 세기를 의미한다.

예제 9-8

강자성체의 성질에 대한 설명으로 옳은 것은 무엇인가?

① 투자율은 외부 자계와 무관하게 일정하다.
② 외부 자계와 자속밀도 사이에 선형적 관계가 있다.
③ 보자력을 강화하면 잔류자기도 증가한다.
④ 일정 온도 이상 올리면 자성이 상실된다.

풀이

① [그림 9-8]의 강자성체의 자화 곡선에서 투자율 μ는 외부 자계 $\boldsymbol{H}$에 따라 변화한다.
② [그림 9-8]의 강자성체의 자화 곡선에서 외부 자계 $\boldsymbol{H}$가 일정 수준으로 증가하면 자속밀도 $\boldsymbol{B}$는 포화된다.
③ [그림 9-9]의 히스테리시스 곡선에서 보자력을 강화하면 잔류자기는 감소한다.
④ 일정 온도(퀴리 온도) 이상으로 가열하면 강자성체는 자성을 잃는다.

따라서 정답은 ④이다.

9.3.3 자계 에너지 밀도

자화에 소비되는 자계 에너지 밀도 w는 식 (9.13)과 같이 외부 자계 $\boldsymbol{H}$를 자속밀도 $\boldsymbol{B}$에 대해 적분하여 구한다.[20] 이때 강자성체의 자속밀도가 0에서 $\boldsymbol{B}$로 증가하였으므로 적분 구간은 '0 → B'가 된다.

$$w = \int_0^B \boldsymbol{H} \cdot d\boldsymbol{B} = \frac{1}{\mu}\int_0^B \boldsymbol{B} \cdot d\boldsymbol{B} \left(\leftarrow \boldsymbol{H} = \frac{\boldsymbol{B}}{\mu} \right)$$

$$= \frac{\boldsymbol{B}^2}{2\mu} \, [\mathrm{J/m^3}] \tag{9.13}$$

식 (9.13)은 식 (9.14)처럼 다른 형태의 식으로도 표현할 수 있다.[21]

$$w = \frac{1}{2}\mu \boldsymbol{H}^2 = \frac{1}{2}\boldsymbol{HB} \, [\mathrm{J/m^3}] \tag{9.14}$$

20 자속밀도 $\boldsymbol{B}$를 적분하였으므로 식 (9.13)의 결과는 단위체적당 자계 에너지 밀도가 되며, 단위는 $[\mathrm{J/m^3}]$이다.

21 $\boldsymbol{B} = \mu\boldsymbol{H}$이므로 $\frac{\boldsymbol{B}^2}{2\mu} = \frac{(\mu\boldsymbol{H})^2}{2\mu} = \frac{1}{2}\mu\boldsymbol{H}^2$이 되며, $\frac{1}{2}\mu\boldsymbol{H}^2 = \frac{1}{2}(\mu\boldsymbol{H})\boldsymbol{H} = \frac{1}{2}\boldsymbol{BH}$가 된다.

식 (9.13)과 식 (9.14)는 자화에 소비되는 자계 에너지 밀도를 나타낸다. 이는 앞서 설명한 것처럼 외부 자계 $\boldsymbol{H}$를 자속밀도 $\boldsymbol{B}$에 대해 적분한 것으로, 히스테리시스 곡선이 형성하는 폐곡면의 면적에 해당한다. 이러한 자화 과정에서 소비된 에너지를 **히스테리시스 손실** Hysteresis loss P_h라고 하는데, 결국 **히스테리시스 폐곡면의 면적이 곧 히스테리시스 손실**임을 알 수 있다.

독일의 과학자 스타인메츠 Charles Proteus Steinmetz는 교류 전류에 의해 자성체가 반복적으로 자화 및 소자화[22]될 때 발생하는 손실을 실험적으로 분석하여 그 결과를 식 (9.15)와 같이 정리하였다.

$$P_h = \eta f B_m^{1.6}\ [\mathrm{W/m^3}] \tag{9.15}$$

식에서 η는 자성체 재료마다 다른 고유 상수이고 f는 교류 전류의 주파수 [Hz]이며, B_m은 자화될 때 자성체가 나타내는 최대 자속밀도[23]이다. 한편 자계 에너지 밀도의 단위 $[\mathrm{J/m^3}]$는 다음과 같이 단위면적당 작용하는 응력의 단위로 변환할 수 있다.[24]

$$[\mathrm{J/m^3}] = [\mathrm{N \cdot m/m^3}] = [\mathrm{N/m^2}]$$

그러면 식 (9.13), 식 (9.14)는 자극에 의해 단위면적당 작용하는 응력 f를 나타내는 식 (9.16)이 된다. 응력 f는 정전계에서와 마찬가지로 항상 **흡인력**이 되며, **자기 흡인력**이라고도 한다.

$$f = \frac{\boldsymbol{B}^2}{2\mu} = \frac{1}{2}\mu \boldsymbol{H}^2 = \frac{1}{2}\boldsymbol{BH}\ [\mathrm{N/m^2}] \tag{9.16}$$

예제 9-9

비투자율이 2500인 철심의 자속밀도가 5$[\mathrm{Wb/m^2}]$이고 철심의 부피가 $4 \times 10^{-6}[\mathrm{m^3}]$일 때 이 철심에 저장된 자기에너지는 몇 [J]인가?

① $\frac{1}{\pi} \times 10^{-2}$　② $\frac{3}{\pi} \times 10^{-2}$　③ $\frac{4}{\pi} \times 10^{-2}$　④ $\frac{5}{\pi} \times 10^{-2}$

풀이

자계(자기)에너지를 나타내는 식 (9.13)을 참고하면 총 자계 에너지 $w = \frac{\boldsymbol{B}^2}{2\mu_0\mu_s} \times V$(부피) [J]이다.

$w = \frac{5^2}{2 \times 4\pi \times 10^{-7} \times 2500} \times 4 \times 10^{-6} = \frac{1}{2\pi} \times 10^{-1} = \frac{5}{\pi} \times 10^{-2}$ [J]이므로 정답은 ④이다.

22 자성을 제거하는 것을 소자화(Demagnetization)라 한다.

23 [그림 9-9]를 참고하라.

24 1[J]은 어떤 물체에 1[N]의 힘을 가해 1[m]를 움직일 때 사용되는 에너지이므로 [J]=[N · m]가 된다.

9.4 자기회로

9.4.1 전기회로와 자기회로

전기가 흐르는 경로를 전기회로Electrical circuit라고 하듯 자속이 통과하는 경로를 **자기회로**Magnetic circuit 또는 **자로**라고 부른다. [표 9-1]은 전기회로와 자기회로에서 서로 대응하는 물리량을 비교하여 정리한 것이다. 기전력은 기자력에, 전류는 자속에, 전기저항은 자기저항에 각각 대응한다.

표 9-1 전기회로와 자기회로 비교

구분	전기회로	구분	전기회로
기전력	E [V]	기자력	F_m [AT]
전류	I [A]	자속	ϕ [Wb]
전계	$\boldsymbol{E}$ [V/m]	자계	$\boldsymbol{H}$ [AT/m]
전기저항	$R = \dfrac{E}{I} = \dfrac{l}{kS}$ [Ω]	자기저항	$R_m = \dfrac{F_m}{\phi} = \dfrac{NI}{\phi} = \dfrac{l}{\mu S}$ [AT/Wb]
컨덕턴스	$G = \dfrac{1}{R}$ [S], [Ω^{-1}]	퍼미언스	$P = \dfrac{1}{R_m}$ [Wb/AT], [H]
도전율	k [S/m]	투자율	μ [H/m]
옴의 법칙	$E = IR$ [V]	옴의 법칙	$F_m = NI = \phi R_m$ [AT]

[그림 9-10]은 환상형 코어의 일부에 코일을 감은 자기회로의 예를 나타낸 것이다. 이 자기회로의 코일의 권수는 N, 자로의 길이는 l, 투자율은 μ, 코어의 단면적은 S이며, 코일에는 전류 I가 흐르고 있다.

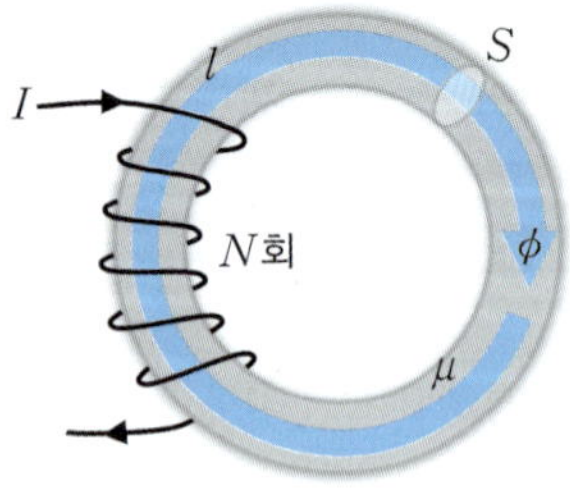

그림 9-10 자기회로

암페어의 주회적분 법칙에 따르면 $\oint_C \boldsymbol{H} \cdot dl = NI$[25]이므로 전류 I와 권수 N의 곱에 비례하는 자계가 형성되어 코어 내부로 ϕ의 자속이 흐르게 된다. 따라서 자기회로의 기자력[26] F_m을 식 (9.17)과 같이 나타낼 수 있다.

$$F_m = NI \text{ [AT]} \tag{9.17}$$

자기회로의 옴의 법칙을 적용하면 자기저항 $R_m = \frac{F_m}{\phi}$이므로 $F_m = \phi R_m$이 된다. 따라서 기자력 F_m을 식 (9.18)과 같이 나타낼 수 있다.

$$F_m = NI = \phi R_m \text{ [AT]} \tag{9.18}$$

자기저항 R_m은 전기저항에 대응하여 식 (9.19)와 같이 나타낼 수 있다.

$$R_m = \frac{l}{\mu S} \text{ [AT/Wb]} \tag{9.19}$$

자기저항의 역수인 퍼미언스Permeance는 자기회로에서 자속이 얼마나 잘 흐를 수 있는지를 나타내는 물리량을 의미한다. 이는 전기저항의 역수인 컨덕턴스Conductance에 대응한다.

HOW 자기저항 R_m

[그림 9-10]에서 코어의 단면적이 S이므로 자속 ϕ를 다음과 같이 나타낼 수 있다.

$$\phi = BS = \mu HS$$

또한 암페어의 주회적분 법칙 $\oint_C \boldsymbol{H} \cdot dl = NI$에서 좌변을 적분하면 $NI = Hl$이 된다. 식 (9.18)에서 자기저항 $R_m = \frac{NI}{\phi}$이므로 $NI = Hl$과 $\phi = \mu HS$를 대입하면 다음과 같이 자기저항 R_m을 구할 수 있다.

$$R_m = \frac{Hl}{\mu HS} = \frac{l}{\mu S}$$

$R_m = \frac{NI}{\phi} = \frac{[\text{AT}]}{[\text{Wb}]}$이므로 R_m의 단위가 [AT/Wb]인 것을 확인할 수 있다.

---

25 식 (8.1)에서 권수가 N인 경우이다.

26 기자력은 자속을 발생시키는 원동력을 의미한다.

앞서 살펴본 [표 9-1] 외에도 전기회로와 자기회로의 요소들은 다음과 같은 차이가 존재한다.

❶ 전류는 도선을 따라 일정한 단면을 흐르지만 자속은 퍼져나가는 특성이 있어 그 경로가 일정한 단면에 국한되지 않는다. 이 때문에 **자기저항은 전기저항에 비해 값의 정확도가 낮다.**

❷ 전류는 도선 내부에서만 흐르므로 누설 전류가 매우 작지만 자속은 자성체 내부에만 한정하기 어려우므로 **누설 자속이 크다.**

❸ 전기회로에서는 I^2R로 주어지는 줄 열Joule's Heat[27]에 의한 손실이 발생하고 **자기회로에서는 철손**(히스테리시스 손실 + 와류손)[28]**이 발생한다.**

❹ 전기회로에서 기전력 E에 따른 전류 I와 자기회로에서 자계 H에 따른 자속밀도 B의 변화를 비교한 [그림 9-11]에서 전류는 기전력에 대해 선형적으로 증가하지만 **자속밀도는 자계에 대해 비선형적으로 증가한다.**[29]

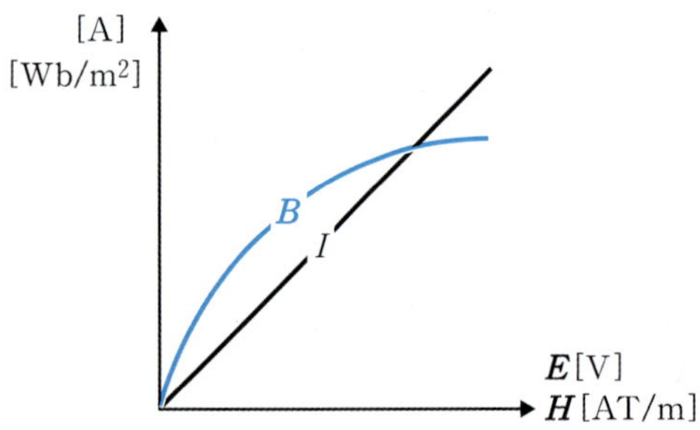

그림 9-11 전류 I와 자속밀도 B의 특성 비교

예제 9-10

자기회로와 전기회로의 대응 관계를 표시하였다. 잘못된 것은 무엇인가?

① 자속 – 전속　　② 자계 – 전계

③ 기자력 – 기전력　　④ 투자율 – 도전율

풀이

자기회로의 자속은 전기회로의 전류에 대응하므로 정답은 ①이다.

---

27 1840년 영국의 과학자 제임스 줄(James Prescott Joule)이 전류가 흐르는 도선에 발생하는 열을 실험적으로 규명한 것이다.

28 히스테리시스 손실은 식 (9.15)를, 와류손은 10.3절을 참고하라.

29 따라서 식 (9.17)에 나타낸 자계의 옴의 법칙은 자속밀도가 선형적으로 증가하는 범위에서만 적용할 수 있다.

예제 9-11

단면적이 0.5[m^2], 길이가 0.8[m], 비투자율이 20인 막대 철심이 있다. 이 철심의 자기저항은 몇 [AT/Wb]인가?

① 6.37×10^4 ② 4.45×10^4 ③ 3.60×10^4 ④ 9.70×10^4

풀이

자기저항의 식 (9.19)에서 $R_m=\dfrac{l}{\mu S}=\dfrac{0.8}{4\pi\times10^{-7}\times20\times0.5}=6.37\times10^4$[AT/Wb]이므로 정답은 ①이다.

9.4.2 공극

[그림 9-12]는 [그림 9-10]의 자기회로에서 코어의 일부를 제거하여 **공극**Air gap을 만든 구조이다. 공극이 생기면 자속의 경로가 달라지면서 자기저항이 변하게 되므로 이를 이용하여 **자기저항의 크기를 조절할 수 있다.**

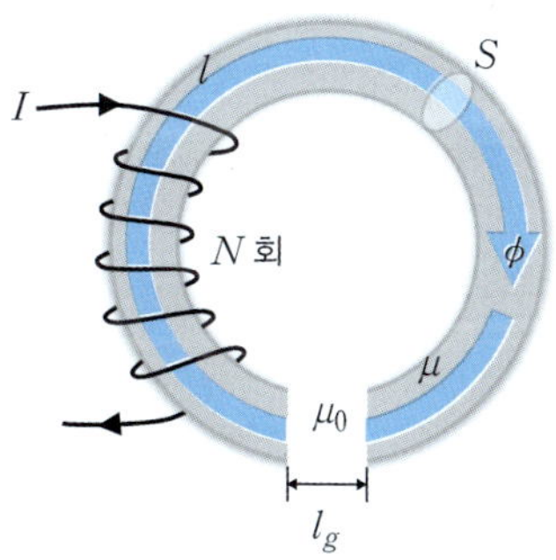

그림 9-12 공극이 있는 자기회로

식 (9.19)에서 자기저항 $R_m=\dfrac{l}{\mu S}$이므로 공극 부분의 자기저항 R_g를 다음과 같이 나타낼 수 있다. l_g는 공극의 길이이며, 코어를 제거하였으므로 투자율은 μ_0이다.

$$R_g=\frac{l_g}{\mu_0 S}$$

공극을 매우 작게 만들면 $l \gg l_g$의 관계가 되므로 공극이 아닌 나머지 코어 부분의 자기저항 R_c는 다음과 같이 나타낼 수 있다.

$$1.\ R_c = \frac{l - l_g}{\mu S} \fallingdotseq \frac{l}{\mu S}$$

따라서 공극이 있을 때의 자기저항 $R_m^{'}$을 다음과 같이 나타낼 수 있다.

$$\begin{aligned} R_m^{'} &= R_c + R_g = \frac{l}{\mu S} + \frac{l_g}{\mu_0 S} \\ &= \frac{l}{\mu S}\left(1 + \frac{\mu l_g}{\mu_0 l}\right) = \frac{l}{\mu S}\left(1 + \frac{l_g}{l}\mu_s\right) \end{aligned}$$

이로부터 공극이 없을 때의 자기저항 R_m과 공극이 있을 때의 자기저항 $R_m^{'}$의 비를 식 (9.20)과 같이 나타낼 수 있다. 이 식을 통해 **공극이 있으면 자기저항이 증가**함을 알 수 있다.

$$\frac{R_m^{'}}{R_m} = 1 + \frac{l_g}{l}\mu_s \tag{9.20}$$

예제 9-12

길이 1[m]의 철심($\mu_r = 1000$) 자기회로에 1[mm]의 공극이 생겼을 때 전체 자기저항은 약 몇 배로 증가하는가? (단, 각 부분의 단면적은 일정하다)

① 1.5 ② 2 ③ 2.5 ④ 3

풀이

공극에 관한 식 (9.20)에서 $\frac{R_m^{'}}{R_m} = 1 + \frac{l_g}{l}\mu_s = 1 + \frac{1 \times 10^{-3}}{1} \times 1000 = 2$이다. 이는 공극이 있을 때의 자기저항 $R_m^{'}$이 공극이 없을 때의 자기저항 R_m보다 2배 증가함을 나타내므로 정답은 ②이다.

CHAPTER 09

핵심 정리

- **자화** : 자성체를 자계 중에 놓을 때 자기쌍극자 모멘트들이 한 방향으로 정렬되면서 자성을 띠는 현상
- **자기쌍극자 모멘트가 형성되는 가장 큰 원인** : 전자의 자전[Spin]으로 생기는 자기모멘트
- **자성체의 종류 및 특성**
  - 상자성체 : 투자율 $\mu_s \geq 1$, 자화는 외부 자계에 비례(외부 자계를 제거하면 자성 잃음)
  - 강자성체 : 투자율 $\mu_s \gg 1$, 물질 전체에 자구가 분포하며, 자화 후 외부 자계를 제거해도 자성 유지(영구자석의 재료)
  - 반자성체 : 투자율 $\mu_s < 1$, 반대 극성으로 자화(외부 자계를 제거하면 자성 잃음)
- **퀴리 온도** : 자화된 강자성체가 자성을 잃는 온도(자성체마다 다름)
- **자화의 세기 J**
  - 정의 : ① 단위체적당 자기쌍극자 모멘트 : $\boldsymbol{J} = \dfrac{\boldsymbol{M}}{V}$ [Wb/m²]

    ② 자성체의 양 단면에 단위면적당 발생한 자기량 : $J = \dfrac{m}{S}$ [Wb/m²]
  - $\boldsymbol{J} = (\mu - \mu_0)\boldsymbol{H} = \chi \boldsymbol{H}$ [Wb/m²] (χ는 자화율, $\boldsymbol{H}$는 외부 자계)
- **감자력** : 자성체가 자화되면서 외부 자계와 반대 방향으로 형성된 자계
  - $\boldsymbol{H}' = N\dfrac{J}{\mu_0}$ [AT/m], N은 감자율(구 자성체의 $N = \dfrac{1}{3}$, 환상 솔레노이드의 $N = 0$)
- **자계의 경계조건**
  - 자계는 수평 성분(접선 성분)이 연속($H_{1t} = H_{2t}$), $H_1 \sin\theta_1 = H_2 \sin\theta_2$
  - 자속밀도는 수직 성분(법선 성분)이 연속($B_{1n} = B_{2n}$), $B_1 \cos\theta_1 = B_2 \cos\theta_2$
  - 굴절각에 관한 식 : $\dfrac{\tan\theta_1}{\tan\theta_2} = \dfrac{\mu_1}{\mu_2}$
  - 투자율 $\mu_1 > \mu_2$일 때 : $\theta_1 > \theta_2$, $\boldsymbol{B}_1 > \boldsymbol{B}_2$, $\boldsymbol{H}_1 < \boldsymbol{H}_2$, 자속은 투자율이 큰 쪽으로 모임
- **자기차폐** : 자계의 영향을 막기 위해 특정 영역을 투자율이 큰 자성체로 감싸는 것
- **자화 곡선** : 강자성체에 가해지는 외부 자계를 증가시킬 때 자속밀도 $\boldsymbol{B}$, 자화의 세기 $\boldsymbol{J}$ 및 투자율 μ의 변화를 나타낸 특성 곡선 ([그림 9-8] 참고)

- **히스테리시스 곡선** : 강자성체의 자화 특성 곡선
  - 잔류자기 B_r : 자화 후 외부 자계를 제거($\boldsymbol{H}=0$)한 후에도 남아 있는 자속밀도의 크기
  - 보자력 H_c : 잔류자기 $B_r=0$을 만들기 위해 가해야 하는 외부 자계의 크기
  - 영구자석의 재료는 잔류자기와 보자력이 커야 함(히스테리시스 폐곡면의 면적 증가)

- **자계 에너지 밀도** : $w=\dfrac{\boldsymbol{B}^2}{2\mu}=\dfrac{1}{2}\mu\boldsymbol{H}^2=\dfrac{1}{2}\boldsymbol{HB}$ [J/m^3]

- **히스테리시스 손실** : 자화 과정에서 소비된 에너지
  - 히스테리시스 폐곡면의 면적이 히스테리시스 손실이 됨
  - 히스테리시스 손실 $P_h=\eta f B_m^{1.6}$ (η : 자성체 고유 상수, f : 주파수, B_m : 최대 자속밀도)

- **전기회로와 자기회로**
  - 기전력 E는 기자력 F_m에, 전류 I는 자속 ϕ에 대응한다([표 9-1] 참고).
  - 자기저항은 전기저항에 비해 값의 정확도가 낮다.
  - 전류에 비해 누설되는 자속이 많다.
  - 전기회로에서는 줄 손실이 발생하고 자기회로에서는 철손이 발생한다.
  - 전류는 선형적으로 증가하지만 자속밀도는 비선형적으로 증가한다.

- **공극** : 자기회로에서 코어의 일부를 제거한 것
  - 공극이 있으면 자기저항이 증가
  - 공극이 없을 때의 자기저항 R_m과 공극이 있을 때의 자기저항 R_m'의 비 : $\dfrac{R_m'}{R_m}=1+\dfrac{l_g}{l}\mu_s$

CHAPTER 09

핵심 유형

유형 1 자성체의 특성, 종류 구별하기

TIP

- 자성체의 종류 구별하기
- 자성체의 특성 정의하기

01 일반적으로 자구를 가지는 자성체는?

① 상자성체　② 강자성체　③ 역자성체　④ 비사성체

풀이

자구를 가진 자성체는 강자성체이다.

답 ②

---

02 다음 중에서 강자성체가 아닌 것은?

① 코발트　② 니켈　③ 철　④ 구리

풀이

코발트(Co), 니켈(Ni), 철(Fe)은 강자성체이고 구리는 반자성체이다.

답 ④

---

03 자화된 철의 온도를 높일 때 자화가 서서히 감소하다가 급격히 강자성이 상자성으로 변하면서 강자성을 잃어버리는 온도는?

① 켈빈 온도　② 연화 온도
③ 천이 온도　④ 퀴리 온도

풀이

자화된 강자성체가 자성을 잃는 온도를 퀴리 온도라고 한다.

답 ④

유형 2 자화의 세기 계산하기

TIP

- 자화의 세기 정의하고 계산하기

01 길이 l[m], 단면적의 지름 d[m]인 원통이 길이 방향으로 균일하게 자화되어 자화의 세기가 J[Wb/m^2]인 경우 원통 양단에서 전자극의 세기 m[Wb]은?

① $\pi d^2 J$　　② πdJ　　③ $\pi \frac{d^2}{4} J$　　④ $\frac{4J}{\pi} d^2$

풀이

자화의 세기를 나타내는 식 (9.2)에서 $J = \frac{m}{S}$[Wb/m^2]이므로 전자극의 세기 즉, 자기량(자하) $m = J \times S$이다. 여기서 원통의 면적 $S = \pi r^2 = \pi \left(\frac{d}{2}\right)^2$이므로 $m = \pi \frac{d^2}{4} J$가 된다.

답 ③

---

02 강자성체의 자속밀도 B의 크기와 자회의 세기 J의 크기 사이에는 어떤 관계가 있는가?

① J는 B와 같다.　　② J는 B보다 약간 작다.

③ J는 B보다 약간 크다.　　④ J는 B보다 대단히 크다.

풀이

자화의 세기를 나타내는 식 (9.6)에서 $J = \left(1 - \frac{1}{\mu_s}\right) B$ [Wb/m^2]이며, 강자성체의 비투자율 μ_s는 그 값이 1보다 매우 크다. 따라서 J는 B보다 약간 작다.

답 ②

03 자성체에 대한 자화의 세기를 정의한 것으로 틀린 것은?

① 자성체의 단위체적당 자기모멘트
② 자성체의 단위면적당 자화된 자기량
③ 자성체의 단위면적당 자화선의 밀도
④ 자성체의 단위면적당 자기력선의 밀도

풀이

①, ② 9.1.2절을 참고하면 자화의 세기는 단위체적당 자기쌍극자 모멘트 또는 자성체의 양 단면에 단위면적당 발생한 자기량으로 정의한다. 따라서 ①, ②는 자화의 세기를 나타낸다.

③ 자화선은 자기쌍극자 모멘트들이 정렬된 방향을 선으로 표현한 것이므로 자화선의 밀도는 자화의 세기를 의미한다. 따라서 ③도 자화의 세기를 나타낸다.

④ 7.4.2절의 자기력선의 성질을 참고하면 자기력선의 밀도는 자계의 세기와 같으며, 자하이 세기와 관계없다.

답 ④

유형 3 자계의 경계조건

TIP

• 자계의 경계조건 정의하고 계산하기

01 두 자성체 경계면에서 정자계가 만족하는 것은?

① 자계의 법선 성분이 같다.
② 자속밀도의 접선 성분이 같다.
③ 자속은 투자율이 작은 자성체에 모인다.
④ 경계면 상의 두 점 간이 자위차가 같다.

풀이

사계 $\boldsymbol{H}$는 접선(수평) 성분이 연속이고 자속밀도 $\boldsymbol{B}$는 수직(법선) 성분이 연속이다. 자속은 투자율이 큰 쪽으로 모인다. 정자계에서 경계면 상의 두 점 간의 자위차는 같으므로 정자계를 비르세 설명한 것은 ④이다.

참고 조금 더 정확히 설명하면, 정자계에서 사뉴 전류가 존재하지 않으면 $\nabla \times \boldsymbol{H} = 0$이 되고 이 경우 경계면 상의 임의의 두 점 사이 자위차는 일정하다.

답 ④

02 두 자성체가 접했을 때 $\frac{\tan\theta_1}{\tan\theta_2} = \frac{\mu_1}{\mu_2}$의 관계식에서 $\theta_1 = 0$일 때의 표현이 잘못된 것은?

① 자기력선은 굴절하지 않는다.

② 자속밀도는 불변이다.

③ 자계는 불연속이다.

④ 자기력선은 투자율이 작은 쪽에 모인다.

풀이

① 입사각 $\theta_1 = 0$이므로 자기력선은 굴절하지 않는다.

② 자기력선이 굴절하지 않으므로 θ_1과 θ_2는 0°이다. 따라서 자속밀도의 경계조건에 관한 식 (9.11)의 $B_1\cos\theta_1 = B_2\cos\theta_2$에서 자속밀도 $\boldsymbol{B}_1 = \boldsymbol{B}_2$이므로 자속밀도는 불변이다.

③ 보기 ②에서 $\boldsymbol{B}_1 = \boldsymbol{B}_2$이므로 $\mu_1\boldsymbol{H}_1 = \mu_2\boldsymbol{H}_2$이다. 이때 $\mu_1 \neq \mu_2$이므로 $\boldsymbol{H}_1 \neq \boldsymbol{H}_2$가 된다. 따라서 자계는 불연속이다.

④ 자기력선은 투자율이 큰 쪽에 모인다.

답 ④

---

03 매질 1의 $\mu_1 = 500$, 매질 2의 $\mu_2 = 1000$이다. 매질 2에서 경계면에 대하여 45°로 자계가 입사한 경우 매질 1에서 경계면과 자계의 각도에 가장 가까운 것은?

① 20° ② 30° ③ 60° ④ 80°

풀이

매질 2에서 경계면에 대하여 45°로 자계가 입사한다는 것은 굴절각 θ_2가 45°임을 의미한다. 또한 매질 1에서 경계면과 자계의 각도는 입사각 θ_1을 구하라는 의미이다.

굴절각에 관한 식 (9.12)를 이용하면 다음과 같이 계산할 수 있다.

$$\frac{\tan\theta_1}{\tan\theta_2} = \frac{\mu_1}{\mu_2} \rightarrow \frac{\tan\theta_1}{\tan 45°} = \frac{500}{1000} = 2$$

이로부터 $\tan\theta_1 = 2 \times \tan 45° = 2$이므로 $\theta_1 = \tan^{-1}2 = 63.4°$이다.

답 ③

유형 4 강자성체의 자화 정의하기

TIP
- 히스테리시스 곡선 정의하기
- 강자성체의 특성 정의하기
- 자계 에너지, 자기 흡인력 계산하기

01 히스테리시스 곡선이 횡축과 만나는 점은 무엇을 나타내는가?

① 투자율 ② 잔류 자속밀도 ③ 자력선 ④ 보자력

풀이

[그림 9-9]의 히스테리시스 곡선을 참고하면 히스테리시스 곡선이 횡축과 만나는 점은 보자력이다.

답 ④

---

02 강자성체에 있어서 히스테리시스 루프의 면적은?

① 강자성체의 단위체적당 필요한 에너지이다.
② 강자성체의 단위면적당 필요한 에너지이다.
③ 강자성체의 단위길이당 필요한 에너지이다.
④ 강자성체의 전체 체적에 필요한 에너지이다.

풀이

9.3.3절을 참고하면 히스테리시스 루프의 면적은 강자성체가 자화될 때 필요한 단위체적당 에너지이다.

답 ①

---

03 규소강판과 같은 자심 재료의 히스테리시스 곡선의 특징은?

① 보자력이 큰 것이 좋다.
② 보자력과 잔류자기가 모두 큰 것이 좋다.
③ 히스테리시스 곡선의 면적이 큰 것이 좋다.
④ 히스테리시스 곡선의 면적이 작은 것이 좋다.

풀이

9.3.2절을 참고하면 규소강판은 잔류자기와 보자력이 작으며, 이에 따라 히스테리시스 루프의 면적도 작다. 이러한 특성 때문에 규소강판은 전자석의 재료로 적합하다.

답 ④

04 영구자석에 관한 설명으로 틀린 것은?

① 히스테리시스 현상을 가진 재료만이 영구자석이 될 수 있다.

② 잔류자기가 클수록 자계가 강한 영구자석이 된다.

③ 보자력이 클수록 자계가 강한 영구자석이 된다.

④ 자석 재료로 폐회로를 만들면 강한 영구자석이 된다.

풀이

① 영구자석을 만드는 강자성체는 모두 히스테리시스 특성을 나타낸다.

②, ③ 잔류자기와 보자력이 클수록 강한 영구자석이 된다.

답 ④

---

05 비투자율이 2000인 철심의 자속밀도가 5[Wb/m^2]일 때 이 철심에 축적되는 에너지 밀도는 몇 [J/m^3]인가?

① 2540　② 3074　③ 3954　④ 4974

풀이

자계 에너지 밀도에 대한 식 (9.13)에서 $w = \dfrac{\boldsymbol{B}^2}{2\mu_0\mu_s} = \dfrac{5^2}{2\times 4\pi\times 10^{-7}\times 2000} = 4973.6$[J/m^3]이다.

답 ④

---

06 그림과 같이 갭의 면적이 100[cm^2]인 전자석에 자속밀도 5000[Gauss]의 자속이 발생할 때 철편을 흡입하는 힘은 약 몇 [N]인가?

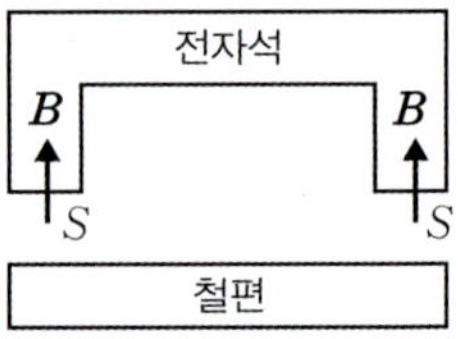

① 1000　② 1500

③ 2000　④ 2500

풀이

자속밀도의 단위 [Wb/m^2] $= 10^4$[Gauss]이므로 5000 [Gauss]는 0.5 [Wb/m^2]이다. 자기 흡인력을 나타내는 식 (9.16)을 적용하면 두 곳의 철편에 작용하는 흡인력 $F = f\times S = \dfrac{\boldsymbol{B}^2}{2\mu_0}\times 2S$이므로 $F = \dfrac{0.5^2}{2\times 4\pi\times 10^{-7}}\times 2\times 100\times 10^{-4} = 1989.4 \fallingdotseq 2000$[N/m^2]이다.

답 ③

유형 5 자기회로 정의하기

TIP
- 자기회로 정의하고 계산하기
- 공극 계산하기

01 전기회로와 비교할 때 자기회로의 특징이 아닌 것은?

① 기자력과 자속은 변화가 비직선성이다.
② 공기에 대한 누설 자속이 많다.
③ 자기회로는 정전용량과 같은 회로 요소는 없다.
④ 자속의 변화에 따른 자기저항 내의 줄 손실이 생긴다.

풀이

① [그림 9-11]에서 자속밀도 B가 포화하므로 자속도 포화하므로 자속 ϕ는 비직선성이다. 또한 식 (9.18)에서 기자력 $F_m = \phi R_m$이므로 기자력도 비직선성이다.
② 전기회로와 달리 자기회로는 공기를 통한 누설 자속이 많다.
③ 자기회로에는 전기회로의 콘덴서(정전용량)에 대응하는 회로 요소가 없다.
④ 자기저항에 생기는 손실은 철손(히스테리시스 손실 + 와류손)이다.

답 ④

---

02 자기회로와 전기회로에 대한 설명으로 틀린 것은?

① 자기저항의 역수를 컨덕턴스라고 한다.
② 자기회로의 투자율은 전기회로의 도전율에 대응한다.
③ 전기회로의 전류는 자기회로의 자속에 대응한다.
④ 자기저항의 단위는 [AT/Wb]이다.

풀이

자기저항의 역수는 퍼미언스이다. 전기회로와 자기회로를 비교한 [표 9-1]을 참고하라.

답 ①

03 평균 자로의 길이 80[cm]의 환상 철심에 500회의 코일을 감고 여기에 4[A]의 전류를 흘렸을 때 기자력과 자화력(자계의 세기)는?

① 2000 [AT], 2500 [AT/m]　② 3000 [AT], 2500 [AT/m]
③ 2000 [AT], 3500 [AT/m]　④ 3000 [AT], 3500 [AT/m]

풀이

기자력에 대한 식 (9.18)에서 $F_m = NI = 500 \times 4 = 2000$[AT]이고 환상 철심(솔레노이드)의 자계의 세기를 나타내는 식 (8.6)에서 $\boldsymbol{H} = \dfrac{NI}{l} = \dfrac{2000}{0.8} = 2500$[AT/m]이다.

답 ①

---

04 길이 1[m], 단면적 15[cm²]인 무단 솔레노이드에 0.01[Wb]의 자속을 통하는 데 필요한 기자력은?

① $\dfrac{10^5}{6\pi}$[AT]　② $\dfrac{10^6}{6\pi}$[AT]　③ $\dfrac{10^7}{6\pi}$[AT]　④ $\dfrac{10^8}{6\pi}$[AT]

풀이

기자력에 대한 식 (9.18)에서 $F_m = \phi R_m$에 식 (9.19)의 자기저항 $R_m = \dfrac{l}{\mu S}$을 적용하면 $F_m = \phi \dfrac{l}{\mu_o S} = 0.01 \times \dfrac{1}{4\pi \times 10^{-7} \times 15 \times 10^{-4}} = \dfrac{10^8}{6\pi}$[AT]이다.

답 ④

---

05 공극(Air gap)이 있는 환상 솔레노이드에 권수는 1000회, 철심의 길이 l은 10[cm], 공극의 길이 l_g는 2[mm], 단면적은 3[cm²], 철심의 비투자율은 800, 전류는 10[A]라 했을 때 이 솔레노이드의 자속은 약 몇 [Wb]인가? (단, 누설 자속은 없다고 한다)

① 3×10^{-2}　② 1.89×10^{-3}　③ 1.77×10^{-3}　④ 2.89×10^{-3}

풀이

$l \gg l_g$이므로 공극이 있어도 자기저항에 대한 식 (9.19)에서 $R_m = \dfrac{l}{\mu S}$로 나타낼 수 있다. 또한 식 (9.19)를 적용하면 공극의 자기저항 $R_g = \dfrac{l_g}{\mu_0 S}$이다. 전체 저항 $R_T = R_m + R_g$이므로 $R_T = \dfrac{l}{\mu S} + \dfrac{l_g}{\mu_0 S} = \dfrac{1}{\mu_0 S}\left(\dfrac{l}{\mu_s} + l_g\right) = \dfrac{1}{4\pi \times 10^{-7} \times 3 \times 10^{-4}} \times \left(\dfrac{10 \times 10^{-2}}{800} + 2 \times 10^{-3}\right) = 0.564 \times 10^7$이다.

기자력에 대한 식 (9.18)을 적용하면 자속 $\phi = \dfrac{F_m}{R_T} = \dfrac{NI}{R_T} = \dfrac{1000 \times 10}{0.564 \times 10^7} = 1.77 \times 10^{-3}$[Wb]이다.

답 ③

CHAPTER 09

기출문제

9.1 자성체가 균일하게 자화되어 있을 때 자극의 상태로 옳은 것은?

① 자성체에는 자극이 나타나지 않는다.
② 자성체 내부에 자극이 나타난다.
③ 자성체 전체에 자극이 골고루 분포되어 나타난다.
④ 자성체 양단면에 자극이 나타난다.

9.2 다음 중에서 반자성체가 아닌 것은?

① 은(Ag) ② 구리(Cu) ③ 니켈(Ni) ④ 비스무트(Bi)

9.3 다음 중에서 비투자율(μ_s)이 가장 큰 것은?

① 금 ② 은 ③ 구리 ④ 니켈

9.4 비투자율 μ_r인 자성체의 자속밀도가 B[Wb/m^2]일 때 자성체의 자화의 세기 J[Wb/m^2]는?

① $\left(\mu_0 - \frac{1}{\mu_r}\right)\frac{\mu_r}{B}$ ② $(\mu_0\mu_r - 1)B$
③ $(\mu_r - 1)\frac{B}{\mu_r}$ ④ $\mu_0(\mu_r - 1)B$

9.5 다음 중에서 감자력이 0인 것은?

① 가늘고 긴 막대 자성체 ② 환상 철심
③ 짧은 막대 자성체 ④ 구 자성체

9.6 자성체 경계면에 전류가 없을 때의 경계조건으로 틀린 것은?

① 자계 H의 접선 성분 $H_{1T} = H_{2T}$
② 자속밀도 B의 법선 성분 $B_{1N} = B_{2N}$
③ 경계면에서의 자력선의 굴절 $\frac{\tan\theta_1}{\tan\theta_2} = \frac{\mu_1}{\mu_2}$
④ 전속밀도 D의 법선 성분 $D_{1N} = D_{2N} = \frac{\mu_2}{\mu_1}$

9.7 평균 자계 H_0 중에 비투자율 μ_s인 매우 얇은 철판을 자계와 직각으로 놓았을 때의 철판 내 중앙부 자계 H_1과 평행으로 놓았을 때의 철판 내 중앙부 자계 H_2의 비는 얼마인가?

① $\dfrac{B_1}{B_2} = \mu_s$　② $\dfrac{H_1}{H_2} = \dfrac{1}{\mu_s}$　③ $\dfrac{B_1}{B_2} = I$　④ $\dfrac{H_1}{H_2} = \dfrac{\mu_s}{\mu_0}$

9.8 정전차폐와 자기차폐를 비교하면?

① 정전차폐가 자기차폐에 비교하여 완전하다.
② 정전차폐가 자기차폐에 비교하여 불완전하다.
③ 두 차폐 방법은 모두 완전하다.
④ 두 차폐 방법은 모두 불완전하다.

9.9 히스테리시스Hysteresis loop에 대한 설명 중에서 틀린 것은?

① 자화의 경력이 있을 때나 없을 때나 곡선은 항상 같다.
② Y축은 자속밀도이다.
③ 자화력이 0일 때 남아 있는 자기가 잔류자기이다.
④ 잔류자기를 상쇄시키려면 역방향의 자화력을 가해야 한다.

9.10 그림과 같이 진공 중에 자극 면적이 $2[cm^2]$, 간격이 $0.1[cm]$인 자성체 내에서 포화 자속밀도가 $2[Wb/m^2]$일 때, 두 자극면 사이에 작용하는 힘의 크기는 약 몇 [N]인가?

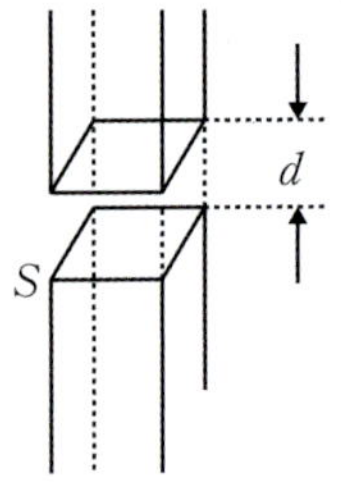

① 53　② 106
③ 159　④ 318

9.11 다음 중 기자력에 대한 설명으로 옳지 않은 것은?

① 전기회로의 기전력과 대응한다.
② 코일에 전류가 흘렀을 때 전류밀도와 코일의 권수의 곱의 크기와 같다.
③ 자기회로의 자기저항과 자속의 곱과 동일하다.
④ SI 단위는 암페어[A]이다.

9.12 환상 철심의 코일에 5[A]의 전류를 흘려 2000[AT]의 기자력을 발생시키려면 코일의 권수는 몇 회로 하면 되는가?

① 100　② 200　③ 300　④ 400

9.13 철심이 든 환상 솔레노이드에서 2000[AT]의 기자력에 의하여 철심 내에 4×10^{-5}[Wb]의 자속이 통할 때 이 철심의 자기저항은 몇 [AT/Wb]인가?

① 2×10^7　② 3×10^7　③ 4×10^7　④ 5×10^7

9.14 코일로 감긴 자기회로에서 철심의 투자율을 μ라 하고 회로의 길이를 l이라 할 때 그 회로의 일부에 미소 공극 l_g를 만들면 회로의 자기저항은 처음의 몇 배가 되는가? (단, $l_g \ll l$, 즉 $l-l_g \fallingdotseq l$이다)

① $1+\frac{\mu l_g}{\mu_0 l}$　② $1+\frac{\mu l}{\mu_0 l_g}$　③ $1+\frac{\mu_0 l_g}{\mu l}$　④ $1+\frac{\mu_0 l}{\mu l_g}$

정답

9.1 ④　**9.2** ③　**9.3** ④　**9.4** ③　**9.5** ②　**9.6** ④　**9.7** ②　**9.8** ①　**9.9** ①　**9.10** ④
9.11 ②　**9.12** ④　**9.13** ④　**9.14** ①

CHAPTER

10

전자유도

CONTENTS

학습 내용

전자유도에 의한 유도 기전력의 발생 원리를 설명하는 패러데이-렌츠의 법칙을 배운다. 자계를 시간에 따라 변화시키거나 도체를 이동시킬 때 유도 기전력이 어떻게 발생하는지도 살펴본다. 이어서 플레밍의 오른손 법칙으로 유도 기전력의 방향을 판단하는 방법을 익히고, 원판 발전기에서 유도 기전력이 발생하는 사례도 학습한다. 전자유도 과정에서 발생하는 와전류와 이를 줄이기 위한 성층 철심의 원리, 고주파 전류에서 나타나는 손실 현상인 표피효과에 대해서도 학습한다.

핵심 키워드

전자유도 / 패러데이 법칙 / 렌츠의 법칙 / 유도 기전력 / 플레밍의 오른손 법칙 / 패러데이 원판 발전기 / 와전류 / 성층 철심 / 철손 / 표피효과 / 침투 깊이

학습 전략

패러데이-렌츠의 법칙에 따른 유도 기전력의 발생 원리를 이해하고 이를 활용하여 기전력을 계산하는 문제를 충분히 풀어보기 바랍니다. 패러데이-렌츠 법칙의 미분형 공식과 식의 물리적 의미도 알아두어야 합니다. 플레밍의 오른손 법칙으로 유도 기전력의 크기와 방향을 구하는 문제는 자주 출제되므로 주의해야 합니다. 표피효과에서 주파수, 도전율 등에 따른 침투 깊이의 변화를 정리하고, 침투 깊이를 계산하는 문제도 풀어보기 바랍니다.

10.1 전자유도

1820년 외르스테드[Hans Christian Ørsted]가 전류가 흐르는 도선 주변에 자계(자기장)가 형성되는 현상을 발견한 지 10여 년 뒤인 1831년, 패러데이[Michael Faraday]는 이와 반대로 시간에 따라 변화하는 자계에 의해 전류가 유도되는 **전자유도**[Electromagnetic Induction] 현상을 발견했다. [그림 10-1]은 이러한 전자유도 현상을 나타낸 것으로, [그림 10-1(a)]는 자석이 코일 쪽으로 다가올 때의 상황, [그림 10-1(b)]는 자석이 코일에서 멀어질 때의 상황이다.

[그림 10-1(a)]와 같이 자석이 코일 쪽으로 다가오면 코일을 쇄교[鎖交][1]하는 자기력선, 즉 자속(ϕ)이 증가하게 된다. 이때 코일에서는 자속의 증가를 억제하는 방향, 즉 N극 자석에서 나오는 자속과 반대 방향의 자속이 유도된다. 이에 따라 코일에는 시계 반대 방향의 유도 전류가 흐르게 된다.

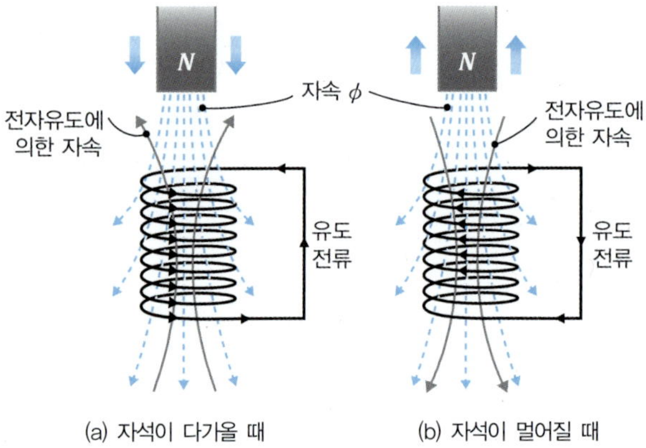

그림 10-1 전자유도

반대로 [그림 10-1(b)]처럼 자석이 코일에서 멀어지면 코일을 쇄교하는 자속이 감소한다. 이때 코일에서는 자속의 감소를 보상하는 방향, 즉 N극 자석에서 나오는 자속과 같은 방향의 자속이 유도된다. 이에 따라 코일에는 시계 방향의 유도 전류가 흐르게 된다.

전자유도의 기본조건은 자계가 시간에 따라 변화하는 것이다. [그림 10-1]에서 자석이 움직이지 않으면 유도 전류는 발생하지 않는다.

1 자기력선이 코일의 단면을 관통하는 정도를 나타내는 물리량이다.

2 '유기 기전력'이라고도 한다.

10.1.1 패러데이 법칙과 렌츠의 법칙

유도 전류를 발생시키는 전압을 **유도 기전력**Induced electromotive force, Induced EMF이라 한다.[2] **패러데이 법칙**Faraday's law은 유도 기전력의 크기를 결정하며, **'유도 기전력 e는 코일을 쇄교하는 자속의 시간적 변화율과 코일의 권수에 비례한다'**고 표현할 수 있다. 패러데이 법칙은 식 (10.1)과 같이 나타내며, N은 코일의 권수이다.

$$e = N\frac{d\phi}{dt}\,[\mathrm{V}] \tag{10.1}$$

패러데이 법칙이 유도 기전력의 크기를 결정했다면 **렌츠의 법칙**Lenz's law은 유도 기전력의 방향을 결정하는 법칙으로, **'유도 기전력 e는 자속의 증가를 억제하는 방향으로 생성된다'**고 표현할 수 있다. 패러데이 법칙과 렌츠의 법칙을 모두 적용하면 유도 기전력을 식 (10.2)와 같이 나타낼 수 있다. 식에서 (−) 부호는 유도 기전력이 자속의 변화를 억제하는 방향임을 나타낸다.

$$e = -N\frac{d\phi}{dt}\,[\mathrm{V}] \tag{10.2}$$

앞서 배운 내용을 활용하여 시간에 따라 변화하는 자속에 의한 유도 기전력을 살펴보자. 자속 $\phi = \phi_m \sin\omega t\,[\mathrm{Wb}]$라고 하면 유도 기전력 e를 식 (10.3)과 같이 나타낼 수 있으며, 이로부터 유도 기전력이 자속보다 $\frac{\pi}{2}$만큼 위상이 늦다는 것을 알 수 있다.

$$\begin{aligned} e &= -N\frac{d\phi}{dt} \\ &= -N\frac{d}{dt}(\phi_m \sin\omega t) = -N\phi_m\omega\cos\omega t \\ &= N\omega\phi_m \sin\left(\omega t - \frac{\pi}{2}\right)[\mathrm{V}] \end{aligned} \tag{10.3}$$

예제 10-1

$\phi = \phi_m \sin\omega t\,[\mathrm{Wb}]$인 정현파로 변화하는 자속이 권수 N인 코일과 쇄교할 때의 유기 기전력의 위상은 자속에 비해 어떠한가?

① $\frac{\pi}{2}$만큼 빠르다. ② $\frac{\pi}{2}$만큼 늦다. ③ π만큼 빠르다. ④ 동위상이다.

풀이

식 (10.3)에서 살펴본 것처럼 유도(유기) 기전력은 자속보다 $\frac{\pi}{2}$만큼 위상이 늦으므로 정답은 ②이다.

10.2 유도 기전력의 발생

유도 기전력은 앞서 설명한 코일과 같은 폐회로를 쇄교하는 자속이 변화할 때 발생한다. 다음과 같은 세 가지 방법을 통해 자속을 변화시킬 수 있다.

1. 자계를 시간에 따라 변화시키는 방법
2. 균일한 자계 내에서 도체를 이동시키는 방법
3. 시간에 따라 변화하는 자계에서 도체를 이동시키는 방법

각각의 경우에 따른 유도 기전력과 그에 따른 물리적 현상을 살펴보자.

10.2.1 자계를 시간에 따라 변화시키는 방법

먼저 자계를 시간에 따라 변화시켜 유도 기전력을 발생시키는 방법을 알아보자. [그림 10-2]는 권수 N이 1인 원형 폐회로 C에 시간에 따라 변화하는 자계를 인가한 경우를 나타낸 것이다. 여기서 dl은 폐회로 C의 미소 성분이고, e는 자계를 변화시킴에 따라 발생하는 유도 기전력이다.

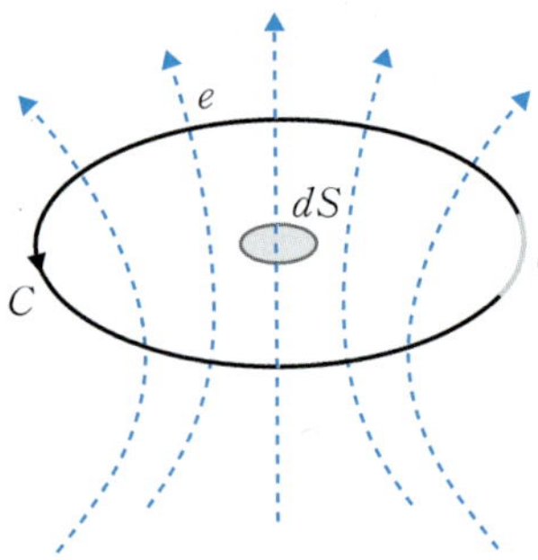

그림 10-2 시간에 따라 변화하는 자계

모든 자속이 폐회로 C를 쇄교한다고 가정하면 전체 자속 ϕ는 다음과 같이 자속밀도 $\boldsymbol{B}$의 적분으로 나타낼 수 있다.[3]

$$\phi = \int_S \boldsymbol{B} \cdot d\boldsymbol{S}$$

유도 기전력에 대한 식 (10.2)에 ϕ를 대입하면 유도 기전력 e를 식 (10.4)와 같이 나타낼 수 있다.

$$\begin{aligned} e &= -\frac{d\phi}{dt} = -\frac{d}{dt}\int_S \boldsymbol{B} \cdot d\boldsymbol{S} \\ &= -\int_S \frac{\partial \boldsymbol{B}}{\partial t} \cdot d\boldsymbol{S} \end{aligned} \tag{10.4}$$

3 식 (7.10)을 참고하라.

[그림 10-2]의 폐회로에서 미소 성분 dl에 의해 발생하는 전계를 $\boldsymbol{E}$라고 하면 다음과 같이 경로 C를 따라 전계 $\boldsymbol{E}$를 적분하여 유도 기전력 e를 구할 수 있다.

$$e = \int_C \boldsymbol{E} \cdot dl$$

여기에 스토크스 정리를 적용하면[4] 유도 기전력 e를 식 (10.5)와 같이 나타낼 수 있다.

$$e = \int_S \nabla \times \boldsymbol{E} \cdot dS \tag{10.5}$$

식 (10.4)와 식 (10.5)로부터 전계 $\boldsymbol{E}$와 자속밀도 $\boldsymbol{B}$의 관계를 보여주는 식 (10.6)을 구할 수 있다.

$$\int_S \nabla \times \boldsymbol{E} \cdot dS = -\int_S \frac{\partial \boldsymbol{B}}{\partial t} \cdot dS$$

$$\nabla \times \boldsymbol{E} = -\frac{\partial \boldsymbol{B}}{\partial t} \tag{10.6}$$

식 (10.6)을 **패러데이-렌츠 법칙의 미분형**이라고 한다. 이 식은 **자계가 시간에 따라 변화할 때 그 변화를 억제하는 방향으로[5] 회전하는 전계가 발생한다**는 중요한 물리적 현상을 설명한다.

10.2.2 균일한 자계 내에서 도체를 이동시키는 방법

다음으로 시간에 따라 변화하지 않는 균일한 자계 내에서 도체를 이동시켜 유도 기전력을 발생시키는 방법을 알아보자. 이 경우 자계는 일정하지만 도체가 이동함에 따라 쇄교하는 자속이 변화하게 된다.

[그림 10-3]은 균일한 자계 내에 놓인 도체가 이동하는 상황을 나타낸 것이다. [그림 10-3(a)]에서 도체는 균일한 자계 $\boldsymbol{B}$ 내에서 수직 방향으로 v의 속도로 이동한다. 도체의 이동으로 인해 쇄교 자속이 변화하며, 그 결과 그림에 나타낸 방향으로 유도 기전력 e가 발생한다. 이때의 기전력을 **운동 기전력**Motional electromotive force이라 하며, [그림 10-3(b)]에 나타낸 **플레밍의 오른손 법칙**Fleming's right hand rule을 적용하여 유도 기전력의 방향을 구할 수 있다.

4 식 (1.16)을 참고하라.

5 (−) 부호가 이를 의미한다.

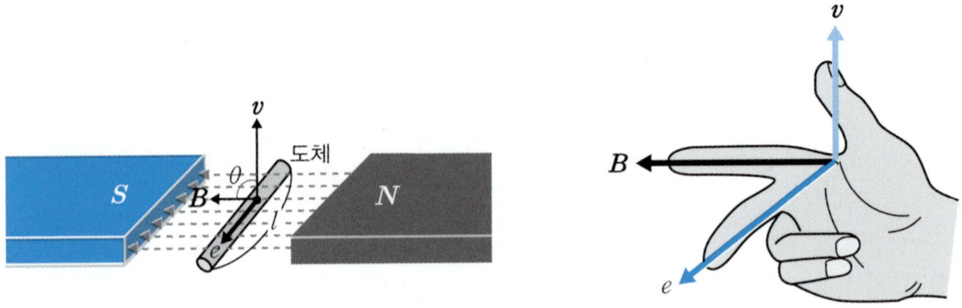

(a) 균일한 자계 내에서 이동하는 도체

(b) 플레밍의 오른손 법칙

그림 10-3 균일한 자계 내에서 이동하는 도체와 플레밍의 오른손 법칙

플레밍의 오른손 법칙에서는 [그림 10-3(b)]와 같이 엄지와 검지, 그리고 중지를 서로 수직이 되도록 편다. 이때 엄지는 도체의 이동 방향($\boldsymbol{v}$)을, 검지는 자계($\boldsymbol{B}$)의 방향을 가리키도록 맞추면 중지의 방향이 유도 기전력 e의 방향이 된다.

플레밍의 오른손 법칙에 따르면 균일한 자계 내에서 도체를 이동시킬 때 발생하는 운동 기전력 e는 식 (10.7)과 같이 이동 속도 v와 자계 $\boldsymbol{B}$의 벡터곱으로 주어지며, 도체의 길이 l에 비례한다.

$$e = (\boldsymbol{v} \times \boldsymbol{B}) \cdot l \,[\mathrm{V}] \tag{10.7}$$

$\boldsymbol{v}$와 $\boldsymbol{B}$가 이루는 각도를 θ라 하면 기전력 e의 크기는 식 (10.8)과 같다.

$$e = vBl\sin\theta \,[\mathrm{V}] \tag{10.8}$$

식 (10.8)에서 기전력 e는 $\theta = 90°$일 때 최대이고, $\theta = 0°$일 때는 발생하지 않는다. 이로부터 도체가 자계와 같은 방향으로 이동하면 쇄교 자속의 변화가 없어 기전력이 발생하지 않음을 알 수 있다.

자계 내에서 도체가 속도 $\boldsymbol{v}$로 이동하거나 회전할 때 발생하는 운동 기전력은 도체의 미소 길이를 dl이라 하면 식 (10.9)와 같이 폐회로 전체에 대한 적분식으로도 나타낼 수 있다.

$$e = \oint_C (\boldsymbol{v} \times \boldsymbol{B}) \cdot dl \,[\mathrm{V}] \tag{10.9}$$

예제 10-2

0.2 [Wb/m^2]의 평등자계 속에 자계와 직각 방향으로 놓인 길이 90[cm]의 도선을 자계와 30° 각도의 방향으로 50 [m/sec]의 속도로 이동시킬 때 도선 양단에 유기되는 기전력은 몇 [V]인가?

① 0.45 ② 0.9 ③ 4.5 ④ 9.0

풀이

유도 기전력의 크기를 나타내는 식 (10.8)에서 $e = vBl\sin\theta = 50\times0.2\times0.9\times\sin30° = 4.5$ [V]이다. 따라서 정답은 ③이다.

시간에 따라 변화하지 않는 균일한 자계 내에서 도체를 이동시킬 때 유도 기전력이 발생하는 대표적인 예로 **패러데이 원판 발전기**가 있다. [그림 10-4]는 패러데이 원판 발전기의 구조를 나타낸 것으로, 원판은 반지름이 a인 도체이고 균일한 자계 내에서 시계 반대 방향으로 각속도 ω[rad/s]로 회전한다.

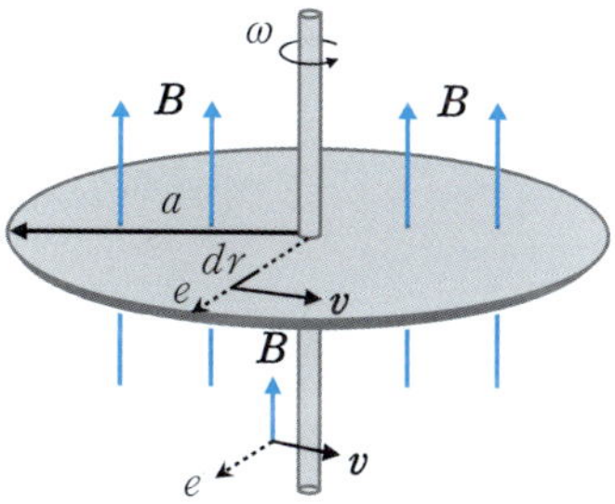

그림 10-4 패러데이 원판 발전기

원판이 회전하면 원판을 쇄교하는 자속이 변화하게 되고 이에 따라 유도 기전력이 발생한다. 이때 플레밍의 오른손 법칙을 적용하면 유도 기전력은 원판의 중심에서 바깥쪽으로 발생함을 알 수 있다. 그림에서 dr은 유도 기전력의 미소 성분이고 $\boldsymbol{v}$는 원판의 회전 속도이며, $v = r\omega$이다.[6]

운동 기전력에 대한 식 (10.9)를 적용하면 원판 발전기에 발생하는 유도 기전력 e는 식 (10.10)과 같이 나타낼 수 있다.

$$e = \int(\boldsymbol{v}\times\boldsymbol{B})\cdot d\boldsymbol{r} \tag{10.10}$$

6 306쪽의 각속도에 관련된 <여기서 잠깐>을 참고하라.

여기서 자계 $\boldsymbol{B}$는 원판의 회전면에 수직이므로 $\boldsymbol{v} \times \boldsymbol{B} = vB\sin\theta = vB$가 된다. 또한 유도 기전력은 원판의 중심에서 바깥쪽을 향하므로 유도 기전력 e를 식 (10.11)과 같이 구할 수 있다.

$$e = \int_0^a vB \cdot dr = \int_0^a r\omega B \cdot dr = \omega B \int_0^a r \cdot dr = \omega B \left[\frac{r^2}{2}\right]_0^a$$

$$= \frac{\omega B a^2}{2}\,[\mathrm{V}] \tag{10.11}$$

여기서 잠깐 **각속도 ω**

각속도는 원운동하는 물체의 속도를 나타내는 데 사용하는 물리량이다. 각속도는 단위시간 동안 회전한 각도로 정의하며, 단위는 [rad/s]이다. 따라서 [그림 10-5]에서 각속도 $\omega = \frac{\Delta\theta}{\Delta t}$[rad/s]로 나타낼 수 있다. 이동거리 Δs는 회전 각도 $\Delta\theta$와 원운동 반지름 r의 곱이므로 $\Delta s = r\Delta\theta$가 된다. 이로부터 회전 속도 $v = \frac{\Delta s}{\Delta t} = \frac{r\Delta\theta}{\Delta t} = r\omega$가 된다.

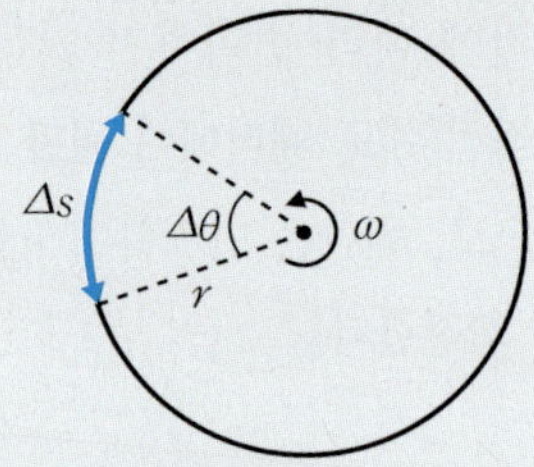

그림 10-5 각속도

예제 10-3

그림과 같이 자속밀도 60 [Wb/m^2]인 평등자계와 평행인 축 주위에 1000 [rpm]의 각속도로 회전하는 반지름이 10 [m]인 원판에 브러시를 접촉하고 그 사이에 2[Ω]의 저항을 연결할 때 저항에 흐르는 전류는 몇 [A]인가?

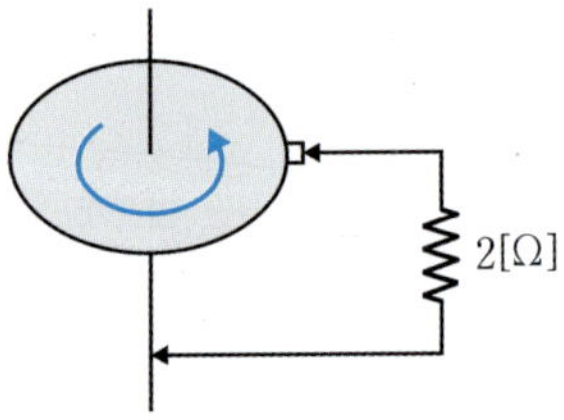

① $\pi \times 10^5$ ② $\frac{\pi}{2} \times 10^5$

③ 10^5 ④ $2\pi \times 10^5$

풀이

원판이 분당 1000번 회전하므로 각속도 $\omega = \frac{2\pi \times 1000}{60} = \frac{\pi}{30} \times 10^3$이다. 원판 발전기의 유도 기전력에 대한 식 (10.11)의 $e = \frac{\omega B a^2}{2} = \frac{\frac{\pi}{30} \times 10^3 \times 60 \times 10^2}{2} = \pi \times 10^5$[V]가 된다. 그러면 전류는 $I = \frac{e}{R} = \frac{\pi}{2} \times 10^5$[A]이므로 정답은 ②이다.

10.2.3 시간에 따라 변화하는 자계에서 도체를 이동시키는 방법

자속을 변화시키는 마지막 방법을 알아보자. 시간에 따라 변화하는 자계 내에서 도체를 이동시킬 때 발생하는 유도 기전력은 자계를 변화시킬 때 발생하는 유도 기전력[7]과 균일한 자계 내에서 도체를 이동시킬 때 발생하는 운동 기전력[8]이 합해진 형태가 된다. 이는 식 (10.12)와 같다.

$$e = -\int_S \frac{\partial \boldsymbol{B}}{\partial t} \cdot dS = \oint_C (v \times \boldsymbol{B}) \cdot dl \qquad (10.12)$$

10.3 와전류

와전류[Eddy current]는 도체를 통과하는 자속이 변화할 때 도체 내부에 유도되는 소용돌이 모양의 전류이다. [그림 10-6]은 자석(N극)이 도체 쪽으로 다가와 자속이 증가하는 경우를 나타낸 것이다. 이 경우 자속의 증가를 억제하기 위해 반시계 방향의 와전류가 유도되며, 그 결과 자석에서 나오는 자속과 반대 방향의 자계 $\boldsymbol{B}$가 형성된다. 반대로 자석이 도체에서 멀어져 자속이 감소하면 자속의 감소를 보상하기 위해 시계 방향의 와전류가 유도된다.

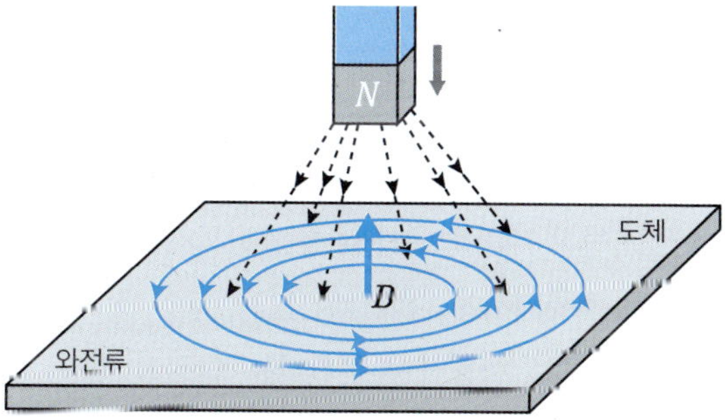

그림 10-6 와전류

와전류는 전기에너지를 열에너지로 변환시키며, 이로 인해 와류손(실)이 발생한다. 단위체적당 와류손은 식 (10.13)과 같이 정의한다. 이 식에서 k는 도체의 도전율, t는 도체 두께, f는 주파수, B_m은 최대 자속밀도를 나타낸다.

$$P_e = k(tfB_m)^2 \ [\mathrm{W/m^3}] \qquad (10.13)$$

7 식 (10.4)를 참고하라.

8 식 (10.9)를 참고하라.

와류손을 줄이는 대표적인 방법은 절연 처리된 얇은 철판을 적층한 **성층 철심**Laminated core을 사용하는 것이다. 이렇게 하면 각 절판 사이가 절연되어 도체의 유효 두께가 매우 얇아지므로 와전류가 흐를 수 있는 면적이 작아지고 저항이 증가하여 결과적으로 와전류가 감소하게 된다. 와류손은 9.3.3절에서 다룬 히스테리시스손(실)과 함께 **철손**Iron loss으로 분류되며, 변압기, 모터, 발전기와 같은 전기기기의 효율과 성능에 큰 영향을 미친다.

예제 10-4

와류손과 히스테리시스손은 각각 최대 자속밀도의 몇 승에 비례하는가?

① 와류손 : 1.8, 히스테리시스손 : 1.8　　② 와류손 : 1.6, 히스테리시스손 : 2.0
③ 와류손 : 2.0, 히스테리시스손 : 1.6　　④ 와류손 : 3.0, 히스테리시스손 : 1.0

풀이

와류손에 대한 식 (10.13)을 참고하면 와류손은 최대 자속밀도 B_m의 2.0승에 비례한다. 마찬가지로 히스테리시스손을 나타내는 식 (9.15)를 참고하면 히스테리시스손은 최대 자속밀도 B_m의 1.6승에 비례하므로 정답은 ③이다.

10.4 표피효과

표피효과Skin effect는 전류가 도선의 표면 근처에서만 흐르고 내부로 갈수록 전류밀도가 급격히 감소하는 현상으로, 전류의 주파수가 높을수록 커지므로 직류에서는 나타나지 않고, 교류 전류에서만 발생한다. 이러한 표피효과는 도선의 단면을 효율적으로 사용하지 못한다는 단점이 있다.

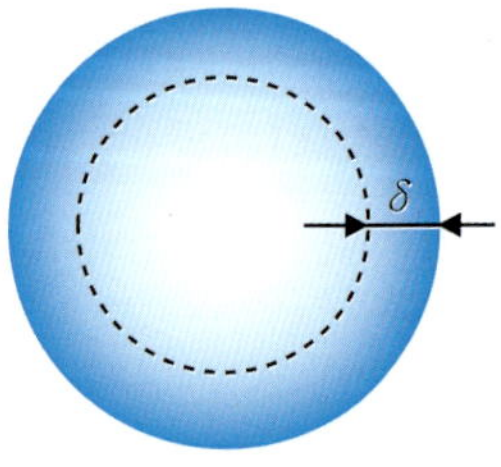

그림 10-7 표피효과

[그림 10-7]은 교류 전류가 흐를 때 도선의 단면에서 나타나는 전류밀도 분포를 나타낸 것이다. 표피효과로 인해 전류밀도는 도선의 표면에서는 높지만 **도선의 중심으로 갈수록 지수함수적으로 감소한다**. 전류밀도가 도선 표면 값의 약 37%($1/e$)로 감소하는 깊이를 **침투 깊이**Depth of penetration δ로 정의한다.[9]

표피효과는 교류 전류에 의해 시간에 따라 변화하는 자계가 도체 내부에 생성하는 유도 전류로 인해 발생한다. 이러한 유도 전류는 렌츠의 법칙에 따라 원래 전류를 방해하는 방향으로 흐르며, 이로 인해 도체 내부의 전류는 감소하고 표면 근처에서만 흐르게 된다.

침투 깊이 δ가 클수록 표피효과는 약해지는데, 이는 도선의 전체 단면이 더 효율적으로 활용되고 있음을 의미한다. 침투 깊이 δ는 식 (10.14)와 같이 주어지며, 주파수 f, 투자율 μ, 도전율 k에 반비례한다.

$$\delta = \sqrt{\frac{2}{\omega\mu k}} = \sqrt{\frac{1}{\pi f\mu k}}\ [\mathrm{m}] \tag{10.14}$$

표피효과를 줄이기 위해서는 도선의 중심부를 제거한 원통 모양의 중공 도선Hollow Conductor을 사용하거나 절연된 가는 도선 여러 가닥을 꼬아 만든 도선[10]을 사용한다.

예제 10-5

표면 부근에 집중해서 전류가 흐르는 현상을 표피효과라 한다. 표피효과에 대한 설명으로 잘못된 것은 무엇인가?

① 도체에 교류가 흐르면 표면에서부터 중심으로 들어갈수록 전류밀도가 작아진다.
② 표피효과는 고주파일수록 심하다.
③ 표피효과는 도체의 전도도가 클수록 심하다.
④ 표피효과는 도체의 투자율이 작을수록 심하다.

풀이

침투 깊이 δ를 나타내는 식 (10.14)를 참고하면 δ는 투자율 μ에 반비례한다. 즉, 투자율이 작을수록 δ가 커지고 표피효과는 약해지므로 정답은 ④이다.

9 표피 두께(Skin depth)라고도 한다.

10 이러한 도선을 리츠 선(Litz wire)이라고 한다.

CHAPTER 10

핵심 정리

- **전자유도 현상** : 자계의 변화를 억제하는 방향의 유도 전류가 생성되는 현상
- **패러데이-렌츠 법칙에 따른 유도 기전력** : $e = -N\dfrac{d\phi}{dt}$ [V]
- 유도 기전력이 자속보다 $\dfrac{\pi}{2}$만큼 위상이 늦음
- **패러데이-렌츠 법칙의 미분형** : $\nabla \times \boldsymbol{E} = -\dfrac{\partial \boldsymbol{B}}{\partial t}$
  - 자계가 시간에 따라 변화할 때 그 변화를 억제하는 방향으로 회전하는 전계가 발생
- **운동 기전력** : $e = (\boldsymbol{v} \times \boldsymbol{B}) \cdot l = vBl\sin\theta$ [V]
  - 균일한 자계 내에서 도체를 이동시킬 때 발생하는 유도 기전력(플레밍의 오른손 법칙)
- **패러데이 원판 발전기의 유도 기전력** : $e = \dfrac{\omega B a^2}{2}$ [V]
- **와전류**
  - 자계가 시간에 따라 변화할 때 그 변화를 억제하는 방향으로 도체 내부에 유도되는 소용돌이 모양의 전류
  - (단위체적당) 와류손 $P_e = k(tfB_m)^2$ [W/m³]
  - 와류손 방지 방법 : 절연 처리된 얇은 철판을 적층한 성층 철심 사용
- **표피효과**
  - 교류 전류가 흐를 때 도선의 중심으로 갈수록 전류밀도가 지수함수적으로 감소하는 현상
  - 침투 깊이 $\delta \left(= \sqrt{\dfrac{2}{\omega\mu k}} = \sqrt{\dfrac{1}{\pi f \mu k}} \right)$
  - 침투 깊이 δ가 클수록 표피효과는 약해짐

CHAPTER
10

핵심 유형

유형 1 패러데이-렌츠 법칙 정의하기

TIP

- 패러데이-렌츠 법칙 정의하고 계산하기

01 패러데이 법칙에 대한 설명 중에서 적합한 것은?

① 정전유도에 의해 회로에 발생하는 기전력은 자속의 변화 방향으로 유도된다.
② 정전유도에 의해 회로에 발생하는 기전력은 자속 쇄교수의 시간에 대한 증가율에 비례한다.
③ 전자유도에 의해 회로에 발생하는 기전력은 자속의 변화 방향으로 유도된다.
④ 전자유도에 의해 회로에 발생하는 기전력은 자속 쇄교수의 시간에 대한 변화율에 비례한다.

풀이

유도 기전력에 대한 식 (10.2)를 참고하면 전자유도에 의해 발생하는 기전력은 자속 쇄교수의 시간에 대한 변화율에 비례한다.

답 ④

---

02 다음 중에서 전자유도 법칙과 관계없는 것은?

① 노이만Neumann의 법칙
② 렌츠Lentz의 법칙
③ 비오-사바르Biot-Savart의 법칙
④ 가우스Gauss의 법칙

풀이

① 하나의 회로에 흐르는 전류가 다른 회로에 자속을 유도하는 현상을 설명하는 법칙이다.
② 전자유도에 따른 기전력의 방향이 자속의 변화를 억제하는 방향임을 설명하는 법칙이다.
③ 유한한 도선에 흐르는 전류에 의해 유도되는 자계의 크기와 방향을 알려주는 법칙이다.
④ 어떤 폐곡면을 지나는 전체 자속은 0이며, 자기 홀극이 존재하지 않음을 나타내는 법칙이다.

답 ④

03 100회 감은 코일과 쇄교하는 자속이 10^{-1}[sec] 동안에 0.5[Wb]에서 0.3[Wb]로 감소했다면 이때 유도되는 기전력은 몇 [V]인가?

① 20 ② 200 ③ 80 ④ 800

풀이

유도 기전력에 대한 식 (10.2)에서 $e = -N\frac{d\phi}{dt} = 100 \times \frac{0.5-0.3}{10^{-1}} = 0.2 \times 10^3 = 200$[V]이다.

답 ②

---

04 정현파 자속의 주파수를 2배로 높이면 유기 기전력은?

① 변하지 않는다. ② 2배로 증가한다. ③ 4배로 감소한다. ④ $\frac{1}{2}$이 된다.

풀이

유도(유기) 기전력에 대한 식 (10.2)에서 $e = -N\frac{d\phi}{dt} = -N\frac{d}{dt}\phi_m \sin\omega t = -\omega N\phi_m \cos\omega t$[V]가 된다. 여기에서 최대 유도 기전력 $e_m = \omega N\phi_m = 2\pi f\phi_m$이므로 이 유도 기전력은 주파수 f에 비례한다. 따라서 주파수를 2배 높이면 유도 기전력도 2배로 증가한다.

답 ②

유형 2 유도 기전력의 발생 정의하기

TIP

- 패러데이-렌츠 법칙의 미분형 정의하기
- 플레밍의 오른손 법칙 정의하고 계산하기

01 공간 내 한 점의 자속밀도 $\boldsymbol{B}$가 변화할 때 전자유도에 의하여 유기되는 전계 $\boldsymbol{E}$는?

① $div\boldsymbol{E} = -\frac{\partial \boldsymbol{B}}{\partial t}$ ② $rot\boldsymbol{E} = -\frac{\partial \boldsymbol{B}}{\partial t}$ ③ $div\boldsymbol{E} = \frac{\partial \boldsymbol{B}}{\partial t}$ ④ $rot\boldsymbol{E} = \frac{\partial \boldsymbol{B}}{\partial t}$

풀이

패러데이-렌츠 법칙의 미분형에 대한 식 (10.6)을 참고하면 $\nabla \times \boldsymbol{E} = rot\boldsymbol{E} = -\frac{\partial \boldsymbol{B}}{\partial t}$이다. 이는 자계가 시간에 따라 변화할 때 그 변화를 억제하는 방향으로 회전하는 전계 $\boldsymbol{E}$가 발생함을 나타낸다.

답 ②

02 자속밀도 B [Wb/m^2]의 평등자계 내에서 길이 l[m]인 도체 ab가 속도 v[m/s]로 그림과 같이 도선을 따라 움직일 때 도체 ab에 의해 유도된 기전력의 크기 e[V]와 폐회로 abcd 내 저항에 흐르는 전류의 방향은? (단, 폐회로 abcd 내의 도선 및 도체의 저항은 무시한다)

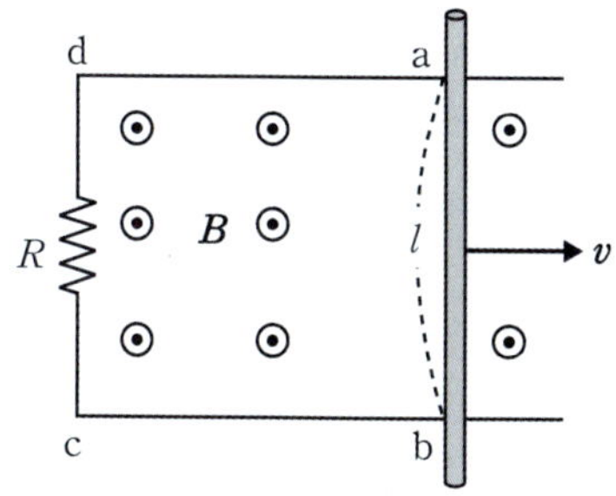

① $e = Blv$, 전류 방향 : c → d
② $e = Blv$, 전류 방향 : d → c
③ $e = Blv^2$, 전류 방향 : c → d
④ $e = Blv^2$, 전류 방향 : d → c

풀이

도체의 이동 방향 v와 자속밀도 B가 이루는 각도 $\theta = 90°$이므로 플레밍의 오른손 법칙에 대한 식 (10.8)에서 기전력 $e = vBl$이다. 도체 ab에 플레밍의 오른손 법칙을 적용하면 다음 그림과 같이 유도 기전력 e의 방향은 도체 ab의 위쪽에서 아래쪽을 향하며, 전류는 a → b → c → d 방향으로 흐른다.

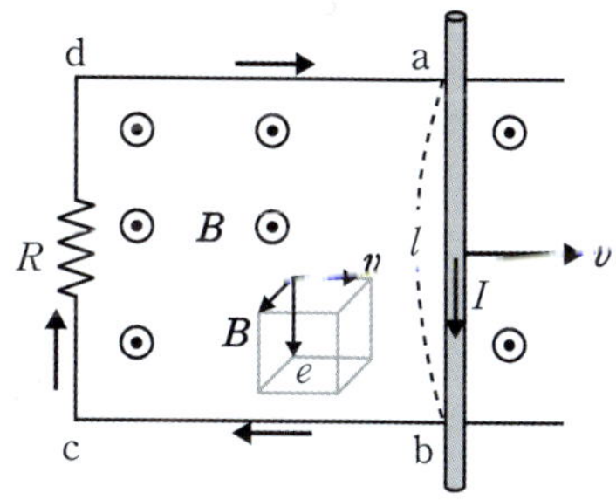

답 ①

---

03 자속밀도 0.5[Wb/m^2]의 균일한 자계 내에 길이 1[m]의 도선을 자계와 수직방향으로 운동시킬 때 도선에 50[V]의 기전력이 유기된다면 이 도선의 속도는 몇 [m/s]인가?

① 10　　② 25　　③ 50　　④ 100

풀이

플레밍의 오른손 법칙에 대한 식 (10.8)에서 $v = \dfrac{e}{Bl\sin\theta} = \dfrac{50}{0.5 \times 1 \times \sin 90°} = 100$[m/s]가 된다.

답 ④

유형 3 표피효과 정의하기

TIP

- 표피효과 정의하고 계산하기

01 표피효과에 관한 설명으로 옳은 것은?

① 주파수가 낮을수록 침투 깊이는 작아진다.

② 전도도가 작을수록 침투 깊이는 작아진다.

③ 표피효과는 전계 혹은 전류가 도체 내부로 들어갈수록 지수함수적으로 작아지는 현상이다.

④ 도체 내부의 전계의 세기가 도체 표면의 전계 세기의 $\frac{1}{2}$까지 감쇄되는 도체 표면에서 거리를 표피 두께라고 한다.

풀이

침투 깊이에 대한 식 (10.14)의 $\delta = \sqrt{\dfrac{1}{\pi f \mu k}}$를 참고하면 다음과 같다.

① 주파수 f가 낮을수록 침투 깊이는 커진다.

② 전도도 k가 작을수록 침투 깊이는 커진다.

③ 도선의 중심으로 갈수록 전류밀도는 지수함수적으로 감소한다.

④ 전류밀도가 도선 표면 값의 약 37%로 감소하는 깊이를 침투 깊이(표피 두께)로 정의한다.

답 ③

---

02 고주파를 취급할 때 큰 단면적을 가진 1개의 도선을 사용하지 않고 전체로는 같은 단면적이라도 가는 선을 모은 도체를 사용하는 주된 이유는?

① 히스테리시스손을 감소시키기 위해

② 철손을 감소시키기 위해

③ 과전류에 대한 영향을 감소시키기 위해

④ 표피효과의 영향을 감소시키기 위해

풀이

표피효과를 줄이기 위해 절연된 가는 도선 여러 가닥을 꼬아 만든 리츠 선을 사용한다.

답 ④

03 주파수가 100[MHz]일 때 구리의 표피 두께(Skin depth)는 약 몇 [mm]인가? (단, 구리의 도전율은 5.9×10^7[℧/m]이고 비투자율은 0.99이다)

① 3.3×10^{-2} ② 6.6×10^{-2} ③ 3.3×10^{-3} ④ 6.6×10^{-3}

풀이

침투 깊이에 대한 식 (10.14)의 $\delta = \sqrt{\dfrac{1}{\pi f \mu k}}$ 를 참고하면 다음과 같다.

$$\delta = \frac{1}{\sqrt{\pi \times 100 \times 10^6 \times 4\pi \times 10^{-7} \times 0.99 \times 5.9 \times 10^7}} = 6.6 \times 10^{-6}[\mathrm{m}] = 6.6 \times 10^{-3}[\mathrm{mm}]$$

답 ④

CHAPTER 10

기출문제

10.1 다음의 (ⓐ), (ⓑ)에 알맞은 것은?

> 전자유도에 의해 발생하는 기전력에서 우변에 (−)의 부호를 가진 것은 암페어의 오른나사 법칙에 의한 (ⓐ)와/과 (ⓑ)의 방향을 (+)로 하고 있기 때문이다.

① ⓐ 전압, ⓑ 전류　　② ⓐ 전압, ⓑ 자속
③ ⓐ 전류, ⓑ 자속　　④ ⓐ 자속, ⓑ 인덕턴스

10.2 폐회로의 유도되는 유도 기전력에 관한 설명 중에서 가장 알맞은 것은?

① 유도 기전력은 권선 수의 제곱에 비례한다.
② 렌츠의 법칙은 유도 기전력의 크기를 결정하는 법칙이다.
③ 자계가 일정한 공간 내에서 폐회로가 운동하여도 유도 기전력이 유도된다.
④ 전계가 일정한 공간 내에서 폐회로가 운동하여도 유도 기전력이 유도된다.

10.3 자속 ϕ[Wb]가 주파수 f[Hz]로 $\phi = \phi_m \sin 2\pi ft$[Wb]일 때 이 자속과 쇄교하는 권수 N[회]인 코일에 발생하는 기전력은 몇 [V]인가?

① $-2\pi fN\phi_m \cos 2\pi ft$　　② $-2\pi fN\phi_m \sin 2\pi ft$
③ $2\pi fN\phi_m \tan 2\pi ft$　　④ $2\pi fN\phi_m \sin 2\pi ft$

10.4 한 변의 길이가 각각 a[m], b[m]인 그림과 같은 구형 도체가 x축 방향으로 v[m/s]의 속도로 움직이고 있다. 이때 자속밀도는 $x-y$ 평면에 수직이고 어느 곳에서든지 크기가 일정한 B[Wb/m^2]이다. 이 도체의 저항을 R[Ω]이라고 할 때 흐르는 전류는 몇 [A]인가?

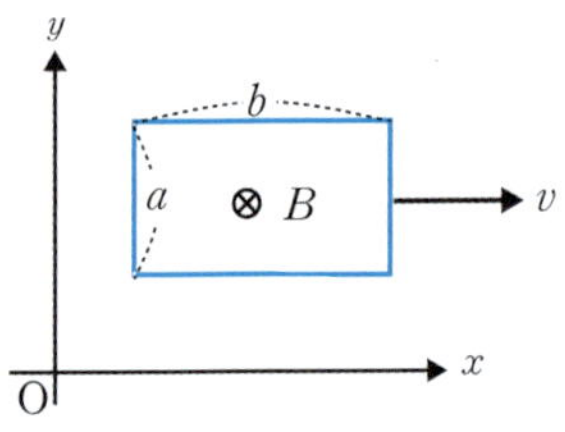

① 0　　② $\dfrac{Babv}{R}$　　③ $\dfrac{Bv}{R}$　　④ $\dfrac{2Bav}{R}$

10.5 서로 절연되고 있는 철도의 레일 간격이 1.5[m]이다. 열차가 72[km]의 속도로 달리면서 차축이 지구 자계의 수직분력 $B=0.2\times10^{-4}$[Wb/m^2]를 절단할 때 레일 간에 발생하는 기전력은 몇 [V]인가?

① 2126　　② 3160　　③ 6×10^{-4}　　④ 6×10^{-5}

10.6 그림과 같이 반경이 20[cm]인 도체 원판이 그 축에 평행이고 세기가 2.4×10^3[AT/m]인 균일한 자계 내에서 1분에 1800회 회전하고 있다. 이 원판의 축과 원판 주위 사이에 2[Ω]의 저항체를 접속할 때 이 저항에 흐르는 전류는 몇 [mA]인가? (단, 원판의 저항은 무시하고 원판의 투자율은 공기와 같다고 가정한다)

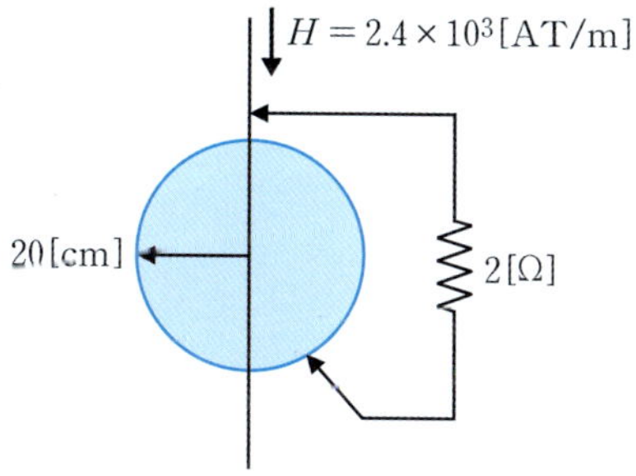

① 2.8　　② 3.8　　③ 5.7　　④ 11.4

10.7 와전류에 대한 설명 중에서 틀린 것은?

① 단위체적당 와류손의 단위는 [W/m^3]이다.
② 와전류는 교번 자속의 주파수와 최대 자속밀도에 비례한다.
③ 와전류손은 히스테리시스손과 함께 철손이다.
④ 와전류손을 감소시키기 위하여 성층 철심을 사용한다.

10.8 도전도 $k=6\times10^{17}$[℧/m], 투자율 $\mu=\frac{6}{\pi}\times10^{-7}$[H/m]인 평면 도체 표면에 10[kHz]의 전류가 흐를 때 침투되는 깊이 δ[m]는?

① $\frac{1}{6}\times10^{-7}$　　② $\frac{1}{8.5}\times10^{-7}$　　③ $\frac{36}{\pi}\times10^{-10}$　　④ $\frac{36}{\pi}\times10^{-6}$

정답

10.1 ③ **10.2** ③ **10.3** ① **10.4** ① **10.5** ③ **10.6** ③ **10.7** ② **10.8** ①

CHAPTER

11

인덕턴스

CONTENTS

학습 내용

자속의 변화를 억제하는 유도 기전력의 원리를 이해하고 이를 바탕으로 정의되는 자기 인덕턴스와 그 특성을 살펴본다. 이어서 인덕턴스를 흐르는 전류와 전압의 관계식을 정리하고 두 코일 사이에서 나타나는 상호 유도와 상호 인덕턴스를 배운다. 상호 유도에 따른 결합계수를 정의하고 완전 결합, 미결합과 같은 결합의 정도를 구분한 다음, 인덕턴스의 자기적 결합 방식(가동, 차동), 인덕터에 저장되는 자계 에너지에 대해서 학습한다. 마지막으로 환상 솔레노이드, 무한 솔레노이드, 동축 케이블과 같이 대칭적인 구조를 가진 자성체의 자기 인덕턴스를 나타내는 식을 구하고 그 특성을 살펴본다.

핵심 키워드

자기 인덕턴스 · 상호 인덕턴스 · 상호 유도 · 결합계수 · 직·병렬 가동 결합 · 직·병렬 차동 결합 · 자계 에너지 · 환상 솔레노이드 · 무한 솔레노이드 · 원형 코일 · 동축 케이블 · 평행 왕복 도선

학습 전략

자기 인덕턴스의 특성, 인덕턴스 값 계산에 관한 문제와 상호 유도 현상 및 결합계수의 개념과 수식을 적용하는 문제도 반복적으로 풀어보기 바랍니다. 인덕턴스의 자기적 결합(가동, 차동)에 따른 합성 인덕턴스를 계산하고 인덕턴스에 저장되는 자계 에너지를 구하는 문제도 살펴보기 바랍니다. 아울러 환상 솔레노이드, 무한 솔레노이드, 동축 케이블의 자기 인덕턴스 식을 정리하여 계산에 활용해보기 바랍니다. 자성체의 단면적, 반지름, 길이의 변화가 인덕턴스 값에 어떻게 반영되는지 정리하고 출제 빈도가 높은 환상 솔레노이드 관련 문제를 알아두기 바랍니다.

11.1 자기 인덕턴스

코일을 흐르는 전류가 시간에 따라 변화하면 코일 내부에 쇄교하는 자속이 생성되고 전자유도 현상으로 인해 자속의 변화를 억제하는 유도 기전력이 발생한다. [그림 11-1]은 코일과 전기저항을 직렬로 연결한 회로에 스위치가 달린 직류 전원을 연결한 것이다.

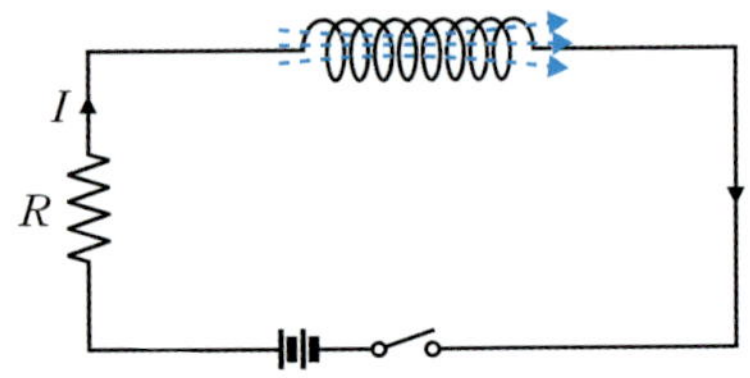

그림 11-1 자기 인덕턴스

[그림 11-1]의 회로에서 스위치를 여닫을 때마다 전류가 변화하며, 코일에는 쇄교하는 자속이 생성된다.[1] 이때 쇄교 자속 ϕ와 전류 I의 관계는 다음의 식으로 나타낼 수 있다.

$$\phi = LI$$

이 식에서 L은 시간에 따라 변하는 전류 I가 흐를 때 생성되는 자속을 결정하며, **자기 인덕턴스** Self inductance라고 한다.[2] 코일의 권수 N을 고려하면 앞선 식은 다음과 같이 나타낼 수 있다.

$$N\phi = LI$$

이로부터 자기 인덕턴스 L을 나타내는 식 (11.1)을 구할 수 있다. 이 식에 따르면 자기 인덕턴스 L은 **코일에 흐르는 단위전류당 생성되는 자속**을 의미한다.

$$L = \frac{N\phi}{I}\,[\mathrm{H}] \tag{11.1}$$

자기 인덕턴스의 단위인 헨리 Henry는 [H]로 표시한다. 1[H]는 '**1[A]의 전류를 흘릴 때 1[Wb]의 자속을 발생시키는 자기 인덕턴스의 크기**'이다. 자기 인덕턴스는 코어의 형상, 크기, 재질(예 공기, 철 등)에 따라 달라지며, 항상 양(+)의 값을 갖는다. 코일을 감아서 이러한 자기 인덕턴스를 갖도록 만든 부품을 인덕터 Inductor라고 한다.

---

1 자속의 방향은 암페어의 오른손 법칙을 따른다.

2 자기 유도계수라고도 한다.

식 (11.1)을 이용하면 인덕턴스 L을 나타내는 식 (11.2)를 구할 수 있다.[3]

$$L = \frac{N\phi}{I} = \frac{N^2}{R_m} = \frac{N^2}{\frac{l}{\mu S}} = \frac{\mu S N^2}{l}\,[\mathrm{H}] \tag{11.2}$$

유도 기전력의 식 (10.2)와 인덕턴스를 나타내는 식 (11.1)을 이용하면 인덕턴스에 발생하는 유도 기전력 e를 식 (11.3)과 같이 나타낼 수 있다.[4]

$$e = -N\frac{d\phi}{dt} = -N\frac{d}{dt} \times \frac{Li}{N} = -L\frac{di}{dt}\,[\mathrm{V}] \tag{11.3}$$

식 (11.3)을 이용하여 인덕턴스를 흐르는 전류 i를 나타내면 식 (11.4)와 같다.

$$i = \frac{1}{L}\int e\,dt\,[\mathrm{A}] \tag{11.4}$$

예제 11-1

지름 4[cm]의 공심 솔레노이드의 길이가 50[cm]이고 권수가 2000회이다. 이 코일의 인덕턴스 [mH]는 얼마인가?

① 8　　② 12.6　　③ 18.4　　④ 39.6

풀이

식 (11.2)를 참고하면 인덕턴스 $L = \frac{\mu S N^2}{l} = \frac{4\pi \times 10^{-7} \times \pi \times (2 \times 10^{-2})^2 \times 2000^2}{50 \times 10^{-2}} = 12.6\,[\mathrm{mH}]$ 이므로 정답은 ②이다.

3 기자력에 대한 식 (9.18)에서 $\frac{\phi}{I} = \frac{N}{R_m}$이고 자기저항에 대한 식 (9.19)에서 $R_m = \frac{l}{\mu S}$이다.

4 [그림 11-1]에서 스위치를 여닫는 동작은 시간에 따라 변하는 전류(교류 전류)를 의미하므로 전류를 i로 표시하였다.

11.2 상호 인덕턴스

[그림 11-2]는 서로 영향을 미칠 수 있도록 매우 가깝게 배치된 2개의 코일이다. 코일 1은 권수 N_1과, 인덕턴스 L_1을 가지며, 코일 2는 권수 N_2와 인덕턴스 L_2를 가진다. 코일 1에는 전류 i_1이 흘러 ϕ_1의 자속이 발생하고 코일 2에는 전류 i_2가 흘러 ϕ_2의 자속이 발생한다. 각 코일에서 발생한 자속은 이웃한 다른 코일에도 영향을 미친다.

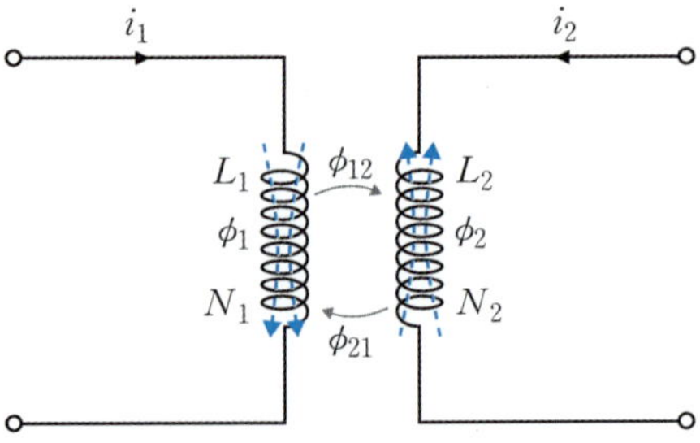

그림 11-2 상호 인덕턴스

[그림 11-2]에서 코일 1의 자속 중에서 코일 2에 도달하는 자속을 ϕ_{12}, 코일 2의 자속 중에서 코일 1에 도달하는 자속을 ϕ_{21}으로 표시하였다. 이웃한 코일이 서로 자속을 전달하면 자기 인덕턴스 외에 새로운 인덕턴스 성분이 생기며, 이를 **상호 인덕턴스** Mutual inductance라고 한다. 상호 인덕턴스에 의해 이웃한 코일에 유도 기전력이 발생하는 현상은 **상호 유도** Mutual induction라고 한다.

식 (11.1)의 인덕턴스 $L = \dfrac{N\phi}{I}$에 따라 코일 1의 전류 i_1에 의해 코일 2에 생기는 상호 인덕턴스 M_{12}를 다음과 같이 나타낼 수 있다.[5 6]

$$M_{12} = \frac{N_2\phi_{12}}{i_1} = \frac{N_2\dfrac{N_1 i_1}{R_m}}{i_1} = \frac{N_1 N_2}{R_m} = \frac{\mu S N_1 N_2}{l}\,[\mathrm{H}]$$

코일 2의 전류 i_2에 의해 코일 1에 생기는 상호 인덕턴스 M_{21}은 다음과 같이 나타낼 수 있다.

$$M_{21} = \frac{N_1\phi_{21}}{i_2} = \frac{N_1\dfrac{N_2 i_2}{R_m}}{i_2} = \frac{N_1 N_2}{R_m} = \frac{\mu S N_1 N_2}{l}\,[\mathrm{H}]$$

이를 통해 상호 인덕턴스 M_{12}와 M_{21}은 서로 같다는 것을 알 수 있다. 따라서 상호 인덕턴스 M은 식 (11.5)로 나타낼 수 있다.

---

5 식 (9.18)에서 $NI = \phi R_m$이므로 $\phi = \dfrac{NI}{R_m}$이다. 따라서 $\phi_{12} = \dfrac{N_1 i_1}{R_m}$이 된다.

6 식 (9.19)에서 $R_m = \dfrac{l}{\mu S}$이다.

$$M = M_{12} = M_{21} = \frac{N_1 N_2}{R_m} = \frac{\mu S N_1 N_2}{l}\,[\mathrm{H}] \tag{11.5}$$

그러면 식 (11.3)을 적용하여 코일 1의 전류 i_1에 의해 코일 2에 유도되는 기전력 e_2를 식 (11.6)과 같이 나타낼 수 있다.

$$e_2 = -M\frac{di_1}{dt}\,[\mathrm{V}] \tag{11.6}$$

마찬가지로 코일 2의 전류 i_2에 의해 코일 1에 유도되는 기전력 e_1은 식 (11.7)과 같이 나타낼 수 있다.

$$e_1 = -M\frac{di_2}{dt}\,[\mathrm{V}] \tag{11.7}$$

한편, 식 (11.2)를 이용하면 인덕턴스 $L_1 = \frac{\mu S N_1^2}{l}$으로 나타낼 수 있다. 이로부터 다음과 같은 관계식을 얻을 수 있다.

$$\frac{\mu S}{l} = \frac{L_1}{N_1^2}$$

마찬가지로 인덕턴스 $L_2 = \frac{\mu S N_2^2}{l}$으로 나타낼 수 있으며, $\frac{\mu S}{l}$ 대신 앞선 관계식을 대입하면 L_2를 나타내는 식 (11.8)을 구할 수 있다.[7]

$$L_2 = \frac{\mu S N_2^2}{l} = \frac{L_1}{N_1^2} \times N_2^2 = \left(\frac{N_2}{N_1}\right)^2 L_1\,[\mathrm{H}] \tag{11.8}$$

예제 11-2

두 코일이 있다. 한 코일의 전류가 매초 120[A]의 비율로 변화할 때 다른 코일에는 15[V]의 기전력이 발생하였다면 두 코일의 상호 인덕턴스[H]는 얼마인가?

① 0.125　② 0.255　③ 0.515　④ 0.625

풀이

식 (11.6)을 참고하면 코일 2에 유도되는 기전력 $e_2 = -M\frac{di_1}{dt}$이므로 $M = e_2 \times \frac{dt}{di_1} = 15 \times \frac{1}{120} = 0.125\,[\mathrm{H}]$이다. 따라서 정답은 ①이다.

7 같은 방법을 적용하면 $L_1 = \left(\frac{N_1}{N_2}\right)^2 L_2\,[\mathrm{H}]$이다.

11.2.1 결합계수

[그림 11-2]에서 각 코일의 자기 인덕턴스 L_1과 L_2는 식 (11.9)와 같이 나타낼 수 있다.[8]

$$L_1 = \frac{N_1^2}{R_m}\,[\mathrm{H}],\ L_2 = \frac{N_2^2}{R_m}\,[\mathrm{H}] \tag{11.9}$$

식 (11.9)를 이용하면 $L_1 L_2$를 다음과 같이 나타낼 수 있다.

$$L_1 L_2 = \frac{N_1^2}{R_m} \times \frac{N_2^2}{R_m} = \left(\frac{N_1 N_2}{R_m}\right)^2$$

식 (11.5)에서 상호 인덕턴스 $M = \dfrac{N_1 N_2}{R_m}$이므로 $L_1 L_2 = M^2$이 되며, 이로부터 상호 인덕턴스 M을 식 (11.10)과 같이 나타낼 수 있다.

$$M = k\sqrt{L_1 L_2}\,[\mathrm{H}] \tag{11.10}$$

k는 두 코일 간의 결합 정도를 나타내는 **결합계수**Coupling coefficient로, $0 \le k \le 1$이다. 경우에 따라 다음과 같은 특성을 갖는다.

- $k=1$인 경우 : 완전 결합되어 누설 자속이 없다.
- $k=0$인 경우 : 완전 미결합되어 두 코일이 서로 영향을 주지 않는다.

예제 11-3

2개의 코일이 있다. 각각의 자기 인덕턴스가 $L_1 = 0.25\,[\mathrm{H}]$, $L_2 = 0.4\,[\mathrm{H}]$일 때 상호 인덕턴스는 몇 [H]인가? (단, 결합계수는 1이라 한다)

① 0.125 ② 0.197 ③ 0.258 ④ 0.316

풀이

식 (11.10)을 참고하면 $M = k\sqrt{L_1 L_2} = 1 \times \sqrt{0.25 \times 0.4} = 0.316\,[\mathrm{H}]$이므로 정답은 ④이다.

8 식 (11.1)의 $L = \dfrac{N\phi}{I}$와 식 (9.18)의 $\dfrac{\phi}{I} = \dfrac{N}{R_m}$으로부터 $L = \dfrac{N^2}{R_m}$으로 나타낼 수 있다.

11.2.2 자기 인덕턴스와 상호 인덕턴스

식 (11.5)의 $M = \dfrac{N_1 N_2}{R_m}$에 자기 인덕턴스에 대한 식 (11.9)를 대입하면 각각 다음과 같다.

$$M = \frac{N_1 N_2}{R_m} = \frac{N_1 N_2}{\dfrac{N_1^2}{L_1}} = \frac{N_2}{N_1} L_1$$

$$M = \frac{N_1 N_2}{R_m} = \frac{N_1 N_2}{\dfrac{N_2^2}{L_2}} = \frac{N_1}{N_2} L_2$$

앞선 두 식을 통해 식 (11.11)과 같이 자기 인덕턴스와 상호 인덕턴스의 관계를 나타내는 식을 구할 수 있다.

$$M = \frac{N_2}{N_1} L_1 = \frac{N_1}{N_2} L_2 \,[\mathrm{H}] \tag{11.11}$$

예제 11-4

철심이 들어 있는 환상 코일이 있다. 1차 코일의 권수 $N_1 = 100$회일 때 자기 인덕턴스는 0.01[H]였다. 이 철심에 2차 코일 $N_2 = 200$회를 감았을 때 1, 2차 코일의 상호 인덕턴스는 몇 [H]인가? (단, 결합계수 $k = 1$로 한다)

① 0.01 ② 0.02 ③ 0.03 ④ 0.04

풀이

식 (11.11)을 참고하면 상호 인덕턴스 $M = \dfrac{N_2}{N_1} L_1 = \dfrac{200}{100} \times 0.01 = 0.02$[H]이므로 정답은 ②이다.

11.2.3 노이만의 법칙

노이만의 법칙 Neumann's law은 전자유도 현상을 수학적으로 표현한 식으로, 두 코일[9] 사이의 상호 인덕턴스 M을 계산할 때 사용한다. 어떤 코일 C_1에 전류가 흐를 때 이웃한 다른 코일 C_2에 생기는 상호 인덕턴스 M은 식 (11.12)와 같이 나타낼 수 있다.

9 코일뿐만 아니라 도선이나 다양한 형태의 폐회로에도 적용할 수 있다.

$$M = \frac{\mu_0}{4\pi} \oint_{C_1} \oint_{C_2} \frac{dl_1 \cdot dl_2}{r} [\mathrm{H}] \tag{11.12}$$

여기서 dl_1은 코일 C_1에서의 미소길이를, dl_2는 코일 C_2에서의 미소길이를 나타내며, r은 두 미소길이 간의 거리이다. 노이만의 법칙을 이용하면 두 코일의 상대적인 위치나 모양이 복잡할 때 상호 인덕턴스를 구할 수 있다. 특히 대칭이 아닌 복잡한 구조의 코일 간에도 적용할 수 있어 매우 유용하다.

예제 11-5

2개의 폐회로 C_1, C_2에서 상호 유도계수를 구하는 노이만 Neumann의 식으로 옳은 것은?

① $\frac{\mu}{\pi} \oint_{C_1} \oint_{C_2} \frac{dl_1 \times dl_2}{r_{12}}$

② $\frac{\mu}{2\pi} \oint_{C_1} \oint_{C_2} \frac{dl_1 \cdot dl_2}{r_{12}}$

③ $\frac{\epsilon\mu}{\pi} \oint_{C_1} \oint_{C_2} \frac{dl_1 \times dl_2}{r}$

④ $\frac{\mu}{4\pi} \oint_{C_1} \oint_{C_2} \frac{dl_1 \cdot dl_2}{r_{12}}$

풀이

노이만의 법칙에 대한 식 (11.12)를 참고하면 정답은 ④이다.

11.3 인덕턴스의 자기적 접속

인덕턴스의 접속은 크게 전기적 접속과 자기적 접속으로 분류된다. 전기적 접속은 인덕턴스를 직렬 또는 병렬로 연결하는 것으로, 각 코일에 걸린 전압과 흐르는 전류를 기준으로 합성 인덕턴스를 구한다. 자기적 접속은 두 코일을 자기적으로 결합하는 것으로, 코일의 연결 방법에 따라 직렬 결합과 병렬 결합으로 나뉜다. 자기적 접속의 직렬 및 병렬 결합은 다시 두 코일에 발생하는 자속의 방향이 같은 가동 결합과 자속의 방향이 반대인 차동 결합으로 분류된다. 여기에서는 자기적 접속에 대해 살펴본다.

11.3.1 직렬 결합

직렬 결합은 두 코일을 직렬로 연결한 것으로, 자속의 결합 방법에 따라 직렬 가동 결합과 직렬 차동 결합으로 나뉜다.[10] [그림 11-3(a)]는 두 코일을 같은 방향으로 감은 **직렬 가동 결합**이다. 이 경우 각 코일에 의해 생성되는 자속이 같은 방향이므로 자기장이 보강되고, 상호 인덕턴스가 양(+)으로 작용하게 된다. 그림에서 두 코일의 인덕턴스는 L_1과 L_2, 각 코일에 생성되는 자속은 ϕ_1, ϕ_2로 표시하였다.

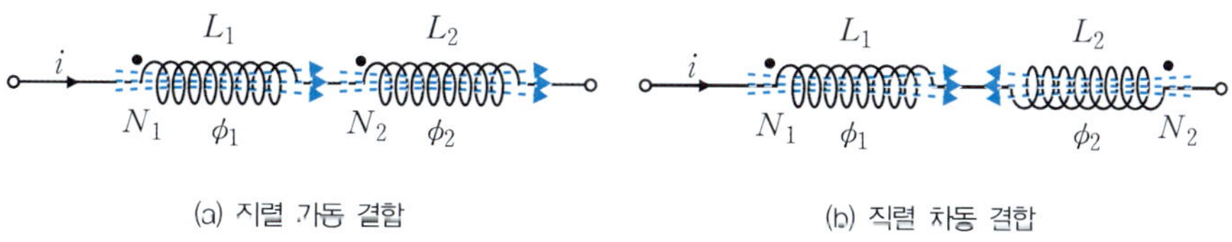

그림 11-3 직렬 가동 결합과 차동 결합

두 코일은 자기적으로 결합하고 있으므로 자속 ϕ_1에 의해 L_2 코일에 유도되는 자속 ϕ_2가 증가하고 증가한 자속 ϕ_2는 다시 L_1 코일에 영향을 주어 자속을 더욱 증가시킨다. 이는 상호 인덕턴스 M이 자기 인덕턴스를 증가시키는 쪽으로 작용한 것으로 해석할 수 있다. 따라서 상호 인덕턴스를 반영한 각 코일의 자기 인덕턴스 $L_1{}'$과 $L_2{}'$을 다음과 같이 나타낼 수 있다.[11]

$$L_1{}' = L_1 + M,\ L_2{}' = L_2 + M$$

직렬 가동 결합은 인덕턴스를 직렬로 연결한 구조이므로 합성 인덕턴스 L은 식 (11.13)이 된다.

$$\begin{aligned} L &= L_1{}' + L_2{}' \\ &= L_1 + L_2 + 2M\ [\mathrm{H}] \end{aligned} \tag{11.13}$$

[그림 11-3(b)]는 두 코일을 반대 방향으로 감은 **직렬 차동 결합**이다. 이 경우 각 코일에 의해 생성되는 자속이 서로 반대 방향이므로 자기장이 상쇄되어 상호 인덕턴스가 음(−)으로 작용하게 된다.

두 코일은 자기적으로 결합하고 있으므로 자속 ϕ_1에 의해 L_2 코일에 유도되는 자속 ϕ_2가 감소하고 감소한 자속 ϕ_2는 다시 L_1 코일에 영향을 주어 자속을 더욱 감소시킨다.

---

10 가동 결합은 '가극성', 차동 결합은 '감극성'으로도 표현한다.

11 상호 인덕턴스 $M = M_{21} = M_{21}$이다.

이는 상호 인덕턴스 M이 자기 인덕턴스를 감소시키는 쪽으로 작용한 것으로 해석할 수 있다. 따라서 상호 인덕턴스를 반영한 각 코일의 자기 인덕턴스 L_1'과 L_2'을 다음과 같이 나타낼 수 있다.

$$L_1' = L_1 - M,\ \ L_2' = L_2 - M$$

직렬 차동 결합 역시 인덕턴스를 직렬로 연결한 구조이므로 합성 인덕턴스 L은 식 (11.14)가 된다. 식 (11.13)과 비교해보면 직렬 가동 결합의 합성 인덕턴스가 직렬 차동 결합보다 큼을 알 수 있다.

$$\begin{aligned} L &= L_1' + L_2' \\ &= L_1 + L_2 - 2M\ [\mathrm{H}] \end{aligned} \tag{11.14}$$

예제 11-6

두 자기 인덕턴스를 직렬로 연결하고 합성 인덕턴스를 측정하였더니 75 [mH]가 되었다. 이때 한쪽 인덕턴스를 반대로 접속하여 측정하니 25 [mH]가 되었다면 두 코일의 상호 인덕턴스[mH]는 얼마인가?

① 12.5　　② 20.5　　③ 25　　④ 30

풀이

합성 인덕턴스가 75[mH]인 경우는 직렬 가동 결합이고 25[mH]인 경우는 직렬 차동 결합이다. 자기 인덕턴스를 각각 L_1, L_2라고 하면 식 (11.13)과 식 (11.14)를 이용하여 다음과 같은 식을 만들 수 있다.

- 직렬 가동 결합 : $L_1 + L_2 + 2M = 75\,[\mathrm{mH}]$ ……… (a)
- 직렬 차동 결합 : $L_1 + L_2 - 2M = 25\,[\mathrm{mH}]$ ……… (b)

식 (a)에서 식 (b)를 빼면 $4M = 50$이고 $M = 12.5$[mH]가 되므로 정답은 ①이다.

11.3.2 병렬 결합

병렬 결합은 두 코일을 병렬로 연결한 것으로, 자속의 결합 방법에 따라 병렬 가동 결합과 병렬 차동 결합으로 나뉜다. [그림 11-4(a)]는 마주 보고 있는 두 코일을 같은 방향으로 감은 **병렬 가동 결합**이다. 이 경우 각 코일에 의해 생성되는 자속이 같은 방향이므로 직렬 가동 결합과 마찬가지로 자기장이 보강된다. 병렬 가동 결합의 합성 인덕턴스는 식 (11.15)와 같다.

$$L = \frac{L_1 L_2 - M^2}{L_1 + L_2 - 2M} \text{ [H]} \qquad (11.15)$$

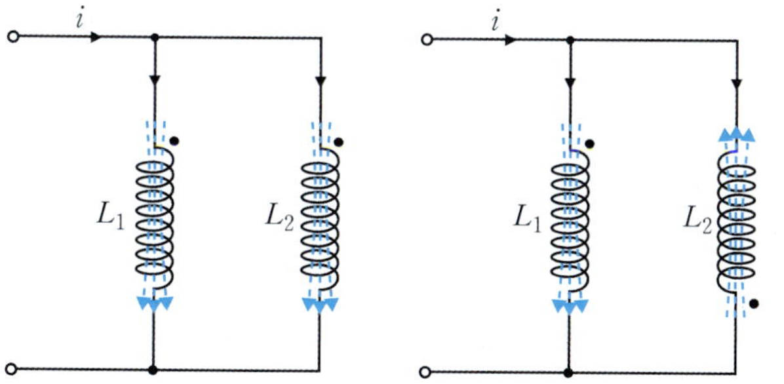

(a) 병렬 가동 결합　　(b) 병렬 차동 결합

그림 11-4 병렬 가동 결합과 차동 결합

[그림 11-4(b)]는 두 코일을 반대 방향으로 감은 **병렬 차동 결합**이다. 이 경우 각 코일에 의해 생성되는 자속이 서로 반대 방향이므로 자기장이 상쇄된다. 병렬 차동 결합의 합성 인덕턴스는 식 (11.16)과 같다.

$$L = \frac{L_1 L_2 - M^2}{L_1 + L_2 + 2M} \text{ [H]} \qquad (11.16)$$

식 (11.15)와 식 (11.16)을 비교해보면 직렬 결합의 경우와 마찬가지로 병렬 가동 결합의 합성 인덕턴스가 병렬 차동 결합보다 큼을 알 수 있다.

예제 11-7

2개의 인덕턴스 L_1, L_2를 병렬로 접속할 때의 합성 인덕턴스 L은 몇 [H]인가?

① $L = L_1 + L_2 - 2M$　　② $L = L_1 + L_2 + 2M$

③ $L = \dfrac{L_1 L_2 - M^2}{L_1 + L_2 \mp 2M}$　　④ $L = L_1 = L_2$

풀이

식 (11.15)를 참고하면 병렬 가동 결합의 합성 인덕턴스 $L = \dfrac{L_1 L_2 - M^2}{L_1 + L_2 - 2M}$이고 식 (11.16)을 참고하면 병렬 차동 결합의 합성 인덕턴스 $L = \dfrac{L_1 L_2 - M^2}{L_1 + L_2 + 2M}$이다. 식을 함께 표시하면 정답은 ③이다.

11.4 인덕터에 저장되는 자계 에너지

인덕터에 교류 전류가 흐르면 시간에 따라 변화하는 전류에 의해 자속이 발생하고 이를 억제하는 유도 기전력이 생성된다. 따라서 인덕터를 전기에너지를 자속 형태로 저장하는 에너지 저장 소자로 볼 수 있으며, 이 에너지를 **자계 에너지**Magnetic Energy라 한다.

11.4.1 자기 인덕턴스에 의한 자계 에너지

자기 인덕턴스가 L인 인덕터에 교류 전류 i가 흐를 때 발생하는 유도 기전력을 e라 하면 이때 저장되는 자계 에너지 W는 다음과 같이 전력 P를 시간 t에 대해 적분하여 구할 수 있다.

$$W = \int_0^t P\,dt = \int_0^t e\,i\,dt \,[\mathrm{J}]$$

이 식에 유도 기전력에 대한 식 (11.3)을 대입하면 자계 에너지 W는 식 (11.17)과 같다.

$$\begin{aligned} W &= \int_0^t L\frac{di}{dt}i\,dt = L\int_0^i i\,di = L\left[\frac{1}{2}i^2\right]_0^i \\ &= \frac{1}{2}Li^2\,[\mathrm{J}] \end{aligned} \tag{11.17}$$

식 (11.1)에서 권수 N을 고려했을 때의 자속을 ϕ로 표시하면 $\phi = Li$이므로 식 (11.17)을 식 (11.18)과 같이 나타낼 수 있다.

$$W = \frac{1}{2}\phi i\,[\mathrm{J}] \tag{11.18}$$

11.4.2 상호 인덕턴스를 포함할 때의 자계 에너지

자기적으로 결합된 2개의 인덕터(자기 인덕턴스 L_1, L_2)에 각각 전류 i_1과 i_2가 흐를 때 전체 자계 에너지는 식 (11.19)와 같이 주어진다. 여기서 M은 상호 인덕턴스이다.

$$W = \frac{1}{2}L_1 i_1^2 + \frac{1}{2}L_2 i_2^2 + M i_1 i_2 \, [\mathrm{J}] \tag{11.19}$$

이 식에는 각 인덕터에 저장된 자계 에너지 외에 자기적 결합에 의해 추가로 저장되는 자계 에너지의 항 $M i_1 i_2$도 포함되어 있다.

HOW 식 (11.19) : 상호 인덕턴스를 포함할 때의 자계 에너지 W 구하기

식 (11.18)의 $W = \frac{1}{2}\phi i$를 바탕으로 상호 인덕턴스를 포함할 때의 자계 에너지 W를 다음과 같이 나타낼 수 있다.

$$W = \frac{1}{2}\phi i = \frac{1}{2}\left[(\phi_1 + \phi_{21})i_1\right] + \left[(\phi_2 + \phi_{12})i_2\right]$$

$$= \frac{1}{2}\left[\phi_1 i_1 + \phi_{21} i_1 + \phi_2 i_2 + \phi_{12} i_2\right]$$

이때 $\phi_1 = L_1 i_1$, $\phi_2 = L_2 i_2$이고 $\phi_{12} = M_{12} i_1$, $\phi_{21} = M_{21} i_2$이므로 앞선 식의 자계 에너지 W를 다음과 같이 나타낼 수 있다.

$$W = \frac{1}{2}\left[L_1 i_1^2 + M_{21} i_1 i_2 + L_2 i_2^2 + M_{12} i_1 i_2\right]$$

$$= \frac{1}{2}\left[L_1 i_1^2 + L_2 i_2^2 + (M_{12} + M_{21}) i_1 i_2\right]$$

여기서 $M_{12} = M_{21} = M$이므로 상호 인덕턴스를 포함할 때의 자계 에너지 W를 식 (11.19)와 같이 구할 수 있다.

$$W = \frac{1}{2}L_1 i_1^2 + \frac{1}{2}L_2 i_2^2 + M i_1 i_2 \, [\mathrm{J}]$$

예제 11-8

4[A]의 전류가 흐르는 코일과 쇄교하는 자속수가 4[Wb]이다. 이 회로에 축적되어 있는 자기에너지[J]는 얼마인가??

① 4　　② 2　　③ 8　　④ 16

풀이

식 (11.18)을 참고하면 자계의 에너지 $W = \frac{1}{2}\phi i = \frac{1}{2} \times 4 \times 4 = 8\,[\mathrm{J}]$이므로 정답은 ③이다.

11.5 인덕턴스의 계산

이번 절에서는 환상 솔레노이드나 무한 솔레노이드와 같이 대칭적인 구조를 가진 자성체의 자기 인덕턴스를 구해보자.

11.5.1 환상 솔레노이드의 인덕턴스

[그림 11-5]는 권수 N, 투자율 μ, 단면적 S인 **환상 솔레노이드**를 나타낸 것이다. 환상 솔레노이드의 반지름이 r이므로 자로의 길이 $l = 2\pi r$이다.

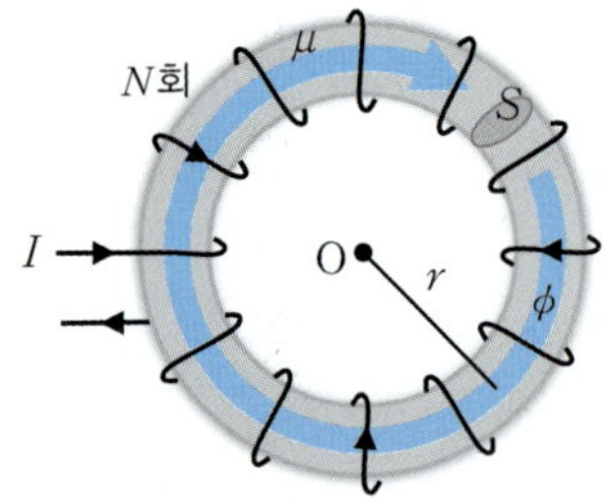

그림 11-5 환상 솔레노이드

환상 솔레노이드에 시간에 따라 변하는 전류 I를 흘릴 때 발생하는 자속 ϕ는 다음과 같다.[12]

$$\phi = \boldsymbol{B}S = \mu \boldsymbol{H} S = \frac{\mu SNI}{l} \,[\mathrm{Wb}]$$

식 (11.1)에서 자기 인덕턴스 $L = \dfrac{N\phi}{I}$이므로 환상 솔레노이드의 인덕턴스 L은 식 (11.20)과 같다.[13]

$$\begin{aligned} L &= \frac{N\phi}{I} = \frac{N}{I} \times \frac{\mu SNI}{l} \\ &= \frac{\mu SN^2}{l} \,[\mathrm{H}] \end{aligned} \tag{11.20}$$

예제 11-9

N[회] 감긴 환상 코일의 단면적이 $S\,[\mathrm{m}^2]$이고 평균 길이가 $l\,[\mathrm{m}]$이다. 이 코일의 권수를 반으로 줄이고 인덕턴스를 일정하게 유지하려면?

① 단면적을 2배로 한다.
② 길이를 $\dfrac{1}{4}$배로 한다.
③ 전류의 세기를 4배로 한다.
④ 비투자율을 2배로 한다.

12 앞에서 살펴본 식 (8.6)을 참고하면 환상 솔레노이드의 자계 $\boldsymbol{H} = \dfrac{NI}{l}\,[\mathrm{AT/m}]$이다.

13 식 (11.2)에서 나타낸 권수 N, 자속 ϕ인 일반적인 코일의 자기 인덕턴스와 같다.

풀이

식 (11.20)을 참고하면 환상 코일의 인덕턴스 $L = \frac{\mu S N^2}{l}$[H]이다. 여기서 권수를 반으로 줄이면 L은 $\frac{1}{4}$로 줄어든다. 따라서 인덕턴스를 일정하게 유지하려면 자로의 길이 l도 $\frac{1}{4}$배로 줄여야 하므로 정답은 ②이다.

11.5.2 무한 솔레노이드의 인덕턴스

[그림 11-6]은 단면적 S, 반지름 a, 투자율 μ인 **무한 솔레노이드**를 나타낸 것으로[14] 길이 l에 걸쳐 코일이 N회 감겨 있다.

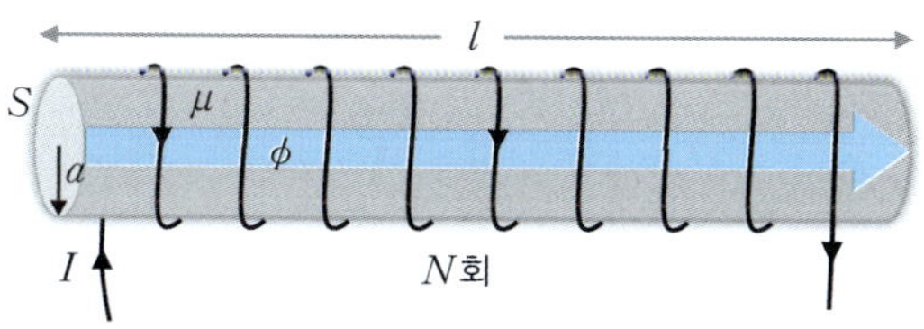

그림 11-6 무한 솔레노이드

무한 솔레노이드에 시간에 따라 변하는 전류 I를 흘릴 때 발생하는 자속 ϕ는 다음과 같다.[15]

$$\phi = \boldsymbol{B}S = \mu \boldsymbol{H} S = \frac{\mu S N I}{l} \text{[Wb]}$$

이 식은 환상 솔레노이드에서 구한 자속 ϕ와 동일하며, 그 결과 무한 솔레노이드 내부의 인덕턴스 L은 환상 솔레노이드와 동일한 식 (11.21)이 된다.[16]

$$L = \frac{\mu S N^2}{l} \text{ [H]} \tag{11.21}$$

14 기출문제에서는 주로 '무한장 솔레노이드'라고 표현한다.

15 앞에서 살펴본 식 (8.7)에서 무한 솔레노이드의 자계 $\boldsymbol{H}$는 $\frac{NI}{l}$[AT/m]이며, [그림 11-5]의 환상 솔레노이드의 자계와 같다.

16 환상 솔레노이드와 무한 솔레노이드의 인덕턴스 식은 같지만 자계가 분포하는 자로의 길이는 서로 다르다. 환상 솔레노이드는 원주 $2\pi r$을 따라 형성되고 무한 솔레노이드는 직선 길이 l을 따라 형성된다.

단위길이([m])당 권수 $n_0 = \dfrac{N}{l}$ 을 적용하면 무한 솔레노이드의 인덕턴스 L을 식 (11.22)와 같이 나타낼 수 있다.

$$L = \mu S n_0^2 l \, [\mathrm{H}] \tag{11.22}$$

앞선 식에 무한 솔레노이드의 단면적 $S = \pi a^2$을 대입하면 인덕턴스 L을 식 (11.23)과 같이 쓸 수 있다.

$$L = \mu \pi a^2 n_0^2 l \, [\mathrm{H}] \tag{11.23}$$

그러면 무한 솔레노이드의 단위길이당 인덕턴스 L은 $\mu \pi a^2 n_0^2 \, [\mathrm{H/m}]$이 된다.

예제 11-10

그림과 같은 1[m]당 권선수 n, 반지름 a[m]의 무한장 솔레노이드에서 자기 인덕턴스는 n과 a 사이에 어떤 관계가 있는가?

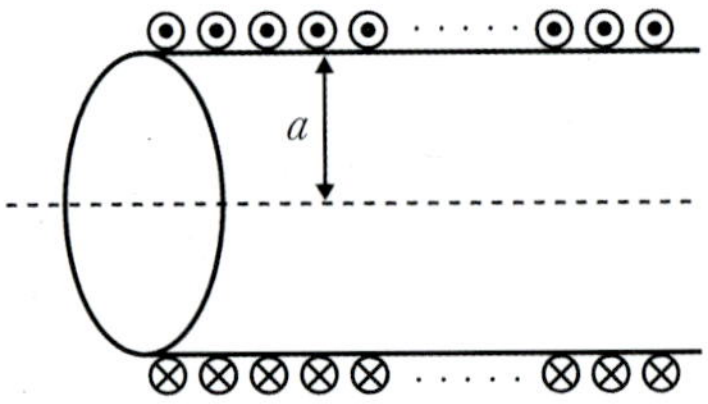

① a와는 상관없고 n^2에 비례한다.
② a와 n의 곱에 비례한다.
③ a^2과 n^2의 곱에 비례한다.
④ a^2에 반비례하고 n^2에 비례한다.

풀이

식 (11.23)을 참고하면 무한장 솔레노이드의 자기 인덕턴스 L은 a^2과 n^2의 곱에 비례한다. 따라서 정답은 ③이다.

11.5.3 원형 코일의 인덕턴스

[그림 11-7]은 권수가 N, 반지름이 a인 원형 코일을 나타낸 것이다. 이 원형 코일에 시간에 따라 변하는 전류 I를 흘릴 때 중심에서의 자계 $\boldsymbol{H} = \dfrac{NI}{2a}$ [AT/m]이다.[17] 이를 이용해 원형 코일의 자속 ϕ를 구하면 다음과 같다.

$$\phi = \boldsymbol{B}S = \mu \boldsymbol{H} S = \frac{\mu S N I}{2a} \, [\mathrm{Wb}]$$

17 8.2.4절을 참고하라.

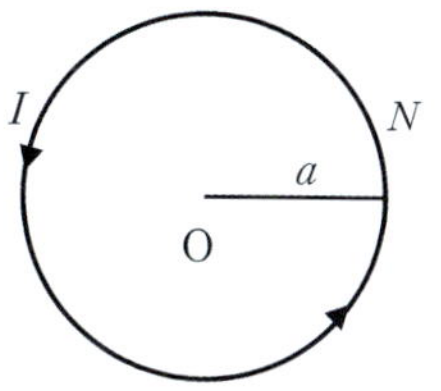

그림 11-7 원형 코일

식 (11.1)의 $L=\dfrac{N\phi}{I}$를 적용하면 원형 코일의 인덕턴스 L을 식 (11.24)와 같이 나타낼 수 있다.

$$\begin{aligned} L &= \frac{N\phi}{I}=\frac{N}{I}\times\frac{\mu SNI}{2a} \\ &= \frac{\mu SN^2}{2a}=\frac{\mu\pi aN^2}{2}\,[\mathrm{H}] \end{aligned} \tag{11.24}$$

11.5.4 동축 케이블의 인덕턴스

[그림 11-8]은 내부 도체 반지름이 a, 외부 도체 반지름이 b인 **동축 케이블**을 나타낸 것이다. 내부와 외부 도체 사이에는 투자율이 μ인 절연체가 채워져 있다.[18] 동축 케이블의 자계는 내부와 외부 도체 사이, 즉, a와 b 사이의 영역에만 존재하므로 이 구간에 대해 인덕턴스를 구한다.

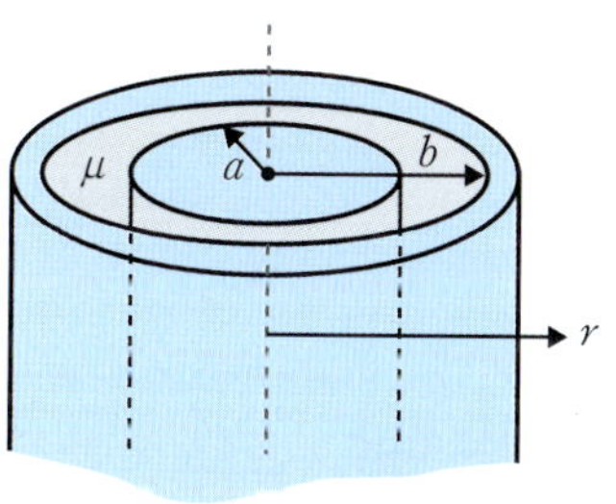

그림 11-8 동축 케이블

18 일반적인 전기 절연체의 투자율 μ는 공기의 투자율 μ_0($4\pi\times10^{-7}$[H/m])와 거의 같다. 따라서 문제에서 비투자율 μ_s의 값을 제시하지 않는다면 $\mu=\mu_0$로 두고 계산한다.

동축 케이블의 내부 도체는 무한 원통도체로 생각할 수 있으므로 자계 $\boldsymbol{H} = \frac{I}{2\pi r}[\text{A/m}]$이다.[19] 이를 이용하여 내부 도체와 외부 도체 사이의 단위길이당 자속 ϕ를 구하면 다음과 같다.[20]

$$\phi = \int_a^b \boldsymbol{B} \cdot dS = \int_a^b \mu \boldsymbol{H} \cdot dS = \frac{\mu I}{2\pi}\int_a^b \frac{1}{r} dr = \frac{\mu I}{2\pi}[\ln r]_a^b$$

$$= \frac{\mu I}{2\pi}\ln\frac{b}{a}[\text{Wb}]$$

동축 케이블의 내부 도체는 단일 도선이므로 인덕턴스는 식 (11.1)에서 $L = \frac{\phi}{I}$를 적용하여 구할 수 있다. 따라서 동축 케이블의 단위길이당 인덕턴스 L은 식 (11.25)와 같이 나타낼 수 있다.

$$L = \frac{\mu}{2\pi}\ln\frac{b}{a}[\text{H/m}] \tag{11.25}$$

앞에서 구한 식 (11.25)의 내부 도체와 외부 도체 사이의 인덕턴스 외에 실제 동축 케이블에는 내부 도체 자체의 인덕턴스도 존재한다. 내부 도체 자체의 단위길이당 인덕턴스는 식 (11.26)과 같이 주어진다.[21]

$$L = \frac{\mu}{8\pi}[\text{H/m}] \tag{11.26}$$

따라서 내부 도체의 인덕턴스를 포함한 동축 케이블의 단위길이당 인덕턴스는 식 (11.27)과 같이 나타낼 수 있다.

$$L = \frac{\mu}{8\pi} + \frac{\mu}{2\pi}\ln\frac{b}{a}[\text{H/m}] \tag{11.27}$$

여기서 잠깐 **동축 케이블의 자계가 내부와 외부 도체 사이에만 존재하는 이유**

동축 케이블은 내부 도체와 외부 도체에 반대 방향의 전류가 흐르며, 두 전류가 만드는 자계는 외부 도체에서는 상쇄된다. 이로 인해 자계는 전류가 완전히 상쇄되지 않는 내부 도체와 외부 도체 사이의 영역($a < r < b$)에만 존재한다. 이러한 구조 덕분에 동축 케이블은 외부 자계 간섭[EMI]에 강하고 안정적인 신호 전송이 가능하다.

19 식 (8.4)를 참고하라.

20 동축 케이블의 중심에서 외부를 향하는 거리 r에 대해서만 적분하므로 이는 길이 $l = 1[\text{m}]$인 구간을 계산한 것에 해당한다. 따라서 이 식은 단위길이당 자속이 된다.

21 식 (11.25)의 인덕턴스에 비해 그 크기는 매우 적다.

HOW 식 (11.26) : 내부 도체 자체의 단위길이당 인덕턴스 구하기

식 (9.14)에 따르면 자계의 에너지 밀도 $w = \frac{1}{2}\mu \boldsymbol{H}^2 [\mathrm{J/m^3}]$이다. 따라서 내부 도체의 미소체적 dV에 축적되는 미소에너지 dW는 다음과 같이 에너지 밀도 w와 미소체적 dV의 곱으로 나타낼 수 있다.

$$dW = \frac{1}{2}\mu \boldsymbol{H}^2 \cdot dV \ [\mathrm{J}]$$

미소체적 dV는 면적과 길이의 곱이며, 이 경우 내부 도체는 단위길이(1[m])로 가정하므로 $dV = 2\pi r \cdot dr$[22]이 된다. 그러면 dW를 다음과 같이 나타낼 수 있다.

$$dW = \frac{1}{2}\mu \boldsymbol{H}^2 \cdot 2\pi r \cdot dr$$

식 (8.5)에서 무한 원통도체 내부의 자계 $\boldsymbol{H} = \frac{rI}{2\pi a^2} [\mathrm{A/m}]$이며, 이를 대입하면 앞선 식을 다음과 같이 나타낼 수 있다.

$$dW = \frac{1}{2}\mu \cdot \frac{r^2 I^2}{4\pi^2 a^4} \cdot 2\pi r \cdot dr$$

이로부터 내부 도체의 자계 에너지 W를 다음과 같이 구할 수 있다.

$$\begin{aligned} W = \int dW &= \int_0^a \frac{1}{2}\mu \cdot \frac{r^2 I^2}{4\pi^2 a^4} \cdot 2\pi r \cdot dr \\ &= \int_0^a \frac{1}{2}\mu \cdot \frac{I^2}{2\pi a^4} \cdot r^3 \cdot dr \\ &= \frac{\mu I^2}{4\pi a^4}\left[\frac{1}{4}r^4\right]_0^a = \frac{\mu I^2}{4\pi a^4} \cdot \frac{1}{4}a^4 \\ &= \frac{1}{2}\frac{\mu I^2}{8\pi} \end{aligned}$$

한편, 식 (11.17)에서 자계 에너지 $W = \frac{1}{2}LI^2$이므로 앞선 식과 등식으로 놓을 수 있다.

$$\frac{1}{2}LI^2 = \frac{1}{2}\frac{\mu I^2}{8\pi}$$

앞선 식의 양변을 정리하면 다음과 같이 식 (11.26)을 구할 수 있다.

$$L = \frac{\mu}{8\pi} [\mathrm{H/m}]$$

22 $dV = 2\pi r \cdot dr$이 되는 이유는 이 식을 반지름 a에 대해 적분하면 $\int_0^a 2\pi r \cdot dr = 2\pi\left[\frac{1}{2}r^2\right]_0^a = \pi a^2$으로 내부 도체의 단면적이 되기 때문이다.

예제 11-11

내경이 1[mm], 외경이 3[mm]인 동축 케이블의 단위길이당 인덕턴스는 약 몇 [μH/m]인가? (단, 이때 $\mu_r = 1$이고 내부 인덕턴스는 무시한다)

① 0.1 ② 0.2 ③ 0.3 ④ 0.4

풀이

식 (11.25)를 참고하면 $L = \frac{\mu}{2\pi}\ln\frac{b}{a} = \frac{4\pi \times 10^{-7} \times 1}{2\pi}\ln\left(\frac{3}{1}\right) \times 10^6 = 0.2[\mu\text{H/m}]$이므로 정답은 ② 이다.

11.5.5 평행 왕복 도선의 인덕턴스

[그림 11-9]는 반지름이 a, 길이가 l인 **평행 왕복 도선**으로, 한쪽 도선에는 $+I$, 다른 도선에는 $-I$의 전류가 흐르고 있다. 도선 간의 거리는 d이고 투자율은 μ_0이다. [그림 11-9]의 평행 왕복 도선에서 왕복 도선 사이의 공간에 대한 단위길이당 인덕턴스 L은 식 (11.28)과 같이 나타낼 수 있다.

$$L = \frac{\mu_0}{\pi}\ln\frac{d}{a}[\text{H/m}] \tag{11.28}$$

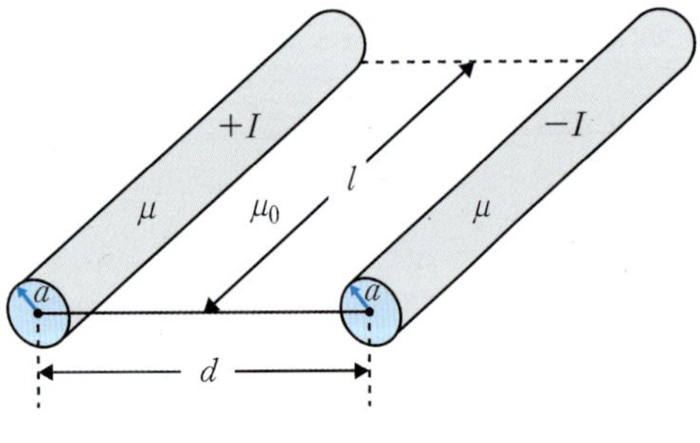

그림 11-9 평행 왕복 도선

식 (11.26)에서 동축 케이블의 내부 도체 자체의 단위길이당 인덕턴스 $L = \frac{\mu}{8\pi}[\text{H/m}]$이다. 평행 왕복 도선은 도선이 2개이므로 단위길이당 인덕턴스는 $\frac{\mu}{4\pi}[\text{H/m}]$이다. 따라서 도선 자체의 인덕턴스를 포함한 평행 왕복 도선의 단위길이당 인덕턴스는 식 (11.29)와 같이 나타낼 수 있다.

$$L = \frac{\mu}{4\pi} + \frac{\mu_0}{\pi}\ln\frac{d}{a}[\text{H/m}] \tag{11.29}$$

HOW 식 (11.28) : 평행 왕복 도선의 인덕턴스 구하기

[그림 11-10]은 [그림 11-9]의 평행 왕복 도선을 다시 나타낸 것으로, 왼쪽 도선은 A, 오른쪽 도선은 B라 하였다. 도선 A와 점 P 간의 거리를 x라 하면 점 P와 도선 B 간의 거리는 $d-x$로 나타낼 수 있다.

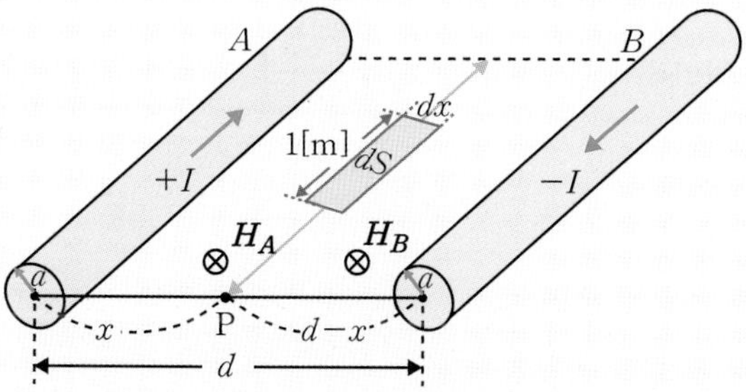

그림 11-10 표시를 추가한 평행 왕복 도선

플레밍의 오른나사 법칙을 적용하면 왕복 도선 사이의 공간에서 도선 A와 B에 의해 생성되는 자계 $\boldsymbol{H}_A$와 $\boldsymbol{H}_B$는 모두 지면으로 들어가는 방향(⊗)이다. 따라서 자계 $\boldsymbol{H}$를 다음과 같이 나타낼 수 있다.[23]

$$\boldsymbol{H} = \boldsymbol{H}_A + \boldsymbol{H}_B = \frac{I}{2\pi x} + \frac{I}{2\pi(d-x)}$$

왕복 도선 사이의 공간에서 폭이 dx이고 길이가 1[m]인 미소면적 dS를 정의하면 자속 $d\phi$를 다음과 같이 나타낼 수 있다.

$$d\phi = B\,dS = \mu_0 H(1 \times dx) = \mu_0 H dx$$

그러면 왕복 도선 사이 공간의 자속 ϕ를 다음과 같이 나타낼 수 있다.[24]

$$\phi = \int_a^{d-a} d\phi = \int_a^{d-a} \mu_0 H dx = \frac{\mu_0 I}{2\pi} \int_a^{d-a} \left(\frac{1}{x} + \frac{1}{(d-x)} \right) dx$$

앞선 적분식의 두 항 중에서 첫 번째 항은 다음과 같이 계산한다.

$$\int_a^{d-a} \frac{1}{x} dx = [\ln x]_a^{d-a} = \ln(d-a) - \ln(a)$$

23 식 (8.4)를 참고하라. 도선 사이의 공간에서 도선 A와 B에 의한 자계는 모두 지면으로 들어가는 방향(⊙)이다.

24 왕복 도선 사이의 공간은 도선 A의 표면인 a로부터 도선 B의 표면인 $d-a$까지이다.

두 번째 항은 $d-x=u$로 치환하고 이를 미분하여 구한 $du=-dx$를 적용하여 계산한다.

$$\int_a^{d-a}\frac{1}{d-x}dx=\int_a^{d-a}\frac{1}{u}(-du)=\int_{d-a}^{a}\frac{1}{u}du$$

$$=[\ln u]_{d-a}^{a}=[\ln(d-x)]_{d-a}^{a}=\ln(d-a)-\ln(a)$$

따라서 적분식은 각 항의 계산 결과를 합해 다음과 같이 나타낼 수 있다.

$$\int_a^{d-a}\left(\frac{1}{x}+\frac{1}{(d-x)}\right)dx=2[\ln(d-a)-\ln(a)]=2\ln\left(\frac{d-a}{a}\right)$$

최종적으로 자속 ϕ를 다음과 같이 나타낼 수 있다.

$$\phi=\frac{\mu_0 I}{\pi}\ln\left(\frac{d-a}{a}\right)$$

한편, [그림 11-10]에서 $d\gg a$이므로 자속 ϕ를 다음과 같이 간단히 나타낼 수 있다.

$$\phi=\frac{\mu_0 I}{\pi}\ln\frac{d}{a}$$

도선 A와 B는 단일 도선이므로 식 (11.1)을 활용하면 인덕턴스 $L=\dfrac{\phi}{I}$이며, 이로부터 식 (11.28)에 나타낸 평행 왕복 도선의 단위길이당 인덕턴스 L을 구할 수 있다.

$$L=\frac{\mu_0}{\pi}\ln\frac{d}{a}\,[\mathrm{H/m}]$$

예제 11-12

반지름이 a[m], 선간 거리가 d[m]인 평행 왕복 도선의 자기 인덕턴스는 다음 중 어떤 값에 비례하는가?

① $\dfrac{\pi\mu_0}{\ln\dfrac{d}{a}}$ ② $\dfrac{\pi\mu_0}{\ln\dfrac{a}{d}}$ ③ $\dfrac{\mu_0}{2\pi}\ln\dfrac{a}{d}$ ④ $\dfrac{\mu_0}{\pi}\ln\dfrac{d}{a}$

풀이

식 (11.28)을 참고하면 평행 왕복 도선의 자기 인덕턴스 $L=\dfrac{\mu_0}{\pi}\ln\dfrac{d}{a}$[H/m]이므로 정답은 ④이다.

CHAPTER 11

핵심 정리

- **자기 인덕턴스** L : 코일에 흐르는 단위전류당 생성되는 자속
  - $L=\frac{N\phi}{I}$ [H]
  - 1[H] : 1[A]의 전류를 흘릴 때 1[Wb]의 자속을 발생시키는 자기 인덕턴스의 크기
  - 코일의 물리적 형상에 따른 자기 인덕턴스 $L=\frac{\mu SN^2}{l}$ [H]
  - 자기 인덕턴스에 의해 생기는 유도 기전력 $e=-L\frac{di}{dt}$ [V]

- **상호 인덕턴스** M : 이웃한 코일의 자속에 의해 생기는 인덕턴스
  - $M=M_{12}=M_{21}=\frac{N_1N_2}{R_m}=\frac{\mu SN_1N_2}{l}$ [H]
  - $M_{12}(M_{21})$: 코일 1(또는 2)의 전류 i_1(또는 i_2)에 의해 코일 2(또는 1)에 생기는 상호 인덕턴스

- **결합계수** k : 두 코일 간의 결합 정도를 나타내는 비례계수
  - $M=k\sqrt{L_1L_2}$ [H]
  - $0\le k\le 1$이며, $k=1$일 때 완전 결합하여 누설 자속이 없고 $k=0$일 때 완전 미결합하여 코일이 서로 영향을 주지 않음

- **자기 인덕턴스와 상호 인덕턴스의 관계** : $M=\frac{N_2}{N_1}L_1=\frac{N_1}{N_2}L_2$ [H]

- **인덕턴스의 자기적 접속**
  - 직렬 가동 결합 합성 인덕턴스 $L=L_1+L_2+2M$ [H]
  - 직렬 차동 결합 합성 인덕턴스 $L=L_1+L_2-2M$ [H]
  - 병렬 가동 결합 합성 인덕턴스 $L=\frac{L_1L_2-M^2}{L_1+L_2-2M}$ [H]
  - 병렬 차동 결합 합성 인덕턴스 $L=\frac{L_1L_2-M^2}{L_1+L_2+2M}$ [H]

- **자계 에너지** W
  - 자기 인덕턴스에 의한 자계 에너지 : $W=\frac{1}{2}Li^2=\frac{1}{2}\phi i$ [J]
  - 상호 인덕턴스를 포함할 때의 자계 에너지 : $W=\frac{1}{2}L_1i_1^2+\frac{1}{2}L_2i_2^2+Mi_1i_2$ [J]

- 형태에 따른 인덕턴스

구분	형태	인덕턴스
환상 솔레노이드	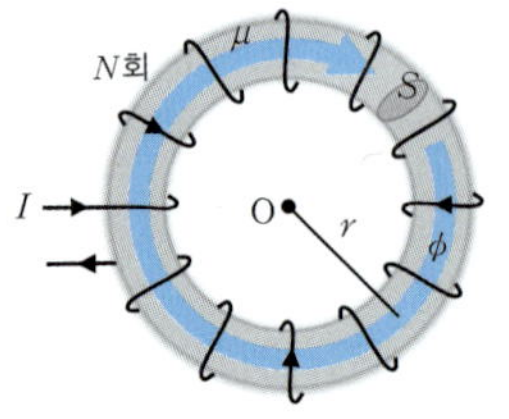	$L=\frac{\mu SN^2}{l}$ [H] • S : 단면적 • N: 권수 • l : 자로의 길이
무한 솔레노이드	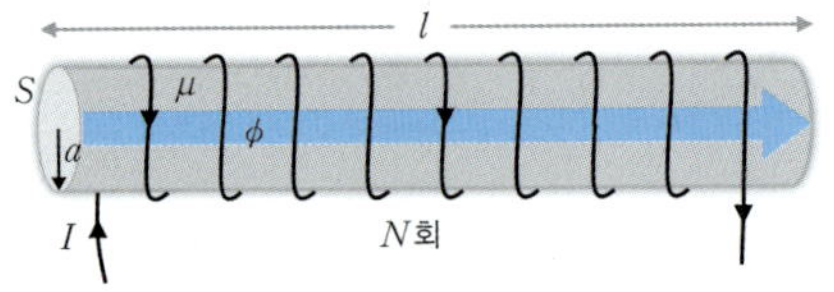	$L=\mu\pi a^2 n_0^2$ [H/m] • 단위길이당 인덕턴스 • a : 반지름 • n_0 : 단위길이당 권수
원형 코일	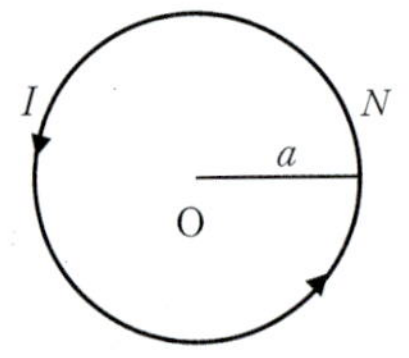	$L=\frac{\mu SN^2}{2a}=\frac{\mu\pi aN^2}{2}$ [H] • a : 반지름 • S : 면적
동축 케이블	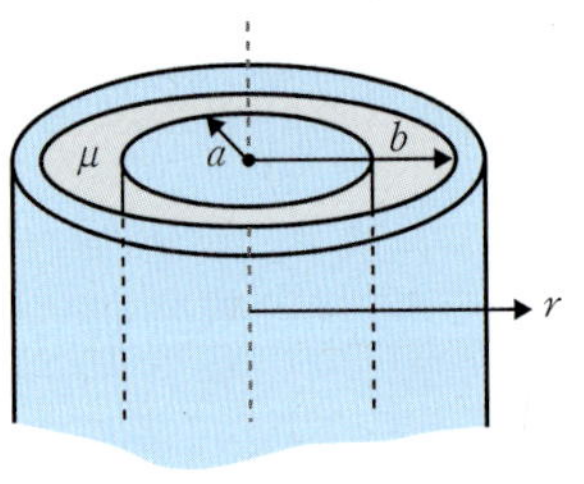	$L=\frac{\mu}{2\pi}\ln\frac{b}{a}$ [H/m] • 단위길이당 인덕턴스 • a : 내부 도체의 반지름 • b : 외부 도체의 반지름
평행 왕복 도선	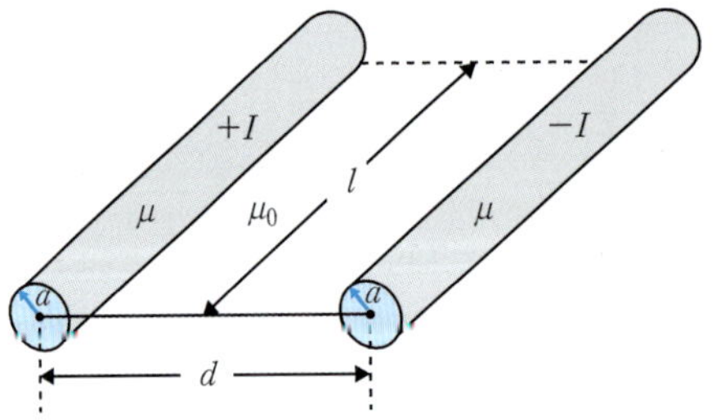	$L=\frac{\mu_0}{\pi}\ln\frac{d}{a}$ [H/m] • 단위길이당 인덕턴스 • a : 도선의 반지름 • d : 도선 간의 거리

CHAPTER 11

핵심 유형

유형 1 자기 인덕턴스 계산하기

TIP

• 자기 인덕턴스 정의하고 계산하기

01 다음 중 자기 인덕턴스의 성질을 옳게 표현한 것은?

① 항상 부(負)이다.

② 항상 정(正)이다.

③ 항상 0이다.

④ 유도되는 기전력에 따라 정(正)도 되고 부(負)도 된다.

풀이

식 (11.1)에서 자기 인덕턴스 $L = \frac{N\phi}{I}$이고 이 식에 쓰인 모든 물리량은 실제 존재하는 양이므로 L은 항상 0보다 크다. 따라서 자기 인덕턴스는 항상 양(+)의 값, 즉 정(正)이 된다.

답 ②

---

02 인덕턴스의 단위에서 1[H]는?

① 1[A]의 전류에 대한 자속이 1[Wb]인 경우이다.

② 1[A]의 전류에 대한 유전율 1[F/m]이다.

③ 1[A]의 전류가 1초간에 변화하는 양이다.

④ 1[A]의 전류에 대한 자계가 1[AT/m]인 경우이다.

풀이

1[H]는 1[A]의 전류를 흘릴 때 1[Wb]의 자속을 발생시키는 자기 인덕턴스의 크기이다.

답 ①

---

03 인덕턴스의 단위와 같지 않은 것은? (단, [Wb]는 자속, [A]는 전류, [V]는 전압, [J]는 에너지, [S]는 시간의 단위이다)

① [Wb/A] ② $\left[\frac{V}{A}S\right]$ ③ $\left[\frac{J}{A}\cdot\frac{1}{S}\right]$ ④ $[J/A^2]$

풀이

① 식 (11.1)에서 $L = \frac{\phi}{I}$[H]이므로 단위로 표시하면 $\frac{[\text{Wb}]}{[\text{A}]}$, 즉 [Wb/A]이다.

② 식 (11.3)에서 $L = -\frac{e \times dt}{di}$[H]이므로 단위로 표시하면 $\left[\frac{\text{V} \cdot \text{Sec}}{\text{A}}\right]$, 즉 $\left[\frac{\text{V}}{\text{A}}\text{S}\right]$이다.

③ 인덕턴스의 단위 [H]와 같지 않다.

④ 식 (11.17)에서 $L = \frac{2W}{i^2}$[H]이므로 단위로 표시하면 $\left[\frac{\text{J}}{\text{A}^2}\right]$, 즉 $[\text{J/A}^2]$이다.

답 ③

---

04 환상 솔레노이드 코일에서 코일에 흐르는 전류가 2[A]일 때 자로의 자속이 1×10^{-2}[Wb]였다고 한다. 코일 권수를 500회라 할 때 이 코일의 자기 인덕턴스는 몇 [H]인가? (단, 코일의 전류와 자로의 자속은 정비례하는 것으로 계산하라)

① 2.5 ② 3.5 ③ 4.5 ④ 5.5

풀이

식 (11.1)을 참고하면 $L = \frac{N\phi}{I} = \frac{500 \times 1 \times 10^{-2}}{2} = 2.5$[H]이다.

답 ①

---

05 자기 인덕턴스 0.5[H]의 코일에 $\frac{1}{200}$[sec] 동안 전류가 25[A]로부터 20[A]로 줄었다. 이 코일에 유기된 기전력의 크기 및 방향은?

① 50[V], 전류와 같은 방향
② 50[V], 전류와 반대 방향
③ 500[V], 전류와 같은 방향
④ 500[V], 전류와 반대 방향

풀이

식 (11.3)을 참고하면 유도 기전력 $e = -L\frac{di}{dt} = -0.5 \times \frac{20-25}{\frac{1}{200}} = 2.5 \times 200 = 500$[V]이다.

또한 유도 기전력은 500[V], 즉 (+)이므로 유도 기전력의 방향은 전류와 같다.

참고 이 경우는 전류가 줄었으므로 전류를 증가시키는 방향으로 유도 기전력이 발생한다.

답 ③

유형 2 상호 인덕턴스 계산하기

TIP

- 상호 인덕턴스 정의하고 계산하기

01 송전선의 전류가 0.01초 사이에 10[KA] 변화될 때 이 송전선에 나란한 통신선에 유도되는 유도 전압은 몇 [V]인가? (단, 송전선과 통신선 간의 상호 유도계수는 0.3[mH]이다)

① 30 ② 3×10^2 ③ 3×10^3 ④ 3×10^4

풀이

식 (11.6)을 참고하면 송전선에 유도되는 기전력 $e=-M\frac{di}{dt}=-0.3\times10^{-3}\times\frac{10\times10^3}{0.01}=-3\times10^2[V]$이다.

답 ②

---

02 그림과 같은 환상 철심에 A, B의 코일이 감겨 있다. 전류 I가 120[A/sec]로 변화할 때 코일 A에 90[V], 코일 B에 40[V]의 기전력이 유도된다면 코일 A의 자기 인덕턴스 L_1[H]와 상호 인덕턴스 M[H]의 값은 얼마인가?

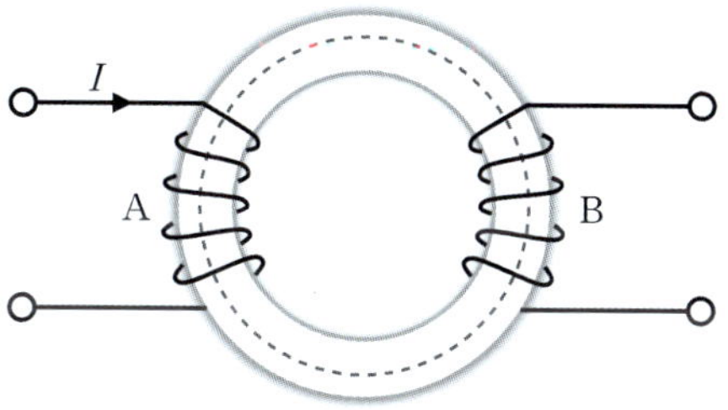

① $L_1=0.75$, $M=0.33$

② $L_1=1.25$, $M=0.7$

③ $L_1=1.75$, $M=0.9$

④ $L_1=1.95$, $M=1.1$

풀이

식 (11.3)을 참고하면 코일 A에 유도되는 기전력 $e_1=-L_1\frac{di_1}{dt}$이므로 $L_1=e_1\times\frac{dt}{di_1}=90\times\frac{1}{120}=0.75[H]$이다.

코일 B에는 상호 인덕턴스에 의한 기전력이 유도되므로 식 (11.6)을 참고하면 $e_2=-M\frac{di_1}{dt}$이며, $M=e_2\times\frac{dt}{di_1}=40\times\frac{1}{120}=0.33[H]$가 된다.

답 ①

유형 3 결합계수 계산하기

TIP

- 결합계수 정의하고 계산하기

01 자기 인덕턴스와 상호 인덕턴스의 관계에서 결합계수 k의 값은?

① $0 \le k \le \frac{1}{2}$ ② $0 \le k \le 1$ ③ $0 \le k \le 2$ ④ $0 \le k \le 10$

풀이

결합계수 k의 범위는 $0 \le k \le 1$이다. $k=1$이면 완전 결합(누설 자속 없음)이고 $k=0$이면 완전 미결합으로, 두 코일이 서로 영향을 주지 않는다.

답 ②

---

02 자기 인덕턴스가 L_1, L_2이고 상호 인덕턴스가 M인 두 회로의 결합계수가 1일 때 성립되는 식은?

① $L_1 \cdot L_2 = M$ ② $L_1 \cdot L_2 < M^2$ ③ $L_1 \cdot L_2 > M^2$ ④ $L_1 \cdot L_2 = M^2$

풀이

식 (11.10)에서 $M = k\sqrt{L_1 L_2}$이고 결합계수 $k=1$이므로 $M = \sqrt{L_1 L_2}$가 된다. 따라서 $L_1 \cdot L_2 = M^2$이다.

답 ④

---

03 2개의 코일에서 각각의 자기 인덕턴스가 $L_1 = 0.35[\text{H}]$, $L_2 = 0.5[\text{H}]$이고 상호 인덕턴스 $M = 0.1[\text{H}]$라고 하면 이때 코일의 결합계수는 얼마인가?

① 0.175 ② 0.239 ③ 0.392 ④ 0.586

풀이

식 (11.10)을 참고하면 결합계수 $k = \frac{M}{\sqrt{L_1 L_2}} = \frac{0.1}{\sqrt{0.35 \times 0.5}} = 0.239$가 된다.

답 ②

04 환상 철심에 A, B 코일이 감겨 있다. 전류가 150[A/sec]로 변화할 때 코일 A에 45[V], 코일 B에 30[V]의 기전력이 유기되었다면 코일 B의 자기 인덕턴스는 몇 [mH]인가? (단, 결합계수 $k=1$ 이다)

① 133 ② 200 ③ 275 ④ 300

풀이

식 (11.3)을 참고하면 $e_A = -L_A \frac{di_A}{dt}$ 이므로 $L_A = e_A \times \frac{dt}{di_A} = \frac{45}{150} = 0.3$[H]이다.

코일 B에 유도되는 기전력은 상호 인덕턴스에 의한 것이므로 식 (11.6)을 참고하면 $e_B = -M\frac{di_A}{dt}$ 이 되어 $M = e_B \times \frac{dt}{di_A} = \frac{30}{150} = 0.2$[H]이다.

식 (11.10)을 참고하면 $M = k\sqrt{L_A L_B}$ 이고 $k=1$ 이므로 $L_B = \frac{M^2}{L_A} = \frac{0.2^2}{0.3} = 0.133 = 133$[mH]가 된다.

답 ①

유형 4 합성 인덕턴스 계산하기

TIP

- 합성 인덕턴스 정의하고 계산하기

01 자기 인덕턴스 L_1, L_2와 상호 인덕턴스 M과의 합성 인덕턴스는?

① $L_1 + L_2 \pm 2M$ ② $\sqrt{L_1 + L_2} \pm 2M$

③ $L_1 + L_2 + 2\sqrt{M}$ ④ $\sqrt{L_1 + L_2} \pm 2\sqrt{M}$

풀이

식 (11.13)에서 직렬 가동 결합의 합성 임피던스 $L = L_1 + L_2 + 2M$ 이고 식 (11.14)에서 직렬 차동 결합의 합성 임피던스 $L = L_1 + L_2 - 2M$ 이다. 두 식을 함께 표시하면 ①이 된다.

답 ①

---

02 서로 결합하고 있는 두 코일의 자기 유도계수가 3[mH], 5[mH]이다. 이들을 자속이 서로 합해지도록 직렬 접속하면 합성 유도계수가 L[mH]이고 반대되도록 직렬 접속하면 합성 유도계수 L'은 L의 60[%]였다. 두 코일 간의 결합계수는 얼마인가?

① 0.258 ② 0.362 ③ 0.451 ④ 0.551

풀이

식 (11.13)에서 직렬 가동 결합의 합성 인덕턴스 $L = L_1 + L_2 + 2M$[mH]이고 식 (11.14)에서 직렬 차동 결합의 합성 임피던스를 L'이라 하면 $L' = L_1 + L_2 - 2M$[mH]이다. $L' = 0.6L$의 관계를 이용하여 상호 인덕턴스 M을 구하면 $3+5-2M = 0.6 \times (3+5+2M) = 1.8+3+1.2M$이므로 $M = \frac{8-4.8}{2+1.2} = 1$[mH]이다. 결합계수에 대한 식 (11.10)에서 $k = \frac{M}{\sqrt{L_1 L_2}} = \frac{1}{\sqrt{3\times 5}} = 0.25$[mH]가 된다.

답 ①

유형 5 자계 에너지 계산하기

TIP

- 자계 에너지 정의하고 계산하기

01 자기 인덕턴스 L인 코일에 I의 전류를 흘렸을 때 코일에 축적되는 에너지와 전류 사이의 관계를 그래프로 표시하면 어떤 모양이 되는가?

① 직선 ② 원 ③ 포물선 ④ 타원

풀이

식 (11.17)을 참고하면 코일(인덕터)에 축적되는 에너지 $W = \frac{1}{2}Li^2$[J]이므로 전류의 제곱에 비례한다. 따라서 에너지와 전류 사이의 관계는 포물선 모양이 된다.

답 ③

02 권선수가 N회인 코일에 전류 I[A]를 흘릴 경우 코일에 ϕ[Wb]의 자속이 지나간다면 이 코일에 저장된 자계 에너지[J]는?

① $\frac{1}{2}N\phi^2 I$ ② $\frac{1}{2}N\phi I$ ③ $\frac{1}{2}N^2\phi I$ ④ $\frac{1}{2}N\phi I^2$

풀이

식 (11.17)에서 자계 에너지 $W = \frac{1}{2}LI^2$에 식 (11.1)의 $L = \frac{N\phi}{I}$를 대입하면 $W = \frac{1}{2}LI^2 = \frac{1}{2}\frac{N\phi}{I}I^2 = \frac{1}{2}N\phi I$[J]이다.

답 ②

03 자기 유도계수가 20[mH]인 코일에 전류를 흘릴 때 코일과의 쇄교 자속수가 0.2[Wb]였다면 코일에 축적된 에너지는 몇 [J]인가?

① 1　　② 2　　③ 3　　④ 4

풀이

식 (11.17)과 식 (11.18)을 참고하면 자계의 에너지 $W=\frac{1}{2}Li^2=\frac{1}{2}\phi i$이다. 이로부터 $Li=\phi$이므로 $i=\frac{\phi}{L}=\frac{0.2}{20\times10^{-3}}=10[\mathrm{A}]$이다. 따라서 축적된 자계 에너지 $W=\frac{1}{2}\phi i=\frac{1}{2}\times0.2\times10=1[\mathrm{J}]$이다.

답 ①

---

04 그림과 같이 직렬로 접속된 2개의 코일이 있을 때 $L_1=20$[mH], $L_2=80$[mH], 결합계수 $k=0.8$이다. 여기에 0.5[A]의 전류를 흘릴 때 이 합성 코일에 축적되는 에너지는 약 몇 [J]인가?

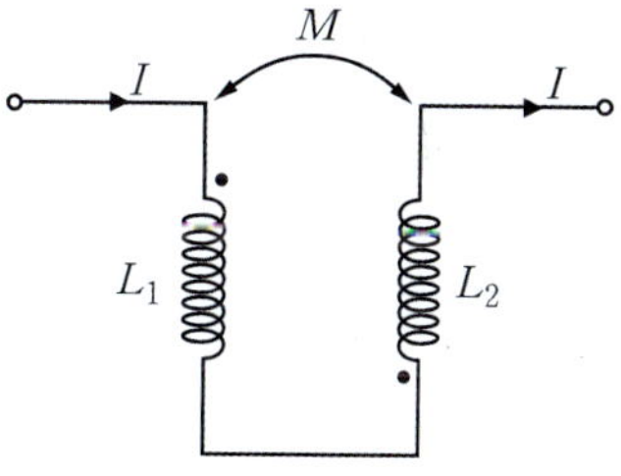

① 1.13×10^{-3}　　② 2.05×10^{-2}
③ 6.63×10^{-2}　　④ 8.25×10^{-2}

풀이

식 (11.10)을 참고하면 상호 인덕턴스 $M=k\sqrt{L_1L_2}$ 이다. 그림에 나타낸 두 코일은 직렬 가동 결합되어 있으므로 식 (11.13)을 참고하면 합성 인덕턴스 $L=L_1+L_2+2M=L_1+L_2+2k\sqrt{L_1L_2}$로 나타낼 수 있다. 따라서 $L=20+80+2\times0.8\sqrt{20\times80}=164[\mathrm{mH}]$가 된다. 자계 에너지에 대한 식 (11.17)을 적용하면 $W=\frac{1}{2}Li^2=\frac{1}{2}\times164\times10^{-3}\times0.5^2=2.05\times10^{-2}[\mathrm{J}]$이 된다.

답 ②

---

05 그림에서 $N=1000$회, $l=100$[cm], $S=10$[cm^2]인 환상 철심의 자기회로에 전류 $I=10$[A]를 흘렸을 때 축적되는 자계 에너지는 몇 [J]인가? (단, 비투자율 $\mu_r=100$이다)

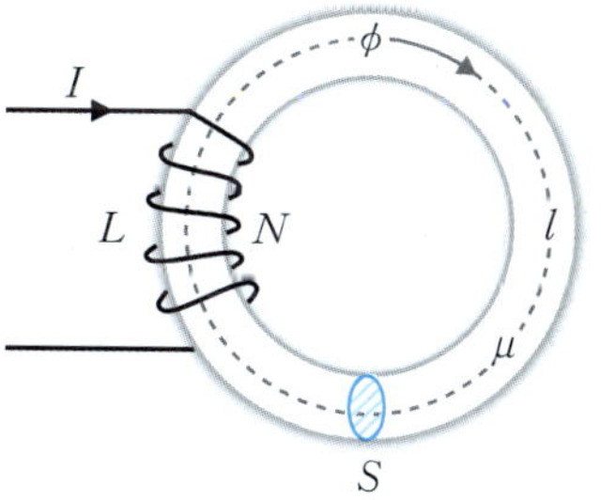

① $2\pi\times10^{-3}$　　② $2\pi\times10^{-2}$
③ $2\pi\times10^{-1}$　　④ 2π

풀이

식 (11.20)을 참고하면 환상 솔레노이드의 인덕턴스 $L=\frac{\mu SN^2}{l}$[H]이고 식 (11.17)에서 자계의 에너지 $W=\frac{1}{2}LI^2$[J]이므로 $W=\frac{1}{2}LI^2=\frac{1}{2}\times\frac{\mu_0\mu_r SN^2}{l}\times I^2$[J]으로 나타낼 수 있다. 이를 계산하면 $W=\frac{1}{2}\times\frac{4\pi\times10^{-7}\times100\times10\times10^{-4}\times1000^2}{100\times10^{-2}}\times10^2=2\pi$[J]이 된다.

답 ④

유형 6 환상 솔레노이드의 인덕턴스 계산하기

TIP

- 환상 솔레노이드의 인덕턴스 정의하고 계산하기

01 어떤 환상 솔레노이드의 단면적이 S이고, 자로의 길이가 l, 투자율이 μ이다. 이 철심에 균등하게 코일을 N회 감고 전류를 흘렸을 때, 자기 인덕턴스에 대한 설명으로 옳은 것은?

① 투자율 μ에 반비례한다. ② 권선수 N^2에 비례한다.
③ 자로의 길이 l에 비례한다. ④ 단면적 S에 반비례한다.

풀이

식 (11.20)에서 환상 솔레노이드의 자기 인덕턴스 $L=\frac{\mu SN^2}{l}$[H]이므로 ②만 식을 만족한다.

답 ②

---

02 환상 철심에 권수 3000회의 A 코일과 권수 200회의 B 코일이 감겨 있다. A 코일의 자기 인덕턴스가 360[mH]일 때 A, B 두 코일의 상호 인덕턴스는 몇 [mH]인가? (단, 결합계수는 1이다)

① 16 ② 24 ③ 36 ④ 72

풀이

식 (11.20)을 참고하면 코일 A의 인덕턴스 $L_A=\frac{\mu SN_A^2}{l}=360$[mH]이다. 마찬가지로 코일 B의 인덕턴스 $L_B=\frac{\mu SN_B^2}{l}$[mH]이다. 이때 $N_B=\frac{N_A}{15}$이므로 이를 대입하면 $L_B=\frac{\mu S\left(\frac{N_A}{15}\right)^2}{l}=\left(\frac{1}{15}\right)^2L_A$이 된다. 식 (11.10)에서 상호 인덕턴스 $M=k\sqrt{L_1L_2}$ [H]이고 결합계수 $k=1$이므로 이를 적용하면 상호 인덕턴스 $M=\sqrt{L_AL_B}=\sqrt{\left(\frac{L_A}{15}\right)^2}=\frac{360}{15}=24$[mH]이다. 참고로 식 (11.11)에서 상호 인덕턴스 $M=\frac{N_2}{N_1}L_1$이므로 이를 적용해도 $M=\frac{N_B}{N_A}L_A=\frac{200}{3000}\times360=24$[mH]를 구할 수 있다.

답 ②

유형 7 동축 케이블의 인덕턴스 계산하기

TIP

- 인덕턴스 정의하고 계산하기

01 동축선의 단위길이당 자기 인덕턴스는? (단, 동축선 자체의 내부 인덕턴스는 무시한다)

① 두 원통의 반지름의 비에 정비례한다.

② 동축선의 투자율에 비례한다.

③ 동축선 간 유전체의 투자율에 비례한다.

④ 동축선에 흐르는 전류의 세기에 비례한다.

풀이

식 (11.25)를 참고하면 동축선의 단위길이당 자기 인덕턴스 $L = \frac{\mu}{2\pi}\ln\frac{b}{a}$ [H/m]이다. 이를 참고하여 보기별로 살펴보면 다음과 같다.

① 두 원통의 반지름의 ln 값, 즉 $\ln\frac{b}{a}$에 비례한다.

② 식에 포함된 투자율 μ는 동축선의 투자율이 아니다.

③ μ는 동축선 간 유전체(절연체)의 투자율이다.

④ 동축선에 흐르는 전류와 관계없다.

답 ③

---

02 균일하게 원형 단면을 흐르는 전류 I[A]에 의한 반지름 a[m], 길이 l[m], 비투자율 μ_s인 원통 도체의 내부 인덕턴스는 몇 [H]인가?

① $10^{-7}\mu_s l$ ② $3\times10^{-7}\mu_s l$ ③ $\frac{1}{4}\times10^{-7}\mu_s l$ ④ $\frac{1}{2}\times10^{-7}\mu_s l$

풀이

식 (11.26)을 참고하면 길이가 l[m]인 원통도체의 내부 인덕턴스 $L = \frac{\mu l}{8\pi}$[H]이다. 이를 다시 쓰면 $L = \frac{\mu_0\mu_s l}{8\pi} = \frac{4\pi\times10^{-7}\mu_s l}{8\pi} = \frac{1}{2}\times10^{-7}\mu_s l$이다.

답 ④

CHAPTER 11

기출문제

11.1 자기회로의 자기저항이 일정할 때 코일의 권수를 $\frac{1}{2}$로 줄이면 자기 인덕턴스는 원래의 몇 배가 되는가?

① $\frac{1}{\sqrt{2}}$ ② $\frac{1}{2}$ ③ $\frac{1}{4}$ ④ $\frac{1}{8}$

11.2 그림 (a)의 인덕턴스에 전류가 그림 (b)와 같이 흐를 때 2초에서 6초 사이의 인덕턴스 전압 V_L은 몇 [V]인가?

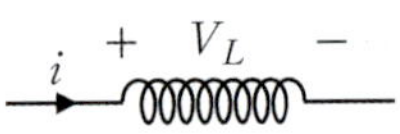

(a)

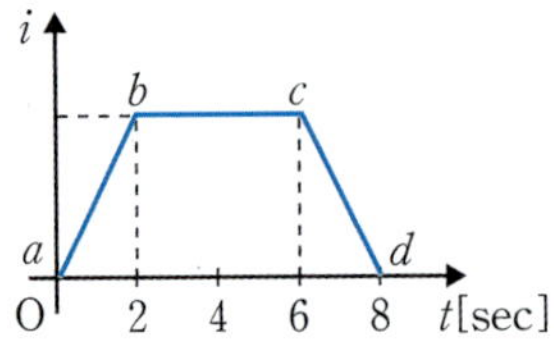

(b)

① 0 ② 5 ③ 10 ④ −5

11.3 다음 중에서 [Ω·sec]와 같은 단위는?

① [F] ② [F/m] ③ [H] ④ [H/m]

11.4 길이 l, 단면 반지름 $a(l \gg a)$, 권수 N_1인 단층 원통형 1차 솔레노이드의 중앙 부근에 권수 N_2인 2차 코일을 밀착되게 감았을 경우 상호 인덕턴스는?

① $\frac{\mu l}{\pi a^2}N_1N_2$ ② $\frac{\mu \pi a^2}{l}N_1N_2$ ③ $\frac{\mu \pi a^2}{l}N_1^2N_2^2$ ④ $\frac{\mu l}{\pi a^2}N_1^2N_2^2$

11.5 철심에 25회의 권선을 감고 1[A]의 전류를 통했을 때 0.01[Wb]의 자속이 발생하였다. 같은 철심을 이용하여 자기 인덕턴스를 0.25[H]로 하려면 도선의 권수는?

① 25 ② 50 ③ 75 ④ 100

11.6 철심이 들어 있는 환상 코일에서 1차 코일의 권수가 100회일 때 자기 인덕턴스는 0.01[H]였다. 이 철심에 2차 코일을 200회 감았을 때 2차 코일의 자기 인덕턴스와 상호 인덕턴스는 각각 몇 [H]인가?

① 자기 인덕턴스 : 0.02, 상호 인덕턴스 : 0.01
② 자기 인덕턴스 : 0.01, 상호 인덕턴스 : 0.02
③ 자기 인덕턴스 : 0.04, 상호 인덕턴스 : 0.02
④ 자기 인덕턴스 : 0.02, 상호 인덕턴스 : 0.04

11.7 자기 유도계수가 각각 L_1, L_2인 A, B 2개의 코일이 있다. 이때 상호 유도계수 $M = \sqrt{L_1 L_2}$라면 다음 중 옳지 않은 것은?

① A 코일이 만든 자속은 전부 B 코일과 쇄교한다.
② 두 코일이 만드는 자속은 항상 같은 방향이다.
③ L_1, L_2는 (−) 값을 가질 수 없다.
④ A 코일에 1초 동안에 1[A]의 전류 변화를 주면 B 코일에는 1[V]가 유기된다.

11.8 서로 결합하고 있는 두 코일 C_1과 C_2의 자기 인덕턴스가 각각 L_{C1}, L_{C2}라고 한다. 이 둘을 직렬로 연결하여 합성 인덕턴스 값을 얻은 후 두 코일 간 상호 인덕턴스의 크기($|M|$)를 얻고자 한다. 직렬로 연결할 때 두 코일 간 자속이 서로 더해져서 보강되는 방향의 합성 인덕턴스 값이 L_1, 서로 상쇄되는 방향의 합성 인덕턴스 값이 L_2일 때, 다음 중 알맞은 식은?

① $L_1 < L_2$, $|M| = \dfrac{L_2 + L_1}{4}$
② $L_1 > L_2$, $|M| = \dfrac{L_1 + L_2}{4}$
③ $L_1 < L_2$, $|M| = \dfrac{L_2 - L_1}{4}$
④ $L_1 > L_2$, $|M| = \dfrac{L_1 - L_2}{4}$

11.9 그림과 같은 회로에서 인덕턴스 20[H]에 저축되는 에너지는 몇 [J]인가?

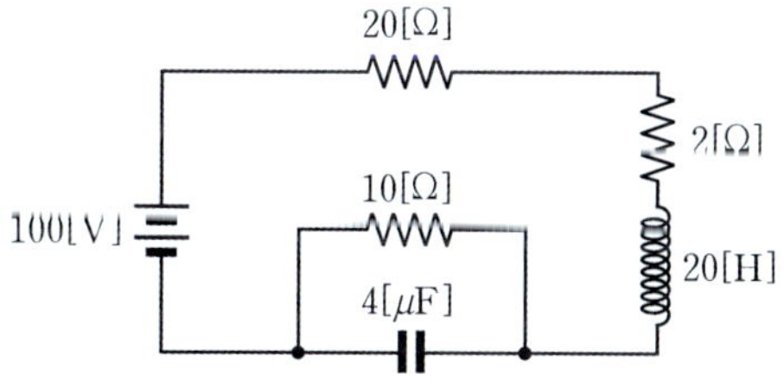

① 1.95 ② 19.5 ③ 97.7 ④ 9770

11.10 그림과 같이 각 코일의 자기 인덕턴스가 각각 $L_1 = 6$[H], $L_2 = 2$[H]이고 코일 사이에 상호 유도에 의한 인덕턴스 $M = 3$[H]일 때 코일에 축적되는 자기에너지 [J]는? (단, $I = 10$[A]이다)

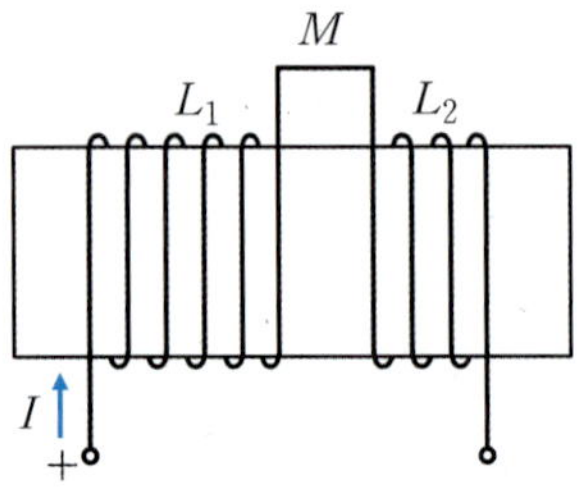

① 60　　② 100　　③ 600　　④ 700

11.11 단면적 S[m^2], 자로의 길이 l[m], 투자율 μ[H/m]의 환상 철심에 1[m]당 N회 코일을 균등하게 감았을 때, 자기 인덕턴스[H]는?

① μNlS　　② $\mu N^2 lS$　　③ $\frac{\mu N^2 l}{S}$　　④ $\frac{\mu N^2 S}{l}$

11.12 그림과 같이 단면적 $S = 10$[cm^2], 자로의 길이 $l = 20\pi$[cm], 비투자율 $\mu_s = 1000$인 철심에 $N_1 = N_2 = 100$인 두 코일을 감았다. 두 코일 사이의 상호 인덕턴스는 몇 [mH]인가?

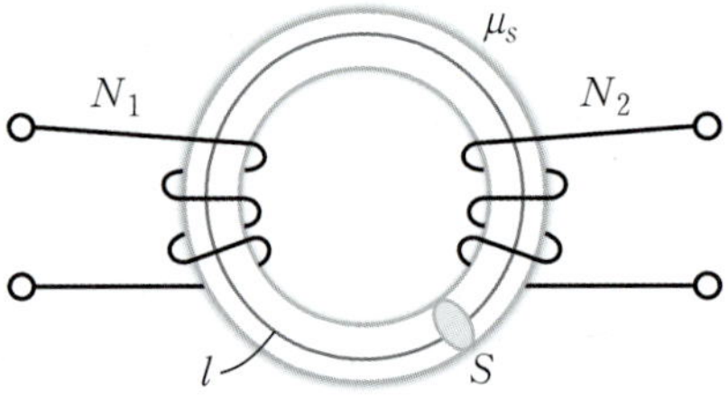

① 0.1　　② 1　　③ 2　　④ 20

11.13 길이 10[cm], 반지름 1[cm]인 원형 단면을 가진 공심 솔레노이드의 자기 인덕턴스를 1[mH]로 만들기 위한 솔레노이드의 권수는 약 얼마인가?

① 252　　② 504　　③ 756　　④ 1006

11.14 그 양이 증가함에 따라 무한장 솔레노이드의 자기 인덕턴스 값이 증가하지 않는 것은 무엇인가?

① 철심의 반경　　② 철심의 길이　　③ 코일의 권수　　④ 철심의 투자율

11.15 반지름 2[mm], 길이 25[m]인 동선의 내부 인덕턴스[mH/km]는?

① 25　　② 5.0　　③ 2.5　　④ 1.25

11.16 임의의 단면을 가진 2개의 원주상의 무한히 긴 평행 도체가 있다. 지금 도체의 도전율을 무한대라고 하면 C, L, ϵ 및 μ 사이의 관계는? (단, C는 두 도체 간의 단위길이당 정전용량, L은 두 도체를 1개의 왕복회로로 한 경우의 단위길이당 자기 인덕턴스, ϵ은 두 도체 사이에 있는 매질의 유전율, μ는 두 도체 사이에 있는 매질의 투자율이다)

① $Cc - L\mu$　　② $\dfrac{C}{\epsilon} = \dfrac{L}{\mu}$　　③ $\dfrac{1}{LC} = \epsilon\mu$　　④ $LC = \epsilon\mu$

정답

11.1 ③　**11.2** ①　**11.3** ③　**11.4** ②　**11.5** ①　**11.6** ③　**11.7** ④　**11.8** ④
11.9 ③　**11.10** ②　**11.11** ②　**11.12** ④　**11.13** ②　**11.14** ②　**11.15** ④　**11.16** ④

CHAPTER

12

전자계

CONTENTS

학습 내용

전도 전류와 변위 전류의 개념을 이해하고, 변위 전류밀도가 전속밀도의 시간 변화율에 비례함을 학습한다. 유전 손실각과 이를 통해 정의되는 유전체 손실각(유전체 역률)을 다루고, 임계 주파수도 함께 살펴본다. 이어서 전기자기학의 기본 법칙을 집약한 맥스웰 방정식과 그 물리적 의미를 정리하고, 이를 토대로 맥스웰이 유도한 파동방정식을 통해 전자기파의 발생과 전파 과정을 이해한다. 또한 횡전자파(TEM) 특성, 전계와 자계의 진동과 위상에 대해서도 학습한다. 마지막으로 전자기파의 전파 과정에 나타나는 파동(고유) 임피던스와 단위면적당 에너지 밀도를 나타내는 포인팅 벡터, 그리고 자계를 구하는 데 활용되는 벡터 퍼텐셜을 학습한다.

핵심 키워드

변위 전류 | 유전체 손실각 | 유전체 역률 | 맥스웰 방정식 | 파동방정식 | 전자기파 | 횡전자파 | 전파 속도 | 파장 | 파동 임피던스 | 고유 임피던스 | 포인팅 벡터 | 벡터 퍼텐셜

학습 전략

변위 전류의 개념과 변위 전류밀도를 구하는 문제를 많이 풀어보기 바랍니다. 유전체 손실각의 정의와 임계 주파수의 개념을 묻는 문제, 임계 주파수를 직접 계산하는 문제에도 익숙해져야 합니다. 맥스웰 방정식과 각 방정식의 물리적 의미를 정확히 알아두고, 파동방정식과 그에 따른 전자기파의 특성(횡전자파, 위상 관계 등)도 잘 정리해두어야 합니다. 고유(특성) 임피던스 수식을 적용하여 전계와 자계의 관계를 구하는 문제, 전자기파의 전파 속도 및 파장을 구하는 문제도 충분히 풀어보고, 포인팅 벡터의 정의를 묻거나 계산하는 문제, 전자기파의 전력(에너지)을 구하는 문제도 연습하기 바랍니다.

12.1 전도 전류와 변위 전류

전류Current는 도체 내부에서 자유전자가 실제로 이동하는 현상으로, 도선을 흐르는 전류는 도중에 사라지거나 새로 생기지 않는 **연속성**을 갖는다.[1] 자유전자가 이동하여 형성되는 이러한 전류를 **전도 전류**Conduction current라고 한다.

그런데 콘덴서를 충전하는 경우를 살펴보면 도선에는 전도 전류가 흐르지만 콘덴서 전극판 사이의 유전체 내부에는 자유전자가 이동하지 않아 전류가 흐르지 않는 것처럼 보인다. 사실 콘덴서 전극판 사이에서는 전계가 시간에 따라 변화하고 있는데, 맥스웰Maxwell은 이러한 변화를 고려하여 **변위 전류**Displacement current라는 개념을 도입하였다. 즉, **변위 전류는 자유전자의 실제 이동 없이 시간에 따라 변화하는 전계를 등가적으로 나타낸 가상의 전류**이다.

[그림 12-1]은 면적이 S, 유전율이 ϵ인 평행판 콘덴서와 그 전극판에 연결된 도선을 나타낸 것이다. 도선에는 전도 전류 I_c가 흐르며, 콘덴서에는 전계 $\boldsymbol{E}$가 형성되어 그에 따른 변위 전류 I_d가 흐른다.

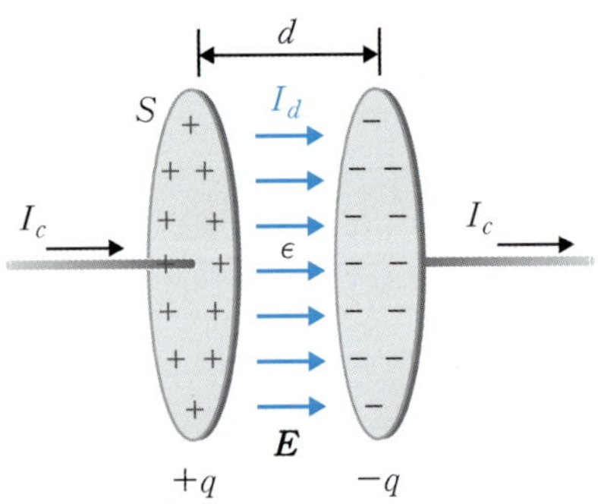

그림 12-1 전도 전류와 변위 전류

이 경우 전도 전류밀도 i_c는 식 (12.1)과 같이 나타낼 수 있다.[2] [3]

$$i_c = k\boldsymbol{E} \ [\mathrm{A/m^2}] \tag{12.1}$$

변위 전류밀도 i_d는 콘덴서 전극판에 대전된 전하량 q를 이용하여 구한다. 먼저 표면 전하밀도 σ는 전속밀도 D와 같으므로[4] q를 다음과 같이 나타낼 수 있다.

---

1 이러한 성질은 식 (6.6)에서 설명한 전류밀도 J의 발산인 $div\,J = 0$으로 표현하였다.

2 앞에서 살펴본 식 (6.10)과 같다. 다만 여기에서는 J 대신 여러 참고문헌에서 사용하는 표기에 따라 i_c로 표시하였다.

3 $i_c = k\boldsymbol{E}$를 $i_c = \sigma\boldsymbol{E}$로 표시하기도 한다. 여기서 σ는 k와 마찬가지로 도전율을 나타낸다.

$$q = \sigma S = DS \ [\mathrm{C}]$$

변위 전류 I_d는 전류의 정의를 나타내는 식 (6.2)에 따라 다음과 같이 나타낼 수 있다.

$$I_d = \frac{dq}{dt} = S\frac{\partial D}{\partial t} \ [\mathrm{A}]$$

그러면 변위 전류밀도 i_d를 식 (12.2)와 같이 나타낼 수 있다. 이는 변위 전류밀도가 전속밀도 $\boldsymbol{D}$의 시간 변화율에 비례함을 보여준다.

$$i_d = \frac{\partial D}{\partial t} \ [\mathrm{A/m^2}] \tag{12.2}$$

콘덴서에 인가한 전압을 V라 하면 변위 전류 I_d를 다음과 같이 나타낼 수 있다.[5] 식에서 d는 전극판 사이의 거리이다.

$$I_d = \frac{V}{X_C} = \frac{V}{1/j\omega C} = j\omega CV = j\omega\frac{\epsilon S}{d}V = j\omega\epsilon SE \ [\mathrm{A}]$$

따라서 변위 전류밀도 i_d를 식 (12.3)과 같이 나타낼 수 있다.

$$i_d = j\omega\epsilon E \ [\mathrm{A/m^2}] \tag{12.3}$$

예제 12-1

간격이 d인 2개의 평행판 전극 사이에 유전율 ϵ의 유전체가 있다. 전극 사이에 전압 $v = V_m\cos\omega t$ [V]를 가했을 때 변위 전류밀도 [A/m²]는?

① $\frac{\epsilon}{d}V_m\cos\omega t$ ② $-\frac{\epsilon}{d}\omega V_m\sin\omega t$

③ $\frac{\epsilon}{d}\omega V_m\cos\omega t$ ④ $\frac{\epsilon}{d}V_m\sin\omega t$

풀이

식 (12.2)에서 변위 전류밀도 $i_d = \frac{\partial D}{\partial t} = \frac{\partial \epsilon E}{\partial t} = \epsilon\frac{\partial}{\partial t}\left(\frac{v}{d}\right)$이므로 $i_d = -\frac{\epsilon}{d}\omega\sin\omega t \ [\mathrm{A/m^2}]$가 된다. 따라서 정답은 ②이다.

---

4 2.6.2절을 참고하면 전속밀도 $\boldsymbol{D} = \frac{\psi}{S} = \frac{Q}{S} \ [\mathrm{C/m^2}]$이다. 식 (2.23)에서 표면 전하밀도 $\sigma = \frac{Q}{S} \ [\mathrm{C/m^2}]$이므로 $\sigma = \boldsymbol{D}$가 된다.

5 전위경도를 나타내는 식 (2.12)를 참고하라.

12.2 유전체 손실각과 임계 주파수

전도 전류와 변위 전류 간에는 90°의 위상차가 발생한다.[6] [그림 12-2]는 변위 전류밀도 i_d와 전도 전류밀도 i_c의 위상차를 나타낸 것으로, i_d의 위상이 i_c보다 90° 앞선다.

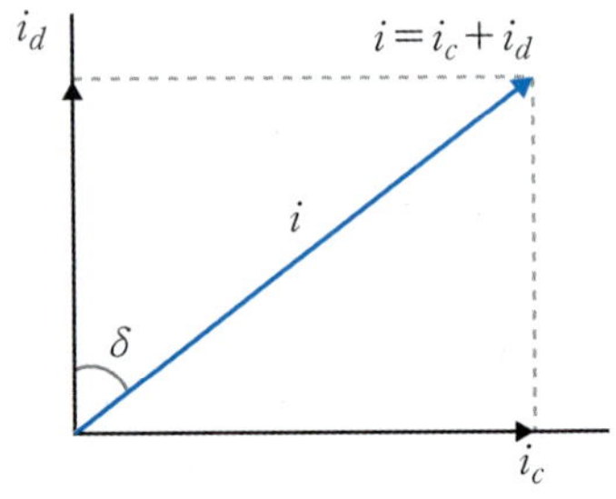

그림 12-2 유전체 손실각

[그림 12-2]에 표시한 각도 δ는 **유전 손실각**Dielectric loss angle으로, 전체 전류 i와 변위 전류 i_d 사이의 위상차를 나타낸다. 유전 손실각 δ에 대한 $\tan\delta$ 값을 **유전체 손실각** 또는 **유전체 역률**Power factor이라 하며, 식 (12.4)와 같이 변위 전류에 대한 전도 전류의 크기 비율로 정의한다. 유전체 손실각 $\tan\delta$는 주파수 f에 반비례한다.

$$\tan\delta = \frac{|i_c|}{|i_d|} = \frac{kE}{\omega\epsilon E} = \frac{k}{\omega\epsilon} = \frac{k}{2\pi f\epsilon} \tag{12.4}$$

여기서 잠깐 | 유전체 손실각의 물리적 의미

변위 전류와 전도 전류는 이상적으로 90°의 위상차를 가지며, 이는 두 전류의 변화 타이밍이 서로 다름을 의미한다. 위상이 다른 전류가 흐르면 에너지 손실이 발생하는데, 전압보다 위상이 90° 앞서는 변위 전류 i_d는 무손실 성분이고 전압과 위상이 같은 전도 전류 i_c는 (주로 열로 변환되는) 손실 성분이다. 변위 전류는 전하의 실제 이동 없이 전계 변화로 에너지를 저장하였다가 다시 회로로 반환하므로 열 손실이 발생하지 않는 무손실 성분으로 작용한다.

유전체 손실각 $\tan\delta$는 이러한 손실의 정도를 나타내는 파라미터로, 다음과 같이 정의한다.

$$\tan\delta = \frac{\text{손실 전류}}{\text{무손실 전류}} = \frac{|i_c|}{|i_d|}$$

앞선 식에서 유전 손실각 δ가 클수록 $\tan\delta$ 값도 커져 유전체 손실이 증가한다. 변위 전류밀도 i_d가 커지면 δ가 작아져 $\tan\delta$ 값이 감소하므로 유전체 손실이 줄어든다.

---

6 RC 직렬회로에서 콘덴서 전류 i_C가 저항 전류 i_R보다 위상이 90° 앞서는 것과 같은 현상이다.

[그림 12-3]은 변위 전류밀도 i_d와 전도 전류밀도 i_c의 크기에 따른 유전 손실각 δ의 변화를 나타낸 것이다. [그림 12-3(a)]는 $i_d > i_c$인 경우로, 유전 손실각 δ가 작아져 유전체 손실이 감소한다. 이는 회로의 매질로 유전체 특성이 큰 재료를 사용한 경우이다.[7] [그림 12-3(b)]는 $i_d < i_c$인 경우로, 유전 손실각 δ가 커져 유전체 손실이 증가한다. 이는 회로의 매질로 도체 특성이 큰 재료를 사용한 경우이다.

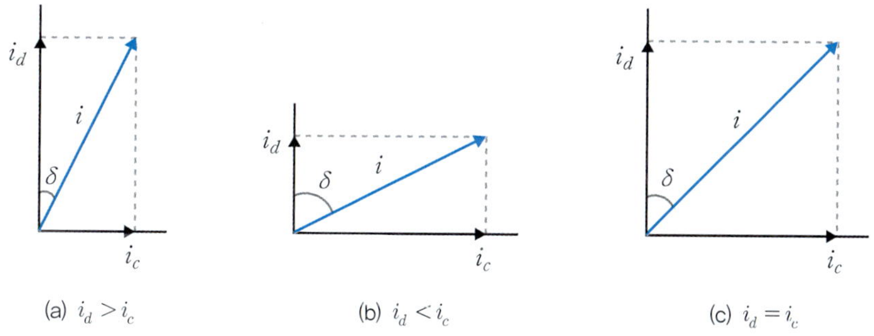

그림 12-3 유전 손실각 δ의 변화

[그림 12-3(c)]는 $i_d = i_c$인 경우로, 유전 손실각 δ는 45°($\tan\delta = 1$)이다. 여기에 식 (12.4)를 대입하면 다음과 같이 표현할 수 있다.

$$i_d = i_c = kE = 2\pi f \epsilon E\ [\mathrm{A/m^2}]$$

$i_d = i_c$일 때의 주파수를 임계 주파수Critical frequency라 하고 f_c로 표시한다. f_c는 도체와 유전체의 특성을 구분하는 경계점이 된다. 앞선 식으로부터 임계 주파수 f_c를 식 (12.5)와 같이 나타낼 수 있다.

$$f_c = \frac{k}{2\pi\epsilon}\ [\mathrm{Hz}] \tag{12.5}$$

유전체 손실각 $\tan\delta$는 식 (12.6)과 같이 임계 주파수 f_c를 이용하여 나타낼 수도 있다.

$$\tan\delta = \frac{k}{2\pi f \epsilon} = \frac{k}{2\pi\epsilon}\frac{1}{f} = \frac{f_c}{f} \tag{12.6}$$

7 콘덴서의 유전체, 변압기 절연유, 종이 절연체 등이 있다.

예제 12-2

유전체에 전도 전류 I_c와 변위 전류 I_d가 흘러 양 전류의 크기가 같게 되는 임계 주파수를 f_c라 할 때 임의의 주파수 f에 있어서의 유전체 역률 $\tan\delta$는?

① $\dfrac{f}{f_c}$ ② $\dfrac{f_c}{f}$ ③ $f \cdot f_c$ ④ $\dfrac{f^2}{f_c}$

풀이

식 (12.6)을 참고하면 $\tan\delta = \dfrac{f_c}{f}$이므로 정답은 ②이다.

12.3 맥스웰 방정식

맥스웰 방정식 Maxwell's Equations [8]은 전기자기학의 기본 법칙을 집약한 네 개의 방정식으로, 전기와 자기가 별개의 현상이 아니라 서로 긴밀하게 연결되어 있음을 보여준다. 이 방정식들은 전기와 자기를 별개의 현상으로 여기던 19세기 초중반의 과학 지식을 뛰어넘은 것으로, 19세기 후반 스코틀랜드의 물리학자인 맥스웰James Clerk Maxwell에 의해 정립되었다.

[표 12-1]은 시변Time-varying 전자계Electromagnetic field에서 성립하는 네 개의 맥스웰 방정식을 미분형과 적분형으로 정리한 것이다. 각 방정식에 대응하는 전기자기학의 기본 법칙과 그 의미도 함께 제시하였다.[9]

8 '맥스웰 전자방정식'으로도 불린다.

9 방정식에서 벡터의 회전 '$\nabla\times$'은 'rot'으로, 벡터의 발산 '$\nabla\cdot$'은 'div'로도 표시한다(예 $\nabla\times\boldsymbol{H} \rightarrow rot\,\boldsymbol{H}$).

표 12-1 맥스웰 방정식

기본 법칙	맥스웰 방정식	의미	참고
암페어의 주회적분 법칙	$\nabla \times \boldsymbol{H} = i = i_c + i_d = k\boldsymbol{E} + \frac{\partial \boldsymbol{D}}{\partial t}$	• 전도 전류와 변위 전류는 회전 자계를 발생시킨다.	식 (8.1)
	$\oint_C \boldsymbol{H} \cdot dl = i = i_c + \int_S \frac{\partial \boldsymbol{D}}{\partial t} \cdot dS$	• 자계의 선적분은 폐곡선을 지나는 전도 전류와 전속밀도의 시간적 변화율(변위 전류)의 합과 같다.	
패러데이-렌츠 법칙	$\nabla \times \boldsymbol{E} = -\frac{\partial \boldsymbol{B}}{\partial t}$	• 자계의 변화를 방해하는 방향으로 회전 전계가 발생한다.	식 (10.6)
	$\oint_C \boldsymbol{E} \cdot dl = -\int_S \frac{\partial \boldsymbol{B}}{\partial t} \cdot dS$	• 전계의 선적분은 폐곡선을 지나는 자속의 시간적 변화율과 같다.	
(전계) 가우스 법칙	$\nabla \cdot \boldsymbol{D} = \rho$	• 전하는 전속(선)을 발산한다.	식 (2.43)
	$\oint_S \boldsymbol{D} \cdot dS = \int_V \rho dV = Q$	• 폐곡면을 통해 나오는 전속은 폐곡면 내의 전하량과 같다.	
(자계) 가우스 법칙	$\nabla \cdot \boldsymbol{B} = 0$	• 고립된 자극(자기 홀극)은 없다. • 자기력선은 연속이다.	식 (7.11)
	$\oint_S \boldsymbol{B} \cdot dS = 0$		

예제 12-3

다음 중 ㉠, ㉡에 들어갈 내용으로 옳은 것은?

맥스웰은 전극 간의 유전체를 통하여 흐르는 전류를 해석하기 위해 (㉠)의 개념을 도입하였고, 이것도 (㉡)를 발생한다고 가정하였다.

① ㉠ 와전류, ㉡ 자계　　② ㉠ 변위 전류, ㉡ 자계
③ ㉠ 전자 전류, ㉡ 전계　　④ ㉠ 파동 전류, ㉡ 전계

풀이

유전체를 통하여 흐르는 전류는 변위 전류이며, [표 12-1]에 나타낸 식 $\nabla \times \boldsymbol{H} = i_c + i_d$를 참고하면 변위 전류(밀도) i_d는 자계 $\boldsymbol{H}$를 발생시키므로 정답은 ②이다.

예제 12-4

다음 중 전자계에 대한 맥스웰의 기본 이론이 아닌 것은?

① 자계의 시간적 변화에 따라 전계의 회전이 생긴다.　　② 고립된 자극이 존재한다.
③ 전도 전류와 변위 전류는 자계를 발생시킨다.　　④ 전하에서 전속선이 발산된다.

풀이

[표 12-1]을 참고하면 고립된 자극(자기 홀극)은 존재할 수 없으므로 정답은 ②이다.

12.4 맥스웰 파동방정식

12.4.1 파동방정식

앞에서 다룬 맥스웰 방정식은 시간에 따라 변화하는 전도 전류와 변위 전류로 인해 생성되는 전계는 회전 자계를 유도하고, 이 자계는 다시 회전 전계를 유도하는 물리적 현상을 설명한다. 이는 곧 시간에 따라 변화하는 전계와 자계가 서로를 만들어내는 상호 생성 과정이 존재함을 뜻한다.

[그림 12-4]는 이러한 상호 생성 과정을 나타낸 것이다. 안테나에 교류 전류 i가 흐르면 회전 자계 $\nabla \times \boldsymbol{H}$가 유도되고 이 자계에 의해 다시 회전 전계 $\nabla \times \boldsymbol{E}$가 유도된다. 이 과정이 반복되면서 **전자기파**Electrmagnetic wave [10]가 공간을 따라 전파Propagation된다.

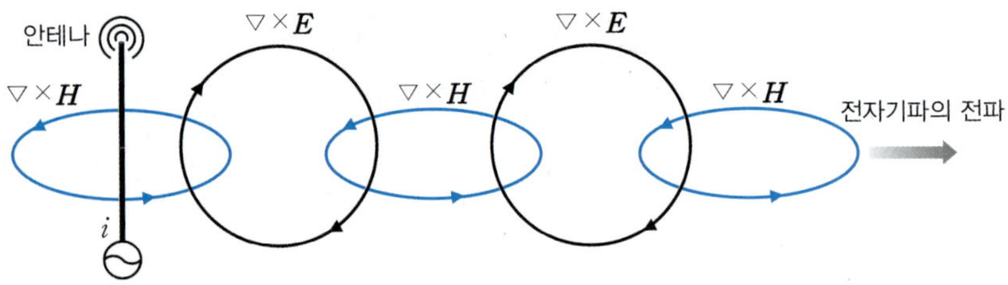

그림 12-4 전자기파의 발생

맥스웰은 자신이 정립한 방정식들을 토대로 전자기파의 발생과 전파 과정을 수학적으로 나타낸 **파동방정식**Wave equation을 유도하였다. 파동방정식은 전계와 자계에 대해 각각 식 (12.7)과 식 (12.8)로 표현된다.

$$\nabla^2 \boldsymbol{E} = k\mu \frac{\partial \boldsymbol{E}}{\partial t} + \epsilon\mu \frac{\partial^2 \boldsymbol{E}}{\partial t^2} \tag{12.7}$$

$$\nabla^2 \boldsymbol{H} = k\mu \frac{\partial \boldsymbol{H}}{\partial t} + \epsilon\mu \frac{\partial^2 \boldsymbol{H}}{\partial t^2} \tag{12.8}$$

전자기파가 자유 공간[11]을 통과한다고 가정하면 도전율 $k=0$이 되며, 식 (12.7), 식 (12.8)은 식 (12.9), 식 (12.10)과 같이 간단한 형태로 나타낼 수 있다.

---

10 '전자파'로도 자주 표현된다.

11 자유 공간은 유전율 ϵ_0와 투자율 μ_0가 균일하고 **전하와 전류가 존재하지 않는 공간**으로, 일반적으로는 진공을 의미한다. 다만, 공기도 유전율 등의 값이 진공과 매우 비슷하므로 같게 취급한다.

$$\nabla^2 \boldsymbol{E} = \epsilon\mu \frac{\partial^2 \boldsymbol{E}}{\partial t^2} \tag{12.9}$$

$$\nabla^2 \boldsymbol{H} = \epsilon\mu \frac{\partial^2 \boldsymbol{H}}{\partial t^2} \tag{12.10}$$

예제 12-5

매질이 완전 절연체인 경우의 전자 파동방정식을 표시하는 것은?

① $\nabla^2 \boldsymbol{E} = \epsilon\mu \frac{\partial \boldsymbol{E}}{\partial t}$, $\nabla^2 \boldsymbol{H} = k\mu \frac{\partial \boldsymbol{H}}{\partial t}$

② $\nabla^2 \boldsymbol{E} = \epsilon\mu \frac{\partial^2 \boldsymbol{E}}{\partial t}$, $\nabla^2 \boldsymbol{H} = k\mu \frac{\partial^2 \boldsymbol{H}}{\partial t^2}$

③ $\nabla^2 \boldsymbol{E} = \epsilon\mu \frac{\partial^2 \boldsymbol{E}}{\partial t^2}$, $\nabla^2 \boldsymbol{H} = \epsilon\mu \frac{\partial^2 \boldsymbol{H}}{\partial t^2}$

④ $\nabla^2 \boldsymbol{E} = \epsilon\mu \frac{\partial \boldsymbol{E}}{\partial t}$, $\nabla^2 \boldsymbol{H} = \epsilon\mu \frac{\partial \boldsymbol{H}}{\partial t}$

풀이

완전 절연체의 도전율 $k=0$이다. 따라서 ①, ②는 답이 아니며, 식 (12.9)와 식 (12.10)을 참고하면 정답은 ③이다.

전자기파의 **전파 속도** Wave velocity v는 식 (12.11)로 나타낼 수 있다.

$$v = \frac{1}{\sqrt{\epsilon\mu}} [\mathrm{m/s}] \tag{12.11}$$

자유 공간에서 전자기파의 전파 속도 v를 계산하면 다음과 같고, 이는 빛의 속도 $C = 3 \times 10^8$ [m/s]와 같다. 이러한 사실로부터 맥스웰은 빛이 전자기파의 한 형태임을 밝혀냈다.

$$v = \frac{1}{\sqrt{\epsilon_0 \mu_0}} = \frac{1}{\sqrt{8.855 \times 10^{-12} \times 4\pi \times 10^{-7}}} \doteq 3 \times 10^8 [\mathrm{m/s}]$$

전자기파의 파장 Wavelength [12]을 λ, 주파수를 f라 하면 전파 속도 $v = f\lambda$이므로 파장 λ를 식 (12.12)와 같이 나타낼 수 있다.

$$\lambda = \frac{v}{f} = \frac{1}{f\sqrt{\epsilon\mu}} [\mathrm{m}] \tag{12.12}$$

12 파동이 한 번 진동할 때 이동하는 거리이다.

예제 12-6

진공 중에서 빛의 속도와 일치하는 전자파의 전파 속도를 얻기 위한 조건으로 옳은 것은?

① $\mu_s = 0$, $\epsilon_s = 0$ ② $\mu_s = 0$, $\epsilon_s = 1$ ③ $\mu_s = 1$, $\epsilon_s = 0$ ④ $\mu_s = 1$, $\epsilon_s = 1$

풀이

식 (12.11)을 참고하면 전파 속도 $v = \dfrac{1}{\sqrt{\epsilon\mu}} = \dfrac{1}{\sqrt{\epsilon_0\mu_0}}\dfrac{1}{\sqrt{\epsilon_s\mu_s}} = \dfrac{3\times10^8}{\sqrt{\epsilon_s\mu_s}}$이다. 이때 $\mu_s = 1$, $\epsilon_s = 1$이 되면 $v = 3\times10^8$[m/s]가 되어 빛의 속도 $C = 3\times10^8$와 같아지므로 정답은 ④이다.

예제 12-7

비유전율 4, 비투자율 4인 매질 내에서 전자파의 전파 속도는 자유 공간에서 빛의 속도의 몇 배인가?

① $\dfrac{1}{3}$ ② $\dfrac{1}{4}$ ③ $\dfrac{1}{9}$ ④ $\dfrac{1}{16}$

풀이

식 (12.11)에서 전파 속도 $v = \dfrac{1}{\sqrt{\epsilon\mu}} = \dfrac{3\times10^8}{\sqrt{\epsilon_s\mu_s}} = \dfrac{3\times10^8}{\sqrt{4\times4}} = \dfrac{1}{4}\times3\times10^8 = \dfrac{C}{4}$이므로 정답은 ②이다.

여기서 잠깐 **식 (12.11), 전자기파의 전파 속도 v 구하기**

x 방향으로 시간에 따라 진동하면서 이동하는 1차원 파동방정식의 일반적인 형태는 다음과 같다. 식에서 $\boldsymbol{f}$는 공간 x와 시간 t에 따라 변하는 전계나 자계와 같은 파동의 물리량이다.

$$\frac{\partial^2 \boldsymbol{f}}{\partial x^2} = \frac{1}{v^2}\frac{\partial^2 \boldsymbol{f}}{\partial t^2}$$

이러한 1차원 파동방정식과 식 (12.9)에 나타낸 전계의 파동방정식 $\nabla^2\boldsymbol{E} = \epsilon\mu\dfrac{\partial^2\boldsymbol{E}}{\partial t^2}$를 비교해보면 다음과 같다.

$$v^2 = \frac{1}{\epsilon\mu}$$

따라서 전자기파의 전파 속도 v를 다음과 같이 나타낼 수 있다.

$$v = \frac{1}{\sqrt{\epsilon\mu}}$$

예제 12-8

15[MHz] 전자파의 파장은 몇 [m]인가?

① 8　　② 15　　③ 20　　④ 25

풀이

식 (12.12)에서 파장 $\lambda = \frac{v}{f}$이고 전자파의 속도 v는 빛의 속도 $C = 3 \times 10^8$과 같다. 따라서 $\lambda = \frac{v}{f} = \frac{3 \times 10^8}{15 \times 10^6} = 20\,[\mathrm{m}]$이므로 정답은 ③이다.

12.4.2 전계와 자계의 관계

파동방정식의 해를 구하기 위해 전계와 자계를 한 방향으로 전파되는 사인파나 코사인파 형태의 단순한 평면파Plane wave로 가정해보자. 이 경우 전계는 특정 방향 성분만을 가지며, 진행 방향에 대해 수직으로 진동하는 횡파Transverse wave [13] 형태로 전파된다. 자계 역시 횡파 형태로 전파된다. 즉, 전자기파에서 전계와 자계는 모두 횡파 형태로 전파되며, 이러한 파동을 **횡전자파**Transverse electromagnetic wave, TEM라고 한다.

[그림 12-5]는 전계와 자계가 서로를 유도하면서 공간을 따라 전파되는 모습을 나타낸 것이다. 전계 $\boldsymbol{E}$는 x 방향 성분만을 가지고 진행 방향(z 방향)에 대해 수직으로 진동하며, 자계 $\boldsymbol{H}$는 y 방향 성분만을 가지고 진행 방향에 대해 수평으로 진동한다.

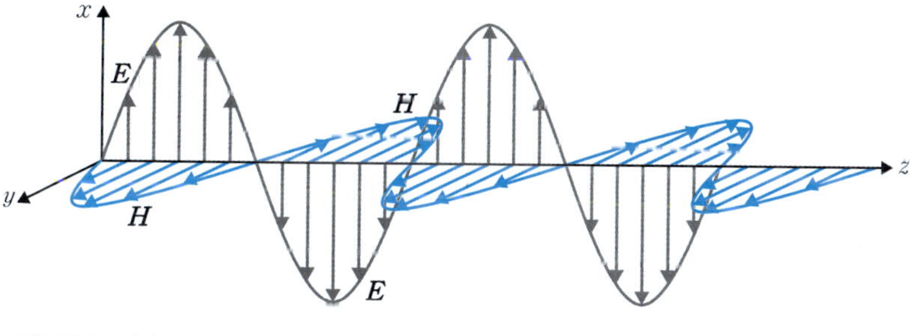

그림 12-5 전자기파의 전파

[그림 12-5]에서 **전계와 자계는 항상 수직**이며, 동시에 진행 방향과도 수직을 이룬다. 또한 전계와 자계는 그림에 나타낸 것처럼 **같은 위상으로 진동**한다.

13 진행 방향과 진동 방향이 같은 파는 종파(Longitudinal wave)라고 한다.

여기서 잠깐 **파동방정식의 해 : 전자기파를 사인파나 코사인파 형태의 평면파로 가정하는 이유**

이는 수학적 단순화를 위한 가정이다. 실제 전자기파는 펄스, 변조된 신호, 비 정현파 등 다양한 형태로 존재하며, 공간적으로도 '평면'으로 퍼지는 경우는 거의 없다. 일반적으로 전자기파는 점광원이나 안테나에서 발생하므로 구면파Spherical wave 형태로 퍼져 나간다. 그럼에도 평면파로 가정하는 것은 멀리 전파될수록 구면파의 반지름이 커져 작은 영역에서는 평면파에 가까워지기 때문이다.

또한 실제 전자기파는 여러 주파수 성분이 섞여 있어 형태가 복잡하지만 푸리에 해석Fourier analysis을 통해 사인파나 코사인파의 합으로 분해할 수 있다. 따라서 전자기파를 사인파나 코사인파로 가정하고 가장 단순한 해를 구해도 빛의 속도, 전계와 자계의 직교 관계, 에너지 전달 방식과 같은 핵심적인 물리적 성질을 정확히 알 수 있으므로 이와 같이 가정하여 계산한다.

예제 12-9

전계와 자계의 위상 관계로 옳은 것은?

① 위상이 서로 같다.
② 전계가 자계보다 90° 빠르다.
③ 전계가 자계보다 90° 늦다.
④ 전계가 자계보다 45° 빠르다.

풀이

[그림 12-5]를 참고하면 전계와 자계는 위상이 같으므로 정답은 ①이다.

파동 임피던스

전자기파는 자유 공간으로 전파되면서 그 세기가 점차 약해진다. 여기에 전류 흐름을 방해하는 임피던스의 개념을 적용하여 **전파를 방해하는 성분**을 **파동 임피던스**Wave impedance라 하고 Z_0로 표시한다. 파동 임피던스는 **고유 임피던스** 또는 **특성 임피던스**로도 부르며, 단위는 $[\Omega]$이다.[14] 파동 임피던스는 식 (12.13)과 같이 전계와 자계의 비로 정의한다.

$$Z_0 = \frac{E}{H} = \sqrt{\frac{\mu}{\epsilon}}\ [\Omega] \tag{12.13}$$

이 식은 식 (12.14)와 같이 나타낼 수 있다.[15]

14 전계의 단위는 [V/m], 자계의 단위는 [A/m]이므로 $\frac{E}{H} \rightarrow \frac{[\mathrm{V/m}]}{[\mathrm{A/m}]} = \frac{[\mathrm{V}]}{[\mathrm{A}]} = [\Omega]$이 된다.

15 $\sqrt{\frac{\mu_0}{\epsilon_0}} = \sqrt{\frac{4\pi\times10^{-7}}{8.855\times10^{-12}}} = \sqrt{\frac{4\pi^2\times10^{-7}}{8.855\pi\times10^{-12}}} = 120\pi = 377\,[\Omega]$이다.

$$Z_0 = \sqrt{\frac{\mu}{\epsilon}} = \sqrt{\frac{\mu_0}{\epsilon_0}}\sqrt{\frac{\mu_s}{\epsilon_s}}$$

$$= 120\pi\sqrt{\frac{\mu_s}{\epsilon_s}} = 377\sqrt{\frac{\mu_s}{\epsilon_s}}\ [\Omega] \tag{12.14}$$

자유 공간(진공)에서 전계와 자계의 관계는 식 (12.15)와 같이 나타낼 수 있다.[16] 즉, 자유 공간에서 전계는 자계보다 377배 크다.[17]

$$E = 377H \tag{12.15}$$

예제 12-10

다음 중 전계와 자계의 관계로 옳은 것은?

① $\sqrt{\mu}H = \sqrt{\epsilon}E$ ② $\sqrt{\mu}\epsilon = EH$

③ $\sqrt{\epsilon}H = \sqrt{\mu}E$ ④ $\mu\epsilon = EH$

풀이

식 (12.13)에서 파동 임피던스 $Z_0 = \frac{E}{H} = \sqrt{\frac{\mu}{\epsilon}} = \frac{\sqrt{\mu}}{\sqrt{\epsilon}}$이므로 $\sqrt{\mu}H = \sqrt{\epsilon}E$이므로 정답은 ①이다.

HOW 식 (12.13) : 파동 임피던스 Z_0 구하기

전자기파는 12.4.1절에서 설명한 것처럼 전계와 자계의 상호 생성으로 만들어진다. 따라서 **전계의 에너지와 자계의 에너지는 서로 같으며,** 이로부터 식 (3.33)에 나타낸 정전에너지 밀도와 식 (9.14)에 나타낸 자계 에너지 밀도를 다음과 같이 나타낼 수 있다.

$$\frac{1}{2}\epsilon\boldsymbol{E}^2 = \frac{1}{2}\mu\boldsymbol{H}^2\ [\mathrm{J/m^3}]$$

앞선 식을 정리하면 다음과 같이 파동 임피던스를 나타내는 식 (12.13)을 얻을 수 있다.

$$\frac{E}{H} = \sqrt{\frac{\mu}{\epsilon}}$$

16 자유 공간(진공)에서 $Z_0 = \frac{E}{H} = 377\sqrt{\frac{1}{1}} = 377\,[\Omega]$이다.

17 [그림 12-5]에는 이러한 전계와 자계의 크기 차이를 반영하지 않았다.

예제 12-11

콘크리트($\epsilon_r = 4$, $\mu_r = 1$) 중에서 전자파의 고유 임피던스는 약 몇 [Ω]인가?

① 35.4 ② 70.8 ③ 124.3 ④ 188.5

풀이

식 (12.14)를 참고하면 $Z_0 = 377\sqrt{\frac{\mu_s}{\epsilon_s}} = 377 \times \sqrt{\frac{1}{4}} = 188.5[\Omega]$이므로 정답은 ④이다.

12.5 포인팅 벡터

포인팅 벡터 Poynting vector는 영국의 물리학자인 포인팅John Henry Poynting이 처음으로 정립한 개념이다. **전자기파가 단위면적당 전달하는 방사에너지**(에너지 흐름 밀도)를 나타내는 벡터이며, 주로 $\boldsymbol{P}$로 표기한다. 포인팅 벡터 $\boldsymbol{P}$는 식 (12.16)과 같이 정의한다.

$$\boldsymbol{P} = \frac{P_s}{A} = \frac{P_s}{4\pi r^2} [\mathrm{W/m^2}] \tag{12.16}$$

여기서 P_s는 전자기파가 방출하는 총 전력이고 A는 전자기파가 통과하는 면적이다. 전자기파가 원점으로부터 사방으로 퍼져나가는 경우 면적 A는 거리 r에서의 구의 표면적($4\pi r^2$)이 된다.

[그림 12-5]에 나타낸 전자기파는 전계 $\boldsymbol{E}$와 자계 $\boldsymbol{H}$가 상호 작용을 통해 서로 직교하면서 공간을 따라 전파된다. 이때 실제로 전달되는 것은 에너지이며, 포인팅 벡터는 이러한 에너지를 정량적으로 나타낸 것이므로 식 (12.17)과 같이 나타낼 수 있다.[18]

$$\boldsymbol{P} = \boldsymbol{E} \times \boldsymbol{H} \; [\mathrm{W/m^2}] \tag{12.17}$$

[그림 12-5]에서 벡터의 외적 $\boldsymbol{E} \times \boldsymbol{H}$의 방향($z$ 방향)은 전자기파의 전파 방향이면서 동시에 포인팅 벡터의 방향이 된다. 따라서 포인팅 벡터는 **한 점을 통과하는 순간적인 에너지의 방향과 크기**를 나타낸다. 식 (12.17)에서 포인팅 벡터의 크기 P는 식 (12.18)과 같다.[19]

18 외적을 사용하는 이유는 내적으로는 방향을 알 수 없기 때문이다. 외적을 통해서만 전자기파가 전달하는 에너지의 크기와 전파 방향을 정확히 나타낼 수 있다.

19 전계 $\boldsymbol{E}$와 자계 $\boldsymbol{H}$는 항상 수직($90°$)이므로 $\sin\theta = 1$이다.

$$P = EH\sin\theta = EH\,[\mathrm{W/m^2}] \quad (12.18)$$

여기에 식 (12.15)의 관계를 적용하면 포인팅 벡터의 크기 P를 다음과 같이 나타낼 수 있다.

$$P = EH = 377H^2 = \frac{1}{377}E^2\,[\mathrm{W/m^2}]$$

예제 12-12

전계 및 자계의 세기가 각각 $\boldsymbol{E}$, $\boldsymbol{H}$일 때 포인팅 벡터 $\boldsymbol{P}$의 표시로 옳은 것은?

① $\frac{1}{2}\boldsymbol{E}\times\boldsymbol{H}$ ② $\boldsymbol{E}\,rot\,\boldsymbol{H}$ ③ $\boldsymbol{H}\,rot\,\boldsymbol{E}$ ④ $\boldsymbol{E}\times\boldsymbol{H}$

풀이

식 (12.17)을 참고하면 $\boldsymbol{P} = \boldsymbol{E}\times\boldsymbol{H}\,[\mathrm{W/m^2}]$이므로 정답은 ④이다.

예제 12-13

전자파의 진행 방향으로 옳은 것은?

① 전계 $\boldsymbol{E}$의 방향과 같다. ② 자계 $\boldsymbol{H}$의 방향과 같다.
③ $\boldsymbol{E}\times\boldsymbol{H}$의 방향과 같다. ④ $\nabla\times\boldsymbol{E}$의 방향과 같다.

풀이

식 (12.17)의 포인팅 벡터 $\boldsymbol{P} = \boldsymbol{E}\times\boldsymbol{H}\,[\mathrm{W/m^2}]$이며, 이는 한 점을 통과하는 순간적인 에너지 흐름의 방향과 크기를 나타낸다. 따라서 전자(기)파의 방향은 $\boldsymbol{E}\times\boldsymbol{H}$의 방향이므로 정답은 ③이다.

12.6 벡터 퍼텐셜

전계에는 전하라는 원천이 존재하므로 전기력선은 전하로부터 시작하거나 끝날 수 있다. 이는 양(+)전하나 음(−)전하가 단독으로 존재할 수 있음을 의미한다. 반면, 자계에는 고립된 자기 홀극이 존재하지 않으므로 원천이 없으며, 자기력선은 끊어짐 없이 연속적인 폐곡선을 이룬다.

전계의 경우 체적 전하밀도 ρ가 주어지면 가우스 법칙[20]의 미분형을 이용하여 전계 $\boldsymbol{E}$를 계산할 수 있다. 그러나 자계는 원천이 존재하지 않고 자기력선이 연속이므로 항상 $\nabla \cdot \boldsymbol{B} = 0$이 성립하며, 이로 인해 전계처럼 자계 $\boldsymbol{B}$를 직접 구할 수 없다. 이를 보완하기 위해 식 (12.19)와 같이 회전 연산을 통해 자계 $\boldsymbol{B}$를 구할 수 있는 보조 도구로서 **벡터 퍼텐셜**Vector potential $\boldsymbol{A}$를 정의한다.

$$\boldsymbol{B} = \nabla \times \boldsymbol{A} \tag{12.19}$$

이 식을 이용하면 비오-사바르 법칙이나 암페어의 주회적분 법칙을 적용하는 경우보다 간단하게 자계를 구할 수 있다. 벡터 퍼텐셜 $\boldsymbol{A}$는 회전 연산으로 자계를 정의하므로 그 **방향은 전류의 방향과 같다.** [표 12-1]에 나타낸 맥스웰 방정식 $\nabla \times \boldsymbol{E} = -\dfrac{\partial \boldsymbol{B}}{\partial t}$에 벡터 퍼텐셜 $\boldsymbol{A}$를 대입하면 다음과 같은 관계를 얻을 수 있다.

$$\nabla \times \boldsymbol{E} = -\frac{\partial \boldsymbol{B}}{\partial t} = -\frac{\partial}{\partial t}(\nabla \times \boldsymbol{A})$$

이 식의 양변을 정리하면 식 (12.20)과 같이 전계 $\boldsymbol{E}$를 벡터 퍼텐셜 $\boldsymbol{A}$에 대한 식으로 표현할 수 있다.

$$\boldsymbol{E} = -\frac{\partial \boldsymbol{A}}{\partial t} \tag{12.20}$$

예제 12-14

전류에 의한 자계에 관하여 성립하지 않는 식은? (단, 여기서 $\boldsymbol{H}$는 자계, $\boldsymbol{B}$는 자속밀도, $\boldsymbol{A}$는 자계의 벡터 퍼텐셜, μ는 투자율, i는 전류밀도이다)

① $\boldsymbol{H} = \dfrac{1}{\mu} rot\, \boldsymbol{A}$　② $rot\, \boldsymbol{H} = i$　③ $div \boldsymbol{B} = 0$　④ $rot\, \boldsymbol{A} = -\mu i$

풀이

① $\boldsymbol{B} = \mu \boldsymbol{H}$이고 식 (12.19)에서 $\boldsymbol{B} = \nabla \times \boldsymbol{A} = rot\, \boldsymbol{A}$이므로 $\boldsymbol{H} = \dfrac{1}{\mu} rot\, \boldsymbol{A}$이다.
② [표 12-1]에 정리한 맥스웰 방정식에서 $\nabla \times \boldsymbol{H} = rot\, \boldsymbol{H} = i$이다.
③ [표 12-1]에 정리한 맥스웰 방정식에서 $\nabla \cdot \boldsymbol{B} = div \boldsymbol{B} = 0$이다.
④ 이 식은 성립하지 않는다.

따라서 정답은 ④이다.

20 $div \boldsymbol{E} = \dfrac{\rho}{\epsilon_0}$이며, 이는 앞에서 살펴본 식 (2.42)이다.

CHAPTER 12 핵심 정리

- **전도 전류** : 자유전자가 이동하여 형성되는 연속성을 가진 전류
  - 전도 전류밀도 $i_c = k\boldsymbol{E}$ [A/m^2]

- **변위 전류** : 콘덴서에 교류 전류가 흐를 때 시간에 따라 변하는 전계를 등가적으로 나타낸 가상의 전류
  - 변위 전류밀도 $i_d = \dfrac{\partial D}{\partial t} = j\omega\epsilon E$ [A/m^2]

- **유전 손실각** δ : 전체 전류 i와 변위 전류 i_d 사이의 위상차([그림 12-2] 참고)

- **유전체 손실각(유전체 역률)** $\tan\delta$: 변위 전류에 대한 전도 전류의 비율

  $\tan\delta = \dfrac{k}{\omega\epsilon} = \dfrac{k}{2\pi f\epsilon}$

- **임계 주파수** f_c : 전도 전류밀도 i_c와 변위 전류밀도 i_d가 같을 때의 주파수
  - $f_c = \dfrac{k}{2\pi\epsilon}$ [Hz]
  - 유전체 손실각 $\tan\delta = \dfrac{f_c}{f}$

- **맥스웰 방정식** : 전기와 자기가 서로 긴밀하게 연결된 현상임을 보여주는 방정식([표 12-1] 참고)

미분형 맥스웰 방정식	적분형 맥스웰 방정식
$\nabla\times\boldsymbol{H} = k\boldsymbol{E} + \dfrac{\partial\boldsymbol{D}}{\partial t}$	$\oint_C \boldsymbol{H}\cdot dl = i_c + \int_S \dfrac{\partial\boldsymbol{D}}{\partial t}\cdot dS$
$\nabla\times\boldsymbol{E} = -\dfrac{\partial\boldsymbol{B}}{\partial t}$	$\oint_C \boldsymbol{E}\cdot dl = -\int_S \dfrac{\partial\boldsymbol{B}}{\partial t}\cdot dS$
$\nabla\cdot\boldsymbol{D} = \rho$	$\oint_S \boldsymbol{D}\cdot dS = \int_V \rho dV = Q$
$\nabla\cdot\boldsymbol{B} = 0$	$\oint_S \boldsymbol{B}\cdot dS = 0$

- **맥스웰 파동방정식** : 전자기파의 발생과 전파 과정을 나타낸 방정식으로, 전자기파가 자유 공간을 통과한다고 가정
  - 전계의 파동방정식 : $\nabla^2\boldsymbol{E} = \epsilon\mu\dfrac{\partial^2\boldsymbol{E}}{\partial t^2}$
  - 자계의 파동방정식 : $\nabla^2\boldsymbol{H} = \epsilon\mu\dfrac{\partial^2\boldsymbol{H}}{\partial t^2}$

- **전자기파의 전파 속도**
  - 일반적인 경우 : $v = \dfrac{1}{\sqrt{\epsilon\mu}}$ [m/s]
  - 자유 공간의 경우 : $v = \dfrac{1}{\sqrt{\epsilon_0\mu_0}} \simeq 3\times 10^8$[m/s] = 빛의 속도 C

- **전자기파의 파장** $\lambda = \dfrac{v}{f} = \dfrac{1}{f\sqrt{\epsilon\mu}}$ [m]

- **전자기파에서 전계와 자계의 관계**
  - 항상 수직이다(직교한다).
  - 위상이 같다(동상).
  - 저장되는 에너지가 같다.
  - 자유 공간(진공)에서 $E = 377H$이다.

- **파동 임피던스** Z_0 : 전자기파의 전파를 방해하는 성분
  - $Z_0 = \dfrac{E}{H} = 120\pi\sqrt{\dfrac{\mu_s}{\epsilon_s}} = \sqrt{\dfrac{\mu}{\epsilon}} = 377\sqrt{\dfrac{\mu_s}{\epsilon_s}}$ [Ω]

- **포인팅 벡터** $\boldsymbol{P}$: 전자기파가 단위면적당 전달하는 방사에너지
  - $\boldsymbol{P} = \boldsymbol{E}\times\boldsymbol{H}$ [W/m^2]
  - 포인팅 벡터의 크기 $P = EH\sin\theta = EH = 377H^2 = \dfrac{1}{377}E^2$ [W/m^2]

- **벡터 퍼텐셜** $\boldsymbol{A}$: 회전 연산을 통해 자계 $\boldsymbol{B}$를 구할 수 있는 벡터장[Vector field]
  - $\boldsymbol{B} = \nabla\times\boldsymbol{A}$
  - 벡터 퍼텐셜 $\boldsymbol{A}$로 표현한 전계 $\boldsymbol{E} = -\dfrac{\partial\boldsymbol{A}}{\partial t}$

CHAPTER 12

핵심 유형

유형 1 변위 전류 정의하기

TIP

- 변위 전류 정의하고 계산하기

01 유전체 내에서 변위 전류를 발생시키는 것은?

① 분극전하 밀도의 시간적 변화 ② 전속밀도의 시간적 변화
③ 자속밀도의 시간적 변화 ④ 분극전하 밀도의 공간적 변화

풀이

식 (12.2)에서 변위 전류밀도 $i_d = \dfrac{\partial D}{\partial t}[\mathrm{A/m^2}]$이다. 이로부터 변위 전류는 전속밀도 D의 시간적 변화에 비례하여 발생함을 알 수 있다.

답 ②

---

02 변위 전류밀도와 관계없는 것은?

① 전계의 세기 ② 유전율 ③ 자계의 세기 ④ 전속밀도

풀이

식 (12.2)를 참고하면 변위 전류밀도 $i_d = \dfrac{\partial D}{\partial t} = \epsilon\dfrac{\partial E}{\partial t} = \epsilon\dfrac{\partial}{\partial t}\left(\dfrac{V}{d}\right)[\mathrm{A/m^2}]$로 바꾸어 나타낼 수 있다. 이 식들을 살펴보면 자계의 세기 H는 포함되어 있지 않으므로 자계의 세기는 변위 전류밀도와 관계없다.

답 ③

---

03 변위 전류에 의해 전자파가 발생할 때 전자파의 위상은?

① 변위 전류보다 90° 빠르다. ② 변위 전류보다 90° 늦다.
③ 변위 전류보다 30° 빠르다. ④ 변위 전류보다 30° 늦다.

풀이

변위 전류는 콘덴서에 흐르는 전류이며, 위상이 90° 앞서는(빠른) 진상 전류이다. 따라서 전자파는 변위 전류보다 위상이 90° 늦다.

답 ②

유형 2 임계 주파수 정의하기

TIP

- 임계 주파수 정의하고 계산하기

01 도전율 σ, 유전율 ϵ인 매질에 교류전압을 가할 때 전도 전류와 변위 전류의 크기가 같아지는 주파수는?

① $f = \frac{\sigma}{2\pi\epsilon}$　② $f = \frac{\epsilon}{2\pi\sigma}$　③ $f = \frac{2\pi\epsilon}{\sigma}$　④ $f = \frac{2\pi\sigma}{\epsilon}$

풀이

전도 전류와 변위 전류의 크기가 같아지는 주파수는 임계 주파수를 말한다. 식 (12.5)를 참고하면 $f_c = \frac{k}{2\pi\epsilon}$이고 문제에서는 도전율 k를 σ로 표시하였으므로 옳은 것은 ①이다.

답 ①

---

02 $\sigma = 1[℧/\mathrm{m}]$, $\epsilon_s = 6$, $\mu = \mu_0$인 유전체에 교류전압을 가할 때 변위 전류와 전도 전류의 크기가 같아지는 주파수는 몇 [Hz]인가?

① 3.0×10^9　② 4.2×10^9　③ 4.7×10^9　④ 5.1×10^9

풀이

전도 전류와 변위 전류의 크기가 같아지는 주파수는 임계 주파수로, 식 (12.5)를 참고하면 $f_c = \frac{\sigma}{2\pi\epsilon_0\epsilon_s} = \frac{1}{2\pi \times 8.855 \times 10^{-12} \times 6} = 3.0 \times 10^9 [\mathrm{Hz}]$이다.

답 ①

유형 3 맥스웰 방정식 적용하기

TIP

- 맥스웰 방정식 고르기
- 맥스웰 방정식의 물리적 의미 정의하기

01 미분방정식 형태로 나타낸 맥스웰의 전자계 기초방정식은?

① $rot\,E = -\dfrac{\partial B}{\partial t}$, $rot\,H = \dfrac{\partial D}{\partial t}$, $Div\,D = 0$, $Div B = 0$

② $rot\,E = -\dfrac{\partial B}{\partial t}$, $rot\,H = i + \dfrac{\partial D}{\partial t}$, $Div\,D = \rho$, $Div B = H$

③ $rot\,E = -\dfrac{\partial B}{\partial t}$, $rot\,H = i + \dfrac{\partial D}{\partial t}$, $Div\,D = \rho$, $Div B = 0$

④ $rot\,E = -\dfrac{\partial B}{\partial t}$, $rot\,H = i$, $Div\,D = 0$, $Div B = 0$

풀이

[표 12-1]을 참고하면 맥스웰의 전자계 기초 방정식을 올바르게 나타낸 것은 ③이다. $rot\boldsymbol{H} = i + \dfrac{\partial \boldsymbol{D}}{\partial t}$에서 i는 전도 전류밀도 i_c를 의미한다. [표 12-1]의 미분형 방정식은 반드시 암기해두어야 한다.

답 ③

---

02 Maxwell의 전자기파 방정식이 아닌 것은?

① $\oint_c H\,dl = nI$

② $\oint_c E\,dl = -\int_s \dfrac{\partial B}{\partial t} dS$

③ $\oint_s D\,dS = \int_v \rho dv$

④ $\oint_s D\,dS = 0$

풀이

[표 12-1]에서 맥스웰 방정식의 적분형을 참고하면 ①이 맥스웰 방정식이 아님을 확인할 수 있다.

답 ①

03 전자계에 대한 맥스웰의 기본 이론이 아닌 것은?

① 자계의 시간적 변화에 따라 전계의 회전이 생긴다.

② 전도 전류는 자계를 발생시키나, 변위 전류는 자계를 발생시키지 않는다.

③ 자극은 N극과 S극이 항상 존재한다.

④ 전하에서 전속선이 발산된다.

풀이

[표 12-1]에 나타낸 맥스웰 방정식 $\nabla \times \boldsymbol{H} = i = i_c + i_d = k\boldsymbol{E} + \frac{\partial \boldsymbol{D}}{\partial t}$를 참고하면 전도 전류와 변위 전류 모두에 의해 자계 $\boldsymbol{H}$가 발생한다. 따라서 기본 이론이 아닌 것은 ②이다.

답 ②

---

04 맥스웰의 전자방정식에 대한 의미를 설명한 것으로 틀린 것은?

① 자계의 회전은 전류밀도와 같다.

② 자계는 발산하며 자극은 단독으로 존재한다.

③ 전계의 회전은 자속밀도의 시간적 감소율과 같다.

④ 단위체적당 발산 전속수는 단위체적당 공간 전하밀도와 같다.

풀이

① [표 12-1]의 식 $\nabla \times \boldsymbol{H} = i_c + i_d$는 전도 전류밀도와 변위 전류밀도에 의해 회전하는 자계가 생기는 현상을 나타낸다.

② 자극은 단독으로 존재할 수 없다. 즉, 자기 홀극은 없다.

③ [표 12-1]의 식 $\nabla \times \boldsymbol{E} = -\frac{\partial \boldsymbol{B}}{\partial t}$는 자속밀도의 시간적 변화율(감소율)에 의해 전계의 회전이 생기는 현상을 나타낸다.

④ [표 12-1]의 식 $\nabla \cdot \boldsymbol{D} = \rho$는 전속의 발산($\nabla \cdot \boldsymbol{D}$)이 공간 전하밀도($\rho$)와 같음을 보여준다.

답 ②

유형 4 맥스웰 파동방정식 정의하기

TIP

- 전자기파 정의하기
- 고유 임피던스 정의하고 계산하기

01 횡전자파(TEM)의 특성은?

① 진행 방향의 E, H 성분이 모두 존재한다.

② 진행 방향의 E, H 성분이 모두 존재하지 않는다.

③ 진행 방향의 E 성분만 존재하고, H 성분은 존재하지 않는다.

④ 진행 방향의 H 성분만 존재하고, E 성분만 존재하지 않는다.

풀이

12.4.2절을 참고하면 횡전자파(TEM)인 전계 E와 자계 H는 진행 방향에 대해 수직으로 진동하며, 진행 방향으로는 존재하지 않는다.

답 ②

---

02 전자파의 특성에 대한 설명으로 틀린 것은?

① 전자파의 속도는 주파수와 무관하다.

② 전파 E_x를 고유 임피던스로 나누면 자파 H_y가 된다.

③ 전파 E_x와 자파 H_x의 진동 방향은 진행 방향에 수평인 종파이다.

④ 매질이 전도성을 갖지 않으면, 전파 E_x와 자파 H_y는 동위상이 된다.

풀이

① 식 (12.11)에서 전자(기)파의 속도 $v = \dfrac{1}{\sqrt{\epsilon\mu}}$이므로 주파수와 무관하다.

② 식 (12.13)에서 고유(파동) 임피던스 $Z_0 = \dfrac{E}{H}$이고 [그림 12-5]를 참고하면 전계 $\boldsymbol{E}$는 E_x, 자계 $\boldsymbol{H}$는 H_y로 나타낼 수 있다. 따라서 $Z_0 = \dfrac{E_x}{H_y}$가 되므로 $H_y = \dfrac{E_x}{Z_0}$이다.

③ 전계 $\boldsymbol{E}$와 자계 $\boldsymbol{H}$는 모두 파의 진행 방향에 수직인 횡파이다.

④ 12.4.2절을 참고하면 자유 공간에서 전계 E_x와 자계 H_y는 동위상이다.

답 ③

03 무손실 유전체에서 평면 전자파의 전계 E와 자계 H 사이 관계식으로 옳은 것은?

① $H=\sqrt{\frac{\epsilon}{\mu}}E$　② $H=\sqrt{\frac{\mu}{\epsilon}}E$　③ $H=\frac{\epsilon}{\mu}E$　④ $H=\frac{\mu}{\epsilon}E$

풀이

식 (12.13)을 참고하면 파동 임피던스 $Z_0=\frac{E}{H}=\sqrt{\frac{\mu}{\epsilon}}$ 이므로 $H=\sqrt{\frac{\epsilon}{\mu}}E$로 나타낼 수 있다.

답 ①

---

04 비투자율 $\mu_s=1$, 비유전율 $\epsilon_s=90$인 매질 내의 고유 임피던스는 약 몇 [Ω]인가?

① 32.5　② 39.7　③ 42.3　④ 45.6

풀이

식 (12.14)를 참고하면 고유(파동) 임피던스 $Z_0=377\sqrt{\frac{\mu_s}{\epsilon_s}}=377\sqrt{\frac{1}{90}}=377\times0.105=39.7\,[\Omega]$ 이다.

답 ②

---

05 최대 전계 $E_m=6$[V/m]인 평면 전자파가 수중을 전파할 때 자계의 최대치는 몇 [AT/m]인가? (단, 물의 비유전율 $\epsilon_s=80$, 비투자율 $\mu_s=1$이다)

① 0.071　② 0.142　③ 0.284　④ 0.426

풀이

식 (12.13)에서 파동 임피던스 $Z_0=\frac{E}{H}=\sqrt{\frac{\mu}{\epsilon}}$ 이며, $\frac{E_m}{H_m}=\sqrt{\frac{\mu}{\epsilon}}$ 로 나타낼 수 있다.

식 (12.14)를 적용하면 $H_m=\sqrt{\frac{\epsilon}{\mu}}E_m=\frac{1}{377}\times\sqrt{\frac{\epsilon_s}{\mu_s}}\times6=\frac{6}{377}\times\sqrt{80}=0.142\,[\mathrm{AT/m}]$이다.

답 ②

유형 5 전자기파의 전파 속도 계산하기

TIP

- 전파 속도 정의하고 계산하기

01 전자파의 전파 속도 [m/s]에 대한 설명 중에서 옳은 것은?

① 유전율에 비례한다.
② 유전율에 반비례한다.
③ 유전율과 투자율의 곱의 제곱근에 비례한다.
④ 유전율과 투자율의 곱의 제곱근에 반비례한다.

풀이

식 (12.11)을 참고하면 전파 속도 $v = \frac{1}{\sqrt{\epsilon\mu}} = \frac{1}{\sqrt{\epsilon_0\mu_0}}\frac{1}{\sqrt{\epsilon_s\mu_s}} = \frac{3\times10^8}{\sqrt{\epsilon_s\mu_s}}$ 으로 나타낼 수 있으므로 유전율과 투자율 곱의 제곱근에 반비례한다.

답 ④

02 진공 중에서 전자파의 속도(단위 : [m/s])가 아닌 것은?

① $\frac{1}{120\pi\epsilon_0}$ ② $500\sqrt{\frac{10}{\pi\epsilon_0}}$ ③ $\frac{1}{\sqrt{\epsilon_0\mu_0}}$ ④ $\sqrt{\frac{\pi\mu_0}{10\epsilon_0}}$

풀이

식 (12.11)을 참고하면 진공 중에서 전자파의 속도 $v = \frac{1}{\sqrt{\epsilon_0\mu_0}} = \frac{1}{120\pi\epsilon_0}$ 이다(이를 근사적으로 계산하면 3×10^8[m/s]이다). 또한 $v = \frac{1}{\sqrt{\epsilon_0\mu_0}} = \frac{1}{\sqrt{4\pi}\sqrt{10^{-7}}\sqrt{\epsilon_0}} = \frac{1}{2\sqrt{\pi}\times10^{-3}\sqrt{10^{-1}}\times\sqrt{\epsilon_0}}$ $= \frac{1000\sqrt{10}}{2\sqrt{\pi}\sqrt{\epsilon_0}} = 500\sqrt{\frac{10}{\pi\epsilon_0}}$ 이 된다.

답 ④

03 라디오 방송의 평면파 주파수를 710[Hz]라 할 때 이 평면파가 콘크리트 벽($\epsilon_s = 5$, $\mu_s = 1$) 속을 지날 때 전파 속도는 몇 [m/s]인가?

① 1.34×10^8 ② 2.54×10^8 ③ 4.38×10^8 ④ 4.86×10^8

풀이

식 (12.11)에서 전파 속도 $v=\frac{1}{\sqrt{\epsilon\mu}}$이며, 이는 $v=\frac{3\times10^8}{\sqrt{\epsilon_s\mu_s}}$이다. 따라서 전파 속도 $v=\frac{3\times10^8}{\sqrt{5\times1}}$ $=1.34\times10^8$[m/s]이다.

답 ①

---

04 비유전율 $\epsilon_r=4$, 비투자율 $\mu_r=1$인 매질 내에서 주파수 1[GHz]인 전자기파의 파장은 몇 [m]인가?

① 0.1 ② 0.15 ③ 0.25 ④ 0.4

풀이

식 (12.11)에서 전파 속도 $v=\frac{1}{\sqrt{\epsilon\mu}}=\frac{3\times10^8}{\sqrt{\epsilon_s\mu_s}}=\frac{3\times10^8}{\sqrt{4\times1}}=1.5\times10^8$[m/s]이다. 식 (12.12)에서 파장 $\lambda=\frac{v}{f}$이므로 $\lambda=\frac{1.5\times10^8}{10^9}=0.15$[m]이다.

답 ②

유형 6 포인팅 벡터 정의하기

TIP
- 포인팅 벡터 정의하고 계산하기

01 전계 E[V/m] 및 자계 H[AT/m]의 에너지가 자유 공간 중을 v[m/s]의 속도로 전파될 때 단위시간에 단위면적을 지나는 에너지는 몇 [W/m²]인가?

① $\sqrt{\mu\epsilon}\,EH$ ② EH ③ $\frac{EH}{\sqrt{\epsilon\mu}}$ ④ $\frac{1}{2}(\epsilon E^2+\mu H^2)$

풀이

단위시간에 단위면적을 지나는 에너지는 포인팅 벡터의 크기를 의미한다. 식 (12.18)을 참고하면 $P=EH$ [W/m²]이다.

답 ②

02 자유 공간에서의 포인팅 벡터를 P [W/m^2]라 할 때 전계의 세기의 실횻값 E_e [V/m]를 구하면?

① $377P$ ② $\frac{P}{377}$ ③ $\sqrt{377P}$ ④ $\sqrt{\frac{P}{377}}$

풀이

식 (12.18)을 참고하면 포인팅 벡터의 크기 $P = EH = \frac{1}{377}E^2$ [W/m^2]로 나타낼 수 있으니, 이로부터 전계 $E = \sqrt{377P}$가 된다.

답 ③

---

03 자계의 실횻값이 1[mA/m]인 평면 전자파가 공기 중에서 이에 수직이 되는 수직 단면적 10[m^2]를 통과하는 전력은 몇 [W]인가?

① 3.77×10^{-3} ② 3.77×10^{-4} ③ 3.77×10^{-5} ④ 3.77×10^{-6}

풀이

식 (12.18)을 참고하면 포인팅 벡터의 크기 $P = EH = 377H^2$ [W/m^2]로 나타낼 수 있다. 그러면 $P = 377H^2 = 377 \times (1 \times 10^{-3})^2 = 377 \times 10^{-6}$ [W/m^2]가 된다.

식 (12.16)을 참고하면 10[m^2]의 수직 단면적을 통과하는 전력 $P_s = P \times A = 377 \times 10^{-6} \times 10 = 3.77 \times 10^{-3}$ [W]가 된다.

답 ①

---

04 10 [mW], 20 [kHz]의 송신기가 자유 공간에서 사방으로 균일하게 전파를 발사할 때 송신기로부터 10 [km] 떨어진 지점에서 포인팅 벡터는 약 몇 [W/m^2]인가?

① 4×10^{-11} ② 8×10^{-11} ③ 4×10^{-12} ④ 8×10^{-12}

풀이

식 (12.16)에서 포인팅 벡터 $\boldsymbol{P} = \frac{P_s}{A}$ [W/m^2]이니, 면적 A는 송신기를 중심으로 하는 반지름이 10 [km]인 구의 표면적이다. 따라서 $\boldsymbol{P} = \frac{P_s}{A} = \frac{10 \times 10^{-3}}{4\pi \times (10 \times 10^3)^2} = 8 \times 10^{-12}$ [W/m^2]가 된다.

답 ④

CHAPTER 12

기출문제

12.1 변위 전류와 가장 관계가 깊은 것은?

① 반도체 ② 유전체 ③ 자성체 ④ 도체

12.2 극판 간격 d[m], 면적 S[m^2], 유전율 ϵ[F/m]이고 정전용량은 C[F]인 평행판 콘덴서에 $v = V_m \sin\omega t$[V]의 전압을 가할 때의 변위 전류[A]는?

① $-\omega C V_m \cos\omega t$ ② $C V_m \sin\omega t$ ③ $-C V_m \sin\omega t$ ④ $-\omega C V_m \cos\omega t$

12.3 유전체 역률($\tan\delta$)과 무관한 것은?

① 주파수 ② 정전용량 ③ 인가전압 ④ 누설저항

12.4 유전체 내의 전계의 세기가 E, 분극의 세기가 P, 유전율이 $\epsilon = \epsilon_0 \epsilon_s$인 유전체 내의 변위 전류 밀도는?

① $\epsilon \dfrac{\partial E}{\partial t} + \dfrac{\partial P}{\partial t}$ ② $\epsilon_0 \dfrac{\partial E}{\partial t} + \dfrac{\partial P}{\partial t}$ ③ $\epsilon_0 \left(\dfrac{\partial E}{\partial t} + \dfrac{\partial P}{\partial t} \right)$ ④ $\epsilon \left(\dfrac{\partial E}{\partial t} + \dfrac{\partial P}{\partial t} \right)$

12.5 자유 공간에서 전계에 관하여 설명하는 것은 무엇인가?

① $rot\,E = -\dfrac{\partial B}{\partial t}$ ② $rot\,E = \dfrac{\partial B}{\partial t}$

③ $rot\,E = -\mu_0 \dfrac{\partial H}{\partial t}$ ④ $rot\,E = \mu_0 \dfrac{\partial H}{\partial t}$

12.6 다음의 맥스웰 전자방정식의 설명 중에서 잘못된 것은?

① 폐곡선에 따른 전계의 선적분은 폐곡선 내를 통하는 자속의 시간 변화율과 같다.
② 폐곡면을 통해 나오는 자속은 폐곡면 내의 자극의 세기와 같다.
③ 폐곡면을 통해 나오는 전속은 폐곡면 내의 전하량과 같다.
④ 폐곡선에 따른 자계의 선적분은 폐곡선 내를 통하는 전류와 전속의 시간적 변화율을 더한 것과 같다.

12.7 자유 공간(진공)에서의 고유 임피던스는?

① $\frac{1}{120\pi}$ ② 100π ③ 120π ④ $\frac{1}{100\pi}$

12.8 전계 $E = \sqrt{2} E_e \sin\omega t \left(t - \frac{z}{v}\right)$[V/m]의 평면 전자파가 있다. 진공 중에서 자계의 실효값은 몇 [A/m]인가?

① $2.65 \times 10^{-1} E_e$ ② $2.65 \times 10^{-2} E_e$ ③ $2.65 \times 10^{-3} E_e$ ④ $2.65 \times 10^{-4} E_e$

12.9 전자계에서 전파 속도와 관계없는 것은?

① 도전율 ② 유전율 ③ 비투자율 ④ 주파수

12.10 물(비유전율 80, 비투자율 1) 속에서 전자파의 전파 속도 [m/s]는?

① 3×10^{10} ② 3×10^{8} ③ 3.35×10^{10} ④ 3.35×10^{7}

12.11 비유전율이 2이고 비투자율이 2인 매질 내에서 전자파의 전파 속도 v[m/s]와 진공 중의 빛의 속도 v_0 [m/s] 사이 관계는?

① $v = \frac{1}{2} v_0$ ② $v = \frac{1}{4} v_0$ ③ $v = \frac{1}{6} v_0$ ④ $v = \frac{1}{8} v_0$

12.12 어떤 TV 방송의 전자파의 주파수를 100[MHz]의 평면파로 보고 $\mu_s = 1$, $\epsilon_s = 64$인 물속에서의 전파 속도 [m/s]와 파장 [m]을 구하면?

① $v = 0.375 \times 10^8$, $\lambda = 0.19$ ② $v = 2.33 \times 10^8$, $\lambda = 0.21$

③ $v = 0.87 \times 10^8$, $\lambda = 0.17$ ④ $v = 0.425 \times 10^8$, $\lambda = 1.2$

12.13 정전용량 2[μF]인 콘덴서를 충전하여 4[mH]인 코일을 통해서 방전할 때의 전기 진동이 공간에 전파되는 경우 그 파장은 약 몇 [m]인가?

① 1.69×10^3 ② 1.69×10^5 ③ 3.38×10^3 ④ 3.38×10^5

12.14 지구는 태양으로부터 평균 1[kW/m^2]의 방사열을 받고 있다. 지구 표면에서의 전계는 몇 [V/m]인가?

① 423 ② 526 ③ 715 ④ 614

12.15 100[kW]의 전력이 안테나에서 사방으로 균일하게 방사될 때, 안테나에서 1[km] 거리에 있는 점의 전계의 실효치 [V/m]는? (단, 공기의 유전율 $\epsilon_0 = \frac{10^{-9}}{36\pi}$ [F/m]이다)

① 1.73　　② 2.45　　③ 3.73　　④ 6

12.16 그림과 같은 무한 직선 전류 I에 의한 점 P의 벡터 퍼텐셜과 자장의 방향은?

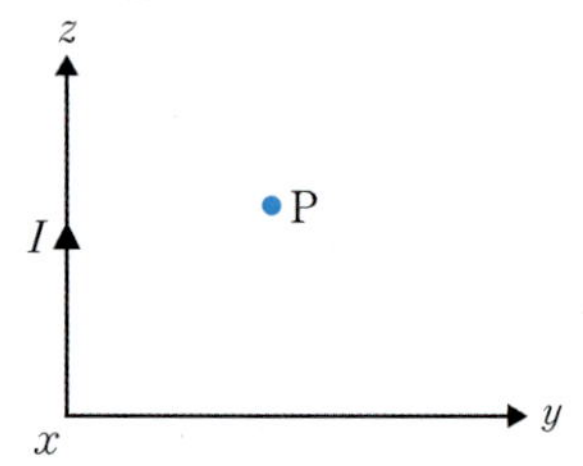

① 벡터 퍼텐셜 : $-z$, 자장 : $+x$
② 벡터 퍼텐셜 : $-x$, 자장 : $+x$
③ 벡터 퍼텐셜 : $-x$, 자장 : $-x$
④ 벡터 퍼텐셜 : $+z$, 자장 : $-x$

정답

12.1 ②	12.2 ①	12.3 ③	12.4 ②	12.5 ③	12.6 ②	12.7 ③	12.8 ③
12.9 ①	12.10 ④	12.11 ①	12.12 ①	12.13 ②	12.14 ④	12.15 ①	12.16 ④

APPENDIX A 주요 기호와 단위

여기에서는 이 책에서 다룬 주요 기호를 정리하였으며, 하나의 기호가 여러 내용을 표시할 때는 비교할 수 있도록 함께 제시하였다.

기호	의미	단위	관련 수식	참고	비고
$\|\boldsymbol{A}\|$	벡터의 크기	–	$\|\boldsymbol{A}\| = \sqrt{A_x^2 + A_y^2 + A_z^2}$	1.1.2절	
∇	미분연산자	–	$\nabla = \frac{\partial}{\partial x} i + \frac{\partial}{\partial y} j + \frac{\partial}{\partial z} k$	1.5.1절	
Q	전하(량)	[C]	–	2.1.3절	
k	쿨롱 상수(전계)	–	$k = \frac{1}{4\pi\epsilon_0} = 9 \times 10^9$	2.2절	
	쿨롱 상수(자계)	–	$k = \frac{1}{4\pi\mu_0} = 6.33 \times 10^4$	7.2절	
	도전율	[S/m]	$k = \frac{1}{\rho}$(ρ : 고유저항)	6.2절	σ로도 표시
	결합계수	–	$M = k\sqrt{L_1 L_2}$	11.2.1절	
ϵ_0	공기(진공)의 유전율	[F/m]	$\epsilon_0 = 8.855 \times 10^{-12}$	2.2절	
ϵ_s	비유전율	–	–	4.1.1절	ϵ_r로도 표시
ϵ	유전율	[F/m]	$\epsilon = \epsilon_0 \epsilon_s$	4.1.1절	
$\boldsymbol{E}$	전계의 세기	[V/m]	$\boldsymbol{E} = \frac{Q}{4\pi\epsilon_0 r^2}$	2.3절	
N	전기력선의 수	[개]	$N = \frac{Q}{\epsilon_0}$	2.4.2절, 2.6.3절	
	전기력선의 수	[개]	$N = \frac{m}{\mu_0}$	7.4.2절, 7.5.2절	
V	전위	[V]	$V = \frac{Q}{4\pi\epsilon_0 r}$	2.5.1절	
W	정전계의 에너지	[J]	$W = QV,\ W = Q^2/2C$	2.5.4절, 3.6절	
	정자계의 에너지	[J]	$W = mU$	7.6.2절	
ψ	전속	[C]	$\psi = Q$	2.6.1절	전계 가우스 법칙
$\boldsymbol{D}$	전속밀도	[C/m^2]	$\boldsymbol{D} = \frac{\psi}{S}$	2.6.2절	
σ	표면 전하밀도	[C/m^2]	$\sigma = \frac{Q}{S}$	2.7.1절	
λ	선전하밀도	[C/m]	$\lambda = \frac{Q}{l}$	2.7.6절	
	파장	[m]	$\lambda = \frac{v}{f}$	12.4.1절	

기호	의미	단위	관련 수식	참고	비고
ρ	체적 전하밀도	[C/m^3]	$Q=\int_v \rho dv$	2.9.1절	
	고유저항(비저항)	$[\Omega \cdot \mathrm{m}]$	$\rho=\frac{1}{k}$, $R=\rho\frac{l}{S}$	6.2절	
$\boldsymbol{M}$	전기쌍극자 모멘트	[C · m]	$\boldsymbol{M}=Q \cdot \delta$	2.10절	
	자기쌍극자 모멘트	[Wb · m]	$\boldsymbol{M}=m \cdot l$	7.7절	
M	전기 이중층의 세기	[C/m]	$M=\sigma\delta$	2.11절	
	상호 인덕턴스	[H]	$M=\frac{\mu S N_1 N_2}{l}$	11.2절	
P	전위계수	[V/C], [1/F], [daraf]	$P=\frac{1}{4\pi\epsilon_0 r}$	3.2.1절	
	분극의 세기	[C/m^2]	$P=\epsilon_0(\epsilon_s-1)\boldsymbol{E}$	4.2.2절	
	전력	[W]	$P=VI$	6.3절	
	자기 이중층의 세기	[Wb/m]	$P=\sigma\delta$	7.8절	
	퍼미언스	[Wb/AT], [H]	$P=\frac{1}{R_m}$	9.4.1절	
q	용량계수, 유도계수	[C/V], [F]	$q=\frac{1}{P}=4\pi\epsilon_0 r$	3.3.1절	
C	정전용량	[F]	$C=\frac{Q}{V}$	3.4.1절	
	빛의 속도	[m/s]	$C=3\times10^8$	12.4.1절	
w	정전에너지 밀도	$[\mathrm{J/m^3}]$	$w=\frac{\boldsymbol{D}^2}{2\epsilon_0}$	3.6.1절	
	자계 에너지 밀도	$[\mathrm{J/m^3}]$	$w=\frac{\boldsymbol{B}^2}{2\mu}$	9.3.3절	
χ	분극률	–	$P=\chi\boldsymbol{E}$	4.2.2절	
	자화율	–	$J=\chi\boldsymbol{H}$	9.1.2절	
J	전류밀도	[A/m^2]	$\boldsymbol{J}=\frac{i}{S}$	6.1.1절	i로도 표시
	자화의 세기	[Wb/m^2]	$J=\frac{\boldsymbol{M}}{V}$	9.1.2절	
n	전자의 농도	[전자 수/cm^{-3}]	–	6.1.1절	
e	전자의 전하량	[C]	$e=1.602\times10^{-19}$	6.1.1절	
v	전자(전하)의 이동 속도	[m/s]	–	6.1.1절	
	(전자기파) 전파 속도	[m/s]	$v=\frac{1}{\sqrt{\epsilon\mu}}$	12.4.1절	
G	컨덕턴스	[S], $[\Omega^{-1}]$, [℧]	$G=\frac{1}{R}=\frac{kS}{l}$	6.2절	
α	저항 온도계수	[1/℃], [℃$^{-1}$]	–	6.2.2절	
m	자하(자극)	[Wb]	–	7.2절	
μ_0	진공(공기)의 투자율	[H/m]	$\mu_0=4\pi\times10^{-7}$	7.2절	

기호	의미	단위	관련 수식	참고	비고
μ_s	비투자율	–	–	7.2절	μ_r로도 표시
μ	투자율	[H/m]	$\mu=\mu_0\mu_s$	7.2절	
$\boldsymbol{H}$	자계의 세기	[N/Wb], [A/m], [AT/m]	$\boldsymbol{H}=\dfrac{m}{4\pi\mu_0 r^2}$	7.3절	
ϕ	자속	[Wb]	$\phi=m$	7.5.1절	
$\boldsymbol{B}$	자속밀도	[Wb/m^2]	$\boldsymbol{B}=\dfrac{\phi}{S}$	7.5.2절	
U	자위	[A]	$U=\dfrac{m}{4\pi\mu_0 r}$	7.6.1절	
$\boldsymbol{T}$	회전력(토크)	[N · m]	$\boldsymbol{T}=\boldsymbol{M}\times\boldsymbol{H}=mlH\sin\theta$	7.9절	
n_0	단위길이당 권수	–	$n_0=\dfrac{N}{l}$	8.2.3절, 11.5.2절	
B_r	잔류자기	[Wb/m^2]	–	9.3.2절	
H_c	보자력	[N/Wb], [A/m]	–	9.3.2절	
P_h	히스테리시스 손실	[W]	$P_h=\eta f B_m^{1.6}$	9.3.3절	
F_m	기자력	[AT]	$F_m=NI$	9.4.1절	
R_m	자기저항	[AT/Wb]	$R_m=\dfrac{l}{\mu S}$	9.4.1절	
ω	각속도	[rad/s]	$\omega=\dfrac{\Delta\theta}{\Delta t}$	10.2.2절	
P_e	와류손	[W/m^3]	$P_e=k(tfB_m)^2$	10.3절	
δ	침투 깊이(표피 두께)	[m]	$\delta=\sqrt{\dfrac{1}{\pi f\mu k}}$	10.4절	
L	자기 인덕턴스	[H]	$L=\dfrac{N\phi}{I}$	11.1절	
I_c	전도 전류	[A]	–	12.1절	
i_c	전도 전류밀도	[A/m^2]	$i_c=k\boldsymbol{E}$	12.1절	
I_d	변위 전류	[A]	$I_d=\dfrac{dq}{dt}=S\dfrac{\partial D}{\partial t}$	12.1절	
i_d	변위 전류밀도	[A/m^2]	$i_d=\dfrac{\partial D}{\partial t}$	12.1절	
$\tan\delta$	유전체 손실각	–	$\tan\delta=\dfrac{k}{\omega\epsilon}$	12.2절	
f_c	임계 주파수	[Hz]	$f_c=\dfrac{k}{2\pi f\epsilon}$	12.2절	
Z_0	파동(고유) 임피던스	[Ω]	$Z_0=\dfrac{E}{H}=\sqrt{\dfrac{\mu}{\epsilon}}$	12.4.2절	
$\boldsymbol{P}$	포인팅 벡터	[W/m^2]	$\boldsymbol{P}=\dfrac{P_s}{A}$	12.5절	$\boldsymbol{S}$로도 표시
P_s	전자기파 총 전력	[W]	–	12.5절	
$\boldsymbol{A}$	벡터 퍼텐셜	[Wb/m]	$\boldsymbol{B}=\nabla\times\boldsymbol{A}$	12.6절	

APPENDIX B 전기자기학의 쌍대성

전기자기학을 구성하는 전기학과 자기학은 독립적인 것 같지만 실제로는 대응 관계를 이룬다. 즉, 전기와 자기는 물리적 개념을 설명할 때 사용하는 표현은 다르지만 수학적 구조와 물리적 의미는 서로 대응하는 **쌍대성**Duality을 가지고 있다. 이러한 쌍대성을 이해하고 전기와 자기의 개념을 짝지어 기억하면 복잡한 수식과 이론을 체계적으로 정리하는 데 큰 도움이 될 것이다. 여기에서는 주요 개념과 수식을 중심으로 전기학과 자기학의 쌍대성을 정리하였다.

전기학		자기학	
전계(전장)	전기력이 작용하는 공간(정전계)	자계(자장)	자기력이 작용하는 공간(정자계)
전하	Q[C]	자하(자극)	m[Wb]
(전계) 쿨롱의 법칙	$\boldsymbol{F} = k\dfrac{Q_1 Q_2}{r^2}$ [N]	(자계) 쿨롱의 법칙	$\boldsymbol{F} = k\dfrac{m_1 m_2}{r^2}$ [N]
(전계) 쿨롱 상수	$k = \dfrac{1}{4\pi\epsilon_0} = 9\times10^9$	(자계) 쿨롱 상수	$k = \dfrac{1}{4\pi\mu_0} = 6.33\times10^4$
공기(진공)의 유전율	$\epsilon_0 = 8.855\times10^{-12}$[F/m]	공기(진공)의 투자율	$\mu_0 = 4\pi\times10^{-7}$[H/m]
비유전율	ϵ_s, ϵ_0에 대한 어떤 물질의 유전율 배율	비투자율	μ_s, μ_0에 대한 어떤 물질의 투자율 배율
전계의 세기 $\boldsymbol{E}$	전하 Q[C]와 단위 양전하(+1[C]) 간에 작용하는 쿨롱의 힘 $\boldsymbol{E} = k\dfrac{Q}{r^2} = \dfrac{Q}{4\pi\epsilon_0 r^2}$ [V/m]	자계의 세기 $\boldsymbol{H}$	자하 m[Wb]과 단위 양자하(+1[Wb]) 간에 작용하는 쿨롱의 힘 $\boldsymbol{H} = k\dfrac{m}{r^2} = \dfrac{m}{4\pi\mu_0 r^2}$ [N/Wb]
전기력선	전계의 세기와 방향을 나타내는 가상의 선	자기력선	자계의 세기와 방향을 나타내는 가상의 선
(전계) 쿨롱의 힘	$\boldsymbol{F} = Q\boldsymbol{E}$ [N]	(자계) 쿨롱의 힘	$\boldsymbol{F} = m\boldsymbol{H}$ [N]
전기력선의 수	$N = \dfrac{Q}{\epsilon_0}$ [개]	자기력선의 수	$N = \dfrac{m}{\mu_0}$ [개]
전위	단위 양전하(+1[C])를 무한 원점에서 점 P까지 이동시키는 데 필요한 일(W[J]), 전기적인 위치에너지 $V = \dfrac{Q}{4\pi\epsilon_0 r}$ [V]	자위	단위 양자하(+1[Wb])를 무한 원점에서 P점까지 이동시키는 데 필요한 일(W[J]), 자기적인 위치에너지 $V = \dfrac{m}{4\pi\mu_0 r}$ [A]
전위경도	$\boldsymbol{E} = -grad V = -\nabla V$[V/m]	자위경도	$\boldsymbol{H} = -grad U = -\nabla U$[A/m]
정전계의 에너지	$W = QV$[J]	정자계의 에너지	$W = mU$[J]
(전계) 가우스 법칙	$\psi = Q$	(자계) 가우스 법칙	$\phi = m$(독립된 자속을 가정할 때)
전속	전기력선의 다발 ψ	자속	자기력선의 다발 ϕ

전기학		자기학	
전속밀도	$D = \dfrac{\psi}{S}$[C/m^2] $D = \epsilon_0 E$	자속밀도	$B = \dfrac{\phi}{S}$[Wb/m^2] $B = \mu_0 H$
정전응력	$f = \dfrac{\sigma^2}{2\epsilon_0} = \dfrac{1}{2}\epsilon_0 E^2 = \dfrac{D^2}{2\epsilon_0} = \dfrac{1}{2}ED$ [N/m^2]	자기 흡인력	$f = \dfrac{B^2}{2\mu_0} = \dfrac{1}{2}\mu_0 H^2 = \dfrac{1}{2}BH$ [N/m^2]
전기쌍극자	매우 짧은 거리 δ만큼 떨어져 있는 2개의 미소전하 $-Q$와 $+Q$	자기쌍극자	매우 짧은 거리 l만큼 떨어져 있는 2개의 미소자하 $-m$과 $+m$
	모멘트 $M = Q \cdot \delta$[C · m]		모멘트 $M = m \cdot l$[Wb · m]
전계 에너지	$W = \dfrac{1}{2}QV = \dfrac{1}{2}CV^2$[J]	자계 에너지	$W = \dfrac{1}{2}\phi i = \dfrac{1}{2}Li^2$[J]
정전에너지 밀도	$w = \dfrac{1}{2}\epsilon_0 E^2 = \dfrac{1}{2}DE = \dfrac{D^2}{2\epsilon_0}$[J/m^3]	자계 에너지 밀도	$w = \dfrac{1}{2}\mu_0 H^2 = \dfrac{1}{2}HB = \dfrac{B^2}{2\mu_0}$[J/m^3]
유전율	$\epsilon = \epsilon_0 \epsilon_s$[F/m]	투자율	$\mu = \mu_0 \mu_s$[H/m]
분극의 세기	$P = \epsilon_0(\epsilon_s - 1)E = D - \epsilon_0 E$[C/m^2]	자화의 세기	$J = \mu_0(\mu_s - 1)H = B - \mu_0 H$ [Wb/m^2]
경계조건 $(\epsilon_1 > \epsilon_2)$	전계는 수평 성분(접선 성분)이 연속 $(E_{1t} = E_{2t})$, $E_1 \sin\theta_1 = E_2 \sin\theta_2$	경계조건 $(\mu_1 > \mu_2)$	자계는 수평 성분(접선 성분)이 연속 $(H_{1t} = H_{2t})$, $H_1 \sin\theta_1 = H_2 \sin\theta_2$
	전속밀도는 수직 성분(법선 성분)이 연속 $(D_{1n} = D_{2n})$, $D_1 \cos\theta_1 = D_2 \cos\theta_2$		자속밀도는 수직 성분(법선 성분)이 연속 $(B_{1n} = B_{2n})$, $B_1 \cos\theta_1 = B_2 \cos\theta_2$
	굴절각에 관한 식 $\dfrac{\tan\theta_1}{\tan\theta_2} = \dfrac{\epsilon_1}{\epsilon_2}$		굴절각에 관한 식 $\dfrac{\tan\theta_1}{\tan\theta_2} = \dfrac{\mu_1}{\mu_2}$
	$\theta_1 > \theta_2$, $D_1 > D_2$, $E_1 < E_2$, 전속은 유전율이 큰 쪽에 모임		$\theta_1 > \theta_2$, $B_1 > B_2$, $H_1 < H_2$, 자속은 투자율이 큰 쪽에 모임
(전기)저항	$R = \rho \dfrac{l}{S} = \dfrac{l}{kS}$ [Ω]	자기저항	$R_m = \dfrac{l}{\mu S}$[AT/Wb]
(전계) 가우스 법칙의 미분형	$\nabla \cdot D = \rho$	(자계) 가우스 법칙의 미분형	$\nabla \cdot B = 0$
패러데이-렌츠 법칙의 미분형	$\nabla \times E = -\dfrac{\partial B}{\partial t}$	암페어의 주회적분 법칙	$\nabla \times H = i_d + \dfrac{\partial D}{\partial t}$

찾아보기

찾아보기

찾아보기